道路技術基準図書のSI単位系移行に関する参考資料

第1巻

―交通工学・橋梁編―

平成14年11月

社団法人　日本道路協会

目　　次

1．SI単位系変換の基本的考え方

道路技術基準図書のＳＩ単位系移行に関する参考資料

1.　ＳＩ単位系変換の基本的考え方

1−1　経　緯

ＳＩとは，従来混同されてきた「力」と「質量」の概念の明確な分離等を目指して国際的統一を図り，物理学における表現の統一を目指した国際単位系（仏語：Le Systeme Internatonal d′Unites）である。我が国においては，平成４年５月に計量法の改正が行われ，取引※1及び証明※2に用いられる単位は国際単位系（ＳＩ）への移行が義務づけられた。

本協会より出版している各技術基準図書において，その中に掲載されている基準値は直接的に取引及び証明に用いられるものではないが，建設分野における工事発注等で用いられる仕様書，設計図面等がＳＩに移行することに鑑み，その整合性を確保する観点から，この度ＳＩ単位系への読替資料の作成を行うものである。

※１　取引：有償であると無償であるとを問わず，物又は役務の給付を目的とする業務上の行為

※２　証明：公に又は業務上他人に一定の事実が真実である旨を表明すること

1−2　基本的な考え方

ＳＩ単位系への変換は，次の①～④の考え方に基づいて行うものとする。

① 単位の記述を伴う条文，解説文（図，表とも）すべてを切変えの対象とする。

② 単位の換算に際しては，原則として必要に応じた有効数字の桁数をもつ換算係数※1を用いる。

③ JISなど他の規定との整合をとる。

④ 質量と力（重量，重さ，荷重）の区別を明確にする。

「質量」及び「重さ」という用語は，力（質量と重力加速度の積）の意味に用いる。「重量」及び「重さ」を質量の意味で用いる場合は，その用語を「質量」に改める。「荷重」という用語は，その内容に応じて，質量の意味で用いる場合は「質量」として，力の意味で用いる場合にはそのままとする。

※１「必要に応じた有効数字の桁数をもつ換算係数」とは，換算される数値の有効数字の桁数を損なわない程度に換算前にあらかじめ丸めた※2換算係数をさす。

《例》　kgf　→　Ｎに換算する場合の換算係数

9.80665：正確な換算係数
9.807　：有効数字が４桁の換算係数
9.81　：有効数字が３桁の換算係数
9.8　：有効数字が２桁の換算係数
10　：有効数字が１桁の換算係数

※２「数値の丸め方」は原則としてJIS Z 8401に従う（巻末参考資料参照）。

1—3　具体的対応

各数値・数式の持つ特性に合わせて，ＳＩ単位系への切換方法は以下のＡ～Ｄの４種類に大別できる。このいずれかの方法により切り換えるものとする。

Ａ：単位のみ表記されている場合

→ＳＩ単位表記への書き換えのみを行う。

【例】 道路橋示方書　共通編　２章　2.2荷　重　2.2.7水　圧

（P 43～44）

$$P_h = \omega_0 \cdot h \qquad (2.2.9)$$

ここに，P_h：水面より深さｈのところの静水圧（kN/m²(tf/m²)）

h：水面よりの深さ（m）

ω_0：水の単位重量（kN/m³(tf/m³)）

<考え方>

単位のみの書き換え

Ｂ：一般の数値

→有効桁数に応じた換算係数を乗じて求めた値とする。

【例】 道路橋示方書　共通編　２章　2.2荷　重　2.2.1死荷重

（P 10）

表-2.2.1　材料の単位重量（kN/m³(kgf/m³)）

材　　料	単　位　重　量
鋼・鋳鋼・鍛鋼	77　(7,850)
鋳鉄	71　(7,250)
アルミニウム	27.5 (2,800)
鉄筋コンクリート	24.5 (2,500)
プレストレストコンクリート	24.5 (2,500)
コンクリート	23　(2,350)
セメントモルタル	21　(2,150)
木材	8.0 (　800)
瀝青材（防水用）	11　(1,100)
アスファルト舗装	22.5 (2,300)

<考え方>

現行の数値が３桁目を０または５に揃える考え方（二捨三入）をとっていることから，これを踏襲した。

【例】「鋼の単位重量」の計算

$7{,}850\text{kgf/m}^3 \times 9.81 = 77{,}009 \rightarrow 77\text{kN/m}^3$

C：荷重など初期値として工学的に使いやすい（端数のない）値を設定している場合
→　換算係数を乗じて求めた値の近傍で，端数を有さない新数値を与える。

【例】道路橋示方書　共通編　2章　2.2荷　重　2.2.2活荷重

（P11～14）

表-2.2.3　L荷重（B活荷重）

<table>
<tr><td colspan="6">主載荷荷重（幅 5.5m）</td><td rowspan="3">従載荷荷　重</td></tr>
<tr><td rowspan="3">載荷長D(m)</td><td colspan="2">等分布荷重 p_1</td><td colspan="3">等分布荷重 p_2</td></tr>
<tr><td colspan="2">荷重（kN/m²(kgf/m²)）</td><td colspan="3">荷重（kN/m²(kgf/m²)）</td></tr>
<tr><td>曲げモーメントを算出する場合</td><td>せん断力を算出する場合</td><td>L≦80</td><td>80＜L≦130</td><td>L＞130</td><td></td></tr>
<tr><td>10</td><td>10
(1,000)</td><td>12
(1,200)</td><td>3.5
(350)</td><td>4.3－0.01L
(430－L)</td><td>3.0
(300)</td><td>主載荷荷　重
50%</td></tr>
</table>

＜**考え方**＞

現行の数値が扱いやすさを重視して決定されていることから，換算した数値とは別に，それに近く扱いやすい数値を新たに定める。

例）1）p_1

$1{,}000\mathrm{kgf/m^2}\times9.8=\ 9{,}800\ \rightarrow\ \underline{10\mathrm{kN/m^2}}$

$1{,}200\mathrm{kgf/m^2}\times9.8=11{,}760\ \rightarrow\ \underline{12\mathrm{kN/m^2}}$

2）p_2

$350\mathrm{kgf/m^2}\times9.8=\ 3{,}430\ \rightarrow\ \underline{3.5\mathrm{kN/m^2}}$

$(430\text{-}L)\mathrm{kgf/m^2}\times9.8=(4{,}214\text{-}9.8L)\ \rightarrow\ \underline{(4.3\text{-}0.01L)\mathrm{kN/m^2}}$

$300\mathrm{kgf/m^2}\times9.8=\ 2{,}940\ \rightarrow\ \underline{3.0\mathrm{kN/m^2}}$

D：数値の根拠となっている数式等に重力単位系の影響が含まれている場合
→　根拠式に立ち戻って変換し，ＳＩの数値を求める。

【例】道路橋示方書　共通編　2章　2.2荷　重　2.2.9風荷重

（P47～50）

表-2.2.10　鋼げたの風荷重（kN/m(kgf/m)）

断面形状	風　荷　重
1≦B/D＜8	〔4.0－0.2(B/D)〕D≧6.0 (〔400－20(B/D)〕D≧600)
8≦B/D	2.4D≧6.0 (240D≧600)

ここに，B：橋の総幅（m）（図-2.2.5参照）
D：橋の総高（m）（表-2.2.11参照）

＜**考え方**＞

現行の数値が重力単位系を含んだ計算式を根拠として算出されているため，根拠式の中で必要な数値に換算率を乗じた上で算出し直す。

例）断面形状 $1 \leqq B/D < 8$ の場合の風荷重

根拠式　$p = 1/2 \rho U_d^2 C_d G$

従来　$p = 1/2 \times 0.125 \times 40^2 (2.1 - 0.1(B/D)) \times 1.9$

$= 399 - 19(B/D) \fallingdotseq \underline{400 - 20(B/D)}$ kgf/m

ＳＩ　$p = 1/2 \times 0.125 \times 9.81 \times 40^2 (2.1 - 0.2(B/D)) \times 1.9$

$= 3914.19 - 186.39(B/D) \fallingdotseq \underline{4.0 - 0.20(B/D)}$ kN/m

（最小値600kgf/mについては，Cにより移行）

600kgf/m × 9.81 = 5,886　→　6.0kN/m

2．SI単位系読替表

2-1 交通工学

① 道路標識設置基準・同解説

頁	SI 単 位 系

P206

4－2 構 造

（1）表示板の基盤

【解　説】

2）設計荷重

② 設計風速は、次の値を標準とする。（気象条件等によっては、この値以外の値を用いることができる。）

路側式の道路標識…………………<u>40m/s</u>

片持式、門型式の道路標識…………<u>50m/s</u>

道路情報提供装置等

a）風荷重の算定は次式による。

$P = \underline{0.6} \cdot V^2 \cdot C_D \cdot A$

ここで、 P＝風荷重（<u>N</u>）

V＝設計風速（<u>m/s</u>）

A＝受圧面積（有効投影面積）（<u>m^2</u>）

C_D＝効力係数で下記を標準とする。

支柱に対して 0.7

板に対して　 1.2

P212

4－3 基礎及び施工

【解　説】

1）道路標識の基礎

・基礎全面地盤の単位体積重量は17<u>kN/m^3</u>として、受動土圧係数は3.53とする。なお、底面地盤のせん断抵抗力は無視する。

表4－5 基礎天端への応用力に応じた基礎の寸法

M(kN·m) ＼ H(kN)	0.03	0.05	0.10	0.15	0.20	0.30	0.40	0.50	0.60	0.80	1.0	1.2	1.4
0.05	40												
0.10	60	60											
0.15	60	60	90										
0.20	90	90	90	90									
0.30		90	90	120	120								
0.40			120	120	120								
0.50			120	120	120	150							
0.60			120	120	150	150	150						
0.80				150	150	150	150	180					
1.0				150	150	180	180	180	180				
1.2					120	120	120	150	150	150			
1.4					150	150	150	150	150	150			
1.6						150	150	150	150	150	180		
1.8						150	150	150	150	180	180		
2.0						150	150	180	180	180	180	180	
2.4							180	180	180	180	180	210	210
2.8							180	180	180	210	210	210	210
3.2								210	210	210	210	210	210
3.6								210	210	210	210	210	240
4.0									210	210	210	240	240
4.5										240	240	240	240
5.0										240	240	240	240
6.0										240	240	270	270
7.0											270	270	270
8.0												270	270

（M＝0.05～1.0）**基礎幅50cmに対する根入れ長さ**

（M＝1.2～8.0）**基礎幅80cmに対する根入れ長さ**

頁	従来単位系

P206

4－2　構　造

（1）表示板の基盤

【解　説】

2）設計荷重

②　設計風速は、次の値を標準とする。（気象条件等によっては、この値以外の値を用いることができる。）

路側式の道路標識…………………40m/s

片持式、門型式の道路標識…………50m/s

道路情報提供装置等

a）風荷重の算定は次式による。

$P = \underline{1/16} \cdot V^2 \cdot C_D \cdot A$

ここで、P＝風荷重（kg）

V＝設計風速（m/s）

A＝受圧面積（有効投影面積）（m^2）

C_D＝効力係数で下記を標準とする。

支柱に対して 0.7

板に対して　 1.2

P212

4－3　基礎及び施工

【解　説】

1）道路標識の基礎

・基礎全面地盤の単位体積重量は17t/m^3として、受動土圧係数は3.53とする。なお、底面地盤のせん断抵抗力は無視する。

表4－5　基礎天端への応用力に応じた基礎の寸法

M(t·m) ＼ H(t)	0.03	0.05	0.10	0.15	0.20	0.30	0.40	0.50	0.60	0.80	1.0	1.2	1.4	
0.05	40													基礎幅50cmに対する根入れ長さ
0.10	60	60												
0.15	60	60	90											
0.20	90	90	90	90										
0.30		90	90	120	120									
0.40			120	120	120									
0.50			120	120	120	150								
0.60			120	120	150	150	150							
0.80				150	150	150	150	180						
1.0				150	150	180	180	180	180					
1.2					120	120	120	150	150	150				基礎幅80cmに対する根入れ長さ
1.4					150	150	150	150	150	150				
1.6						150	150	150	150	150	180			
1.8						150	150	150	150	180	180			
2.0						150	150	180	180	180	180	180		
2.4							180	180	180	180	180	210	210	
2.8							180	180	180	210	210	210	210	
3.2								210	210	210	210	210	210	
3.6								210	210	210	210	210	240	
4.0									210	210	210	240	240	
4.5										240	240	240	240	
5.0										240	240	240	240	
6.0										240	240	270	270	
7.0											270	270	270	
8.0												270	270	

② 道路反射鏡設置指針

頁	S I 単 位 系
P31	**3－3 基 礎** (1) 基 礎 ○基礎全面地盤の単位体積重量は17kN/m³として、受動土圧係数は3.53とする。なお、底面地盤のせん断抵抗力は無視する。

頁	従来単位系
P31	**3－3　基　礎** （1）基　礎 ○基礎全面地盤の単位体積重量は<u>1.7t/m³</u>として、受動土圧係数は3.53とする。なお、底面地盤のせん断抵抗力は無視する。

2-2 橋　　梁

① プレキャストブロック工法によるプレストレストコンクリートTげた道路橋設計施工指針

プレキャストブロック工法によるプレストレストコンクリートTげた道路橋設計施工指針

頁	S I 単 位 系

P4

2.2 コンクリート

……原則として設計基準強度が40N/mm²以上のものとする。

P5

表-解2.3.1 エポキシ樹脂系接着剤（橋げた用）の品質規格の標準

引張強さ	N/mm²	12.5以上
圧縮強さ	N/mm²	70.0以上
接着強さ	N/mm²	60.0以上

P6

表-解2.4.1 接 合 キ ー

引張強さ	400N/mm²以上
降伏点	215N/mm²以上
伸び	10%以上

P12

けた床版部

σ_0：活荷重および衝撃以外の主荷重による主げたの曲げ応力度（N/mm²）

σ_L：活荷重および衝撃による主げたの曲げ応力度（N/mm²）

σ_{Ls}：T荷重（衝撃を含む）による床版下縁（または上縁）の曲げ応力度（N/mm²）

σ_g：活荷重および衝撃による床版下縁（または上縁）位置の主げたの曲げ応力度（N/mm²）

P12

表-3.3.1 プレキャストブロック継目部の許容曲げ引張応力度（N/mm²）

コンクリートの設計基準強度	40	50
許容曲げ引張応力度	2.5	3.0

P13

3.3.3(2)

1）架設時せん断力 S_e（N）

W：隣り合うブロックのうち重量の大きいブロックの重量（N）

S_d：ブロック継目位置に作用する自重によるせん断力（N）

P_1：1番目に緊張するＰＣ鋼材の緊張力（N）

α_1：1番目に緊張するＰＣ鋼材の継目位置での曲げ角度

P_I：i番目に緊張するＰＣ鋼材の緊張力（N）

P14

2）終局荷重時せん断力 S_k（N）

S_{si}：終局荷重作用時のせん断力による接合キー1箇所あたりのせん断力（N）

S_u：終局荷重作用時に継目部に作用するせん断力（N）

S_{ti}：終局荷重作用時のねじりモーメントによる接合キー1箇所あたりのせん断力（N）

M_{tu}：終局荷重作用時に継目部に作用するねじりモーメント（N・mm）

d_I：Tげた断面のせん断中心からそれぞれの接合キーまでの距離（mm）

頁	従来単位系

P4

2.2　コンクリート

……原則として設計基準強度が400kgf/cm²以上のものとする。

P5

表-解2.3.1　エポキシ樹脂系接着剤（橋げた用）の品質規格の標準

引張強さ	kgf/cm²	125以上
圧縮強さ	kgf/cm²	700以上
接着強さ	kgf/cm²	600以上

P6

表-解2.4.1　接 合 キ ー

引張強さ	4,100kgf/cm²以上
降伏点	2,200kgf/cm²以上
伸び	10%以上

P12

3.3.2(2)2)　けた床版部

σ_0 ：活荷重および衝撃以外の主荷重による主げたの曲げ応力度（kgf/cm²）

σ_L ：活荷重および衝撃による主げたの曲げ応力度（kgf/cm²）

σ_{Ls}：T荷重（衝撃を含む）による床版下縁（または上縁）の曲げ応力度（kgf/cm²）

σ_g ：活荷重および衝撃による床版下縁（または上縁）位置の主げたの曲げ応力度（kgf/cm²）

P12

表-3.3.1　プレキャストブロック継目部の許容曲げ引張応力度（kgf/cm²）

コンクリートの設計基準強度	400	500
許容曲げ引張応力度	25	30

P13

3.3.3(2)

1）架設時せん断力　S_e（kgf）

W ：隣り合うブロックのうち重量の大きいブロックの重量（kgf）

S_d ：ブロック継目位置に作用する自重によるせん断力（kgf）

P_1 ：１番目に緊張するＰＣ鋼材の緊張力（kgf）

α_1：１番目に緊張するＰＣ鋼材の継目位置での曲げ角度

P_I ：ｉ番目に緊張するＰＣ鋼材の緊張力（kgf）

P14

2）終局荷重時せん断力　S_k（kgf）

S_{si} ：終局荷重作用時のせん断力による接合キー１箇所あたりのせん断力（kgf）

S_u ：終局荷重作用時に継目部に作用するせん断力（kgf）

S_{ti} ：終局荷重作用時のねじりモーメントによる接合キー１箇所あたりのせん断力（kgf）

M_{tu}：終局荷重作用時に継目部に作用するねじりモーメント（kgf・cm）

d_I ：Tげた断面のせん断中心からそれぞれの接合キーまでの距離（cm）

頁	S I 単 位 系
P16	**4）接合キー1箇所あたりの所要断面積………** …については鋼材の許容せん断応力度80.0N/mm²に割増し係数…
P17	**4）接合キー1箇所あたりの所要断面積………** …などから鋼材の引張強度400.0N/mm²のとした。
P17	**ii）終局荷重作用時のせん断力に対して** S_{pf}：接合キー1箇所あたりのプレストレス力による接合面の摩擦抵抗力（N） τ_{ta}, τ_{ua}：接合キーが負担できるせん断応力度（N/mm²） 架設時　τ_{ta}=100N/mm² 終局荷重作用時　τ_{ua}=240N/mm²
P18	**ii）終局荷重作用時** σ_c：架設時のコンクリート圧縮強度（N/mm²） σ_{ck}：コンクリートの設計基準強度（N/mm²） B：接合キーの外径（mm） L：接合キーの埋込み長さ（mm）
P19	**3.4(1) プレキャストブロック吊上げ時および運搬時の……** σ_c：コンクリートに生ずる曲げ引張応力度（N/mm²） M_d：プレキャストブロックの吊上げおよび運搬時に生ずる曲げモーメント（N・mm） z：全断面を有効としたときの断面係数（mm³）
P19	**3.4(2) 吊上げ時および運搬時に引張応力が生じるプレ……** A_s：引張鉄筋の所要断面積（mm²） T_c：コンクリートに生じる引張応力の合力（N） σ_{sa}：引張鉄筋の架設時の許容引張応力度（N/mm²）
P19	**3.4(3) 吊上げ時および運搬時のコンクリートの圧縮強度はそれぞれ** 25.0N/mm²および30.0N/mm²以上とする。
P20	**表-解3.4.1　曲げ引張応力度の制限値（N/mm²）** 吊上げ時および運搬時の圧縮強度：25 / 30 / 40 / 50 制限値：2.0 / 2.2 / 2.5 / 2.8
P20	**(2) 微小なひびわれが発生した場合でも，ひびわれが十分に……** T_c：コンクリートに生じる引張応力の合力（N） σ_{ct}：部材引張縁に生じるコンクリートの引張応力度（N/mm²） b：部材引張縁幅（mm）

表-解3.4.1　曲げ引張応力度の制限値（N/mm²）

吊上げ時および運搬時の圧縮強度	25	30	40	50
制限値	2.0	2.2	2.5	2.8

頁	従 来 単 位 系
P16	**4）接合キー１箇所あたりの所要断面積………** …については鋼材の許容せん断応力度800kgf/cm²に割増し係数…
P17	**4）接合キー１箇所あたりの所要断面積………** …などから鋼材の引張強度4,100kgf/cm²のとした。
P17	**ii）終局荷重作用時のせん断力に対して** S_{pf}：接合キー１箇所あたりのプレストレス力による接合面の摩擦抵抗力（kgf） τ_{ta}, τ_{ua}：接合キーが負担できるせん断応力度（kgf/cm²） 架設時　τ_{ta}=1000kgf/cm² 終局荷重作用時　τ_{ua}=2400kgf/cm²
P18	**ii）終局荷重作用時** σ_c：架設時のコンクリート圧縮強度（kgf/cm²） σ_{ck}：コンクリートの設計基準強度（kgf/cm²） B：接合キーの外径（cm） L：接合キーの埋込み長さ（cm）
P19	**3.4(1) プレキャストブロック吊上げ時および運搬時の……** σ_c：コンクリートに生ずる曲げ引張応力度（kgf/cm²） M_d：プレキャストブロックの吊上げおよび運搬時に生ずる曲げモーメント（kgf・cm） z：全断面を有効としたときの断面係数（cm³）
P19	**3.4(2) 吊上げ時および運搬時に引張応力が生じるプレ……** A_s：引張鉄筋の所要断面積（cm²） T_c：コンクリートに生じる引張応力の合力（kgf） σ_{sa}：引張鉄筋の架設時の許容引張応力度（kgf/cm²）
P19	**3.4(3) 吊上げ時および運搬時のコンクリートの圧縮強度はそれぞれ** 250kgf/cm²および300kgf/cm²以上とする。
P20	**表-解3.4.1　曲げ引張応力度の制限値（kgf/cm²）** <table><tr><td>吊上げ時および運搬時の圧縮強度</td><td>250</td><td>300</td><td>400</td><td>500</td></tr><tr><td>制限値</td><td>20</td><td>22</td><td>25</td><td>28</td></tr></table>
P20	**(2) 微小なひびわれが発生した場合でも，ひびわれが十分に……** T_c：コンクリートに生じる引張応力の合力（kgf） σ_{ct}：部材引張縁に生じるコンクリートの引張応力度（kgf/cm²） b：部材引張縁幅（cm）

頁	S I 単 位 系

x：部材引張縁から中立軸までの距離（mm）

なお，鉄筋の許容引張応力度は，一般の無事兄ついての許容値を25％割増しした225.0N/mm²としてよい。

P20 **(3) 吊上げ時のコンクリート強度は、吊上げ時の衝撃が運搬時のそれよりも**
小さいことや，過去の実績を考慮して25.0N/mm²以上とした。

P27 **(2) マッチキャスト方式の場合は、既設ブロックの端面を型わくとして……**
……なお、コンクリートを打設する際の既設ブロックのコンクリートの強度は14.0N/mm²以上とするのが望ましい。

P29 **(2) ブロックには分離する際に引張応力が生じたり分離後吊上げ作業を……**
……このときのコンクリート強度は25.0N/mm²以上とした。

P40 **・材料強度および許容応力度**

a．コンクリート

（N/mm²）

		主げた	場所打ち部
設計基準強度	設計荷重時	50.0	30.0
	導入時	42.5	－
許容曲げ圧縮応力度	設計荷重時	16.0	12.0
	導入時	21.0	－
許容曲げ引張応力度	設計荷重時	－1.8	－
	導入時	－1.8	－
コンクリートが負担できる平均せん断応力度	設計荷重時	0.65	－
コンクリートの平均せん断応力度の最大値	終局荷重時	6.0	－
許容斜引張応力度	設計荷重時	－1.2	－

P40 **b．P C 鋼 材**

（N/mm²）

		主げた	横げた	主げた
種　類		（SWPR7B）1 2S12.7	（SWPR930/1080）φ23	（SWPR930/1080）φ23
引張強度		1,850	1080	1080
降伏点応力度		1,550	930	930
許容引張応力度	設計荷重時	1,110	648	648
	導入直後	1,295	756	756
	緊張作業時	1,440	837	837

頁	従来単位系

x：部材引張縁から中立軸までの距離（cm）

なお，鉄筋の許容引張応力度は，一般の無事兄ついての許容値を25%割増しした2,250kgf/cm^{2}としてよい。

P20 **(3) 吊上げ時のコンクリート強度は、吊上げ時の衝撃が運搬時のそれよりも**

小さいことや，過去の実績を考慮して250kgf/cm^{2}以上とした。

P27 **(2) マッチキャスト方式の場合は、既設ブロックの端面を型わくとして……**

……なお、コンクリートを打設する際の既設ブロックのコンクリートの強度は140kgf/cm^{2}以上とするのが望ましい。

P29 **(2) ブロックには分離する際に引張応力が生じたり分離後吊上げ作業を……**

……このときのコンクリート強度は250kgf/cm^{2}以上とした。

P40 **・材料強度および許容応力度**

a．コンクリート

(kgf/cm^2)

		主げた	場所打ち部
設計基準強度	設計荷重時	500	300
	導入時	425	－
許容曲げ圧縮応力度	設計荷重時	160	120
	導入時	210	－
許容曲げ引張応力度	設計荷重時	－18	－
	導入時	－18	－
コンクリートが負担できる平均せん断応力度	設計荷重時	6.5	－
コンクリートの平均せん断応力度の最大値	終局荷重時	60	－
許容斜引張応力度	設計荷重時	－12	－

P40 **b．ＰＣ鋼材**

(kgf/mm^2)

		主げた	横げた	主げた
種　類		(SWPR7B) 12S12.7	(SWPR930/1080) ϕ23	(SWPR930/1080) ϕ23
引張強度		190.0	110.0	110.0
降伏点応力度		160.0	95.0	95.0
許容引張応力度	設計荷重時	114.0	66.0	66.0
	導入直後	133.0	77.0	77.0
	緊張作業時	144.0	85.5	85.5

頁	S I 単 位 系
P42	

c. 鉄　筋

(N/mm²)

	引　張	スターラップ	床　版
種　　類	SD295A	SD295A	SD295A
許容引張応力度	180	300	140

2）曲げモーメントとせん断力

	曲げモーメント (kNm)		せん断力 (kN)	
	中央断面	継目部断面	中央断面	継目部断面
主げた自重	2,362	1,985	0	126
場所打ち荷重	494	378	10	28
橋面荷重	991	662	45	62
活荷重	1,485	1,356	86	132
プレストレス鉛直成分	–	–	0	(196)
合　　計	5,322	4,382	141	348

3）曲げ応力度

(N/mm²)

	中央断面		継目部断面	
	上　縁	下　縁	上　縁	下　縁
主げた自重	6.05	−10.86	5.03	−8.98
場所打ち荷重	1.20	−1.98	0.93	−1.54
橋面荷重	1.93	−3.73	1.31	−2.58
死荷重合計	9.18	−16.57	7.27	−13.07
活荷重	2.93	−5.65	2.70	−5.24
合計荷重	12.11	−22.23	9.98	−18.32
直後プレストレス	−6.76	29.29	−4.76	24.96
有効プレストレス	−5.18	22.46	−3.68	19.34
合成応力度（直後）	−0.71	18.43	0.26	15.98
〃（設計時）	6.93	0.24	6.28	1.03

頁	従来単位系
	c．鉄　筋
P42	2）曲げモーメントとせん断力
	3）曲げ応力度

c．鉄　筋

(kgf/mm²)

	引　張	スターラップ	床　版
種　　類	SD295A	SD295A	SD295A
許容引張応力度	1,800	3,000	1,400

P42

2）曲げモーメントとせん断力

	曲げモーメント（tf・m）		せん断力（tf）	
	中央断面	継目部断面	中央断面	継目部断面
主げた自重	241.0	202.5	0.0	12.9
場所打ち荷重	50.4	38.6	1.0	2.9
橋面荷重	101.1	67.5	4.6	6.3
活荷重	151.5	138.4	8.8	13.5
プレストレス鉛直成分	−	−	0	(20.0)
合　　計	543.1	447.1	14.4	35.5

3）曲げ応力度

(kgf/cm²)

	中央断面		継目部断面	
	上　縁	下　縁	上　縁	下　縁
主げた自重	61.7	−110.8	51.3	−91.6
場所打ち荷重	12.2	−20.2	9.5	−15.7
橋面荷重	19.7	−38.1	13.4	−26.1
死荷重合計	93.7	−169.1	74.2	−133.4
活荷重	29.9	−57.7	27.5	−53.5
合計荷重	123.6	−226.8	101.8	−186.9
直後プレストレス	−69.0	298.9	−48.6	254.7
有効プレストレス	−52.9	229.2	−37.6	197.3
合成応力度（直後）	−7.2	188.1	2.7	163.1
〃（設計時）	70.7	2.4	64.1	10.5

頁	SI 単 位 系

P43

§3．継目部断面の設計

けたの曲げ引張応力度

	上　縁	下　縁
σ_0	3.59	6.26
σ_{Ls}	−	−5.24
$1.7\times\sigma_L$	−	−8.92
$\sigma_0+1.7\sigma_L$	−	−2.66

※許容値−3.0N/mm²以内である。

P44

版の曲げ引張応力度

(N/mm²)

	床 版 下 縁
σ_0	3.89
σ_{Ls}	−2.09
$1.7\times\sigma_{Ls}$	−3.48
σ_g	1.78
$0.5\sigma_g$	0.89
$\sigma_0+1.7\sigma_{Ls}+0.5\sigma_g$	1.30

※許容値-3.0N/mm²以内である。

（σ_{Ls}の計算）　床版としての橋軸方向モーメント

$$M_{LS}=0.8(0.11+0.04)P$$
$$=0.8(0.1\times1.78+0.04)80=13.95\mathrm{kN\cdot m/m}$$

したがって、
$$\sigma_{LS}=\frac{M_{LS}}{Z_1}=\frac{13.95}{\dfrac{-1.00\times0.2^2}{6}}=-2090\mathrm{kN/m^2}$$
$$=-2.09\mathrm{N/mm^2}$$

架設時；

$$S_1=W/2=0.853\times24.5\times12.0/2=125\mathrm{kN}$$
$$S_2=\left|S_d-P_1\sin\alpha_1\right|=\left|126-1454\sin5.5^\circ\right|=13\mathrm{kN}$$
$$S_3=\left|S_d-\Sigma(P_i\sin\alpha_i)\right|=\left|126-296\right|=170\mathrm{kN}$$
$$S_e=(S_1,S_2,S_3\text{のうち最大値})/\mathrm{N}=170/3=57\mathrm{kN}$$

終局荷重作用時；

本橋は斜角$\theta=90^\circ$であり，ねじりの影響は考慮しない…

$$S_u=1.3S_d+2.5S_1-S_p$$
$$=1.3\times216+2.5\times132-196=416\mathrm{kN}$$
$$S_k=416/3=139\mathrm{kN}$$

頁	従来単位系

P43

§3．継目部断面の設計

けたの曲げ引張応力度

	上　縁	下　縁
σ_0	36.6	63.9
σ_{Ls}	−	−53.5
$1.7\times\sigma_L$	−	−91.0
$\sigma_0+1.7\sigma_L$	−	−27.1

※許容値−30kgf/cm²以内である。

P44

版の曲げ引張応力度

(kgf/cm²)

	床版下縁
σ_0	39.7
σ_{Ls}	−20.9
$1.7\times\sigma_{Ls}$	−35.5
σ_g	18.2
$0.5\sigma_g$	9.1
$\sigma_0+1.7\sigma_{Ls}+0.5\sigma_g$	13.3

※許容値-30kgf/cm²以内である。

（σ_{Ls}の計算）　床版としての橋軸方向モーメント

$$M_{LS}=0.8(0.1l+0.04)P$$

$$=0.8(0.1\times1.78+0.04)8.00=1.395\text{tf}\cdot\text{m/m}$$

したがって、$\sigma_{LS}=\dfrac{M_{LS}}{Z_1}=\dfrac{1.395}{\dfrac{-1.00\times0.2^2}{6}}=-209\text{tf}/\text{m}^2$

$$=-20.9\text{kgf}/\text{cm}^2$$

架設時；

$S_1=W/2=0.853\times2.5\times12.0/2=12.8\text{tf}$

$S_2=\left|S_d-P_1\sin\alpha_1\right|=\left|12.9-148.4\sin5.5^\circ\right|=1.3\text{tf}$

$S_3=\left|S_d-\Sigma(P_i\sin\alpha_i)\right|=\left|12.9-30.2\right|=17.3\text{tf}$

$S_e=(S_1,S_2,S_3$ のうち最大値 $)/\text{N}=17.3/3=5.8\text{tf}$

終局荷重作用時；

本橋は斜角$\theta=90^\circ$であり，ねじりの影響は考慮しない…

$S_u=1.3S_d+2.5S_1-S_p$

$=1.3\times22.1+2.5\times13.5-20.0=42.5\text{tf}$

$S_k=42.5/3=14.2\text{tf}$

頁	S I 単 位 系
P45	**2）接合キーの所要断面積の算出** 架設時； $A_R = S_e / \tau_{ta} = \underline{57,000} / 1,000 = \underline{570\text{mm}^2}$ 終局荷重作用時； $A_R = (S_k - S_{pf}) / \tau_{ua} = (\underline{14.2} - S_{pf}) / \underline{2,400}$ $S_{pf} = 0.3\Sigma P_{ei} \cos\alpha_i / N$ $= 0.3 \times \underline{3,859} / 3 = \underline{386\text{kN}}$ $S_k < S_{pf}$となり所要断面積の計算は不要となる。 接合キーとしてϕ28mmのものを用いる。 断面積$= A_S = \frac{\pi}{4} \times \underline{28^2} = \underline{620\text{mm}^2} > A_R = \underline{580\text{mm}^2}$
P45	**3）接合キー周辺部コンクリートの支圧応力度に対する照査** 架設時； $\sigma_{tb} = \frac{S_e}{B(L/3)}$ $= \frac{\underline{57,000}}{\underline{50} \times \underline{59} / 3} = \underline{58.0\text{N/mm}^2}$ $\leqq 1.5\sigma_c = 1.5 \times \underline{42.5} = \underline{63.75\text{N/mm}^2}$ となり許容値を満足する。
P45	**§5.1）運搬時の曲げモーメントの算出** $M_d = W_d \times (0.9l)^2 \times (1+i) / 8$ ただし、W_d：単位長あたりブロック重量 $\dot{W}_d = A_c \cdot \gamma_c = 0.853 \times \underline{24.5} = \underline{20.90\text{kN/m}}$ $M_d = \underline{20.90} \times (0.9 \times 12.0)^2 \times (1+0.3) / 8$ $= \underline{396\text{kN} \cdot \text{m}}$
P45	**2）曲げ引張応力度に対する照査** $\sigma_c = \frac{M_d}{Z_u} = \frac{\underline{396 \times 10^6}}{\underline{0.39781 \times 10^9}} = \frac{\underline{1.00\text{N/mm}^2}}{\underline{-1.70\text{N/mm}^2}}$ Z_l $\underline{-0.23246 \times 10^9}$ $> \sigma_{ca} = \underline{-2.5\text{N/mm}^2}$ **（運搬時コンクリート強度：$\underline{40\text{N/mm}^2}$）**

頁	従 来 単 位 系
P45	**2）接合キーの所要断面積の算出** 架設時； $A_R = S_e / \tau_{ta} = \underline{5,800} / 1,000 = \underline{5.8\text{cm}^2}$ 終局荷重作用時； $A_R = (S_k - S_{pf}) / \tau_{ua} = (\underline{13.9} - S_{pf}) / \underline{240}$ $S_{pf} = 0.3\sum P_{ei}\cos\alpha_i / \text{N}$ $= 0.3\times\underline{393.8}/3 = \underline{39.4\text{tf}}$ $S_k < S_{pf}$となり所要断面積の計算は不要となる。 接合キーとしてϕ28mmのものを用いる。 断面積$= A_S = \dfrac{\pi}{4}\times\underline{2.8}^2 = \underline{6.2\text{cm}^2} > A_R = \underline{5.8\text{cm}^2}$
P45	**3）接合キー周辺部コンクリートの支圧応力度に対する照査** 架設時； $\sigma_{tb} = \dfrac{S_e}{B(L/3)}$ $= \dfrac{\underline{5,800}}{\underline{5.0}\times\underline{5.9}/3} = \underline{590\text{kgf}/\text{cm}^2}$ $\leqq 1.5\sigma_c = 1.5\times\underline{425} = \underline{637.5\text{kgf}/\text{cm}^2}$ となり許容値を満足する。
P45	**§5.1）運搬時の曲げモーメントの算出** $M_d = W_d\times(0.9l)^2\times(1+i)/8$ ただし、W_d：単位長あたりブロック重量 $W_d = A_c\cdot\gamma_c = 0.853\times\underline{2.5} = \underline{2.133\text{tf}/\text{m}}$ $M_d = \underline{2.133}\times(0.9\times12.0)^2\times(1+0.3)/8$ $= \underline{40.4\text{tf}\cdot\text{m}}$
P45	**2）曲げ引張応力度に対する照査** $\sigma_c = \dfrac{M_d}{Z_u} = \dfrac{\underline{40.4\times10^5}}{\underline{0.39781\times10^6}} = \dfrac{\underline{10.2\text{kgf}/\text{cm}^2}}{\underline{-17.4\text{kgf}/\text{cm}^2}}$ $Z_l \quad \underline{-0.23246\times10^6}$ $> \sigma_{ca} = \underline{-25\text{kgf/cm}^2}$（運搬時コンクリート強度：$\underline{400\text{kgf/cm}^2}$）

頁	S I 単 位 系
P46	**3）引張鉄筋の算出**

$T_c = \underline{1.70} \times \underline{340} \times \underline{1105} / 2$

$= \underline{319,350\text{N}}$

引張鉄筋としてSD295Aを使用する場合の所要鉄筋断面積

$$A_s = T_c / \sigma_{sa} = \frac{\underline{319,350}}{\underline{225}} = \underline{1420\text{mm}^2}$$

D16mm 8 本を配置すると

$A'_s = \underline{198.6} \times 8 = \underline{1,590\text{mm}^2} > A_s = \underline{1,420\text{mm}^2}$

P51

参表-1.1.1 表 中

プレストレス（N/mm^2）

6.0

3.0

P52

参表-1.1.3 コンクリートの材料特性

項目		圧縮強度 N/mm^2	引張強度 N/mm^2	ヤング係数 ×10^4N/mm^2
1回目打設コンクリート	載荷前 σ_{28}	47.0	3.77	2.61
	載荷前 σ_{40}	50.0	4.11	2.73
2回目打設コンクリート	載荷前 σ_{13}	46.4	4.12	2.58
	載荷前 σ_{33}	49.5	3.83	2.72
平均		48.2	3.96	2.66

P52

参表-1.1.4 硬化後の接着剤の材料特性

項目	単位	供試体番号					最大最小を除いた3つの平均
		1	2	3	4	5	
圧縮強度	N/mm^2	76.2	76.1	77.4	90.0	78.3	77.3
引張強度	N/mm^2	27.8	20.0	28.4	25.7	29.5	27.3
接着強さ	N/mm^2	7.9	6.9	8.3	7.2	5.9	7.3
圧縮弾性係数	N/mm^2	3,140	2,760	2,880	2,880	2,840	2,870
ポアソン比		0.415	0.409	0.421	0.412	0.419	0.415
せん断弾性係数	N/mm^2	1,110	980	1,010	1,020	1,000	1,010

頁	従来単位系

P46

3）引張鉄筋の算出

$T_c = \underline{17.4} \times \underline{34.0} \times \underline{110.3} / 2$

$= \underline{32{,}627\mathrm{kgf}}$

引張鉄筋としてSD295Aを使用する場合の所要鉄筋断面積

$A_s = T_c / \sigma_{sa} = \dfrac{\underline{32{,}627}}{\underline{2{,}250}} = \underline{14.5\mathrm{cm}^2}$

D16mm8本を配置すると

$A_s' = \underline{1.986} \times 8 = \underline{15.9\mathrm{cm}^2} > A_s = \underline{14.5\mathrm{cm}^2}$

P51

参表-1.1.1　表　中

プレストレス（kgf/cm²）

60

30

P52

参表-1.1.3　コンクリートの材料特性

項　　目		圧縮強度 kgf/cm²	引張強度 kgf/cm²	ヤング係数 ×10⁵kgf/cm²
1回目打設コンクリート	載荷前 σ_{28}	480	38.5	2.66
	載荷前 σ_{40}	511	41.9	2.79
2回目打設コンクリート	載荷前 σ_{13}	473	42.0	2.63
	載荷前 σ_{33}	505	39.1	2.78
平　　均		492	40.4	2.72

P52

参表-1.1.4　硬化後の接着剤の材料特性

項　目	単　位	供試体番号 1	2	3	4	5	最大最小を除いた3つの平均
圧縮強度	kgf/cm²	778	777	790	816	799	789
引張強度	kgf/cm²	284	204	290	262	301	279
接着強さ	kgf/cm²	81	70	85	73	60	75
圧縮弾性係数	kgf/cm²	32,000	28,200	29,400	29,400	29,000	29,300
ポアソン比		0.415	0.409	0.421	0.412	0.419	0.415
せん断弾性係数	kgf/cm²	11.300	10,000	10,300	10,400	10,200	10,300

頁	ＳＩ 単 位 系
P57	**参表-1.2.1 各供試体の継目部ひびわれ発生荷重と最大荷重**

No.	継目部ひび割れ発生荷重 (kN)	最大荷重 (kN)
1	503	511
2	385	396
3	184	282
4	286	312
5	232	232
6	122	218
7	531	531
8	270	330
9	448	448
10	245	263
11	454	480
12	351	406
13	172	310
14	発生せず	259
15	114	142
16	最大荷重以降発生	60
17	858	870
18	674	686
19	342	342

P59 **参図-1.2.2 荷重と変位の関係（完全接着供試体）**

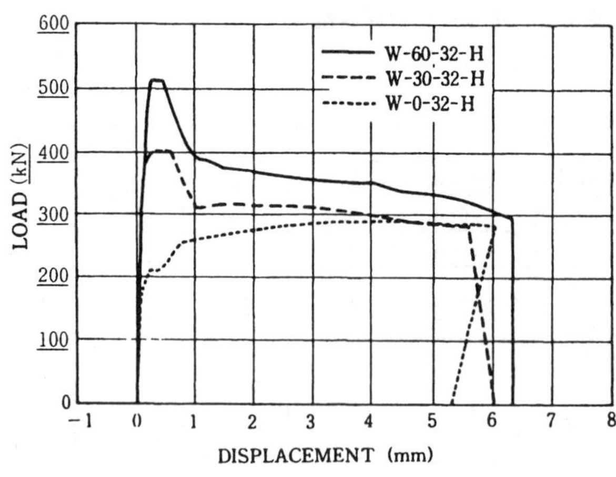

頁	従来単位系
P57	**参表-1.2.1　各供試体の継目部ひびわれ発生荷重と最大荷重**
P59	**参図-1.2.2　荷重と変位の関係（完全接着供試体）**

参表-1.2.1　各供試体の継目部ひびわれ発生荷重と最大荷重

No.	継目部ひび割れ発生荷重（tf）	最大荷重（tf）
1	51.3	52.1
2	39.3	40.4
3	18.8	28.8
4	29.2	31.8
5	23.7	23.7
6	12.4	22.2
7	54.2	54.2
8	27.5	33.7
9	45.7	45.7
10	25.0	26.8
11	46.3	49.0
12	35.8	41.4
13	17.5	31.6
14	発生せず	26.4
15	11.6	14.5
16	最大荷重以降発生	6.1
17	87.5	88.8
18	68.8	70.0
19	34.9	34.9

参図-1.2.2　荷重と変位の関係（完全接着供試体）

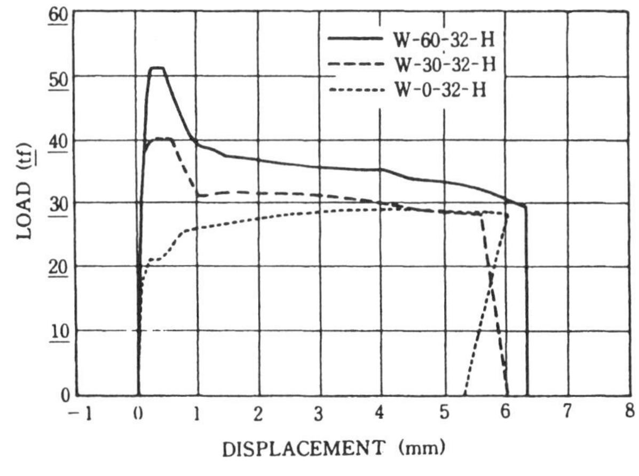

頁	S I 単 位 系
P59	**1.2.2 荷重と変位の関係** ……不完全接着供試体においても、プレストレス量が0N/mm^{2}の場合は荷重載荷直後から、3.0N/mm^{2}の場合は50kN程度、6.0N/mm^{2}の場合は100kN程度とその大きさによって初期の変位が増大し始めている（参図-1.2.3参照)。接着状況の違いの影響については、完全接着供試体（W-60-32-H）の最大荷重は511kN、不完全接着供試体（W-60-32-W,W-60-32-S）の最大荷重はそれぞれ312kN，310kNで完全接着の供試体は明らかに不完全接着供試体に比べて耐荷力が大きくなっている。しかし、いったん継目部にひびわれが生じると耐荷力は低下し、いずれの供試体も鋼製接合キーが設置されているタイプのものは、接着状態が不完全な供試体の最大荷重値（311kN程度）と同等まで低下した。 完全接着の場合には、鋼製接合キーの径ϕ50、ϕ32、ϕ28およびキーなしの違いに対してそれぞれ、532kN，511kN，448kN，481kNとこれらの条件の違いによる差は比較的小さかった。……
P59	**1.2.2 荷重と変位の関係** ……鋼製接合キー有り供試体（W-60-32-S）の最大荷重が310kNに対して、鋼製接合キーなし供試体（W-60-0-S）の最大荷重は142kNとなっている。また、プレストレス導入量29N/mm^{2}の場合の鋼製接合キーあり供試体（W-30-32-S）の最大荷重が259kNに対して鋼製接合キーなし供試体（W-30-0-S）の最大荷重は60kNとなっている。……
P60	**参図-1.2.3 荷重と変位の関係（未硬化供試体）** 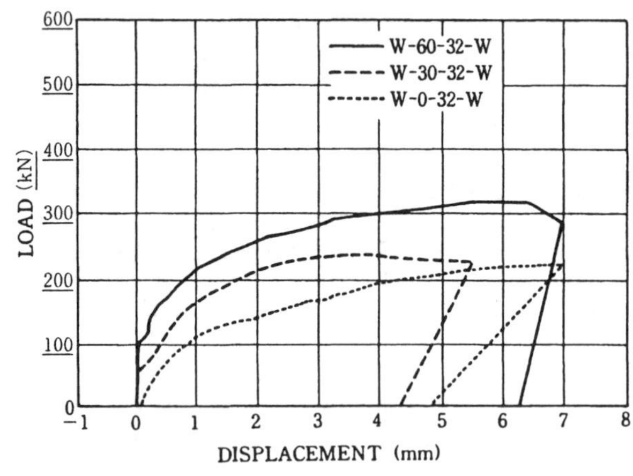

頁	従来単位系

P59 **.2.2 荷重と変位の関係**

……不完全接着供試体においても、プレストレス量が0kgf/cm^2の場合は荷重載荷直後から、30kgf/cm^2の場合は5tf程度、60kgf/cm^2の場合は10tf程度とその大きさによって初期の変位が増大し始めている（参図-1.2.3参照）。接着状況の違いの影響については、完全接着供試体（W-60-32-H）の最大荷重は52.1tf、不完全接着供試体（W-60-32-W,W-60-32-S）の最大荷重はそれぞれ31.8tf，31.6tfで完全接着の供試体は明らかに不完全接着供試体に比べて耐荷力が大きくなっている。しかし、いったん継目部にひびわれが生じると耐荷力は低下し、いずれの供試体も鋼製接合キーが設置されているタイプのものは、接着状態が不完全な供試体の最大荷重値（31.7tf程度）と同等まで低下した。

完全接着の場合には、鋼製接合キーの径φ50、φ32、φ28およびキーなしの違いに対してそれぞれ、54.2tf，52.1tf，45.7tf，49.0tfとこれらの条件の違いによる差は比較的小さかった。……

P59 **1.2.2 荷重と変位の関係**

……鋼製接合キーあり供試体（W-60-32-S）の最大荷重が31.6tfに対して、鋼製接合キーなし供試体（W-60-0-S）の最大荷重は14.5tfとなっている。また、プレストレス導入量30kgf/cm^2の場合の鋼製接合キーあり供試体（W-30-32-S）の最大荷重が26.4tfに対して鋼製接合キーなし供試体（W-30-0-S）の最大荷重は6.1tfとなっている。……

P60 **参図-1.2.3 荷重と変位の関係（未硬化供試体）**

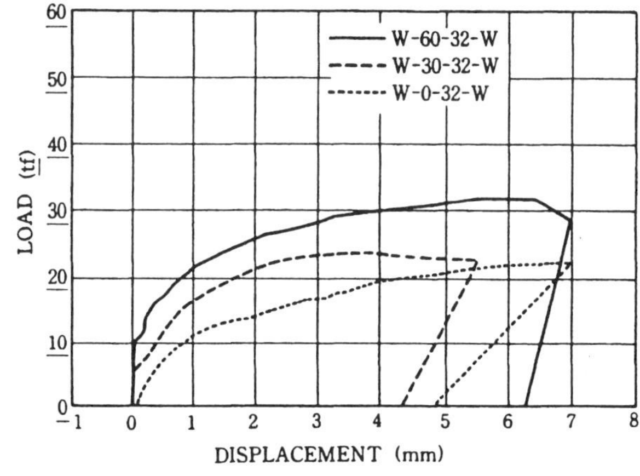

頁	SI 単 位 系
P60	**参図-1.2.4　荷重と変位の関係（ひびわれ供試体）** 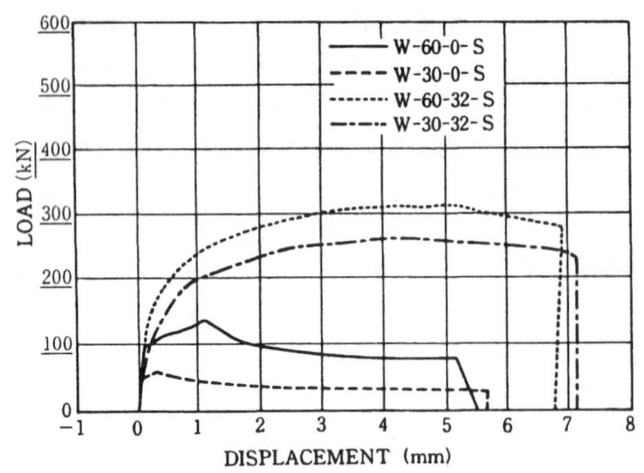
P61	**1.2.3　鋼製接合キーの変形とコンクリートに与える影響** 　継ぎ目部のひびわれ発生によって接着剤による付着力が減少し始めたときの荷重503kN付近から、また、接着剤による付着力を考慮できない供試体W-60-32-Wの内部ゲージと荷重の関係を示した参図-1.2.6では、プレストレスによる摩擦力98kN程度を越えたときから、鋼製……
P61	**参図-1.2.5　内部ゲージひずみと荷重の関係（完全接着供試体 W-60-32-H）** 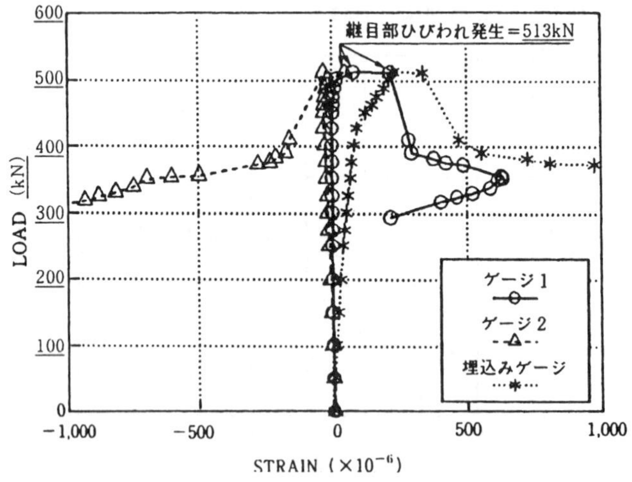

頁	従来単位系

P60

参図-1.2.4　荷重と変位の関係（ひびわれ供試体）

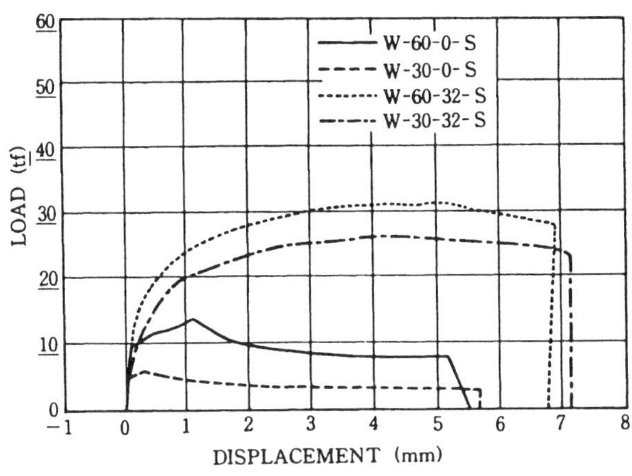

P61

1.2.3　鋼製接合キーの変形とコンクリートに与える影響

継ぎ目部のひびわれ発生によって接着剤による付着力が減少し始めたときの荷重51.3tf付近から、また、接着剤による付着力を考慮できない供試体W-60-32-Wの内部ゲージと荷重の関係を示した参図-1.2.6では、プレストレスによる摩擦力10.0tf程度を越えたときから、鋼製……

P61

参図-1.2.5　内部ゲージひずみと荷重の関係（完全接着供試体 W-60-32-H）

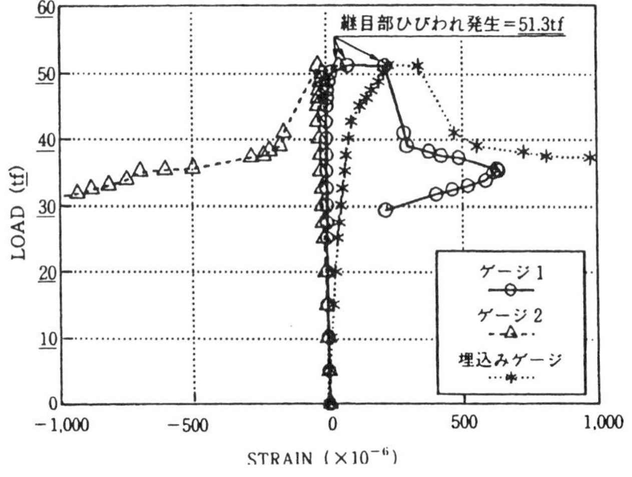

頁	SI 単位系
P62	**参図-1.2.6 内部ゲージひずみと荷重の関係（未硬化供試体 W-0-32-W, W-60-32-W）**

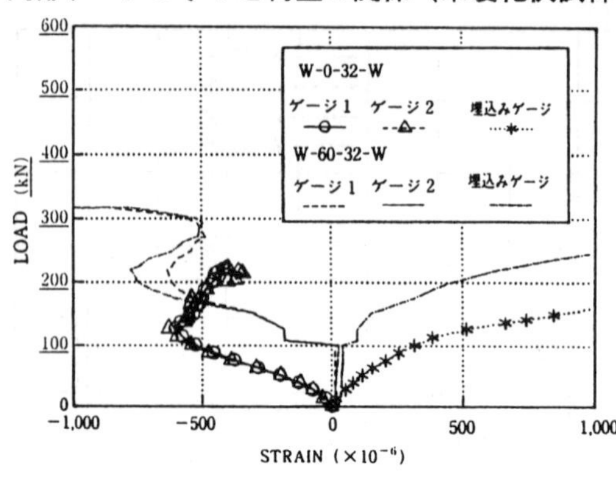

P62

1.3.1 継目部の耐荷機構

……完全接着の供試体の場合0N/mm^{2}のときの接着力は4.69N/mm^{2}程度であり、摩擦係数は0.92程度であることあがわかる。……

P63

参表-1.3.1 完全供試体の継目部ひびわれ荷重とプレストレスの関係

供試体名	プレストレス (N/mm^2)	継目部ひびわれ発生荷重 (kN) A	接合面積 (mm^2) B	換算接合面積 (mm^2) B′	ひび割れ発生応力 A/B′	平均 (N/mm^2) C
W-0-28-H	0	245	47,960	49,390	4.96	4.54
W-0-32-H		184	46,730	48,600	3.79	
W-0-50-H		270	46,850	51,430	5.25	
F-0-32-H		342	80,200	82,080	4.17	
W-30-0-H	2.94	351	49,080	49,080	7.15	7.77
W-30-32-H		385	48,840	50,720	7.60	
F-30-32-H		675	76,830	78,710	8.56	
W-60-50-H	5.88	531	46,890	51,470	10.33	9.95
W-60-32-H		503	47,620	49,500	10.15	
W-60-28-H		448	47,640	49,080	9.13	
W-60-0-H		454	46,770	46,770	9.70	
F-60-32-H		858	30,200	82,080	10.45	

頁	従来単位系

P62

参図-1.2.6　内部ゲージひずみと荷重の関係（未硬化供試体　W-0-32-W, W-60-32-W）

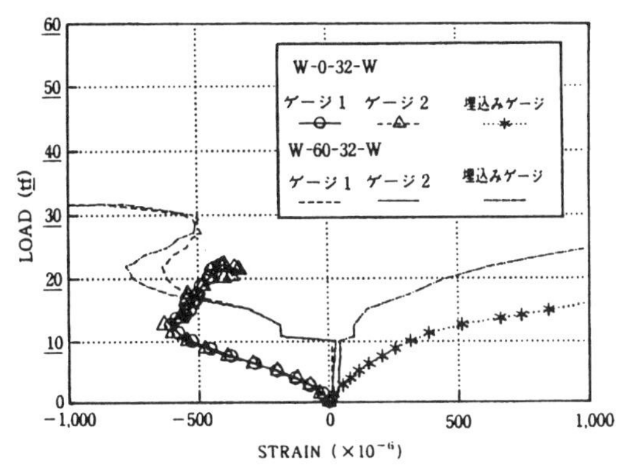

P62

1.3.1　継目部の耐荷機構

……完全接着の供試体の場合0kgf/cm²のときの接着力は47.8kgf/cm²程度であり、摩擦係数は0.92程度であることあがわかる。……

P63

参表-1.3.1　完全供試体の継目部ひびわれ荷重とプレストレスの関係

供試体名	プレストレス (kgf/cm²)	継目部ひびわれ発生荷重 (tf) A	接合面積 (cm²) B	換算接合面積 (cm²) B	ひび割れ発生応力 A/B	平均 (kgf/cm²) C
W-0-28-H	0	25.0	479.6	493.9	50.6	46.3
W-0-32-H		18.8	467.3	486.0	38.6	
W-0-50-H		27.5	468.5	514.3	53.5	
F-0-32-H		34.9	802.0	820.8	42.5	
W-30-0-H	30	35.8	490.8	490.8	72.9	79.3
W-30-32-H		39.3	488.4	507.2	77.5	
F-30-32-H		68.8	768.3	787.1	87.3	
W-60-50-H	60	54.2	468.9	514.7	105.3	101.5
W-60-32-H		51.3	476.2	495.0	103.5	
W-60-28-H		45.7	476.4	490.8	93.1	
W-60-0-H		46.3	467.7	467.7	98.9	
F-60-32-H		87.5	302.0	820.8	106.6	

頁	SI 単位系
P64	

参表-1.3.2　不完全接着供試体の継目部ずれ始め荷重とプレストレスの関係

供試体名	プレストレス (N/mm²)	継目部ひびわれ発生荷重 (kN) A	接合面積 (mm²) B	換算接合面積 (mm²) B′	ひび割れ発生応力 A/B′	平均 (N/mm²) C
W-0-32-W	0	0.0	48,000	49,880	0	0
W-30-32-W	2.94	60.9	48,000	49,880	1.22	1.20
W-30-32-S		66.2	48,000	49,880	1.32	
W-30-0-S		50.0	48,000	49,880	1.04	
W-60-32-W	5.88	101.9	48,000	49,880	2.04	2.07
W-60-32-S		108.9	48,000	49,880	2.19	
W-60-0-S		95.2	48,000	49,880	1.98	

参図-1.3.1　継目部ひびわれ発生応力および摩擦応力とプレストレスの関係

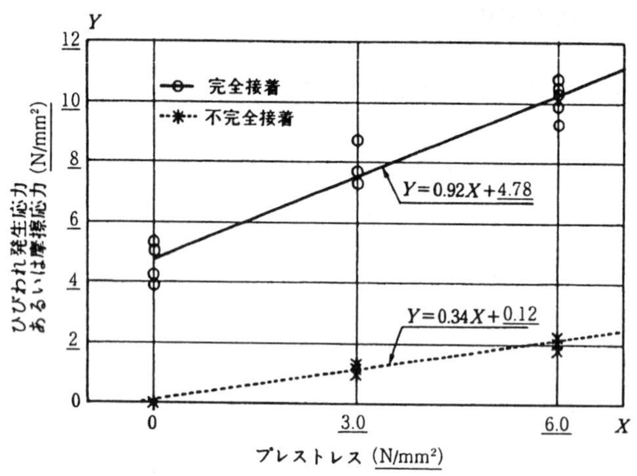

頁	従来単位系
P64	参表-1.3.2 不完全接着供試体の継目部ずれ始め荷重とプレストレスの関係

供試体名	プレストレス (kgf/cm²)	継目部ひびわれ発生荷重 (tf) A	接合面積 (cm²) B	換算接合面積 (cm²) B	ひび割れ発生応力 A/B	平均 (kgf/cm²) C
W-0-32-W	0	0.00	480.0	498.8	0.0	0.0
W-30-32-W	30	6.21	480.0	498.8	12.4	12.2
W-30-32-S		6.75	480.0	498.8	13.5	
W-30-0-S		5.10	480.0	498.8	10.6	
W-60-32-W	60	10.39	480.0	498.8	20.8	21.1
W-60-32-S		11.11	480.0	498.8	22.3	
W-60-0-S		9.71	480.0	498.8	20.2	

参図-1.3.1 継目部ひびわれ発生応力および摩擦応力とプレストレスの関係

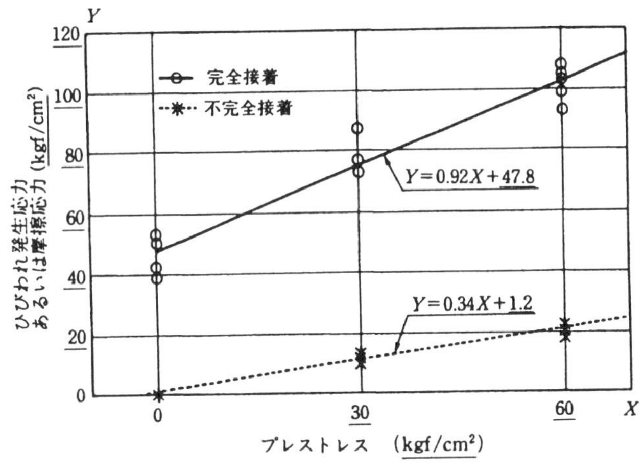

頁	SI 単 位 系

P66

参表-1.3.3　鋼製接合キーの近傍におけるコンクリートの支圧応力と *B*/ *T*の関係

No.	コンクリート強度 f_{ck} (N/mm^2)	実験値 V_n (kN)	プレストレスによる摩擦分 p (kN)	骨材のかみ合い分 I (kN)	キーの耐力 $V_n' = V_n - P - I$ (kN)
1	48.3	344	78	49	217
2	48.3	294	39	49	206
3	48.3	280	0	49	231
4	48.3	294	78	0	216
5	48.3	226	39	0	187
6	48.3	218	0	0	218
7	48.3	415	78	49	287
8	48.3	293	0	49	244
9	48.3	273	78	49	146
10	48.3	254	0	49	205
13	48.3	236	78	0	158
14	48.3	178	39	0	139
17	48.3	559	130	81	347
18	48.3	432	65	81	286
19	48.3	299	0	81	218

注）

4) $f_b = \dfrac{V_n'}{B \times (L_c / 3)} (\mathrm{N/mm^2})$

P74

2.10　コンクリートの強度

全体の76％は40.0N/mm²であり、45.0N/mm²を超えるコンクリートを使用しているケースが21％になっている。

ここで、35.0N/mm²は、斜材付きπ型ラーメン（コンクリート目地）の事例である。

頁	従来単位系
P66	**参表-1.3.3　鋼製接合キーの近傍におけるコンクリートの支圧応力とB/Tの関係**

No.	コンクリート強度 f_{ck} (kgf/cm²)	実験値 V_n (tf)	プレストレスによる摩擦分 p (tf)	骨材のかみ合い分 I (tf)	キーの耐力 V_n'= V_n－P－I(tf)
1	493	35.1	8	5	22.1
2	493	30.0	4	5	21.0
3	493	28.6	0	5	23.6
4	493	30.0	8	0	22.0
5	493	23.0	4	0	19.0
6	493	22.2	0	0	22.2
7	493	42.3	8	5	29.3
8	493	29.9	0	5	24.9
9	493	27.8	8	5	14.8
10	493	25.9	0	5	20.9
13	493	24.1	8	0	16.1
14	493	18.2	4	0	14.2
17	493	57.0	13.3	8.3	35.4
18	493	44.1	6.6	8.3	29.1
19	493	30.5	0	8.3	22.2

注）

4) $f_b = \dfrac{V_n'}{B\times(L_c/3)}(\mathrm{kgf/cm^2})$

P74

2.10　コンクリートの強度

全体の76%は400kgf/cm²であり、450kgf/cm²を超えるコンクリートを使用しているケースが21%になっている。

ここで、350kgf/cm²は、斜材付きπ型ラーメン（コンクリート目地）の事例である。

② 小規模吊橋指針・同解説

② 小規模吊橋指針・同解説

小規模吊橋指針・同解説

頁	SI 単 位 系
P6	**3.4 活 荷 重 (1)** $3.0kN/m^2$（表中の値） **3.4 活 荷 重 (2)** $2.0kN/m^2$（表中の値） …群集荷重は$1m^3$当り3.0kNに換算される。
P7	**表-解3.4.1** 設計集中荷重 …計する場合には$3.0kN/m^2$の等分布荷重を… 表中の数字 上から 総 荷 重（kN） 3.5 12 50 前輪荷重（kN） 1.0 2.5 10 後輪荷重（kN） 2.5 3.5 15
P8	**図-解3.4.1** 設計集中荷重 最大積載量20kNのダンプトラック **写真-解3.4.1** 群集荷重$300kgf/m^2$ $3.0kN/m^2$
P9	**写真-解3.4.2** 群集荷重$250kgf/m^2$ $2.5kN/m^2$ **写真-解3.4.3** 群集荷重$200kgf/m^2$ $2.0kN/m^2$
P10	**写真-解3.4.4** 群集荷重$150kgf/m^2$ $1.5kN/m^2$ **写真-解3.4.5** 群集荷重$100kgf/m^2$ $1.0kN/m^2$
P11	**写真-解3.4.6** 群集荷重$0.5kN/m^2$ $0.5kN/m^2$ $3.0kN/m^2$ $2.0kN/m^2$ $2.0kN/m^2$ $2.0kN/m^2$ $1.0kN/m^2$ 等分布荷重$2.0kN/m^2$ 自動二輪車$1.73kN/m^2$ 軽自動車$2.63kN/m^2$ ダンプトラック$4.08kN/m^2$ $2.0kN/m^2$ ダンプトラック（総重量50kN） $2.0kN/m^2$

頁	従来単位系
P6	**3.4 活 荷 重 (1)** 300kg/m^2（表中の値） **3.4 活 荷 重 (2)** 200kg/m^2（表中の値） …群集荷重は1m^3当り300kgに換算される。
P7	**表-解3.4.1** 設計集中荷重 …計する場合には300kg/m^2の等分布荷重を… 表中の数字 上から 総 荷 重（kg） 350 1200 5000 前輪荷重（kg） 100 250 1000 後輪荷重（kg） 250 350 1500
P8	**図-解3.4.1** 設計集中荷重 最大積載量2tのダンプトラック **写真-解3.4.1** 群集荷重300kgf/m^2 300kg/m^2
P9	**写真-解3.4.2** 群集荷重250kgf/m^2 250kg/m^2 **写真-解3.4.3** 群集荷重200kgf/m^2 200kg/m^2
P10	**写真-解3.4.4** 群集荷重150kgf/m^2 150kg/m^2 **写真-解3.4.5** 群集荷重100kgf/m^2 100kg/m2
P11	**写真-解3.4.6** 群集荷重50kgf/m^2 50kg/m^2 300kg/m^2 200kg/m^2 200kg/m^2 200kg/m^2 100kg/m^2 等分布荷重200kg/m^2 自動二輪車176kg/m^2 軽自動車268kg/m^2 ダンプトラック416kg/m^2 200kg/m^2 ダンプトラック（総重量5t） 200kg/m^2

頁	SI 単位系
P12	**3.5 風 荷 重** 4.5kN/m^2（表中の値） …風圧力は3.0kN/m^{2}となるが,… …投影面積に対して4.5kN/m^2（3.0kN/m^2×1.5）とした。
P13	**3.8 雪 荷 重 (1)** 1.0kN/m^2 **3.8 雪 荷 重 (2)** ここに、SW：雪荷重（kN/m^2） P：雪の平均単位荷重（積雪1cm当りkN/m^2） Z_S：設計積雪深（cm） 1.0kN/m^2 （活荷重＋1.0kN/m^2） （活荷重＋1.0kN/m^2） （活荷重＋1.0kN/m^2）
P14	**表－解3.8.1** 雪の平均単位重量 雪の平均単位重量 P （積雪1cm当りN/m^2） 表中の数字 上から 10 15 22 35 45
P16	**4.2 構造用鋼材等の許容応力度** なお、SF440A（鍛造品）の…
P17	**表-4.2.1** SF45Aの許容応力度 SF440Aの許容応力度 （単位：N/mm^2） 表中の数字 左から 130 130 130 130 75 190 95 550 11.2H_B ロッドをハンガーに用いる場合、SF440A（鍛造品）の…

頁	従来単位系
P12	**3.5 風荷重** 450kg/m²（表中の値） …風圧力は300kg/m²となるが、… …投影面積に対して450kg/m²（300kg/m²×1.5）とした。
P13	**3.8 雪荷重(1)** 100kg/m² **3.8 雪荷重(2)** ここに、SW：雪荷重（kg/m²） P：雪の平均単位荷重（積雪1cm当りkg/m²） Z_S：設計積雪深（cm） 100kg/m² （活荷重＋100kg/m²） （活荷重＋100kg/m²） （活荷重＋100kg/m²）
P14	**表－解3.8.1** 雪の平均単位重量 雪の平均単位重量　P （積雪1cm当りkg/m²） 表中の数字　上から 1.0 1.5 2.2 3.5 4.5
P16	**4.2 構造用鋼材等の許容応力度** なお、SF45A（鍛造品）の…
P17	**表-4.2.1** SF45Aの許容応力度 SF45Aの許容応力度 （単位：kg/cm²） 表中の数字　左から 1300 1300 1300 1300 750 1900 950 5500 $112H_B$ ロッドをハンガーに用いる場合、SF45A（鍛造品）の…

頁	S I 単 位 系
P17	**表-4.4.1** 木材の許容応力度 木材の許容応力度 （単位：N/mm²） 表中の数字　左から 針葉樹　8 $7-0.048\frac{l}{r}$ 9 8 2 0.8 1.2 広葉樹　11 $8-0.058\frac{l}{r}$ 12 11 3.5 1.2 1.8
P19	**表-4.7.1** 摩擦接合用高力ボルトの許容力（1ボルト1摩擦面当り） 摩擦接合用高力ボルトの許容力（1ボルト1摩擦面当り） （単位：kN） 表中の数字　左から M12　10 13 M16　20 24
P23	**5.1.2 ハンガーの種類** ロッドの材質は、SF440Aとするのがよい。
P28	④ワイヤクリップの締付けトルク 10kN･cm

頁	従来単位系
P17	**表-4.4.1** 木材の許容応力度 木材の許容応力度 （単位：kg/cm²） 表中の数字　左から 針葉樹　80 $70-0.48\frac{l}{r}$ 90 80 20 8 12 広葉樹　110 $80-0.58\frac{l}{r}$ 120 110 35 12 18
P19	**表-4.7.1** 摩擦接合用高力ボルトの許容力（1ボルト1摩擦面当り） 摩擦接合用高力ボルトの許容力（1ボルト1摩擦面当り） （単位：kg） 表中の数字　左から M12　1000 1300 M16　2000 2400
P23	**5.1.2　ハンガーの種類** ロッドの材質は、SF45A（鍛造品）とするのがよい。
P28	④ワイヤクリップの締付けトルク 1000kg·cm

頁	S I 単 位 系
P29	**表-解5.3.4** ワイヤクリップ取付け基準 ワイヤクリップ取付け基準 締付けトルク (kN·cm) 表中の数字 上から 2.35 3.53 5.59 7.85 10.0 12.0 17.8 20.6 28.4 39.2 74.3 59.6 67.7 80.9 **表-解5.3.5** 締付けトルク (kN·cm) 表中の数字 上から 標 準 2.35 3.53 5.59 7.84 10.0 適正範囲 2.16～3.14 3.23～5.00 5.00～7.84 6.96～10.88 9.02～13.43 想定締付けトルク (kN·cm) 表中の数字 上から 2.35～3.92 3.23～5.88 5.00～7.15 7.06～8.53 9.02～11.27

頁	従来単位系
P29	**表-解5.3.4** ワイヤクリップ取付け基準 ワイヤクリップ取付け基準 締付けトルク（kg・cm） 表中の数字　上から 240 360 570 800 1020 1220 1820 2100 2900 4000 7580 6080 6900 8250 **表-解5.3.5** 締付けトルク（kg・cm） 表中の数字　上から 標　準　240 360 570 800 1020 適正範囲　220～320 330～510 510～800 710～1110 920～1370 想定締付けトルク（kg・cm） 表中の数字　上から 240～400 330～600 510～730 720～870 920～1150

頁	SI 単 位 系
P29	想定入力（kN）表中の数字　上から 0.12～0.20 0.11～0.20 0.16～0.23 0.19～0.23 0.20～0.25 Uボルト強度限界（kN･cm）表中の数字　上から 5.10 6.86 6.86 8.92 8.92
P38	**1　一　般** （自動車荷重12kN：表-解3.4.1参照） （自動車荷重50kN：表-解3.4.1参照）
P40	**図-解8.1.2**　自動車荷重１台（総重量12kN）による最大たわみ （1.5m≦w＜1.8の場合）

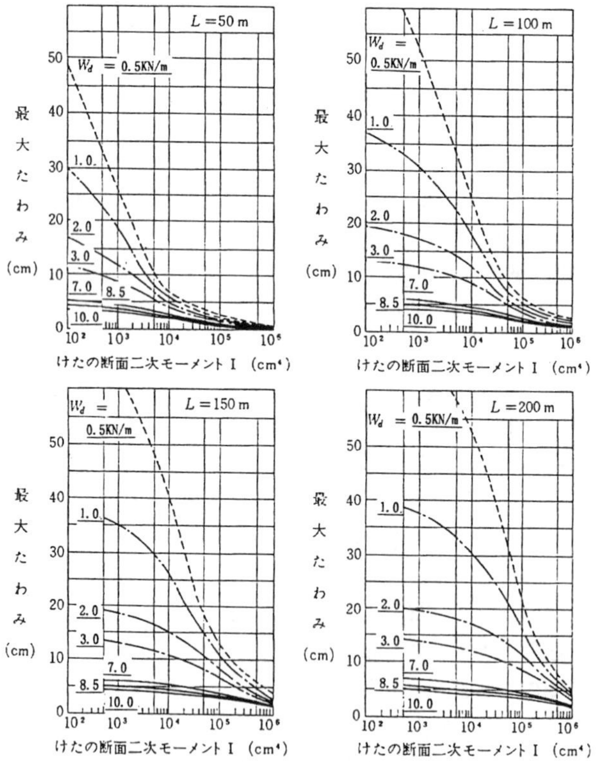

注） 1）最大たわみは集中荷重P（6KNkg/ケーブル）のみによるもの
2）W_dはケーブル重量を含む全死荷重
3）W_d，Ｉとも片側ケーブル当り
4）サグ比は1/10
5）Lはけたの支間長

頁	従来単位系
P29	想定入力（kg）　表中の数字　上から 12～20 11～20 16～23 19～23 20～25 Uボルト強度限界（kg･cm）　表中の数字　上から 520 700 700 910 910
P38	**1 一　般** （自動車荷重1200kg：表-解3.4.1参照） （自動車荷重5000kg：表-解3.4.1参照）
P40	**図-解8.1.2**　自動車荷重1台（総重量1200kg）による最大たわみ （1.5m≦w＜1.8の場合） 注）1）最大たわみは集中荷重P（600kg/ケーブル）のみによるもの 2）W_dはケーブル重量を含む全死荷重 3）W_d，Ⅰとも片側ケーブル当り 4）サグ比は1/10 5）Lはけたの支間長

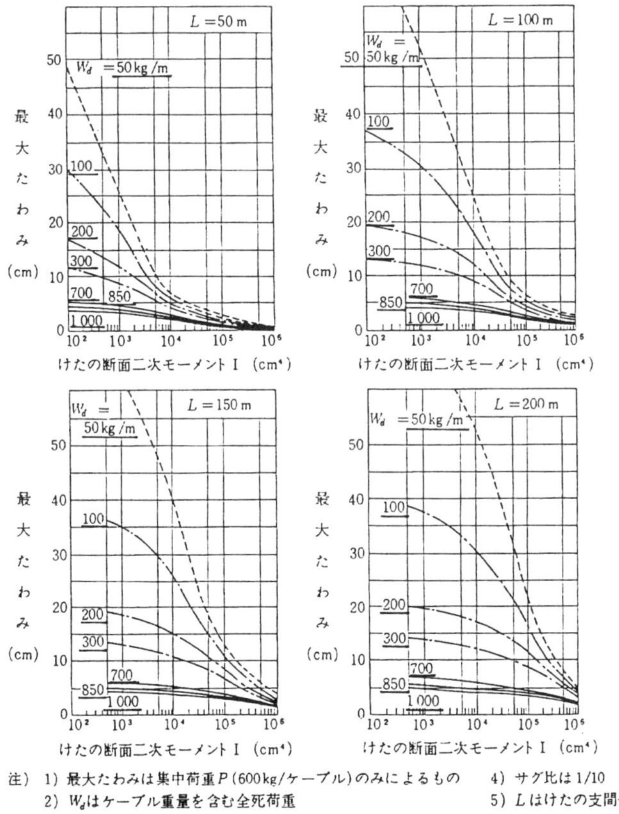

頁	SI 単 位 系
P41	**図-解8.1.3** 自動車荷重１台（総重量50kN）による最大たわみ （1.8m≦w＜2.5の場合） 注） 1）最大たわみは集中荷重P（25KN kg/ケーブル）のみによるもの 2）W_dはケーブル重量を含む全死荷重 3）W_d, Iとも片側ケーブル当り 4）サグ比は1/10 5）Lはけたの支間長
P46	**9.5 地 覆** 7.5kN/m
P49	**10.4 高 欄** 1.5kN/m 2.5kN/mの推力 最大1.5kN/m
P59	**4 荷 重** １）活荷重（等分布荷重） 床版，床組，ハンガー……3.0kN/m^2 主桁，ケーブル，塔………2.0kN/m^2 ２）風荷重……………………4.5kN/m^2（風上側のみ）

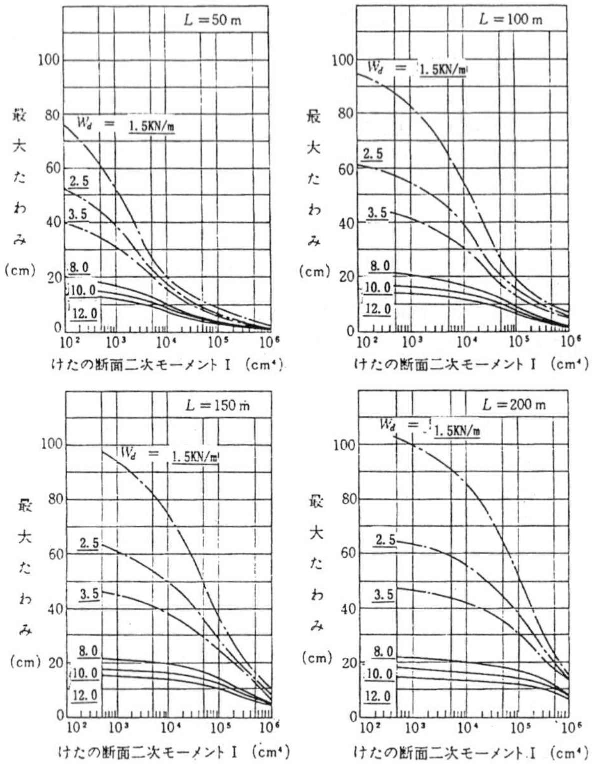

頁	従来単位系

P41 **図-解8.1.3** 自動車荷重１台（総重量5000kg）による最大たわみ（1.8m≦w＜2.5の場合）

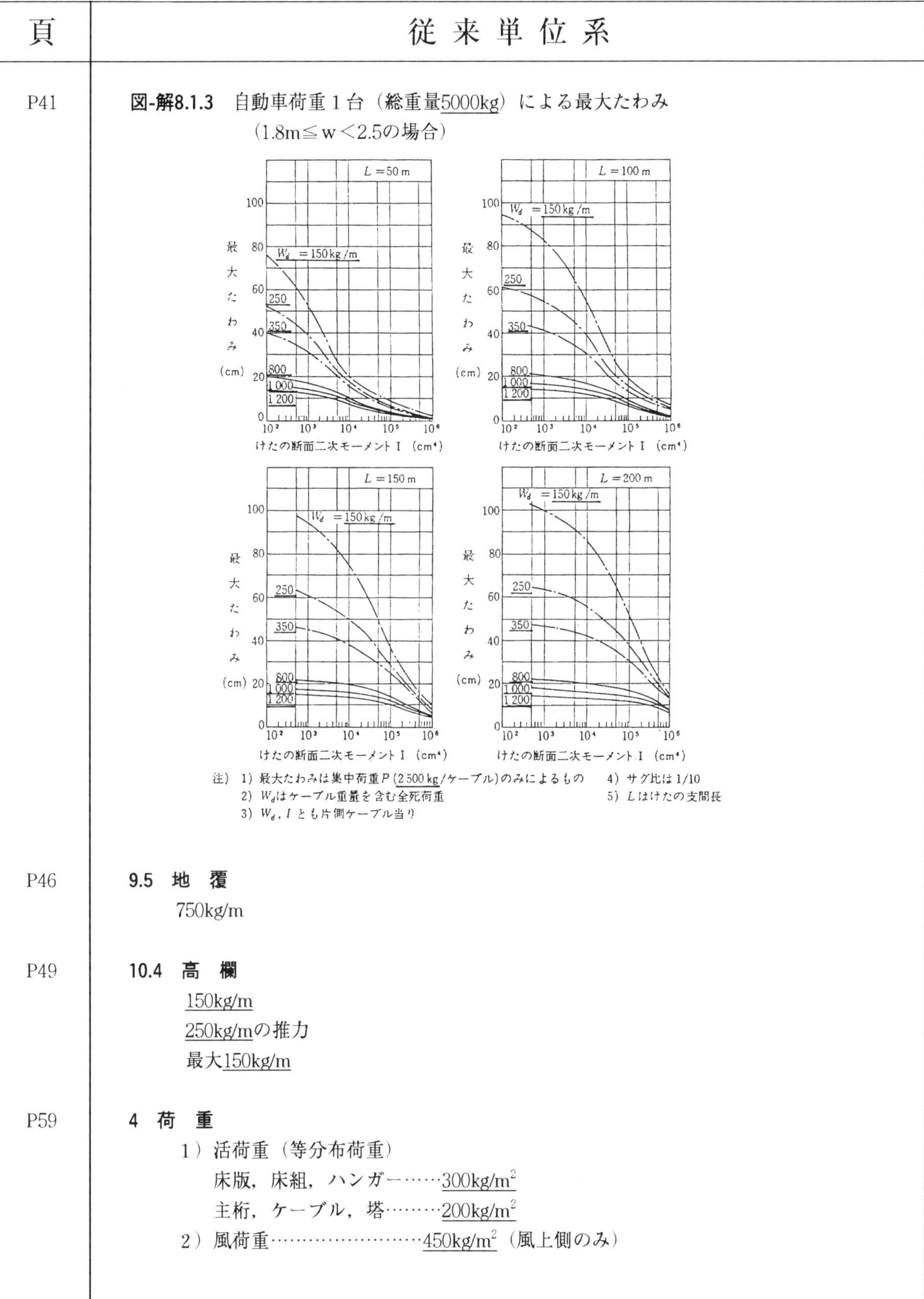

注） 1）最大たわみは集中荷重P（2 500 kg/ケーブル）のみによるもの
2）W_dはケーブル重量を含む全死荷重
3）W_d，Iとも片側ケーブル当り
4）サグ比は1/10
5）Lはけたの支間長

P46 **9.5 地　覆**

750kg/m

P49 **10.4 高　欄**

150kg/m

250kg/mの推力

最大150kg/m

P59 **4 荷　重**

1）活荷重（等分布荷重）

床版，床組，ハンガー……300kg/m^2

主桁，ケーブル，塔………200kg/m^2

2）風荷重……………………450kg/m^2（風上側のみ）

頁	ＳＩ 単 位 系
P62	**3-1 荷重強度** 1）死荷重 床版　0.035m×<u>8.0kN/m³</u>＝<u>0.28kN/m²</u> 地覆　0.050×0.050×<u>8.0</u>＝<u>0.02kN/m²</u> 2）活荷重 等分布荷重　Wu＝<u>3.0kN/m²</u> …単位重量を<u>8.0kN/m³</u>とした。 …単位重量を<u>8.0kN/m³</u>とした。 等分布荷重　Ｗｕ＝<u>3.0kN/m²</u>
P63	**3-2 曲げモーメント** 死荷重による曲げモーメント $M_d=\frac{1}{8}W_d\cdot l^2$ $=\frac{1}{8}\times\underline{280}\times0.700^2=\underline{17.2\mathrm{N\cdot m}}$ 活荷重による曲げモーメント $M_1=\frac{1}{8}W_1\cdot l^2$ $=\frac{1}{8}\times\underline{3000}\times0.700^2=\underline{183.8\mathrm{N\cdot m}}$ $\Sigma M=M_d+M_1=\underline{17.2}+\underline{183.8}=\underline{201.0\mathrm{N\cdot m}}$
P64	**3-2 曲げモーメント** 2）片持ち部 $M_d=\frac{1}{2}W_{d1}\cdot l^2+W_{d2}\cdot l$ $=\frac{1}{2}\times\underline{280}\times0.20^2+\underline{20}\times0.175$ $=\underline{5.6}+\underline{3.5}=\underline{9.1\mathrm{N\cdot m}}$ $M_1=\frac{1}{2}W_u\cdot l^2$ $=\frac{1}{2}\times\underline{3000}\times0.15^2=\underline{33.8\mathrm{N\cdot m}}$ $M_H=P\cdot h=\underline{7500}\times0.085=\underline{637.5\mathrm{N\cdot m}}$ （地覆頂部にＰ＝<u>7.5kN/m</u>水平力を作用させる） $\Sigma M=\underline{9.1}+\underline{33.8}+\underline{637.5}=\underline{680.4\mathrm{N\cdot m}}$ 地覆頂部への水平力は「指針9.5」の解説より<u>7.5kN/m</u>とした。

頁	従来単位系
P62	**3-1 荷重強度** 1）死荷重 床版　$0.035m\times\underline{800kg/m^3}=\underline{28kg/m^2}$ 地覆　$0.050\times0.050\times\underline{800}=\underline{2kg/m^2}$ 2）活荷重 等分布荷重　$Wu=\underline{300kg/m^2}$ …単位重量を$\underline{800kg/m^3}$とした。 …単位重量を$\underline{800kg/m^3}$とした。 等分布荷重　$Wu=\underline{300kg/m^2}$
P63	**3-2 曲げモーメント** 死荷重による曲げモーメント $M_d=\frac{1}{8}W_d\cdot l^2$ $=\frac{1}{8}\times\underline{28}\times0.700^2=\underline{1.72kg\cdot m}$ 活荷重による曲げモーメント $M_1=\frac{1}{8}W_1\cdot l^2$ $=\frac{1}{8}\times\underline{300}\times0.700^2=\underline{18.38kg\cdot m}$ $\Sigma M=M_d+M_1=\underline{1.72}+\underline{18.38}=\underline{20.10kg\cdot m}$
P64	**3-2 曲げモーメント** 2）片持ち部 $M_d=\frac{1}{2}W_{d1}\cdot l^2+W_{d2}\cdot l$ $=\frac{1}{2}\times\underline{28.0}\times0.20^2+\underline{2.0}\times0.175$ $=\underline{0.56}+\underline{0.35}=\underline{0.91kg\cdot m}$ $M_1=\frac{1}{2}W_u\cdot l^2$ $=\frac{1}{2}\times\underline{300}\times0.15^2=\underline{3.38kg\cdot m}$ $M_H=P\cdot h=\underline{750}\times0.085=\underline{63.75kg\cdot m}$ （地覆頂部に$P=\underline{750kg/m}$水平力を作用させる） $\Sigma M=\underline{0.91}+\underline{3.38}+\underline{63.75}=\underline{68.04kg\cdot m}$ 地覆頂部への水平力は「指針9.5」の解説より$\underline{750kg/m}$とした。

頁	ＳＩ 単 位 系
P65～P66	**3-3 床版断面決定** M＝680.4N·m 版厚 t ＝3.5cmの針葉樹を用いる。 $Z \quad = \frac{1}{6} B \cdot t^2 = \frac{1}{6} \times 100.0 \times 3.5$ $= 204\text{cm}^3$ $\sigma = \frac{M}{Z} = \frac{680400}{204000} = 3.34\text{N/mm}^2 < \sigma_a = 9.0\text{N/mm}^2$ **3-4 地覆部取付けボルト間隔** 図中の数字 P ＝7.5×0.5＝3.75kN ボルトのせん断応力度（ボルトM16） $A_g = \frac{1}{4} \times \pi \times 1.6^2 = 2.01\text{cm}^2$ $\tau = \frac{P}{A_g} = \frac{3750}{201} = 18.7\text{N/mm}^2 < 90\text{N/mm}^2$ 木材の支圧応力度 $\sigma = \frac{3750}{16 \times 35} = 6.70\text{N/mm}^2 < 8.0\text{N/mm}^2$ …種別：針葉樹に対応する9.0N/mm²の値を用いた。
P65～P67	**参考-1** 自動二輪車載荷の場合 輪荷重　Pr＝2.5kN 1）中央部 $M_d = \frac{1}{8} \times 280 \times 0.700^2 \times 0.25 = 4.3\text{N} \cdot \text{m}$ $M_1 = \frac{1}{4} \times 2500 \times 0.7 = 437.5\text{N} \cdot \text{m}$ ―――――――――― ΣM＝441.8N·m 2）片持ち部（地覆頂部に水平力を作用させる） $M_d = \frac{1}{2} \times 280 \times 0.20^2 \times 0.25 + 20 \times 0.175 \times 0.25$ $= 2.3\text{N} \cdot \text{m}$ $M_t = P_r \cdot l = 2500 \times 0.1 = 250\text{N} \cdot \text{m}$ $M_H = P \cdot h = 7500 \times 0.085 \times 0.25 = 159.4\text{N} \cdot \text{m}$ $\Sigma M = 2.28 + 25.0 + 159.4 = 411.7\text{N} \cdot \text{m}$

3-3　床版断面決定

M＝68.04kg·m

版厚 t ＝3.5cmの針葉樹を用いる。

$$Z=\frac{1}{6}B\cdot t^2=\frac{1}{6}\times 100.0\times 3.5$$
$$=204\text{cm}^3$$
$$\sigma=\frac{M}{Z}=\frac{6804}{\underline{204}}=\underline{33.3\text{kg/cm}^2}<\sigma_a=\underline{90\text{kg/cm}^2}$$

3-4　地覆部取付けボルト間隔

図中の数字

P ＝750×0.5＝375kg

ボルトのせん断応力度（ボルトM16）

$$A_g=\frac{1}{4}\times\pi\times 1.6^2=2.01\text{cm}^2$$
$$\tau=\frac{P}{A_g}=\frac{375}{\underline{2.01}}=\underline{187\text{kg/cm}^2}<\underline{900\text{kg/cm}^2}$$

木材の支圧応力度

$$\sigma=\frac{375}{\underline{1.6\times 3.5}}=\underline{67.0\text{kg/cm}^2}<\underline{80\text{kg/cm}^2}$$

…種別：針葉樹に対応する90kg/cm²の値を用いた。

参考-1　自動二輪車載荷の場合

輪荷重　Pr＝250kg

1）中央部

$$M_d=\frac{1}{8}\times\underline{28}\times 0.700^2\times 0.25=\underline{0.43\text{kg}\cdot\text{m}}$$
$$M_1=\frac{1}{4}\times\underline{250}\times 0.7=\underline{43.75\text{kg}\cdot\text{m}}$$

$$\Sigma M=\underline{44.18\text{kg}\cdot\text{m}}$$

2）片持ち部（地覆頂部に水平力を作用させる）

$$M_d=\frac{1}{2}\times\underline{28}\times 0.20^2\times 0.25+\underline{2.0}\times 0.175\times 0.25$$
$$=\underline{0.23\text{kg}\cdot\text{m}}$$
$$M_t=P_r\cdot l=\underline{250}\times 0.1=\underline{25.0\text{kg}\cdot\text{m}}$$
$$M_H=P\cdot h=\underline{750}\times 0.085\times 0.25=\underline{15.94\text{kg}\cdot\text{m}}$$
$$\Sigma M=0.23+25+15.94=41.17\text{kg}\cdot\text{m}$$

	3）床版断面（床版の板厚） $M = \underline{441.8}\mathrm{N\cdot m}$ $Z = \frac{1}{6}\times 25.0\times 3.5^2 = 51.0\mathrm{cm}^3$ $\sigma = \frac{441800}{\underline{51000}} = \underline{8.66\mathrm{N/mm^2}} < \sigma_a = \underline{9.0\mathrm{N/mm^2}}$ 後輪荷重2.5kN
P68～P69	**4-1 荷 重 強 度** 死荷重 床　版　280×0.55　　=154N/m 地　覆　20×1.0　　=20N/m 角　材　0.1×0.1×8000=80N/m 縦げた自重　　　=200N/m ―――――――――――― W_d =454N/m 活荷重 W_u =3000×0.516=1548N/m Σ W=454+1548=2002N/m
P69～P70	**4-2 曲げモーメント** $M = \frac{2002\times 2.0^2}{\underline{8}} = \underline{1001\mathrm{N\cdot m}}$ **4-3 断 面 決 定** $M = \underline{1001}\mathrm{N\cdot m}$ $1-H\quad 100\times 100\times 6\times 8(\underline{SS400})$ $A_g = 21.9\mathrm{cm}^2\quad Z_X = 76.5\mathrm{cm}^3$ $\sigma_c = \frac{M}{Z_x} = \frac{1001000}{\underline{76500}} = \underline{13.1\mathrm{N/mm^2}} < \sigma_{ca}$ $\sigma_t = \frac{1001000}{\underline{76500}}\times\frac{10.0}{\underline{10.0-2\times 1.9}} = \underline{21.1\mathrm{N/mm^2}}$ $< \sigma_{ta} = \underline{140\mathrm{N/mm^2}}$ $\sigma_{ca} = \underline{140} - \underline{2.4}\left(\frac{l}{b} - 4.5\right)$ $= \underline{140} - \underline{2.4}\times(20.0-4.5) = \underline{103\mathrm{N/mm^2}}$ H形鋼の鋼種はSS400であり… 140N/mm²

頁	従来単位系
	3）床版断面（床版の板厚） $M = \underline{44.18}\text{kg}\cdot\text{m}$ $Z = \frac{1}{6} \times 25.0 \times 3.5^2 = 51.0\text{cm}^3$ $\sigma = \frac{4418}{\underline{51.0}} = \underline{86.6\text{kg}/\text{cm}^2} < \sigma_a = \underline{90\text{kg}/\text{cm}^2}$ 後輪荷重250kg
P68～P69	**4-1 荷重強度** 死荷重 床　版　28.0×0.55　=15kg/m 地　覆　2.0×1.0　=2kg/m 角　材　0.1×0.1×800=8kg/m 縦げた自重　=20kg/m ―――――――――――― $W_d = 45$kg/m 活荷重 $W_u = 300 \times 0.516 = 155$kg/m $\Sigma W = 45 + 155 = 200$kg/m
P69～P70	**4-2 曲げモーメント** $M = \frac{200 \times 2.0^2}{8} = \underline{100.0\text{kg}\cdot\text{m}}$ **4-3 断面決定** $M = \underline{100.0}\text{kg}\cdot\text{m}$ $1 - H\quad 100 \times 100 \times 6 \times 8(\underline{SS41})$ $A_g = 21.9\text{cm}^2 \quad Z_X = 76.5\text{cm}^3$ $\sigma_c = \frac{M}{Z_x} = \frac{10000}{\underline{76.5}} = \underline{131\text{kg}/\text{cm}^2} < \sigma_{ca}$ $\sigma_t = \frac{10000}{\underline{76.5}} \times \frac{10.0}{\underline{10.0 - 2 \times 1.9}} = \underline{211\text{kg}/\text{cm}^2}$ $< \sigma_{ta} = \underline{1400\text{kg}/\text{cm}^2}$ $\sigma_{ca} = \underline{1400} - \underline{24}\left(\frac{l}{b} - 4.5\right)$ $= \underline{1400} - \underline{24} \times (20.0 - 4.5) = \underline{1028\text{kg}/\text{cm}^2}$ H形鋼の鋼種はSS41であり… 1400kg/cm²

頁	SI 単 位 系
P70～P71	**4-4 縦げたの補剛効果による応力の重ね合せ** 1）曲げモーメント（支間1/4点のみ算出する） ケーブルのヤング係数　$E_c = \underline{1.35\times 10^8}$kN/m^2 補剛げたのヤング係数　$E = \underline{2.0\times 10^8}$kN/m^2 Nの計算 $N = \frac{8}{5} + \frac{3}{f^2 \cdot l} \cdot \frac{I}{A_c} \cdot \frac{E}{E_c} \cdot \{l'(1+8n^2) + 2l_1 \cdot \sec^3\theta\}$ $= \frac{8}{5} + \frac{3}{5^2\times 50} \times \frac{0.00000383}{0.000438} \times \frac{2.0}{\underline{1.35}} \times \{50\times(1+8\times 0.1^2)$ $+ 2\times 10\times \sec^3 21^\circ 48' 05''\}$ $= 1.600 + \underline{0.002} = \underline{1.602}$ $A_{total} = \frac{1}{2}x(l-x)(1-\frac{8}{5N})$ $= \frac{1}{2}\times 12.5\times(50-12.5)\times(1-\frac{8}{\underline{5\times 1.602}})$ $= \underline{0.3\text{m}^2} \rightarrow 0$
P72	**4-4 縦げたの補剛効果による応力の重ね合せ** $x_1 = \frac{N\cdot l}{4} = \frac{1.602\times 50}{\underline{4}} = \underline{20.025\text{m}}$ $j_1 + j_1^{\,2} - j_1^{\,3} = \frac{N}{4}\cdot\frac{l}{l-x} = \frac{20.025}{\underline{50-12.5}} = 0.534$ $A_{min} = -\frac{2\times 12.5\times(50-12.5)}{\underline{5\times 1.602}} \times 0.37 = -43.3\text{m}^2$ $M_{min} = W_g \cdot A_{min} = \underline{1}\times(-43.3) = \underline{-43.3\text{kN}\cdot\text{m}}$ 正の最大曲げモーメント　$M_{max} = \underline{43.3\text{kN}\cdot\text{m}}$ $H_W = \frac{W_d \cdot l^2}{8f} = \frac{1.6\times 50^2}{\underline{8\times 5.0}} = \underline{100\text{kN}}$ $S = \frac{1}{50}\times\sqrt{\frac{\underline{2.0\times 10^8 \times 38.3\times 10^{-7}}}{100}} = \underline{0.055}$ $M = M_{max}\cdot C = \underline{43.3}\times 0.12 = \underline{5.20\text{kN}\cdot\text{m}}$ 2）応力度 $\sigma_c = \frac{5200000}{\underline{76500}} = \underline{68.0\text{N}/\text{mm}^2}$ $\sigma_t = \underline{68.0}\times\frac{10.0}{10.0-2\times 1.9} = \underline{110\text{N}/\text{mm}^2}$

<table>
<tr><th>頁</th><th>従来単位系</th></tr>
<tr><td>P70～P71</td><td>

4-4　縦げたの補剛効果による応力の重ね合せ

1）曲げモーメント（支間1/4点のみ算出する）

ケーブルのヤング係数　$E_c = \underline{1.4\times10^7 t/m^2}$

補剛げたのヤング係数　$E = \underline{2.1\times10^7 t/m^2}$

Nの計算

$$N = \frac{8}{5} + \frac{3}{f^2\cdot l}\cdot\frac{I}{A_c}\cdot\frac{E}{E_c}\cdot\{l'(1+8n^2)+2l_l\cdot\sec^3\theta\}$$

$$= \frac{8}{5} + \frac{3}{5^2\times50}\times\frac{0.00000383}{0.000438}\times\frac{2.1}{\underline{1.4}}\times\{50\times(1+8\times0.1^2)$$

$$+2\times10\times\sec^3 21^\circ 48' 05''\}$$

$$= 1.600 + \underline{0.003} = \underline{1.603}$$

$$A_{total} = \frac{1}{2}x(l-x)(1-\frac{8}{5N})$$

$$= \frac{1}{2}\times12.5\times(50-12.5)\times(1-\frac{8}{\underline{5\times1.603}})$$

$$= \underline{0.4m^2} \to 0$$

</td></tr>
<tr><td>P72</td><td>

4-4　縦げたの補剛効果による応力の重ね合せ

$$x_1 = \frac{N\cdot l}{4} = \frac{1.603\times50}{\underline{4}} = \underline{20.038m}$$

$$\dot{j}_1 + \dot{j}_1^{\,2} - \dot{j}_1^{\,3} = \frac{N}{4}\cdot\frac{l}{l-x} = \frac{20.038}{\underline{50-12.5}} = 0.534$$

$$A_{\min} = -\frac{2\times12.5\times(50-12.5)}{\underline{5\times1.603}}\times0.37 = -43.3m^2$$

$$M_{\min} = W_g\cdot A_{\min} = \underline{0.1}\times(-43.3) = \underline{-4.33t\cdot m}$$

正の最大曲げモーメント　$\underline{M_{max} = 4.33t\cdot m}$

$$H_W = \frac{W_d\cdot l^2}{8f} = \frac{0.160\times50^2}{\underline{8\times5.0}} = \underline{10.0t}$$

$$S = \frac{1}{50}\times\sqrt{\frac{2.1\times10^7\times38.3\times10^{-7}}{10.0}} = \underline{0.057}$$

$$M = M_{\max}\cdot C = \underline{4.33}\times0.12 = \underline{0.52t\cdot m}$$

2）応力度

$$\sigma_c = \frac{52000}{\underline{76.5}} = \underline{680kg/cm^2}$$

$$\sigma_t = \underline{680}\times\frac{10.0}{10.0-2\times1.9} = \underline{1097kg/cm^2}$$

</td></tr>
</table>

頁	ＳＩ 単 位 系
	3）縦げたと補剛げたの合成応力度 $\sigma_c = \underline{13.1} + \underline{68.0} = \underline{81.1\text{N}/\text{mm}^2} < \underline{103} \times 1.35$ $= \underline{139\text{N}/\text{mm}^2}$ $\sigma_t = \underline{21.1} + \underline{110} = \underline{131.1\text{N}/\text{mm}^2} < \underline{140} \times 1.35$ $= \underline{189\text{N}/\text{mm}^2}$
P75～P76	**参考-2** 自動二輪車載荷の場合 活荷重総重量　$\underline{3.5\text{kN}}$ 前輪荷重　$\underline{1.0\text{kN}}$ 後輪荷重　$\underline{2.5\text{kN}}$ 1）活荷重 $P_r = 2.5 \times 1.143 = \underline{2.86\text{kN}}$ $P_f = 1.0 \times 1.143 = \underline{1.14\text{kN}}$ 2）曲げモーメント（支間中央） $M_l = \frac{1}{4} \cdot P_r \cdot l = \frac{1}{4} \times \underline{2.86} \times 2.0 = \underline{1.43\text{kN}\cdot\text{m}}$ $M_d = \frac{1}{8} \cdot W_d \cdot l^2 = \frac{1}{8} \times \underline{0.454} \times 2.0^2 = \underline{0.23\text{kN}\cdot\text{m}}$ $\Sigma M = \underline{1.66\text{kN}\cdot\text{m}}$ 3）断面検討 $\sigma_c = \frac{1660000}{\underline{76500}} = \underline{21.7\text{kN}/\text{mm}^2} < \sigma_{ca}$ $\sigma_t = \underline{21.7} \times \frac{10.0}{10.0 - 2 \times 1.9} = \underline{35\text{kN}/\text{mm}^2} < \sigma_{ta}$ 高欄　$W_d = \underline{300\text{N/m}}$
P75	**参考-2** 自動二輪車載荷の場合 総重量　$\underline{3.5\text{kN}}$ 前輪荷重　$\underline{1.0\text{kN}}$ 後輪荷重　$\underline{2.5\text{kN}}$
P77	**5-1　荷　重** 1）縦げたの反力 $W_u = \underline{1550\text{N/m}}$ 死荷重　$R_d = 454 \times 2.0 = \underline{908\text{N}}$ 等分布荷重　$R_u = 1550 \times 2.0 = \underline{3100\text{N}}$ $\Sigma R = 908 + 3100 = \underline{4008\text{N}}$

頁	従来単位系
	3）縦げたと補剛げたの合成応力度 $\sigma_c = \underline{131} + \underline{680} = \underline{811\text{kg/cm}^2} < \underline{1028} \times 1.35$ $= \underline{1388\text{kg/cm}^2}$ $\sigma_t = \underline{211} + \underline{1097} = \underline{1308\text{kg/cm}^2} < \underline{1400} \times 1.35$ $= \underline{1890\text{kg/cm}^2}$
P75～P76	**参考-2** 自動二輪車載荷の場合 活荷重総重量　<u>350kg</u> 前輪荷重　<u>100kg</u> 後輪荷重　<u>250kg</u> 1）活荷重 $P_r = 250 \times 1.143 = \underline{286\text{kg}}$ $P_f = 100 \times 1.143 = \underline{114\text{kg}}$ 2）曲げモーメント（支間中央） $M_l = \frac{1}{4} \cdot P_r \cdot l = \frac{1}{4} \times \underline{286} \times 2.0 = \underline{143\text{kg·m}}$ $M_d = \frac{1}{8} \cdot W_d \cdot l^2 = \frac{1}{8} \times \underline{45} \times 2.0^2 = \underline{23\text{kg·m}}$ $\Sigma M = \underline{166\text{kg·m}}$ 3）断面検討 $\sigma_c = \frac{16600}{\underline{76.5}} = \underline{217\text{kg/cm}^2} < \sigma_{ca}$ $\sigma_t = \underline{217} \times \frac{10.0}{10.0 - 2 \times 1.9} = \underline{350\text{kg/cm}^2} < \sigma_{ta}$ 高欄　$W_d = \underline{30\text{kg/m}}$
P75	**参考-2** 自動二輪車載荷の場合 総重量　<u>350kg</u> 前輪荷重　<u>100kg</u> 後輪荷重　2<u>50kg</u>
P77	**5-1　荷　重** 1）縦げたの反力 $W_u = \underline{155\text{kg/m}}$ 死荷重　$R_d = 45 \times 2.0 = \underline{90\text{kg}}$ 等分布荷重　$Ru = 155 \times 2.0 = \underline{310\text{kg}}$ $\Sigma R = 90 + 310 = \underline{400\text{kg}}$

頁	ＳＩ　単　位　系
	2）高　欄 $R_d = 300 \times 2.0 = \underline{600N}$ 3）縦げた自重 $W_d = \underline{500N/m}$ $\underline{454N/m}$ $\underline{1550N/m}$ 高欄の自重は<u>300N/m</u> 横げたの自重は<u>500N/m</u>
P78	**5-2　断　面　力** $W_d = \underline{500N/m}$ 1）曲げモーメント 縦げた　$4008 \times 0.225 \times 2 = \underline{1804N \cdot m}$ 高　欄　$600 \times 0.075 \times 2 = \underline{90N \cdot m}$ 横げた自重　$\frac{1}{8} \times \underline{500} \times 1.6^2 = \underline{160N \cdot m}$ $\Sigma M = \underline{2054N \cdot m}$ 2）反　力 縦げた　$= \underline{4008N}$ 高　欄　$= \underline{600N}$ 横げた自重　$\frac{1}{2} \times \underline{500} \times 1.6 = \underline{400N}$ $\Sigma R = \underline{5008N}$
P79	**5-3　断面決定** $M = \underline{2054N \cdot m}$ $1-H \quad 150 \times 150 \times 7 \times 10(\underline{SS}400)$ $\sigma = \frac{M}{Z_x} = \frac{2054000}{\underline{219000}} = \underline{9.4N/mm^2} < \sigma_{ca}$ $\sigma_{ca} = \underline{140} - \underline{2.4}(10.7 - 4.5)$ $= \underline{125N/mm^2}$ $\tau = \frac{R}{A_W} = \frac{5008}{\underline{130 \times 7}} = \underline{5.5N/mm^2} < \underline{80N/mm^2}$
P80	**6-1　荷重強度** 1）死荷重 床版　$\underline{280} \times 1.10 = \underline{308N/m}$ 地覆　$\underline{20} \times 2 = \underline{40N/m}$ 角材　$\underline{80} \times 2 = \underline{160N/m}$ 縦げた　$\underline{200} \times 2 = \underline{400N/m}$

頁	従 来 単 位 系
	2）高　欄 $R_d = 30 \times 2.0 = \underline{60kg}$ 3）縦げた自重 $W_d = \underline{50kg/m}$ $\underline{45kg/m}$ $\underline{155kg/m}$ 高欄の自重は$\underline{30kg/m}$ 横げたの自重は$\underline{50kg/m}$
P78	**5-2　断　面　力** $W_d = \underline{50kg/m}$ 1）曲げモーメント 縦げた　$400 \times 0.225 \times 2 = \underline{180kg \cdot m}$ 高　欄　$60 \times 0.075 \times 2 = \underline{9kg \cdot m}$ 横げた自重　$\frac{1}{8} \times \underline{50} \times 1.6^2 = \underline{16kg \cdot m}$ $\Sigma M = \underline{205kg \cdot m}$ 2）反　力 縦げた　$= \underline{400kg}$ 高　欄　$= 60kg$ 横げた自重　$\frac{1}{2} \times \underline{50} \times 1.6 = \underline{40kg}$ $\Sigma R = \underline{500kg}$
P79	**5-3　断 面 決 定** $M = \underline{205kg \cdot m}$ $1-H \quad 150 \times 150 \times 7 \times 10(\underline{SS41})$ $\sigma = \frac{M}{Z_x} = \frac{20500}{\underline{219}} = \underline{94kg/cm^2} < \sigma_{ca}$ $\sigma_{ca} = \underline{1400} - \underline{24}(10.7 - 4.5)$ $= \underline{1251kg/cm^2}$ $\tau = \frac{R}{A_W} = \frac{500}{\underline{13.0 \times 0.7}} = \underline{55kg/cm^2} < \underline{800kg/cm^2}$
P80	**6-1　荷 重 強 度** 1）死荷重 床版　28×1.10　$= 31kg/m$ 地覆　2×2　$= 4kg/m$ 角材　8×2　$= 16kg/m$ 縦げた　20×2　$= 40kg/m$

頁	S I 単 位 系
	横げた　$\underline{500}\times1.8\times25\times\frac{1}{50.0}=\underline{450\mathrm{N/m}}$ 横構　$\underline{200}\times1.6$　$=\underline{320\mathrm{N/m}}$ ケーブル　$\underline{100}\times2$　$=\underline{200\mathrm{N/m}}$ ハンガー　$\underline{10}\times3.5\times25\times2\times\frac{1}{50.0}=\underline{40\mathrm{N/m}}$ 耐風索　$\underline{50}\times2+600$　$=\underline{700\mathrm{N/m}}$ 支索　$\underline{5}\times3.0\times25\times2\times\frac{1}{50.0}=\underline{20\mathrm{N/m}}$ 高欄　$\underline{300}\times2$　$=\underline{600\mathrm{N/m}}$ $W_d=\underline{3238\mathrm{N/m}}$ ケーブル片側当り　$W_d=\frac{\underline{3238}}{\underline{2}}=\underline{1619}\rightarrow\underline{1700\mathrm{N/m}}$
P80～P81	**6-1　荷 重 強 度** $\underline{40\mathrm{kN}}$ 換算死荷重　$\underline{W_v=300\mathrm{N/m}}$ $W_V=\frac{8\cdot\sin\theta\cdot f_s\cdot T}{l_s^2\cdot\sec\varphi}$ $=\frac{\underline{8\times\sin30^\circ\times5.774\times40000}}{\underline{50^2\times1.1}}$ $=\underline{336}\rightarrow\underline{300\mathrm{N/m}}$ $T=\underline{40\mathrm{kN}}$
P82～P83	**6-1　荷重強度，6-2　ケーブルの張力** $W_u=\underline{2000}\times1.0\times\frac{1}{2}=\underline{1000\mathrm{N/m}}$ 活荷重は$\underline{200\mathrm{kg/m^2}}$とする。 $H_d=\frac{\underline{1700\times50^2}}{\underline{8\times5.0}}=\underline{106.25\mathrm{kN}}$ $H_u=\frac{\underline{1000\times50^2}}{\underline{8\times5.0}}=\underline{62.50\mathrm{kN}}$ $T_{max}=(\underline{106.3}+\underline{62.5})\times\sec21^\circ48'05''$ $=\underline{168.8}\times1.077=\underline{181.74\mathrm{kN}}$
P83～P84	**6-3　ケーブルの断面，7-1　ハンガーの張力** $T=\underline{181.74\mathrm{kN}}$ 切断荷重　$T_a=\underline{579.2\mathrm{kN}}$ 安全率　$\nu=\frac{\underline{579.2}}{\underline{181.74}}=\underline{3.19}>3.0$

頁	従来単位系
	横げた　$\underline{50}\times1.8\times25\times\dfrac{1}{50.0}=\underline{45\text{kg}/\text{m}}$ 横構　20×1.6　=32kg/m ケーブル　10.0×2　=20kg/m ハンガー　$\underline{1.0}\times3.5\times25\times2\times\dfrac{1}{50.0}=\underline{4\text{kg}/\text{m}}$ 耐風索　5.0×2＋60　=70kg/m 支索　$\underline{0.5}\times3.0\times25\times2\times\dfrac{1}{50.0}=\underline{2\text{kg}/\text{m}}$ 高欄　30.0×2　=60kg/m $W_d=324\text{kg/m}$ ケーブル片側当り　$W_d=\dfrac{\underline{324}}{\underline{2}}=\underline{162}\rightarrow\underline{170\text{kg}/\text{m}}$
P80～P81	**6-1　荷重強度** 4t 換算死荷重　$\underline{W_v=30\text{kg/m}}$ $W_V=\dfrac{8\cdot\sin\theta\cdot f_s\cdot T}{l_s^2\cdot\sec\varphi}$ $=\dfrac{8\times\sin30^\circ\times5.774\times4000}{50^2\times1.1}$ $=\underline{33.6}\rightarrow\underline{30\text{kg}/\text{m}}$ $T=\underline{4\text{t}}$
P82～P83	**6-1　荷重強度，6-2　ケーブルの張力** $W_u=\underline{200}\times1.0\times\dfrac{1}{2}=\underline{100\text{kg}/\text{m}}$ 活荷重は$\underline{2000\text{N/m}^2}$とする。 $H_d=\dfrac{170\times50^2}{8\times5.0}=\underline{10625\text{kg}}$ $H_u=\dfrac{100\times50^2}{8\times5.0}=\underline{6250\text{kg}}$ $T_{max}=(\underline{10625}+\underline{6250})\times\sec21^\circ48'05''$ $=\underline{16875}\times1.077=\underline{18174\text{kg}}$
P83～P84	**6-3　ケーブルの断面，7-1　ハンガーの張力** $T=\underline{18174\text{kg}}$ 切断荷重　$T_a=\underline{59.1\text{t}}$ 安全率　$\nu=\dfrac{59.1}{\underline{18.174}}=\underline{3.25}>3.0$

<table>
<tr><th>頁</th><th>S I 単 位 系</th></tr>
<tr><td></td><td>$T_a = \underline{579.2\text{kN}}$
$T_h = \underline{5008} + \underline{320} + \underline{40} + \underline{700} + \underline{20} = \underline{6088\text{N}}$
$T_h = \underline{6088\text{N}}$
切断荷重　$T_a = \underline{52.17\text{kN}}$
安全率
切断荷重　$T_a = \underline{52.17\text{kN}}$</td></tr>
<tr><td>P84～P85</td><td>8-1　風　荷　重
風上側にのみ$W = \underline{4.5\text{kN/m}^2}$を載荷する。
ケーブルへの作用力
$P_c = 0.039 \times \underline{4500} = \underline{176\text{N/m}}$
横構への作用力
$P_f = 0.673 \times \underline{4500} = \underline{3029\text{N/m}}$
横構への作用力
$P_f = (\underline{3238} - \underline{200} - \dfrac{\underline{40}}{\underline{2}} - \underline{600}) \times 0.2 = \underline{484\text{N/m}} < \underline{3029\text{N/m}}$</td></tr>
<tr><td>P86～P88</td><td>8-3　構造部材部，8-4　横構断面
$S = \dfrac{1}{2} \times \underline{3029} \times 50.0 = \underline{75.73\text{kN}}$
$N = \underline{75.73} \times \dfrac{2.561}{1.600} \times \dfrac{1}{2} = \underline{60.61\text{kN}}$
$N = \underline{60.61\text{kN}}$
$1-L\ \ 90 \times 90 \times 10(\underline{SS400})$
$\dfrac{l}{r_x} = \dfrac{256.1}{2.71} = 94.5 > \underline{92}$
$\sigma_{ca} = \left\{ \underline{\dfrac{1200000}{6700 + \left(\dfrac{l}{r_x}\right)^2}} \right\} = \dfrac{1200000}{\underline{6700 + 94.5^2}} = \underline{76.8\text{N/mm}^2}$
$\sigma_{ca}' = \left\{ \sigma_{ca}\left(0.5 + \dfrac{l/r_x}{1000}\right) \right\} \times 1.2$
$= \left\{ \underline{76.8} \times \left(0.5 + \dfrac{94.5}{1000}\right) \right\} \times 1.2 = \underline{55\text{N/mm}^2}$
$\sigma_c = \dfrac{N}{A_g} = \dfrac{60610}{\underline{1700}} = \underline{35.7\text{N/mm}^2}$
$\sigma_t = \dfrac{N}{A_n} = \dfrac{60610}{\underline{1110}} = \underline{54.6\text{N/mm}^2}$
$< \sigma_{ta} = \underline{140} \times 1.2 = \underline{168\text{N/mm}^2}$
$n = \dfrac{N}{\rho_a} = \dfrac{60.61}{\underline{20 \times 1.2}} = 2.5 \rightarrow 3$本使用
$(\rho_a = \underline{20\text{kN}} \cdots)$
…$\underline{\text{SS400}}$の$\underline{92}$＜l/rの場合である。</td></tr>
</table>

頁	従来単位系
	$T_a=\underline{59.1t}$ $T_h=\underline{500}+\underline{32}+\underline{4}+\underline{70}+\underline{2}=\underline{608kg}$ $T_h=\underline{608kg}$ 切断荷重　$T_a=\underline{5.32t}$ 安全率 切断荷重　$T_a=\underline{5.32t}$
P84～P85	**8-1　風　荷　重** 風上側にのみ$W=\underline{450kg/m^2}$を載荷する。 ケーブルへの作用力 $P_c=0.039\times\underline{450}=\underline{18kg/m}$ 横構への作用力 $P_f=0.673\times\underline{450}=\underline{303kg/m}$ 横構への作用力 $P_f=(\underline{324}-\underline{20}-\frac{4}{\underline{2}}-\underline{60})\times0.2=\underline{48kg/m}<\underline{303kg/m}$
P86～P88	**8-3　構造部材部，8-4　横構断面** $S=\frac{1}{2}\times\underline{303}\times50.0=\underline{7575kg}$ $N=\underline{7575}\times\frac{2.561}{1.600}\times\frac{1}{2}=\underline{6062kg}$ $N=\underline{6062kg}$ $1-L\ \ 90\times90\times10(\underline{SS41})$ $\frac{l}{r_x}=\frac{256.1}{2.71}=94.5>\underline{93}$ $\sigma_{ca}=\underline{\left\{\frac{12000000}{6700+\left(\frac{l}{r_x}\right)^2}\right\}}=\frac{12000000}{\underline{6700+94.5^2}}=\underline{768kg/cm^2}$ $\sigma_{ca}'=\left\{\sigma_{ca}\left(0.5+\frac{l/r_x}{1000}\right)\right\}\times1.2$ $=\left\{\underline{768}\times\left(0.5+\frac{\underline{94.5}}{1000}\right)\right\}\times1.2=\underline{548kg/cm^2}$ $\sigma_c=\frac{N}{A_g}=\frac{6062}{\underline{17.0}}=\underline{357kg/cm^2}$ $\sigma_t=\frac{N}{A_n}=\frac{6062}{\underline{11.1}}=\underline{546kg/cm^2}$ $<\sigma_{ta}=\underline{1400}\times1.2=\underline{1680kg/cm^2}$ $n=\frac{N}{\rho_a}=\frac{6062}{\underline{2000\times1.2}}=2.5\rightarrow3$本使用 $(\rho_a=\underline{2000kg}\cdots)$ …$\underline{SS41}$の$\underline{93}$＜l/rの場合である。

<table>
<tr><th>頁</th><th>ＳＩ　単　位　系</th></tr>
<tr><td>P88～P89</td><td>

9-1　耐風索に作用する風荷重，9-2　耐風索の引力，9-3　耐風索断面

W＝3029N/m（横構より）

$$W_1 = W \cdot \sec 30^\circ$$
$$= 3029 \times 1.1547 = 3498\text{N/m}$$
$$H = \frac{W_1 \cdot l^2}{8 \cdot f_R} = \frac{3498 \times 50.0^2}{8 \times 5.774} = 189.32\text{kN}$$
$$T_{max} = H \cdot \sec\theta = 189.32 \times 1.1015 = 208.54\text{kN}$$

（架設時のプレストレス40kNを加算）

$T = 208.54 + 40 = 248.54\text{kN}$

切断荷重　$T_a = 435.4\text{kN}$

安全率　$\nu = \frac{435.4}{248.54} = 1.75 > 1.5$

プレストレス量40kNは、…

</td></tr>
<tr><td>P90</td><td>

10-1　耐風支索張力，10-2　耐風支索断面

$T = W_l \cdot \lambda = 3498 \times 4.0 = 13.99\text{kN}$

$W_l = 3498\text{N/m}$

$T = 13.99\text{kN}$

切断荷重　$T_a = 52.17\text{kN}$

安全率　$\nu = \frac{52.17}{13.99} = 3.73 > 1.5$

切断荷重　$T_a = 52.17\text{kN}$は、…

$T_h = 6088\text{N}$

</td></tr>
<tr><td>P91～P92</td><td>

11-1　締付けボルト

$$Z = \frac{\nu \cdot L}{m \cdot \mu} = \frac{4.0 \times 6088 \times 0.3585}{2.59 \times 0.15} = 22.47\text{kN}$$
$$B_t = \frac{Z}{n} = \frac{22.47}{4} = 5.62\text{kN}$$
$$A = \frac{B_t}{\sigma_{ta}} = \frac{5620}{140} = 40\text{mm}^2 = 0.40\text{cm}^2 < A_S$$

M16（SS400）を使用

…5.62kNである。

</td></tr>
</table>

頁	従来単位系
P88～P89	**9-1　耐風索に作用する風荷重，9-2　耐風索の引力，9-3　耐風索断面** W＝303kg/m（横構より） $W_1 = W \cdot \sec 30^\circ$ $= \underline{303} \times 1.1547 = \underline{350\text{kg}/\text{m}}$ $H = \dfrac{W_1 \cdot l^2}{8 \cdot f_R} = \dfrac{350 \times 50.0^2}{\underline{8 \times 5.774}} = \underline{18943\text{kg}}$ $T_{max} = H \cdot \sec\theta = \underline{18943} \times 1.1015 = \underline{20866\text{kg}}$ （架設時のプレストレス4.0tを加算） $T = \underline{20866} + \underline{4000} = \underline{24866\text{kg}}$ 切断荷重　$T_a = \underline{44.4\text{t}}$ 安全率　$\nu = \dfrac{44.4}{\underline{24.866}} = \underline{1.79} > 1.5$ プレストレス量4tは、…
P90	**10-1　耐風支索張力，10-2　耐風支索断面** $T = W_l \cdot \lambda = \underline{350} \times 4.0 = \underline{1400\text{kg}}$ $W_l = \underline{350\text{kg}/\text{m}}$ $T = \underline{1400\text{kg}}$ 切断荷重　$T_a = \underline{5.32\text{t}}$ 安全率　$\nu = \dfrac{5.32}{\underline{1.400}} = \underline{3.80} > 1.5$ 切断荷重　$T_a = \underline{5.32\text{t}}$は、… $T_h = \underline{608\text{kg}}$
P91～P92	**11-1　締付けボルト** $Z = \dfrac{\nu \cdot L}{m \cdot \mu} = \dfrac{4.0 \times 608 \times 0.3585}{\underline{2.59 \times 0.15}} = \underline{2244\text{kg}}$ $B_t = \dfrac{Z}{n} = \dfrac{2244}{\underline{4}} = \underline{561\text{kg}}$ $A = \dfrac{B_t}{\sigma_{ta}} = \dfrac{561}{\underline{1400}} = 40\text{mm}^2 = 0.40\text{cm}^2 < A_S$ M16（SS41）を使用 …561kgである。

頁	S I 単 位 系
P92～P93	**11-2 バンドの検討** t ：バンド厚＝1.0cm（SS400） Z ：ボルト締付け力＝22.47kN $\sigma = \frac{22470}{2\times130\times10} + \frac{3\times22470\times20}{130\times10^2} = 112.4\mathrm{N/mm^2}$ $< \sigma_{ta} = 140\mathrm{N/mm^2}$ ボルト　M22（SS400）使用 $\tau = \frac{T_h \cdot 1/2}{A_s} = \frac{6088\times1/2}{326} = 9.34\mathrm{N/mm^2} < \tau_a = 80\mathrm{N/mm^2}$ $\sigma_b = \frac{T_h \cdot 1/2}{d \cdot t} = \frac{6088\times1/2}{20.38\times10} = 14.9\mathrm{N/mm^2} < \sigma_a = 210\mathrm{N/mm^2}$
P95	**12-1 応力度の計算** 作用鉛直反力 R v $R_V = H\times\tan\theta\times2 = 168.75\times0.400\times2 = 135\mathrm{kN}$ 塔頂サドル $R_V = 135\mathrm{kN}$ $M = \frac{R_V / l \cdot l^2}{8} = \frac{R_V \cdot l}{8} = \frac{135\times0.200}{8} = 3.38\mathrm{kN\cdot m}$ （SCW480） $\sigma = \frac{338000}{11990000}\times7.30 = 20.6\mathrm{N/mm^2} < \sigma_a = 170\mathrm{kN/mm^2}$ H＝168.75kNは… 鋳鋼品SCW480であり、…
P98～P99	**13-2 荷　重** 1）常　時 死荷重 $V_d = H_d \cdot \tan\theta\times2 = 106.25\times0.400\times2 = 85\mathrm{kN}$ 活荷重 $V_u = H_u \cdot \tan\theta\times2 = 62.5\times0.400\times2 = 50\mathrm{kN}$ $\Sigma V = V_d + V_u = 85 + 50 = 135\mathrm{kN}$ 2）橋軸直角方向横力 a）風荷重載荷時　風時には荷重を載荷しない $H_1 = 0.176\times(50+10)\times\frac{1}{2} = 5.28\mathrm{kN}$ 塔柱自体の風荷重（塔柱径0.319m） $H_2 = 4.5\times0.319\times6.5\times\frac{1}{2} = 4.67\mathrm{kN}$ $\Sigma H_1 = 5.28 + 4.67 = 9.95\mathrm{kN}$

頁	従来単位系
P92～P93	**11-2　バンドの検討** t：バンド厚＝1.0cm（SS41） Z：ボルト締付け力＝2244kg $\sigma=\frac{2244}{2\times13.0\times1.0}+\frac{3\times2244\times2.0}{13.0\times1.0^2}=1122\mathrm{kg/cm^2}$ $<\sigma_{ta}=1400\mathrm{kg/cm^2}$ ボルト　M22（SS41）使用 $\tau=\frac{T_h\cdot1/2}{A_s}=\frac{608\times1/2}{3.26}=93\mathrm{kg/cm^2}<\tau_a=800\mathrm{kg/cm^2}$ $\sigma_b=\frac{T_h\cdot1/2}{d\cdot t}=\frac{608\times1/2}{2.038\times1.0}=149\mathrm{kg/cm^2}<\sigma_a=2100\mathrm{kg/cm^2}$
P95	**12-1　応力度の計算** 作用鉛直反力Ｒｖ $R_V=H\times\tan\theta\times2=16875\times0.400\times2=13500\mathrm{kg}$ 塔頂サドル $R_V=13500\mathrm{kg}$ $M=\frac{R_V/l\cdot l^2}{8}=\frac{R_V\cdot l}{8}=\frac{13500\times0.200}{8}=338\mathrm{kg\cdot m}$ （SCW49） $\sigma=\frac{33800}{1199}\times7.30=206\mathrm{kg/cm^2}<\sigma_a=1700\mathrm{kg/cm^2}$ H＝16.875tは… 鋳鋼品SCW49であり、…
P98～P99	**13-2　荷　重** 1）常　時 死荷重 $V_d=H_d\cdot\tan\theta\times2=10625\times0.400\times2=8500\mathrm{kg}$ 活荷重 $V_u=H_u\cdot\tan\theta\times2=6250\times0.400\times2=5000\mathrm{kg}$ $\Sigma V=V_d+V_u=8500+5000=13500\mathrm{kg}$ 2）橋軸直角方向横力 a）風荷重載荷時　風時には荷重を載荷しない $H_1=18\times(50+10)\times\frac{1}{2}=540\mathrm{kg}$ 塔柱自体の風荷重（塔柱径0.319m） $H_2=450\times0.319\times6.5\times\frac{1}{2}=467\mathrm{kg}$ $\Sigma H_1=540+465=1007\mathrm{kg}$

頁	SI 単位系
	b）地震時　全体地震荷重による1/3が作用するものとして計算する。 $H_1=\underline{3.238}\times 50\times 0.2\times\frac{1}{2}\times\frac{1}{3}=\underline{5.4\text{kN}}$ 塔自重による横力（塔自重20kN） $H_2=\underline{20}\times 0.2\times\frac{1}{2}=\underline{2\text{kN}}$ $\Sigma H_1=\underline{5.4}+\underline{2}=\underline{7.4\text{kN}}<\underline{9.95\text{kN}}$ ゆえに垂直力の大きい常時、水平力の大きい風時の2ケースについて断面計算を行なう。 ケーブルへの作用力<u>176N/m</u>は…
P99～P101	**13-3　風時の断面力** W_D＝塔自重<u>20kN</u> $-M_A=M_D=\frac{H_1\cdot h\cdot\beta\cdot K_2}{2N_2}$ $=\frac{9.95\times 6.5\times 0.640\times 13.435}{\underline{2\times 23.414}}=\underline{11.88\text{kN}\cdot\text{m}}$ $M_B=-M_C=\frac{H_1\cdot h\cdot\beta\cdot K\cdot(2+\beta)}{2N_2}$ $=\frac{9.95\times 6.5\times 0.64\times 5.612\times(2+0.64)}{\underline{2\times 23.414}}$ $=\underline{13.10\text{kN}\cdot\text{m}}$ $V_A=V_D=\frac{2M_B}{b}=\frac{2\times 13.1}{\underline{1.6}}=\underline{16.38\text{kN}}$ $\Sigma V=\underline{16.4}+\underline{85}+\frac{20}{\underline{2}}=\underline{111.38\text{kN}}$ $H_A=H_D=\frac{H_1}{2}+H_2=\frac{9.95}{\underline{2}}+\underline{4.67}=\underline{9.65\text{kN}}$ $N_{BC}=\frac{M_A+M_B}{h}=\frac{11.88+13.10}{\underline{6.5}}=\underline{3.84\text{kN}}$ 風によるもの<u>16.38kN</u>、ケーブルからの塔頂反力<u>85kN</u>（(50)で得られた）と、<u>塔自重10kN</u>である。
P101～P102	**13-4　塔柱断面決定** 鋼　管　318.5ϕ×6.9　（<u>STK400</u>） $\frac{l}{r}=\frac{977.4}{11.0}=88.9\leqq\underline{92}$ $\sigma_{cag}=\underline{140}-\underline{0.82}\times(\frac{l}{r}-\underline{18})$ $=\underline{140}-\underline{0.82}\times(88.9-\underline{18})$ $=\underline{81.9\text{N}/\text{mm}^2}$

頁	従来単位系
	b）地震時　全体地震荷重による1/3が作用するものとして計算する。 $H_1 = \underline{324} \times 50 \times 0.2 \times \frac{1}{2} \times \frac{1}{3} = \underline{540\text{kg}}$ 塔自重による横力（塔自重2.0t） $H_2 = \underline{2000} \times 0.2 \times \frac{1}{2} = \underline{200\text{kg}}$ $\Sigma H_1 = \underline{540} + \underline{200} = \underline{740\text{kg}} < \underline{1007\text{kg}}$ ゆえに垂直力の大きい常時、水平力の大きい風時の2ケースについて断面計算を行なう。 ケーブルへの作用力18kg/mは…
P99～P101	**13-3　風時の断面力** W_D ＝塔自重2.0t $-M_A = M_D = \frac{H_1 \cdot h \cdot \beta \cdot K_2}{2N_2}$ $= \frac{1.007 \times 6.5 \times 0.640 \times 13.435}{2 \times 23.414} = \underline{1.202\text{t}\cdot\text{m}}$ $M_B = -M_C = \frac{H_1 \cdot h \cdot \beta \cdot K \cdot (2+\beta)}{2N_2}$ $= \frac{1.007 \times 6.5 \times 0.64 \times 5.612 \times (2+0.64)}{2 \times 23.414}$ $= \underline{1.325\text{t}\cdot\text{m}}$ $V_A = V_D = \frac{2M_B}{b} = \frac{2 \times 1.325}{1.6} = \underline{1.656\text{t}}$ $\Sigma V = \underline{1.656} + \underline{8.500} + \frac{2.0}{2} = \underline{11.156\text{t}}$ $H_A = H_D = \frac{H_1}{2} + H_2 = \frac{1.007}{2} + \underline{0.467} = \underline{0.971\text{t}}$ $N_{BC} = \frac{M_A + M_B}{h} = \frac{1.202 + 1.325}{6.5} = \underline{0.389\text{t}}$ 風によるもの1.656t、ケーブルからの塔頂反力8.5t（(50）で得られた）と、塔自重1tである。
P101～ P102	**13-4　塔柱断面決定** 鋼　管　318.5ϕ×6.9　（STK41） $\frac{l}{r} = \frac{977.4}{11.0} = 88.9 \leq \underline{93}$ $\sigma_{cag} = \underline{1400} - \underline{8.4} \times (\frac{l}{r} - \underline{20})$ $= \underline{1400} - \underline{8.4} \times (88.9 - \underline{20})$ $= \underline{822\text{kg/cm}^2}$

頁	S I 単 位 系
P102～ P103	**12-4 塔柱断面決定** 1）常　時 $R_V = \underline{135} + \dfrac{\underline{20}}{\underline{2}} = \underline{145\text{kN}}$ $\sigma_c = \dfrac{R_V}{A_g} = \dfrac{\underline{145000}}{\underline{6755}} = \underline{21.5\text{N}/\text{mm}^2} < \sigma_{cag}$ …軸圧縮力は145kNである。 2）風　時 $R_V = \underline{111.38\text{kN}}$ $M = \underline{13.10\text{kN}\cdot\text{m}}$ $\sigma_c = \dfrac{R_V}{A_g} = \dfrac{\underline{111380}}{\underline{6755}} = \underline{16.5\text{N}/\text{mm}^2}$ $\sigma_b = \dfrac{M}{Z} = \dfrac{\underline{13100000}}{\underline{515000}} = \underline{25.4\text{N}/\text{mm}^2}$ $\sigma_1 = -\underline{16.5} - \underline{25.4} = \underline{-41.9\text{N}/\text{mm}^2}$ $\sigma_2 = -\underline{16.5} + \underline{25.4} = \underline{8.9\text{N}/\text{mm}^2}$ $\varphi = \dfrac{\sigma_1 - \sigma_2}{\sigma_1} = \dfrac{\underline{-41.9-8.9}}{\underline{-41.9}} = \underline{1.212}$ $\alpha = 1 + \dfrac{\varphi}{10} = 1 + \dfrac{\underline{1.212}}{\underline{10}} = \underline{1.121}$ $\dfrac{R}{\alpha_t} = \dfrac{15.925}{1.121 \times 0.69} = 20.6 \leqq 50$ $\therefore \sigma_{cal} = \underline{140\text{N}/\text{mm}^2}$ $\sigma_{ca} = \sigma_{caz} = \dfrac{\sigma_{cag} \cdot \sigma_{cal}}{\sigma_{cao}} = \dfrac{\underline{81.9 \times 140}}{\underline{140}} = \underline{82\text{N}/\text{mm}^2}$ $\sigma_{eay} = \dfrac{\underline{1200000}}{(l/r_y)^2} = \dfrac{\underline{1200000}}{\underline{88.9^2}} = \underline{152\text{N}/\text{mm}^2}$ $K_1 = \dfrac{\underline{16.5}}{\underline{82}} + \dfrac{25.4}{\underline{140 \times (1-16.5/152)}} = \underline{0.405} < 1.35$ $K_2 = \underline{16.5} + \dfrac{25.4}{\underline{(1-16.5/152)}} = \underline{45.0\text{N}/\text{mm}^2}$ $< \underline{140} \times 1.35 = \underline{189\text{N}/\text{mm}^2}$
P104～ P105	**13-5 はりの断面決定** $M = \underline{13.1\text{kN}\cdot\text{m}}$ $N = \underline{3.84\text{kN}}$ (SS400) $\sigma_{cag} = \underline{140} - \underline{0.82} \times (36.4 - \underline{18}) = \underline{124.9\text{N}/\text{mm}^2}$ $\sigma_{bagy} = \underline{140} - \underline{2.4} \times (8.0 - 4.5) = \underline{131.6\text{N}/\text{mm}^2}$ $\sigma_{eay} = \dfrac{\underline{1200000}}{\underline{13.2^2}} = \underline{6887\text{N}/\text{mm}^2}$

頁	従来単位系

P102～P103

12-4　塔柱断面決定

1）常　時

$$R_V = \underline{13500} + \underline{\frac{2000}{2}} = \underline{14500\text{kg}}$$

$$\sigma_c = \frac{R_V}{A_g} = \underline{\frac{14500}{67.55}} = \underline{215\text{kg}/\text{cm}^2} < \sigma_{cag}$$

…軸圧縮力は$\underline{14.5\text{t}}$である。

2）風　時

$$R_V = \underline{11.156\text{t}}$$

$$M = \underline{1.325\text{t}\cdot\text{m}}$$

$$\sigma_c = \frac{R_V}{A_g} = \underline{\frac{11156}{67.55}} = \underline{165\text{kg}/\text{cm}^2}$$

$$\sigma_b = \frac{M}{Z} = \underline{\frac{132500}{515}} = \underline{257\text{kg}/\text{cm}^2}$$

$$\sigma_1 = -\underline{165} - \underline{257} = \underline{-422\text{kg}/\text{cm}^2}$$

$$\sigma_2 = -\underline{165} + \underline{257} = \underline{92\text{kg}/\text{cm}^2}$$

$$\varphi = \frac{\sigma_1 - \sigma_2}{\sigma_1} = \underline{\frac{-422-92}{-422}} = \underline{1.218}$$

$$\alpha = 1 + \frac{\varphi}{10} = 1 + \underline{\frac{1.218}{10}} = \underline{1.122}$$

$$\frac{R}{\alpha_t} = \frac{15.925}{1.122 \times 0.69} = 20.6 \leqq 50$$

$$\therefore \sigma_{cal} = \underline{1400\text{kg}/\text{cm}^2}$$

$$\sigma_{ca} = \sigma_{caz} = \frac{\sigma_{cag} \cdot \sigma_{cal}}{\sigma_{cao}} = \underline{\frac{822 \times 1400}{1400}} = \underline{822\text{kg}/\text{cm}^2}$$

$$\sigma_{eay} = \frac{12000000}{(l/r_y)^2} = \underline{\frac{12000000}{88.9^2}} = \underline{1518\text{kg}/\text{cm}^2}$$

$$K_1 = \underline{\frac{165}{822}} + \underline{\frac{275}{1400 \times (1-165/1518)}} = \underline{0.407} < 1.35$$

$$K_2 = \underline{165} + \underline{\frac{275}{(1-165/1518)}} = \underline{453\text{kg}/\text{cm}^2}$$

$$< \underline{1400} \times 1.35 = \underline{1890\text{kg}/\text{cm}^2}$$

P104～P105

13-5　はりの断面決定

$$M = \underline{1.325\text{t}\cdot\text{m}}$$

$$N = \underline{0.389\text{t}}$$

(SS41)

$$\sigma_{cag} = \underline{1400} - \underline{8.4} \times (36.4 - \underline{20}) = \underline{1263\text{kg}/\text{cm}^2}$$

$$\sigma_{bagy} = \underline{1400} - \underline{24} \times (8.0 - 4.5) = \underline{1316\text{kg}/\text{cm}^2}$$

$$\sigma_{eay} = \underline{\frac{12000000}{13.2^2}} = \underline{68871\text{kg}/\text{cm}^2}$$

頁	SI 単位系

$$\sigma_c=\frac{\underline{3840}}{\underline{6700}}=\underline{0.6\mathrm{N/mm^2}}$$

$$\sigma_b=\frac{\underline{13100000}}{\underline{116000000}}\times\underline{160}=\underline{18.1\mathrm{N/mm^2}}$$

$$K_1=\frac{0.6}{\underline{124.9}}+\frac{18.1}{\underline{131.6\times(1-0.6/6887)}}=0.14<1.35$$

$$K_2=\underline{0.6}+\frac{18.1}{\underline{(1-0.6/6887)}}=\underline{18.7\mathrm{N/mm^2}}<\underline{189\mathrm{N/mm^2}}$$

P105～ P106

13-6　サドル取付け部の補強

図中の数字　$R_V=\underline{135\mathrm{kN}}$

(SS400)

$$\frac{l}{r}=\frac{36.0\times1/2}{3.96}=4.5\leqq\underline{18}$$

$$\sigma_{ca}=\underline{140\mathrm{N/mm^2}}$$

$$\sigma_c=\frac{135000}{\underline{2502}}=\underline{54.0\mathrm{N/mm^2}}<\sigma_{ca}=\underline{140\mathrm{N/mm^2}}$$

$$\tau=\frac{2R_V}{4\times h\times0.707\times S\times2}$$

$$=\frac{2\times135000}{\underline{4\times360\times0.707\times6\times2}}=\underline{22.1\mathrm{N/mm^2}}<\tau_a=\underline{80\mathrm{N/mm^2}}$$

P107～ P109

§14　塔 基 支 承

$R_{max}=\underline{145\mathrm{kN}}$

1）ピ　ン

50ϕ（SS400）使用

$$M=\frac{R\cdot l}{4}=\frac{145\times6.1}{\underline{4}}=\underline{221.13\mathrm{kN\cdot m}}$$

$$\sigma=\frac{M}{Z}=\frac{2211300}{\underline{12270}}=\underline{180.2\mathrm{N/mm^2}}<\sigma_{ba}=\underline{190\mathrm{N/mm^2}}$$

$$\tau=\frac{R}{2A}=\frac{145000}{\underline{2\times1963}}=\underline{36.9\mathrm{N/mm^2}}<\tau_a=\underline{100\mathrm{N/mm^2}}$$

合成応力度の検討

$$\underline{\left(\frac{180.2}{190}\right)^2}+\underline{\left(\frac{36.9}{100}\right)^2}=\underline{1.04}<1.2$$

2）上沓の橋軸直角方向に対する検討

風時　$R_d=111.38\mathrm{kN}$，$R_H=\underline{9.65\mathrm{kN}}$

a）曲げモーメント

$$M=R_H\cdot h=\underline{9650}\times\underline{20}=\underline{193000\mathrm{N\cdot m}}$$

頁	従来単位系

$$\sigma_c = \frac{389}{67.0} = 6\text{kg/cm}^2$$

$$\sigma_b = \frac{132500}{11600} \times 16.0 = 183\text{kg/cm}^2$$

$$K_1 = \frac{6}{1263} + \frac{183}{1316 \times (1-6/68871)} = 0.14 < 1.35$$

$$K_2 = 6 + \frac{183}{(1-6/68871)} = 189\text{kg/cm}^2 < 1890\text{kg/cm}^2$$

P105～P106

13-6　サドル取付け部の補強

図中の数字　$R_V = 13500\text{kg}$

(SS41)

$$\frac{l}{r} = \frac{36.0 \times 1/2}{3.96} = 4.5 \leqq 20$$

$$\sigma_{ca} = 1400\text{kg/cm}^2$$

$$\sigma_c = \frac{13500}{25.02} = 540\text{kg/cm}^2 < \sigma_{ca} = 1400\text{kg/cm}^2$$

$$\tau = \frac{2R_V}{4 \times h \times 0.707 \times S \times 2}$$

$$= \frac{2 \times 135000}{4 \times 36.0 \times 0.707 \times 0.6 \times 2} = 221\text{kg/cm}^2 < \tau_a = 800\text{kg/cm}^2$$

P107～P109

§14　塔 基 支 承

$R_{max} = 14500\text{kg}$

1）ピ　ン

50ϕ（SS41）使用

$$M = \frac{R \cdot l}{4} = \frac{14500 \times 6.1}{4} = 22113\text{kg} \cdot \text{m}$$

$$\sigma = \frac{M}{Z} = \frac{22113}{12.27} = 1802\text{kg/cm}^2 < \sigma_{ba} = 1900\text{kg/cm}^2$$

$$\tau = \frac{R}{2A} = \frac{145000}{2 \times 19.63} = 369\text{kg/cm}^2 < \tau_a = 1000\text{kg/cm}^2$$

合成応力度の検討

$$\left(\frac{1802}{1900}\right)^2 + \left(\frac{369}{1000}\right)^2 = 1.04 < 1.2$$

2）上沓の橋軸直角方向に対する検討

風時　$R_d = 11156\text{kg}$，$R_H = 971\text{kg}$

a）曲げモーメント

$$M = R_H \cdot h = 971 \times 20.0 = 19420\text{kg} \cdot \text{cm}$$

頁	SI 単位系

b）断面計算

$$\sigma = \frac{Rd}{b \cdot t} + \frac{M}{Z}$$

$$= \frac{11156}{\underline{23.0 \times 3.2}} + \frac{\underline{19420}}{\underline{39.3}} = \underline{646\text{kg}/\text{cm}^2}$$

$$< \sigma_a = \underline{1400} \times 1.35 = \underline{1890\text{kg}/\text{cm}^2}$$

3）コンクリートの支圧応力度

a）常　時　R＝145kN

$$\sigma_b = \frac{R}{a \cdot b} = \frac{\underline{145000}}{\underline{300 \times 300}} = \underline{1.61\text{N}/\text{mm}^2} < \sigma_{ba} = \underline{8.0\text{N}/\text{mm}^2}$$

P109～
P110

§14　塔基支承

b）風　時　R_d＝111.38kN,　R_H＝9.65kN

$$E = \frac{R_H h}{R_d} = \frac{\underline{9.65 \times 26.4}}{\underline{111.38}} = \underline{2.29\text{cm}} < E_0$$

$$\sigma_{b\max} = \frac{R_d}{a \cdot b}\left(1 + \frac{6 \cdot E}{b}\right)$$

$$= \frac{\underline{111380}}{\underline{300 \times 300}} \times \left(1 + \frac{\underline{6 \times 22.9}}{\underline{300}}\right)$$

$$= \underline{1.8\text{N}/\text{mm}^2} < \sigma_{ba} = \underline{8.0} \times 1.35 = \underline{10.8\text{N}/\text{mm}^2}$$

4）アンカーボルト

R_H＝9.65kN

M25（SS400）使用

$$\tau = \frac{R_H}{A} = \frac{\underline{9650}}{\underline{1963}} = \underline{4.92\text{N}/\text{mm}^2} < \tau_a = \underline{60} \times 1.35 = \underline{81\text{N}/\text{mm}^2}$$

…常時の145kNであり、水平反力は（51）より、9.65kNである。

P110～
P112

§15　高　欄

高欄頂部に1500N/mの水平力が作用するものとして計算する。

P＝1500N/m

15-1　支柱に作用する断面力

M＝1500×2.0×1.435＝4305N·m

15-2　支柱の断面

$$\sigma = \frac{M}{Z} = \frac{\underline{4305000}}{\underline{37500}} = \underline{114.8\text{N}/\text{mm}^2} < \underline{140\text{N}/\text{mm}^2}$$

15-3　連結ボルト

M＝4305N·m

$$N = \frac{M}{2b} = \frac{\underline{43100}}{\underline{2 \times 16.0}} = \underline{1347\text{kg}} < N_a$$

ボルト　M16（SS400）

N_a＝169.7×0.14＝23.76kN

頁	従 来 単 位 系
	b）断 面 計 算 $\sigma=\frac{Rd}{b\cdot t}+\frac{M}{Z}$ $=\frac{11156}{\underline{23.0\times3.2}}+\frac{19420}{\underline{39.3}}=\underline{646\text{kg}/\text{cm}^2}$ $<\sigma_a=\underline{1400}\times1.35=\underline{1890\text{kg}/\text{cm}^2}$ 3）コンクリートの支圧応力度 a）常　時　R＝$\underline{14500\text{kg}}$ $\sigma_b=\frac{R}{a\cdot b}=\frac{14500}{\underline{30\times30}}=\underline{16.1\text{kg}/\text{cm}^2}<\sigma_{ba}=\underline{80\text{kg}/\text{cm}^2}$
P109～ P110	**1§14　塔基支承** b）風　時　$R_d=\underline{11156\text{kg}}$,　$R_H=\underline{971\text{kg}}$ $E=\frac{R_Hh}{R_d}=\frac{\underline{971\times26.4}}{\underline{11156}}=\underline{2.30\text{cm}}<E_0$ $\sigma_{b\max}=\frac{R_d}{a\cdot b}\left(1+\frac{6\cdot E}{b}\right)$ $=\frac{\underline{11154}}{\underline{30\times30}}\times\left(1+\frac{6\times229}{\underline{30}}\right)$ $=\underline{18.1\text{kg}/\text{cm}^2}<\sigma_{ba}=\underline{80}\times1.35=\underline{108\text{kg}/\text{cm}^2}$ 4）アンカーボルト $R_H=\underline{971\text{kg}}$ M25（$\underline{\text{SS41}}$）使用 $\tau=\frac{R_H}{A}=\frac{971}{19.63}=\underline{49\text{kg}/\text{cm}^2}<\tau_a=\underline{600}\times1.35=\underline{810\text{kg}/\text{cm}^2}$ …常時の$\underline{14.5\text{t}}$であり、水平反力は（51）より、$\underline{0.971\text{t}}$である。
P110～ P112	**§15　高　欄** 高欄頂部に$\underline{150\text{kg/m}}$の水平力が作用するものとして計算する。 P＝$\underline{150\text{kg/m}}$ 15-1　支柱に作用する断面力 $M=\underline{150}\times2.0\times1.435=\underline{431\text{kg}\cdot\text{m}}$ 15-2　支柱の断面 $\sigma=\frac{M}{Z}=\frac{43100}{\underline{37.5}}=\underline{1149\text{kg}/\text{cm}^2}<\underline{1400\text{kg}/\text{cm}^2}$ 15-3　連結ボルト $M=\underline{431\text{kg}\cdot\text{m}}$ $N=\frac{M}{2b}=\frac{43100}{\underline{2\times16.0}}=\underline{1347\text{kg}}<N_a$ ボルト　M16（$\underline{\text{SS41}}$） $N_a=\underline{1.697}\times\underline{1400}=\underline{2376\text{kg}}$

頁	SI 単 位 系

高欄の頂部の側面に1500N/mの推力を作用させ…

推　力　$P=\underline{1500\text{N/m}}\times 2\text{m}=\underline{3000\text{N}}$

P112～P113

16-1 ピ　ン

図中の数字　$T=\underline{181.74\text{kN}}$

$$M=\frac{T}{2}\cdot a=\underline{\frac{181.74}{2}}\times\underline{44}=\underline{3998.3\text{kN}\cdot\text{mm}}$$

$$S=\frac{T}{2}=\underline{\frac{181.74}{2}}=\underline{90.87\text{kN}\cdot\text{mm}}$$

ピン断面

60ϕ（SS400）

$$\sigma=\frac{M}{Z}=\frac{39983}{\underline{21.21}}=\underline{1885\text{kg}/\text{cm}^2}<\underline{1900\text{kg}/\text{cm}^2}$$

$$\tau=\frac{S}{A}=\frac{9087}{\underline{28.27}}=\underline{321\text{kg}/\text{cm}^2}<\underline{1000\text{kg}/\text{cm}^2}$$

合成応力度の検討

$$\underline{\left(\frac{188.5}{190}\right)^2}+\underline{\left(\frac{32.1}{100}\right)^2}=\underline{1.09}<1.2$$

P114

16-2 連　結　板

1）連結板に必要な純断面積

$$A_g=\frac{T/2}{\sigma a}=\underline{\frac{90.87\times10^3}{140}}=\underline{649.1\text{mm}^2}$$

a － a 断面

…＞$A_g\times1.4=\underline{908.7\text{mm}^2}$

b － b 断面

…＞$A_g\times1.0=\underline{649.1\text{mm}^2}$

2）支圧の検討

平面接触としての許容荷重で計算する。

$P_a=2\cdot r_2\cdot\sigma_{ba}=2\times\underline{30}\times\underline{210}=\underline{12600\text{N/mm}}$

許容耐力

$S_a=\underline{12600}\times（\underline{16}+\underline{10}\times2）=\underline{453.60\text{kN}}$

作用荷重

$S_c=\underline{90.87\text{kN}}＜\underline{453.60\text{kN}}$

P115

16-3 アンカーフレームの引抜きに対する検討

引抜きせん断応力度

$$\tau=\frac{T}{A}=\frac{181744}{\underline{1600000}}=\underline{0.11\text{N}/\text{mm}^2}<\tau_a=\underline{0.36\text{N}/\text{mm}^2}$$

コンクリートの許容せん断応力度 $\tau=\underline{0.36\text{N/mm}^2}$は「道示Ⅳ.3.2.2」コンクリート設計基準

頁	従来単位系

高欄の頂部の側面に150kg/mの推力を作用させ…

推　力　P＝150kg/m×2m＝300kg

P112～P113 **16-1　ピ　ン**

図中の数字　T＝18174kg

$$M=\frac{T}{2}\cdot a=\frac{18174}{2}\times 4.4=39983\text{kg}\cdot\text{cm}$$

$$S=\frac{T}{2}=\frac{18174}{2}=9087\text{kg}$$

ピン断面

60ϕ（SS41）

$$\sigma=\frac{M}{Z}=\frac{39983}{21.21}=1885\text{kg/cm}^2<1900\text{kg/cm}^2$$

$$\tau=\frac{S}{A}=\frac{9087}{28.27}=321\text{kg/cm}^2<1000\text{kg/cm}^2$$

合成応力度の検討

$$\left(\frac{1885}{1900}\right)^2+\left(\frac{321}{1000}\right)^2=1.09<1.2$$

P114 **16-2　連　結　板**

1）連結板に必要な純断面積

$$A_g=\frac{T/2}{\sigma a}=\frac{9087}{1400}=6.49\text{cm}^2$$

a－a断面

…＞$A_g\times 1.4=9.09\text{cm}^2$

b－b断面

…＞$A_g\times 1.0=6.49\text{cm}^2$

2）支圧の検討

平面接触としての許容荷重で計算する。

$P_a=2\cdot r_2\cdot\sigma_{ba}=2\times 3.0\times 2100=12600\text{kg/cm}$

許容耐力

$S_a=12600\times(1.6+1.0\times 2)=45360\text{kg}$

作用荷重

$S_c=9087\text{kg}<45360\text{kg}$

P115 **16-3　アンカーフレームの引抜きに対する検討**

引抜きせん断応力度

$$\tau=\frac{T}{A}=\frac{18174}{16000}=1.1\text{kg/cm}^2<\tau_a=3.6\text{kg/cm}^2$$

コンクリートの許容せん断応力度 τ＝3.6kg/cm^{2}は「道示Ⅳ.3.2.2」コンクリート設計基準

頁	SI 単位系
P115	強　度　σ_c =21N/mm^{2}によった。 **付図 1-2** 図中の材質 (STKR400) (SM400A) **付図 1-3** 図中の材質 (STK400) (SM400A) **付図 1-4** 図中の材質 (SM400) (SC450) (SF440) **付図 1-6** 図中の材質 (SM400A) (SCW490) (SS400)
P119	**§1　設 計 条 件** 4. 荷　重 1）活荷重（等分布荷重） 床版、床組、ハンガー……3.0kN/m^2 主げた、ケーブル、塔……2.0kN/m^2 ただし緊急時の小型自動車荷重も考慮する（総重量50kN)。 2）風荷重　4.5kN/m^2（風上側のみ）
P120	**§3　床　版** 設計荷重は総荷重50kNの小型自動車とし、輪重15kNに耐えるグレーチングを用いるものとする。
P121	**3-1　荷 重 条 件** 1）死荷重 グレーチング　1.0kN/m^2 2）活荷重（下記の大きい方で設計する） a）群集荷重　W_u =3.0kN/m^2 b）小型自動車荷重　総荷重　50kN 前輪荷重　10kN 後輪荷重　15kN
P121～ P122	**4-1　縦　げ　た** 1）荷重強度 死荷重 グレーチング　$1.0\times1.190\times1.25\times\frac{1}{2}$ =0.74kN / m 縦げた自重　=0.35kN/m 地　覆　0.15×1.190　=0.18kN/m ――――――――――――― W_d =1.27kN/m

頁	従来単位系
P115	強　度　σ_c = <u>210kg/cm²</u>によった。 **付図 1-2**　図中の材質（<u>STKR41</u>）（<u>SM41A</u>） **付図 1-3**　図中の材質（<u>STK41</u>）（<u>SM41A</u>） **付図 1-4**　図中の材質（<u>SM41</u>）（<u>SC46</u>）（<u>SF45</u>） **付図 1-6**　図中の材質（<u>SM41A</u>）（<u>SCW49</u>）（<u>SS41</u>）
P119	**§1　設 計 条 件** 4. 荷　重 1）活荷重（等分布荷重） 床版、床組、ハンガー……<u>300kg/m²</u> 主げた、ケーブル、塔……<u>200kg/m²</u> ただし緊急時の小型自動車荷重も考慮する（総重量<u>5000kg</u>）。 2）風荷重　<u>450kg/m²</u>（風上側のみ）
P120	**§3　床　版** 設計荷重は総荷重<u>5.0t</u>の小型自動車とし、輪重<u>1.5t</u>に耐えるグレーチングを用いるものとする。
P121	**3-1　荷 重 条 件** 1）死荷重 グレーチング　<u>100kg/m²</u> 2）活荷重（下記の大きい方で設計する） a）群集荷重　W_u = <u>300kg/m²</u> b）小型自動車荷重　総荷重　<u>5000kg</u> 前輪荷重　<u>1000kg</u> 後輪荷重　<u>1500kg</u>
P121～P122	4-1　縦　げ　た 1）荷重強度 死荷重 グレーチング　<u>100</u>×<u>1.190</u>×<u>1.25</u>×$\frac{1}{2}$ = <u>74kg/m</u> 縦げた自重　= <u>35kg/m</u> 地　覆　15×1.190　= <u>18kg/m</u> ―――――――――― W_d = <u>127kg/m</u>

頁	ＳＩ　単　位　系
	活荷重 $P_l = \underline{15} \times 1.048 = \underline{15.72\text{kN}}$ ２）曲げモーメント $M_d = \frac{1}{8} \times \underline{1.27} \times 2.5^2 = \underline{0.99\text{kN}\cdot\text{m}}$ $M_l = \frac{1}{4} \times \underline{15.72} \times 2.5 = \underline{9.83\text{kN}\cdot\text{m}}$ $\Sigma = \underline{10.82\text{kN}\cdot\text{m}}$ ３）せん断力 $S_d = \frac{1}{2} \times \underline{1.27} \times 2.5 = \underline{1.59\text{kN}}$ $S_l = \underline{15.72\text{kN}}$ $\Sigma = \underline{17.31\text{kN}}$
P122	**4-2　内縦げた** １）荷重強度 死荷重 グレーチング　$\underline{1.0} \times 1.05 = \underline{1.05\text{kN/m}}$ 縦げた自重　$= \underline{0.35\text{kN/m}}$ $W_d = \underline{1.40\text{kN/m}}$ 活荷重 $P_l = \underline{15} \times 0.810 = \underline{12.15\text{kN}}$ ２）曲げモーメント $M_d = \frac{1}{8} \times \underline{1.4} \times 2.5^2 = \underline{1.09\text{kN}\cdot\text{m}}$ $M_l = \frac{1}{4} \times \underline{12.15} \times 2.5 = \underline{7.59\text{kN}\cdot\text{m}}$ $\Sigma M = \underline{8.68\text{kN}\cdot\text{m}}$ ３）せん断力 $S_d = \frac{1}{2} \times \underline{1.4} \times 2.5 = \underline{1.75\text{kN}}$ $S_l = \underline{12.15\text{kN}}$ $\Sigma S = \underline{13.9\text{kN}}$

頁	従 来 単 位 系
	活荷重 $P_1 = \underline{1500} \times 1.048 = \underline{1572kg}$ 2）曲げモーメント $M_d = \frac{1}{8} \times \underline{127} \times 2.5^2 = \underline{99kg \cdot m}$ $M_l = \frac{1}{4} \times \underline{1572} \times 2.5 = \underline{983kg \cdot m}$ $\Sigma = \underline{1082kg \cdot m}$ 3）せん断力 $S_d = \frac{1}{2} \times \underline{127} \times 2.5 = \underline{159kg}$ $S_l = \underline{1572kg}$ $\Sigma = \underline{1731kg}$
P122	**4-2 内 縦 げ た** 1）荷重強度 死荷重 グレーチング　$\underline{100} \times 1.05 = \underline{105kg/m}$ 縦げた自重　$= \underline{35kg/m}$ $W_d = \underline{140kg/m}$ 活荷重 $P_1 = \underline{1500} \times 0.810 = \underline{1215kg}$ 2）曲げモーメント $M_d = \frac{1}{8} \times \underline{140} \times 2.5^2 = \underline{109kg \cdot m}$ $M_l = \frac{1}{4} \times \underline{1215} \times 2.5 = \underline{759kg \cdot m}$ $\Sigma M = \underline{868kg \cdot m}$ 3）せん断力 $S_d = \frac{1}{2} \times \underline{140} \times 2.5 = \underline{175kg}$ $S_l = \underline{1215kg}$ $\Sigma S = \underline{1390kg}$

P123	**4-3 断面決定** $M=\underline{10.82\text{kN}\cdot\text{m}}\quad S=\underline{17.31\text{kN}}$ $\sigma=\dfrac{M}{Z}=\dfrac{10820000}{\underline{219000}}=\underline{49\text{N/mm}^2}<\sigma_a=\underline{140\text{N/mm}^2}$ $\tau=\dfrac{S}{A_W}=\dfrac{17310}{\underline{910}}=\underline{19\text{N/mm}^2}<\tau_a=\underline{80\text{N/mm}^2}$
P124～ P125	**5-1 上　弦　材** $P_r=\underline{15.72\text{kN}}$ 1）荷　重 a）死荷重 外縦げた（P_1）　$\underline{1.27}\times2.5=\underline{3.18\text{kN}}$ 高　欄（P_2）　$\underline{0.3}\times2.5=\underline{0.75\text{kN}}$ 上弦材自重　$W_d=\underline{0.75\text{kN/m}}$ b）活荷重（小型自動車） $P_t=\underline{15.72\text{kN}}$（外縦げた） 2）断面力 $W_d=\underline{0.75\text{kN/m}}$ a）曲げモーメント $M_d=\dfrac{1}{8}\times\underline{0.75}\times1.8^2=\underline{0.30\text{kN}\cdot\text{m}}$ $M_1=\underline{3.18}\times0.375=\underline{1.19\text{kN}\cdot\text{m}}$ $M_2=\underline{0.75}\times0.175=\underline{0.13\text{kN}\cdot\text{m}}$ $M_l=\underline{15.72}\times0.375=\underline{5.90\text{kN}\cdot\text{m}}$ $\Sigma M=\underline{7.52\text{kN}\cdot\text{m}}$ b）せん断力 $S_d=\dfrac{1}{2}\times\underline{0.75}\times1.8=\underline{0.68\text{kN}}$ $S_1=\underline{3.18}\times0.583=\underline{1.85\text{kN}}$ $S_2=\underline{0.75}\times0.806=\underline{0.60\text{kN}}$ $S_l=\underline{15.72}\times0.611=\underline{9.60\text{kN}}$ $\Sigma S=\underline{12.73\text{kN}}$
P125	**5-1 上　弦　材** 3）断面決定 $M=\underline{7.52\text{kN}\cdot\text{m}}\quad S=\underline{12.73\text{kN}}$ $\sigma=\dfrac{M}{Z}=\dfrac{7520000}{\underline{867000}}=\underline{8.7\text{N/mm}^2}<\sigma_{ca}$ $\sigma_{ca}=\underline{140}-\underline{2.4}\times(7.2-4.5)=\underline{133.5\text{N/mm}^2}$

頁	従来単位系

P123

4-3 断面決定

$$M = \underline{1082\text{kg}\cdot\text{m}} \quad S = \underline{1731\text{kg}}$$

$$\sigma = \frac{M}{Z} = \frac{\underline{108200}}{\underline{219}} = \underline{494\text{kg}/\text{cm}^2} < \sigma_a = \underline{1400\text{kg}/\text{cm}^2}$$

$$\tau = \frac{S}{A_W} = \frac{\underline{1731}}{\underline{9.1}} = \underline{190\text{kg}/\text{cm}^2} < \tau_a = \underline{800\text{kg}/\text{cm}^2}$$

P124～P125

5-1 上　弦　材

$P_r = \underline{1572\text{kg}}$

1）荷　重

a）死荷重

外縦げた（P_1）　$\underline{127} \times 2.5 = \underline{318\text{kg}}$

高　欄（P_2）　$\underline{30} \times 2.5 = \underline{75\text{kg}}$

上弦材自重　$W_d = \underline{75\text{kg/m}}$

b）活荷重（小型自動車）

$P_t = \underline{1572\text{kg}}$（外縦げた）

2）断面力

$W_d = 75\text{kg/m}$

a）曲げモーメント

$$M_d = \frac{1}{8} \times \underline{75} \times 1.8^2 = \underline{30\text{kg}\cdot\text{m}}$$

$$M_1 = \underline{318} \times 0.375 = \underline{119\text{kg}\cdot\text{m}}$$

$$M_2 = \underline{75} \times 0.175 = \underline{13\text{kg}\cdot\text{m}}$$

$$M_l = \underline{1572} \times 0.375 = \underline{590\text{kg}\cdot\text{m}}$$

$$\Sigma M = \underline{752\text{kg}\cdot\text{m}}$$

b）せん断力

$$S_d = \frac{1}{2} \times \underline{75} \times 1.8 = \underline{68\text{kg}}$$

$$S_1 = \underline{318} \times 0.583 = \underline{185\text{kg}}$$

$$S_2 = \underline{75} \times 0.806 = \underline{60\text{kg}}$$

$$S_l = \underline{1572} \times 0.611 = \underline{960\text{kg}}$$

$$\Sigma S = \underline{1273\text{kg}}$$

P125

5-1 上　弦　材

3）断面決定

$$M = \underline{752\text{kg}\cdot\text{m}} \quad S = \underline{1273\text{kg}}$$

$$\sigma = \frac{M}{Z} = \frac{\underline{75200}}{\underline{867}} = \underline{87\text{kg}/\text{cm}^2} < \sigma_{ca}$$

$$\sigma_{ca} = \underline{1400} - \underline{24} \times (7.2 - 4.5) = \underline{1335\text{kg}/\text{cm}^2}$$

頁	SI 単位系
	$\tau=\frac{12730}{\underline{222\times 9}}=\underline{6.4\mathrm{N/mm^2}}<\tau_a=\underline{80\mathrm{N/mm^2}}$ 補剛げたとの連結 $n=\frac{S}{\rho_a}=\frac{12.73}{\underline{20.0}}=0.6\rightarrow 2$本 （$\rho_a=\underline{20\mathrm{kN}}$　M16　F8T高力ボルト1摩擦面耐力）
P126	**5-2 斜　材** 1）○点の反力 死荷重 外縦げた　$\underline{1.27}\times 2.5\times 0.417\times 2=\underline{2.65\mathrm{kN}}$ 内縦げた　$\underline{1.40}\times 2.5\times 1.0=\underline{3.50\mathrm{kN}}$ 高　欄　$\underline{0.3}\times 2.5\times 0.194\times 2=\underline{0.29\mathrm{kN}}$ 自　重　$\underline{0.75}\times 3.6\times\ =\underline{1.35\mathrm{kN}}$ $\Sigma R_d=\underline{7.79\mathrm{kN}}$ 活荷重 $R_l=\underline{15}\times(0.889+0.389)=\underline{19.17\mathrm{kN}}$ $\Sigma R=\underline{7.79}+\underline{19.17}=\underline{26.96\mathrm{kN}}$ 2）斜材断面力 $N=\Sigma R\cdot\sec\theta\times\frac{1}{2}=\underline{26.96}\times\frac{2250}{1350}\times\frac{1}{2}=\underline{22.47\mathrm{kN}}$
P126～ P127	**5-2 斜　材** 3）斜材断面 $1-L\ \ 100\times 100\times 10(\underline{SS400})$ $\sigma_{ca}=\underline{140}-\underline{0.82}\times(\frac{l}{r_x}-\underline{18})$ $=\underline{140}-\underline{0.82}\times(74.0-\underline{18})$ $=\underline{94.1\mathrm{N/mm^2}}$ $\sigma_{ca}'=\sigma_{ca}\cdot\left(0.5+\frac{l/r_x}{1000}\right)$ $=\underline{94.1}\times\left(0.5+\frac{74.0}{1000}\right)$ $=\underline{54.0\mathrm{N/mm^2}}$ $\sigma_c=\frac{N}{A_g}=\frac{22470}{\underline{1900}}=\underline{11.8\mathrm{N/mm^2}}<\sigma_{ca}'$

頁	従来単位系

$$\tau = \frac{1273}{\underline{22.2 \times 0.9}} = \underline{64\text{kg}/\text{cm}^2} < \tau_a = \underline{800\text{kg}/\text{cm}^2}$$

補剛げたとの連結

$$n = \frac{S}{\rho_a} = \frac{1273}{\underline{2000}} = 0.6 \rightarrow 2\text{本}$$

（ρａ＝2000kg　Ｍ１６　Ｆ８Ｔ高力ボルト１摩擦面耐力）

P126

5-2　斜　材

１）○点の反力

死荷重

外縦げた　$\underline{127} \times 2.5 \times 0.417 \times 2 = \underline{265\text{kg}}$

内縦げた　$\underline{140} \times 2.5 \times 1.0 = \underline{350\text{kg}}$

高　欄　$\underline{30} \times 2.5 \times 0.194 \times 2 = \underline{29\text{kg}}$

自　重　$\underline{75} \times 3.6 \times = \underline{135\text{kg}}$

Σ Ｒ$_d$ ＝ $\underline{779\text{kg}}$

活荷重

$$R_l = \underline{1500} \times (0.889 + 0.389) = \underline{1917\text{kg}}$$

$$\Sigma R = \underline{779} + \underline{1917} = \underline{2696\text{kg}}$$

２）斜材断面力

$$N = \Sigma R \cdot \sec\theta \times \frac{1}{\underline{\underline{2}}} = \underline{2696} \times \frac{2250}{1350} \times \frac{1}{\underline{\underline{2}}} = \underline{2247\text{kg}}$$

P126～P127

5-2　斜　材

３）斜材断面

$1-L\ \ 100 \times 100 \times 10\,(\underline{SS41})$

$$\sigma_{ca} = \underline{1400} - \underline{8.4} \times \left(\frac{l}{r_x} - \underline{20}\right)$$

$$= \underline{1400} - \underline{8.4} \times (74.0 - \underline{20})$$

$$= \underline{946\text{kg}/\text{cm}^2}$$

$$\sigma_{ca}{}' = \sigma_{ca} \cdot \left(0.5 + \frac{l/r_x}{1000}\right)$$

$$= \underline{946} \times \left(0.5 + \frac{74.0}{1000}\right)$$

$$= \underline{543\text{kg}/\text{cm}^2}$$

$$\sigma_c = \frac{N}{A_g} = \frac{2247}{\underline{19.0}} = \underline{118\text{kg}/\text{cm}^2} < \sigma_{ca}{}'$$

頁	SI 単位系
P127	**5-3 下 弦 材** $N=\underline{22.47}\times\frac{1.80}{2.25}=\underline{17.98\mathrm{kN}}$ 1−L 130×130×12($\underline{SS}$400) $\sigma_t=\frac{N}{A_n}=\frac{17980}{\underline{1968}}=\underline{9.1\mathrm{N/mm^2}}<\underline{140\mathrm{N/mm^2}}$
P128～ P129	**6-1 荷重強度** 1）死荷重 グレーチング $\underline{1.0}\times2.5$ $=\underline{2.50\mathrm{kN/m}}$ 地　覆 $\underline{0.15}\times2$ $=\underline{0.30\mathrm{kN/m}}$ 縦げた $\underline{0.35}\times3$ $=\underline{1.05\mathrm{kN/m}}$ 横げた $\underline{5.0}\times61\times\frac{1}{150}$ $=\underline{2.03\mathrm{kN/m}}$ 主げた $\underline{2.0}\times2$ $=\underline{4.00\mathrm{kN/m}}$ 横　構 $\underline{0.8}\times2$ $=\underline{1.60\mathrm{kN/m}}$ ケーブル $=\underline{0.80\mathrm{kN/m}}$ ハンガー $\underline{0.02}\times4.5\times29\times2\times\frac{1}{150}$ $=\underline{0.03\mathrm{kN/m}}$ 耐風索 $\underline{0.3}+\underline{0.5}$→耐風索プレストレス $=\underline{0.80\mathrm{kN/m}}$ 支　索 $\underline{0.005}\times4.0\times29\times2\times\frac{1}{150}$ $=\underline{0.01\mathrm{kN/m}}$ 高　欄 $\underline{0.3}\times2$ $=\underline{0.60\mathrm{kN/m}}$ $\mathrm{W_d}=\underline{13.72\mathrm{kN/m}}$ ケーブル片側当り $\mathrm{W_d}=\frac{W_d}{2}$ $\underline{6.86\mathrm{kN/m}}\rightarrow\underline{6.90\mathrm{kN/m}}$ 2）活荷重 等分布荷重 $\mathrm{W_u}=\underline{2.0}\times2.50\times\frac{1}{2}=\underline{2.50\mathrm{kN/m}}$ ハンガー用荷重 $\mathrm{W_u}=\underline{3.0}\times2.5\times\frac{1}{2}=\underline{3.75\mathrm{kN/m}}$
P129～ P130	**6-2 ケーブルの張力** 1）諸　元 ケーブルのヤング係数 $\mathrm{E_c}=\underline{1.55\times10^8\mathrm{kN/m^2}}$ 補剛げたのヤング係数 $\mathrm{E}=\underline{2.0\times10^8\mathrm{kN/m^2}}$ Nの計算 $N=\frac{8}{5}+\frac{3}{f^2\cdot l}\cdot\frac{I}{A_c}\cdot\frac{E}{E_c}\cdot\{l'(1+8n^2)+2l_t\cdot\sec^3\theta\}$

頁	従来単位系

P127

5-3 下　弦　材

$$N=\underline{\underline{2247}}\times\frac{1.80}{2.25}=\underline{\underline{1798\text{kg}}}$$

$1-L\quad 130\times130\times12\,(\underline{SS41})$

$$\sigma_t=\frac{N}{A_n}=\frac{1798}{\underline{\underline{19.68}}}=\underline{\underline{91\text{kg}/\text{cm}^2}}<\underline{1400\text{kg}/\text{cm}^2}$$

P128～
P129

6-1 荷 重 強 度

1）死荷重

グレーチング　$\underline{100}\times2.5$ $=\underline{250\text{kg/m}}$

地　覆　$\underline{15}\times2$ $=\underline{30\text{kg/m}}$

縦げた　$\underline{35}\times3$ $=\underline{105\text{kg/m}}$

横げた　$\underline{500}\times61\times\frac{1}{150}$ $=\underline{203\text{kg/m}}$

主げた　$\underline{200}\times2$ $=\underline{400\text{kg/m}}$

横　構　$\underline{80}\times2$ $=\underline{160\text{kg/m}}$

ケーブル $=\underline{80\text{kg/m}}$

ハンガー　$\underline{2.0}\times4.5\times29\times2\times\frac{1}{150}$ $=\underline{3\text{kg/m}}$

耐風索　$\underline{30}+\underline{50}$ → 耐風索プレストレス $=\underline{80\text{kg/m}}$

支　索　$\underline{0.5}\times4.0\times29\times2\times\frac{1}{150}$ $=\underline{1\text{kg/m}}$

高　欄　$\underline{30}\times2$ $=\underline{60\text{kg/m}}$

$W_d=\underline{1372\text{kg/m}}$

ケーブル片側当り　$W_d=\frac{W_d}{2}\ \underline{686\text{kN/m}}\rightarrow\underline{690\text{kg/m}}$

2）活荷重

等分布荷重　$W_u=\underline{200}\times2.50\times\frac{1}{2}=\underline{250\text{kg/m}}$

ハンガー用荷重　$W_u=\underline{300}\times2.5\times\frac{1}{\ }=\underline{375\text{kg/m}}$

P129～
P130

6-2 ケーブルの張力

1）諸　元

ケーブルのヤング係数　$E_c=1.6\times10^7\text{t/m}^2$

補剛げたのヤング係数　$E=2.1\times10^7\text{t/m}^2$

Nの計算

$$N=\frac{8}{5}+\frac{3}{f^2\cdot l}\cdot\frac{I}{A_c}\cdot\frac{E}{E_c}\cdot\{l'(1+8n^2)+2l_t\cdot\sec^3\theta\}$$

頁	SI 単 位 系
	$=\frac{8}{5}+\frac{3}{15^2\times 150}\times\frac{0.00972}{0.00439}\times\frac{2.0}{\underline{1.55}}\times\{150\times(1+8\times 0.1^2)$ $+2\times 30\times\sec^3 21^\circ 48' 05''\}$ $=1.600+\underline{0.060}=\underline{1.660}$ 2）ケーブルの張力 死荷重による張力 $H_d=\frac{W_d\cdot l^2}{8\cdot f}=\frac{6.9\times 150^2}{\underline{8\times 15}}=\underline{1293.75\text{kN}}$ 活荷重による張力 $H=\frac{W_u\cdot l}{5N\cdot n}=\frac{2.5\times 150.0}{\underline{5\times 1.660\times 0.1}}=\underline{451.81\text{kN}}$ 最大張力 $T_{max}=H\cdot\sec\theta$ $=(\underline{1293.75}+\underline{451.81})\times 1.077$ $=\underline{1879.97\text{kN}}$
P130～ P132	**6-3 横 荷 重** 1）風荷重 風上側にのみ$W=\underline{4.5\text{kN/m}^2}$を載荷する。 ケーブルへの作用力 $P_c=0.130\times\underline{4.5}=\underline{0.59\text{kN/m}}$ 橋体への作用力 $P_f=1.455\times\underline{4.5}=\underline{6.55\text{kN/m}}$ 2）地震荷重 横構への作用力 $P_f=(\underline{13.72}-\underline{0.8}-\frac{0.03}{\underline{2}}-\underline{0.5})\times 0.2=\underline{2.48\text{kN/m}}<\underline{6.55\text{kN/m}}$ $=\underline{2.48\text{kN/m}}<\underline{6.55\text{kN/m}}$ 3）風荷重の算出 H：ケーブル２本分の水平力（死荷重） $=\underline{1293.75}\times 2=\underline{2587.5\text{kN}}$ $a=f\cdot l^2\cdot H$ $=15.0\times 150.0^2\times\underline{2588}=\underline{0.873\times 10^9}$ $b=9.6\times(f+h_c)E\cdot I_h$ $=9.6\times 16.950\times\underline{2.0\times 10^8}\times 0.0778=\underline{2.532\times 10^9}$ $\gamma=\frac{P_f}{1+b/a}-\frac{P_c}{1+a/b}$

頁	従来単位系

$$=\frac{8}{5}+\frac{3}{15^2\times150}\times\frac{0.00972}{0.00439}\times\frac{2.1}{\underline{1.6}}\times\{150\times(1+8\times0.1^2)$$

$$+2\times30\times\sec^3 21^\circ 48' 05''\}$$

$$=1.600+\underline{0.061}=\underline{1.661}$$

2）ケーブルの張力

死荷重による張力

$$H_d=\frac{W_d\cdot l^2}{8\cdot f}=\frac{690\times150^2}{\underline{\;8\times15\;}}=\underline{129375\text{kg}}$$

活荷重による張力

$$H=\frac{W_u\cdot l}{5N\cdot n}=\frac{250\times150.0}{\underline{5\times1.661\times0.1}}=\underline{45153.5\text{kg}}$$

最大張力

$$T_{\max}=H\cdot\sec\theta$$

$$=(\underline{129375}+\underline{45154})\times1.077$$

$$=\underline{187968\text{kg}}$$

P130～P132

6-3 横荷重

1）風荷重

風上側にのみW＝$\underline{450\text{kg/m}^2}$を載荷する。

ケーブルへの作用力

$$P_c=0.130\times\underline{450}=\underline{59\text{kg/m}}$$

橋体への作用力

$$P_f=1.455\times\underline{450}=\underline{655\text{kg/m}}$$

2）地震荷重

横構への作用力

$$P_f=(\underline{1372}-\underline{80}-\frac{3}{\underline{2}}-\underline{50})\times0.2=\underline{248\text{kg}/\text{m}}<\underline{655\text{kg}/\text{m}}$$

$$=\underline{248\text{kg/m}}<\underline{655\text{kg/m}}$$

3）風荷重の算出

H：ケーブル2本分の水平力（死荷重）

$$=\underline{129375}\times2=\underline{258750\text{kg}}$$

$$a=f\cdot l^2\cdot H$$

$$=15.0\times150.0^2\times\underline{258.8}=\underline{0.873\times10^8}$$

$$b=9.6\times(f+h_c)E\cdot I_h$$

$$=9.6\times16.950\times\underline{2.1\times10^7}\times0.0778=\underline{2.569\times10^8}$$

$$\gamma=\frac{P_f}{1+b/a}-\frac{P_c}{1+a/b}$$

頁	S I 単 位 系

$$= \frac{6.55}{1+2.532/0.873} - \frac{0.59}{1+0.873/2.532}$$

$$= \underline{1.68} - \underline{0.44} = \underline{1.24\mathrm{kN/m}}$$

補剛げたへの風荷重

$$W_f = P_f - \gamma = \underline{6.55} - \underline{1.24} = \underline{5.31\mathrm{kN/m}}$$

ケーブルへの風荷重

$$W_c = P_c + \gamma = \underline{0.59} + \underline{1.24} = \underline{1.83\mathrm{kN/m}}$$

P132～
P133

6-3 横 荷 重

4）風荷重による各部の部材力

$$K_s = \frac{8E_s \cdot A_s \cdot \cos^2\boldsymbol{\theta}}{l_s^2\{(3/16n_s^2)+1\}}$$

$$= \frac{8\times 1.35\times 10^8 \times 0.00119 \times \cos^2 30^\circ}{\underline{145.0^2 \times \{(3/16\times 0.111^2)+1\}}} = \underline{2.82}$$

$$K_g = \frac{384E\cdot I}{5l^4} = \frac{384\times 2.0\times 10^8 \times 0.0778}{\underline{5\times 150^4}} = \underline{2.36}$$

$$\boldsymbol{\alpha}_1 = 1+\frac{b}{a} = 1+\frac{2.532\times 10^9}{\underline{0.873\times 10^9}} = \underline{3.900}$$

$$\boldsymbol{\alpha}_2 = 1+\frac{a}{b} = 1+\frac{0.873\times 10^9}{\underline{2.532\times 10^9}} = \underline{1.345}$$

$$X_1 = K_s\{W_f(1-\frac{1}{\boldsymbol{\alpha}_1}) + \frac{W_c}{\boldsymbol{\alpha}_2}\}$$

$$= \underline{2.82}\times\{\underline{5.31}\times(1-\frac{1}{\underline{3.900}}) + \frac{1.83}{\underline{1.345}}\} = \underline{14.97}$$

$$X_2 = K_g + K_s(1-\frac{1}{\boldsymbol{\alpha}_1})$$

$$= \underline{2.36} + \underline{2.82}\times(1-\frac{1}{\underline{3.900}}) = \underline{4.46}$$

$$X = \frac{X_1}{X_2} = \frac{14.97}{\underline{4.46}} = \underline{3.36}$$

P132～
P133

6-3 横 荷 重

$$W = (W_f - X)(1-\frac{1}{\boldsymbol{\alpha}_1}) + \frac{W_c}{\boldsymbol{\alpha}_2}$$

$$= (\underline{5.31} - \underline{3.36})\times(1-\frac{1}{\underline{3.900}}) + \frac{1.83}{\underline{1.345}}$$

$$= \underline{2.81\mathrm{kN/m}}$$

頁	従来単位系

$$=\frac{655}{1+2.659/0.873}-\frac{59}{1+0.873/2.659}$$

$$=162-44=118\text{kg}/\text{m}$$

補剛げたへの風荷重

$W_f = P_f - \gamma = 655 - 118 = 537\text{kg/m}$

ケーブルへの風荷重

$W_c = P_c + \gamma = 59 + 118 = 177\text{kg/m}$

P132～
P133

6-3　横　荷　重

4）風荷重による各部の部材力

$$K_s = \frac{8E_s \cdot A_s \cdot \cos^2\theta}{l_s^{\,2}\{(3/16n_s^{\,2})+1\}}$$

$$=\frac{8\times1.4\times10^7\times0.00119\times\cos^2 30^\circ}{145.0^2\times\{(3/16\times0.111^2)+1\}}=0.293$$

$$K_g = \frac{384E\cdot I}{5l^4}=\frac{384\times2.1\times10^7\times0.0778}{5\times150^4}=0.248$$

$$\alpha_1 = 1+\frac{b}{a}=1+\frac{2.659\times10^8}{0.873\times10^8}=4.046$$

$$\alpha_2 = 1+\frac{a}{b}=1+\frac{0.873\times10^8}{2.659\times10^8}=1.328$$

$$X_1 = K_s\{W_f(1-\frac{1}{\alpha_1})+\frac{W_c}{\alpha_2}\}$$

$$=0.293\times\{0.537\times(1-\frac{1}{4.046})+\frac{0.177}{1.328}\}=0.158$$

$$X_2 = K_g + K_s(1-\frac{1}{\alpha_1})$$

$$=0.248+0.293\times(1-\frac{1}{4.046})=0.469$$

$$X = \frac{X_1}{X_2}=\frac{0.158}{0.469}=0.337$$

P132～
P133

6-3　横　荷　重

$$W=(W_f-X)(1-\frac{1}{\alpha_1})+\frac{W_c}{\alpha_2}$$

$$=(0.537-0.337)\times(1-\frac{1}{4.046})+\frac{0.177}{1.328}$$

$$=0.284\text{t}/\text{m}$$

頁	SI 単位系

P133

6-3 横 荷 重

a）補剛げたの面外変位D $_x$

$$D_x=\frac{X}{K_s}=\frac{3.36}{2.82}=1.191\mathrm{m}$$

b）補剛げたの曲げモーメント

$$M=\frac{W\cdot l^2}{8}=\frac{2.81\times150^2}{8}=7903\mathrm{kN\cdot m}$$

$$S=\frac{W\cdot l}{2}=\frac{2.81\times150}{2}=211\mathrm{kN}$$

c）耐風索の張力

$$T_s=\sqrt{1+16n_s^{\,2}}\cdot\frac{W\cdot l_s^{\,2}}{8\cdot f_s\cdot\cos\boldsymbol{\theta}}$$

$$=\sqrt{1+16\times0.111^2}\times\frac{2.81\times145^2}{8\times16.166\times0.866}=577.16\mathrm{kN}$$

d）ケーブルの張力

$$T_c=\sqrt{1+16n^2}\cdot\frac{W\cdot\tan\boldsymbol{\theta}\cdot l^2}{8\cdot f}$$

$$=\sqrt{1+16\times0.1^2}\times\frac{2.81\times0.577\times150^2}{8\times15.0}$$

$$=327\mathrm{kN}$$

P134

6-4 温度変化による水平張力

$$H_t=\frac{3\times2.0\times10^8\times0.00972\times1.2\times10^{-5}\times35\times227.596}{15.0^2\times1.660\times150.0}$$

$$=9.95\mathrm{kN}$$

温度変化による張力

$T_t=H_t\cdot\sec\theta=9.95\times1.077=11\mathrm{kN}$

（死荷重＋風荷重＋温度変化）時のケーブル張力

$$T_{max}=\frac{(1294+327+11)}{1.35}=1209\mathrm{kN}<1879.97\mathrm{kN}$$

P134

6-5 ケーブル断面

$T=1879.97\mathrm{kN}$

切断荷重　$T_a=2\times2864=5728\mathrm{kN}$

安全率　$\nu=\frac{5728}{1879.97}=3.05>3.0$

頁	従来単位系

P133 **6-3 横　荷　重**

a）補剛げたの面外変位D ${}_x$

$$D_x=\frac{X}{K_s}=\frac{0.337}{0.293}=1.150\mathrm{m}$$

b）補剛げたの曲げモーメント

$$M=\frac{W\cdot l^2}{8}=\frac{0.284\times150^2}{8}=798.8\mathrm{t\cdot m}$$

$$S=\frac{W\cdot l}{2}=\frac{0.284\times150}{2}=21.3\mathrm{t}$$

c）耐風索の張力

$$T_s=\sqrt{1+16n_s{}^2}\cdot\frac{W\cdot l_s{}^2}{8\cdot f_s\cdot\cos\theta}$$

$$=\sqrt{1+16\times0.111^2}\times\frac{0.284\times145^2}{8\times16.166\times0.866}=58.3\mathrm{t}$$

d）ケーブルの張力

$$T_c=\sqrt{1+16n^2}\cdot\frac{W\cdot\tan\theta\cdot l^2}{8\cdot f}$$

$$=\sqrt{1+16\times0.1^2}\times\frac{0.284\times0.577\times150^2}{8\times15.0}$$

$$=33.1\mathrm{t}$$

P134 **6-4 温度変化による水平張力**

$$H_t=\frac{3\times2.1\times10^7\times0.00972\times1.2\times10^{-5}\times35\times227.596}{15.0^2\times1.661\times150.0}$$

$$=1.044\mathrm{t}$$

温度変化による張力

$T_t=H_t\cdot\sec\theta=1.044\times1.077=1.1\mathrm{t}$

（死荷重＋風荷重＋温度変化）時のケーブル張力

$$T_{\max}=\frac{(129.4+33.1+1.1)}{1.35}=121.2\mathrm{t}<182.851\mathrm{t}$$

P134 **6-5 ケーブル断面**

$T=187968\mathrm{kg}$

切断荷重　$T_a=2\times292.0=584.0\mathrm{t}$

安全率　$\nu=\frac{584.0}{187.968}=3.10>3.0$

頁	S I 単 位 系
P134～ P135	**7-1 ハンガーの張力** 1）死荷重による張力 $H_d=\frac{W_d\cdot l^2}{8\cdot f}=\frac{6.9\times150^2}{\underline{8\times15.0}}=\underline{1294\text{kN}}$ 2）活荷重（$W=\underline{3.0\text{kN/m}^2}$）による張力 $H_u=\frac{3.75\times150^2}{\underline{8\times15.0}}=\underline{703.125\text{kN}}$ $\Sigma H=\underline{1294}+\underline{703}=\underline{1997\text{kN}}$ $T_1=\frac{8\cdot f\cdot H\cdot\lambda}{l^2}=\frac{8\times15.0\times1997\times5.0}{\underline{150^2}}=\underline{53.2\text{kN}}$ 3）小型自動車荷重載荷時 $T_2=\frac{8\times15.0\times1294\times5.0}{\underline{150^2}}+\underline{25}=\underline{60\text{kN}}>T_1$ $P_r=\underline{15}\times(\underline{0.806}+\underline{0.444})=\underline{18.75\text{kN}}$ $P_f=\underline{10}\times(\underline{0.806}+\underline{0.444})=\underline{12.50\text{kN}}$ $\Sigma P=\underline{18.75}\times1.0+\underline{12.50}\times0.5=\underline{25.0\text{kN}}$
P135	**7-2 ハンガー断面** $T_h=\underline{60\text{kN}}$ 切断荷重　$T_a=\underline{257.9\text{kN}}$（耐力不足により φ20に変更） 安全率　$\nu=\frac{257.9}{\underline{60}}=\underline{4.30}>3.5$
P135	**§8 補 剛 げ た** 死荷重はすべてケーブルで負担するものとし、 活荷重（$W_u=\underline{2.50\text{kN/m}}$）を載荷させる。…
P136	**8-1 曲げモーメント**（x ＝37.5m） $A_{total}=\frac{1}{2}\cdot x(x-1)(1-\frac{8}{5N})$ $=\frac{1}{2}\times37.5\times(150.0-37.5)\times(1-\frac{8}{\underline{5\times1.660}})$ $=\underline{76.2\text{m}^2}$ $M_{total}=W_u\cdot A_{total}=\underline{2.5}\times\underline{76.2}=\underline{191\text{kN}\cdot\text{m}}$ 負の最大曲げモーメント　M_{min} $x_1=\frac{N\cdot l}{4}=\frac{1.660\times150.0}{\underline{4}}=\underline{62.250\text{m}}$ …

頁	従来単位系
P134～ P135	**7-1　ハンガーの張力** 1）死荷重による張力 $H_d=\frac{W_d\cdot l^2}{8\cdot f}=\frac{0.690\times150^2}{\underline{8\times15.0}}=\underline{129.4\text{t}}$ 2）活荷重（W＝$\underline{300\text{kg/m}^2}$）による張力 $H_u=\frac{0.375\times150^2}{\underline{8\times15.0}}=\underline{70.3\text{t}}$ $\Sigma H=\underline{129.4}+\underline{70.3}=\underline{199.7\text{t}}$ $\text{T}_1=\frac{8\cdot f\cdot H\cdot\lambda}{l^2}=\frac{8\times15.0\times199.7\times5.0}{\underline{150^2}}=\underline{5.3\text{t}}$ 3）小型自動車荷重載荷時 $T_2=\frac{8\times15.0\times129.4\times5.0}{\underline{150^2}}+\underline{2.5}=\underline{6.0\text{t}}>T_1$ $P_r=\underline{1500}\times(\underline{0.806}+\underline{0.444})=\underline{1875\text{kg}}$ $P_f=\underline{1000}\times(\underline{0.806}+\underline{0.444})=\underline{1250\text{kg}}$ $\Sigma P=\underline{1875}\times\underline{1.0}+\underline{1250}\times\underline{0.5}=\underline{2500\text{kg}}$
P135	**7-2　ハンガー断面** $\text{T}_\text{h}=\underline{6.0\text{t}}$ 切断荷重　$\text{T}_\text{a}=\underline{21.3\text{t}}$ 安全率　$\nu=\frac{21.3}{\underline{6.0}}=\underline{3.55}>3.5$
P135	**§8　補剛げた** 死荷重はすべてケーブルで負担するものとし、 活荷重（$\text{W}_\text{u}=\underline{250\text{kg/m}}$）を載荷させる。…
P136	**8-1　曲げモーメント**（x＝37.5m） $A_{total}=\frac{1}{2}\cdot x(x-1)(1-\frac{8}{5N})$ $=\frac{1}{2}\times37.5\times(150.0-37.5)\times(1-\frac{8}{\underline{5\times1.661}})$ $=\underline{77.5\text{m}^2}$ $M_{total}=W_u\cdot A_{total}=\underline{0.25}\times\underline{77.5}=\underline{19.4\text{t}\cdot\text{m}}$ 負の最大曲げモーメント　M_{min} $x_1=\frac{N\cdot l}{4}=\frac{1.661\times150.0}{\underline{4}}=\underline{62.288\text{m}}$ …

頁	SI 単位系
	$j_1+j_1^2-j_1^3=\frac{N}{4}\cdot\frac{l}{l-x}=\frac{62.250}{\underline{150.0-37.5}}=\underline{0.553}$ … $A_{\min}=-\frac{2\times37.5\times(150.0-37.5)}{\underline{5\times1.660}}\times0.33=\underline{-335.5\mathrm{m}^2}$ $M_{\min}=W_u\cdot A_{\min}=\underline{2.5}\times\underline{335.5}=\underline{-839\mathrm{kN\cdot m}}$ 正の最大曲げモーメント　M_{min} $M_{\max}=M_{\mathrm{total}}-M_{\min}=\underline{191}-(\underline{-839})=\underline{1030\mathrm{kN\cdot m}}$ $=\underline{1030\mathrm{kN\cdot m}}$ 影響線図（図中の数字） $-335.5\mathrm{m}^2$ $A_{\max}=\underline{76.2}-(\underline{-335.5})=\underline{411.7\mathrm{m}^2}$ $\underline{411.7\mathrm{m}^2}$
P137	**8-2　せん断力（端部）** $A_{\mathrm{total}}=\frac{1}{2}\cdot l(1-\frac{8}{5N})$ $=\frac{1}{2}\times150.0\times(1-\frac{8}{\underline{5\times1.661}})$ $=\underline{2.711\mathrm{m}}$ 正部分 … $j+j^2-j^3=\frac{N}{4}=\frac{1.660}{\underline{4}}=0.415$ … $A_{\max}=\frac{1}{2}\times150.0\times(1-\frac{8}{\underline{5\times1.660}})$ $+\frac{1}{2}\times150.0\times(1-0.33)^2\times(\frac{4}{\underline{1.660}}\times0.67-1)$ $=\underline{2.711}+\underline{20.687}=\underline{23.398\mathrm{m}^2}$ 正の最大せん断力 $S_{\max}=W_u\cdot A_{\max}=\underline{2.5}\times\underline{23.398}=\underline{58.50\mathrm{kN}}$ 負部分 $A_{\min}=A_{\mathrm{total}}-A\max$ $=2.711-\underline{23.398}=\underline{-20.687\mathrm{m}}$ 負の最大せん断力 $S_{\min}=W_u\cdot A_{\min}=\underline{2.5}\times\underline{-20.687}=\underline{-51.72\mathrm{kN}}$

頁	従 来 単 位 系
	$j_1+j_1^2-j_1^3=\frac{N}{4}\cdot\frac{l}{l-x}=\frac{62.288}{\underline{150.0-37.5}}=\underline{0.554}$ … $A_{\min}=-\frac{2\times37.5\times(150.0-37.5)}{\underline{5\times1.661}}\times0.33=\underline{-335.3\text{m}^2}$ $M_{\min}=W_u\cdot A_{\min}=\underline{0.250}\times\underline{335.3}=\underline{-83.8\text{t}\cdot\text{m}}$ 正の最大曲げモーメント　M_{min} $M_{\max}=M_{\text{total}}-M_{\min}=\underline{19.4}-(\underline{-83.8})=\underline{103.2\text{t}\cdot\text{m}}$ $=\underline{103.2\text{t}\cdot\text{m}}$ 影響線図（図中の数字） -335.3m^2 $A_{\max}=\underline{77.5}-(\underline{-335.3})=\underline{412.8\text{m}^2}$ $\underline{412.8\text{m}^2}$
P137	**8-2　せん断力（端部）** $A_{\text{total}}=\frac{1}{2}\cdot l(1-\frac{8}{5N})$ $=\frac{1}{2}\times150.0\times(1-\frac{8}{\underline{5\times1.661}})$ $=\underline{2.711\text{m}}$ 正部分 … $j+j^2-j^3=\frac{N}{4}=\frac{1.661}{\underline{4}}=0.415$ … $A_{\max}=\frac{1}{2}\times150.0\times(1-\frac{8}{\underline{5\times1.661}})$ $+\frac{1}{2}\times150.0\times(1-0.33)^2\times(\frac{4}{\underline{1.661}}\times0.67-1)$ $=\underline{2.754}+\underline{20.655}=\underline{23.409\text{m}^2}$ 正の最大せん断力 $\text{S}_{\max}=\text{W}_{\text{u}}\cdot\text{A}_{\max}=\underline{0.250}\times\underline{23.409}=\underline{5.852\text{t}}$ 負部分 $\text{A}\min=\text{A}_{\text{total}}-\text{A}\max$ $=\underline{2.754}-\underline{23.409}=\underline{-20.655\text{m}}$ 負の最大せん断力 $\text{S}_{\min}=\text{W}_{\text{u}}\cdot\text{A}_{\min}=\underline{0.250}\times\underline{-20.655}=\underline{-5.164\text{t}}$

頁	SI 単位系
P138～ P139	**8-3 補剛げたの断面決定** 1）上下弦材 $M_{max}=\underline{1030\text{kN}\cdot\text{m}}$ $N=\dfrac{M}{h}=\dfrac{1030}{\underline{1.8}}=\underline{572\text{kN}}$ $(\underline{\text{SM490Y}})$ $\sigma_c=\dfrac{N}{A}=\dfrac{572000}{\underline{6000}}=\underline{95.3\text{N/mm}^2}<\sigma_{ca}$ $\sigma_{ca}=\underline{210}-\underline{1.5}\times(\dfrac{l}{r_x}-\underline{15})$ $=\underline{210}-\underline{1.5}\times(56.2-\underline{15})=\underline{148.2\text{N/mm}^2}$ $\sigma_t=\dfrac{N}{A_n}=\dfrac{572000}{\underline{5034}}=\underline{113.6\text{N/mm}^2}<\sigma_{ta}=\underline{210\text{N/mm}^2}$ 2）垂直材 $V=\underline{58.50\text{kN}}$ $1-L\quad 130\times130\times12(\underline{SS400})$ $\sigma_{ca}=\underline{140}-\underline{0.82}\times(45.5-\underline{18})=\underline{117\text{N/mm}^2}$ $\sigma_{ca}'=\sigma_{ca}(0.5+\dfrac{l/r_x}{1000})$ $=\underline{117}\times(0.5+\dfrac{45.5}{1000})=\underline{64\text{N/mm}^2}$ $\sigma_c=\dfrac{V}{A_g}=\dfrac{58500}{\underline{2976}}=\underline{19.7\text{N/mm}^2}<\sigma_{ca}'$
P140	**8-3 補剛げたの断面決定** 3）斜　材 斜材断面力 $N=S\cdot\sec\theta=\underline{58.50}\times1.217=\underline{71.19\text{kN}}$ 使用断面 $1-L\quad 90\times90\times10(\underline{SS400})$ $\sigma_c=\dfrac{N}{A_g}=\dfrac{71190}{\underline{1700}}=\underline{41.9\text{N/mm}^2}<\sigma_{ca}'$ $\sigma_t=\dfrac{N}{A_n}=\dfrac{71190}{\underline{1050}}=\underline{67.8\text{N/mm}^2}<\sigma_{ta}=\underline{140\text{N/mm}^2}$ $\sigma_{ca}=\underline{140}-\underline{0.82}\times(80.8-\underline{18})=\underline{89\text{N/mm}^2}$ $\sigma_{ca}'=\underline{89}\times(0.5+\dfrac{80.8}{\underline{1000}})=\underline{52\text{N/mm}^2}$

頁	従来単位系
P138～ P139	**8-3　補剛げたの断面決定** 1）上下弦材 $M_{max}=\underline{1030\text{kN}\cdot\text{m}}$ $N=\dfrac{M}{h}=\dfrac{1030}{\underline{1.8}}=\underline{572\text{kN}}$ $(\underline{\text{SM490Y}})$ $\sigma_c=\dfrac{N}{A}=\dfrac{572000}{\underline{6000}}=\underline{95.3\text{N/mm}^2}<\sigma_{ca}$ $\sigma_{ca}=\underline{210}-\underline{1.5}\times(\dfrac{l}{r_x}-\underline{15})$ $=\underline{210}-\underline{1.5}\times(56.2-\underline{15})=\underline{148.2\text{N/mm}^2}$ $\sigma_t=\dfrac{N}{A_n}=\dfrac{572000}{\underline{5034}}=\underline{113.6\text{N/mm}^2}<\sigma_{ta}=\underline{210\text{N/mm}^2}$ 2）垂直材 $V=\underline{5.852\text{t}}$ $1-L\quad 130\times130\times12(\underline{SS41})$ $\sigma_{ca}=\underline{1400}-\underline{8.4}\times(45.5-\underline{20})=\underline{1186\text{kg/cm}^2}$ $\sigma_{ca}{}'=\sigma_{ca}(0.5+\dfrac{l/r_x}{1000})$ $=\underline{1186}\times(0.5+\dfrac{45.5}{1000})=\underline{647\text{kg/cm}^2}$ $\sigma_c=\dfrac{V}{A_g}=\dfrac{5852}{\underline{29.76}}=\underline{197\text{kg/cm}^2}<\sigma_{ca}{}'$
P140	**8-3　補剛げたの断面決定** 3）斜　材 斜材断面力 N = S・sec θ $=\underline{5.852}\times1.217=\underline{7.122\text{t}}$ 使用断面 $1-L\quad 90\times90\times10(\underline{SS41})$ $\sigma_c=\dfrac{N}{A_g}=\dfrac{7122}{\underline{17.0}}=\underline{419\text{kg/cm}^2}<\sigma_{ca}{}'$ $\sigma_t=\dfrac{N}{A_n}=\dfrac{7122}{\underline{10.5}}=\underline{678\text{kg/cm}^2}<\sigma_{ta}=\underline{1400\text{kg/cm}^2}$ $\sigma_{ca}=\underline{1400}-\underline{8.4}\times(80.8-\underline{20})=\underline{889\text{kg/cm}^2}$ $\sigma_{ca}{}'=\underline{889}\times(0.5+\dfrac{80.8}{\underline{1000}})=\underline{516\text{kg/cm}^2}$

頁	ＳＩ単位系

P140

8-4　風荷重載荷時の検討

補剛げたの軸力

$$N_W = \frac{M_{\max}}{b} = \frac{7903}{\underline{3.6}} = \underline{2195\text{kN}}$$

1）補剛げたの応力度

$$\sigma_c = \frac{N_w}{2A_s} = \frac{2195000}{\underline{2\times6000}} = \underline{182.9\text{N}/\text{mm}^2} < \sigma_{ca}$$

$$\sigma_{ca} = \underline{148.2}\times1.35 = \underline{200\text{N}/\text{mm}^2}$$

$$\sigma_t = \frac{N_w}{2A_n} = \frac{2195000}{\underline{2\times5310}} = \underline{206.7\text{N}/\text{mm}^2} < \sigma_{ta}$$

$$\sigma_{ta} = \underline{210}\times1.35 = \underline{284\text{N}/\text{mm}^2}$$

2）補剛げたの添接

$$n = \frac{N_w}{2\times\rho_a\times1.35} = \frac{2195}{\underline{2\times78\times1.35}} = \underline{10.4}\text{本}\rightarrow 11\text{本使用}$$

（$\rho_a = \underline{78\text{kN}}$　Ｍ２０　Ｆ１０Ｔ高力ボルト２摩擦面耐力）

P141

8-5　補剛げたに対するケーブルのクリープによる影響

2）支間中央の曲げモーメント

$$M_c = \frac{9.6\cdot E\cdot I\cdot\delta_c}{l^2}$$

$$= \frac{9.6\times2.0\times10^8\times0.00972\times0.0615}{\underline{150.0^2}} = \underline{51\text{kN}\cdot\text{m}}$$

$$\Sigma M = \underline{1030} + \underline{51} = \underline{1081\text{kN}\cdot\text{m}}$$

$$N = \frac{1081}{\underline{1.8}} = \underline{601\text{kN}}\quad \sigma = \frac{601000}{\underline{6000}} = \underline{100.2\text{N}/\text{mm}^2} < \sigma_{ca}$$

P142

§9　横　構

図中の数字　$S_{\max} = \underline{211\text{kN}}$

$$N_S = \underline{211}\times\frac{4.383}{3.600}\times\frac{1}{2}\times\frac{1}{2} = \underline{64\text{kN}}$$

横構断面

$1-CT\quad 118\times178\times10\times8(\underline{SS400})$

$$\sigma_{ca} = \frac{1200000}{\underline{6700+(l/r_x)^2}} = \frac{1200000}{6700+123.5^2} = \underline{54.7\text{N}/\text{mm}^2}$$

$$\sigma_{ca}' = \{\sigma_{ca}(0.5+\frac{l/r_x}{1000})\}\times1.2$$

$$= \underline{54.7}\times0.6235\times1.2 = \underline{40.9\text{N}/\text{mm}^2}$$

$$\sigma_c = \frac{N_s}{A_g} = \frac{64000}{\underline{2634}} = \underline{24.3\text{N}/\text{mm}^2} < \sigma_{ca}'$$

頁	従来単位系
P140	**8-4 風荷重載荷時の検討** 補剛げたの軸力 $N_W=\dfrac{M_{max}}{b}=\dfrac{798.8}{3.6}=221.9\text{t}$ 1）補剛げたの応力度 $\sigma_c=\dfrac{N_w}{2A_s}=\dfrac{221900}{2\times60.0}=1849\text{kg/cm}^2<\sigma_{ca}$ $\sigma_{ca}=1467\times1.35=1980\text{kg/cm}^2$ $\sigma_t=\dfrac{N_w}{2A_n}=\dfrac{221900}{2\times53.1}=2089\text{kg/cm}^2<\sigma_{ta}$ $\sigma_{ta}=2100\times1.35=2835\text{kg/cm}^2$ 2）補剛げたの添接 $n=\dfrac{N_w}{2\times\rho_a\times1.35}=\dfrac{221900}{2\times7800\times1.35}=10.5$ 本 → 11本使用 （$\rho_a=7800\text{kg}$　M２０　Ｆ１０Ｔ高力ボルト２摩擦面耐力）
P141	**8-5 補剛げたに対するケーブルのクリープによる影響** 2）支間中央の曲げモーメント $M_c=\dfrac{9.6\cdot E\cdot I\cdot\delta_c}{l^2}$ $=\dfrac{9.6\times2.1\times10^7\times0.00972\times0.0615}{150.0^2}=5.4\text{t}\cdot\text{m}$ $\Sigma M=103.2+5.4=108.6\text{t}\cdot\text{m}$ $N=\dfrac{108.6}{1.8}=60.3\text{t}\quad\sigma=\dfrac{60300}{60.0}=1005\text{kg/cm}^2<\sigma_{ca}$
P142	**§9 横　構** 図中の数字　$S_{max}=21.3\text{t}$ $N_S=21.3\times\dfrac{4.383}{3.600}\times\dfrac{1}{2}\times\dfrac{1}{2}=6.5\text{t}$ 横構断面 $1-CT\quad118\times178\times10\times8$(SS41) $\sigma_{ca}=\dfrac{12000000}{6700+(l/r_x)^2}=\dfrac{12000000}{6700+123.5^2}=547\text{kg/cm}^2$ $\sigma_{ca}'=\{\sigma_{ca}(0.5+\dfrac{l/r_x}{1000})\}\times1.2$ $=547\times0.6235\times1.2=409\text{kg/cm}^2$ $\sigma_c=\dfrac{N_s}{A_g}=\dfrac{6500}{26.34}=247\text{kg/cm}^2<\sigma_{ca}'$

頁	S I 単 位 系
	$\sigma_t = \dfrac{N_s}{A_n} = \dfrac{64000}{\underline{1684}} = \underline{38.0\mathrm{N/mm^2}} < \sigma_{ta}$ $\sigma_{ta} = \underline{140} \times 1.2 = \underline{168\mathrm{N/mm^2}}$ 所要ボルト $n = \dfrac{N_s}{\rho_a} = \dfrac{64}{\underline{31}} = 2.1$本→4本 （$\rho_a$：<u>31kN</u>　M２０　F８T高力ボルト１摩擦面耐力
P143	**§10 耐 風 索** **10−1 耐風索の張力** $T_s = \underline{577\mathrm{kN}}$ **10−2 耐風索断面** 架設時のプレストレス<u>50kN</u>を加算 $T = \underline{577} + \underline{50} = \underline{627\mathrm{kN}}$ 切断荷重　$T_a = \underline{1549\mathrm{kN}}$ 安全率　$\nu = \dfrac{1549}{\underline{627}} = \underline{2.47} > 1.5$
P143～ P144	**§11 耐 風 支 索** **11−1 耐風支索張力** $T = W_f \cdot \lambda = \underline{5.31} \times 5.0 = \underline{26.55\mathrm{kN}}$ **11−2 耐風支索断面** $T = \underline{26.55\mathrm{kN}}$ 切断荷重　$T_a = \underline{52.17\mathrm{kN}}$ 安全率　$\nu = \dfrac{52.17}{\underline{26.55}} = \underline{1.96} > 1.5$
P147	**7×7**　（参考）単位<u>質量</u>
P148	**7×１９**　（参考）単位<u>質量</u>
P149	**7×３７**　（参考）単位<u>質量</u>
P150	**１×１９**　（参考）単位<u>質量</u>
P150	**１×３７**　（参考）単位<u>質量</u>
P151	**１×６１**　（参考）単位<u>質量</u>
P152	**１×９１**　（参考）単位<u>質量</u>
P153	**１×１２７**　（参考）単位<u>質量</u>

頁	従来単位系
	$\sigma_t = \frac{N_s}{A_n} = \frac{6500}{\underline{16.84}} = \underline{386\text{kg/cm}^2} < \sigma_{ta}$
	$\sigma_{ta} = \underline{1400} \times 1.2 = \underline{1680\text{kg/cm}^2}$
	所要ボルト
	$n = \frac{N_s}{\rho_a} = \frac{6500}{\underline{3100}} = 2.1本 \rightarrow 4本$
	（ρ_a：<u>3100kg</u>　Ｍ２０　Ｆ８Ｔ高力ボルト１摩擦面耐力
P143	**§10　耐　風　索**
	10−1　耐風索の張力
	$T_s = \underline{58.3\text{t}}$
	10−2　耐風索断面
	架設時のプレストレス<u>5.0t</u>を加算
	$T = \underline{58.3} + \underline{5.0} = \underline{63.3\text{t}}$
	切断荷重　$T_a = \underline{158.0\text{t}}$
	安全率　$\nu = \frac{158.0}{\underline{63.3}} = \underline{2.50} > 1.5$
P143～ P144	**§11　耐風支索**
	11−1　耐風支索張力
	$T = W_f \cdot \lambda = \underline{573} \times 5.0 = \underline{2865\text{kg}}$
	11−2　耐風支索断面
	$T = \underline{2865\text{kg}}$
	切断荷重　$T_a = \underline{5.32\text{t}}$
	安全率　$\nu = \frac{5.32}{\underline{2.865}} = \underline{1.86} > 1.5$
P147	**７×７**　（参考）単位<u>重量</u>
P148	**７×１９**　（参考）単位<u>重量</u>
P149	**７×３７**　（参考）単位<u>重量</u>
P150	**１×１９**　（参考）単位<u>重量</u>
P150	**１×３７**　（参考）単位<u>重量</u>
P151	**１×６１**　（参考）単位<u>重量</u>
P152	**１×９１**　（参考）単位<u>重量</u>
P153	**１×１２７**　（参考）単位<u>重量</u>

③ 鋼道路橋塗装便覧

頁	SI 単 位 系
P63	**表-5.2　シンナーによる希釈率** 希釈率　(質量%)

頁	従来単位系
P63	**表-5.2　シンナーによる希釈率** 希釈率　（重量%）

④ 鋼道路橋施工便覧

頁	SI単位系
P19～20	**表－Ⅱ.1.1.1 鋼橋に使用される鋼材のＪＩＳ**

種別	規格	鋼種
1. 構造用鋼材	JIS G 3101	SS400
		SS490
	JIS G 3106	SM400
		SM490
		SM490Y
		SM520
		SM570
	JIS G 3114	SMA400W
		SMA490W
		SMA570W
2. 鋼　管	JIS G 3444	STK400
		STK490
3. 接合用鋼材	JIS G 3104	SV330
		SV400
5. 溶接材料	JIS G 3201	SF490A
		SF540A
	JIS G 5101	SC450
	JIS G 5102	SCW410
		SCW480
	JIS G 5501	FC150
		FC250
	JIS G 5502	FCD400
7. 鋼　棒	JIS G 3112	SR235
		SD235
		SD295
		SD345
	JIS G 3109	A種1号：SBPR 785/930
		A種2号：SBPR 785/1030
		B種1号：SBPR 930/1080
		B種2号：SBPR 930/1180

頁	従来単位系
P19～20	**表－Ⅱ.1.1.1 鋼橋に使用される鋼材のＪＩＳ**

1. 構造用鋼材	JIS	G	3101	SS41
				SS50
	JIS	G	3106	SM41
				SM50
				SM50Y
				SM53
				SM58
	JIS	G	3114	SMA41W
				SMA50W
				SMA58W
2. 鋼　管	JIS	G	3444	STK41
				STK50
3. 接合用鋼材	JIS	G	3104	SV34
				SV41
5. 鋳鍛造品	JIS	G	3201	SF50A
				SF55A
	JIS	G	5101	SC46
	JIS	G	5102	SCW42
				SCW49
	JIS	G	5501	FC15
				FC25
	JIS	G	5502	FCD40
7. 鋼　棒	JIS	G	3112	SR24
				SD24
				SD30
				SD35
	JIS	G	3109	A種1号：SBPR 80/95
				A種2号：SBPR 80/105
				B種1号：SBPR 95/110
				B種2号：SBPR 95/120

頁	S I 単 位 系
P23	**表ーⅡ.1.2.1 板厚による鋼種選定基準** SS400 SM400A SM400B SM400C SM490A SM490B SM490C SM490YA SM490YB SM520B SM520C SM570 SMA400AW SMA400BW SMA400CW SMA490AW SMA490BW SMA490CW SMA570W
P23	**1.2.1 鋼種の選定** A：0° CVノッチシャルピー吸収エネルギー 保証せず B：0° CVノッチシャルピー吸収エネルギー 27J C：0° CVノッチシャルピー吸収エネルギー 47J
P24	**1.2.1 鋼種の選定** なお、SM570、SMA570については板厚12mmをこえ50mm以下について板厚に関係なく−5° CVノッチシャルピー吸収エネルギーの保証値を47Jとしている。

頁	従 来 単 位 系

表−Ⅱ.1.2.1　板厚による鋼種選定基準

SS41
SM41A
SM41B
SM41C
SM50A
SM50B
SM50C
SM50YA
SM50YB
SM53B
SM53C
SM58
SMA41AW
SMA41BW
SMA41CW
SMA50AW
SMA50BW
SMA50CW
SMA58W

1.2.1　鋼種の選定

A：0°　CVノッチシャルピー吸収エネルギー　保証せず
B：0°　CVノッチシャルピー吸収エネルギー　2.8kgf·m
C：0°　CVノッチシャルピー吸収エネルギー　4.8kgf·m

1.2.1　鋼種の選定

なお、SM58、SMA58については板厚12mmをこえ50mm以下について板厚に関係なく−5°　CVノッチシャルピー吸収エネルギーの保証値を4.8kgf·mとしている。

頁	SI 単位系
P24	表-Ⅱ.1.2.2 鋼材の使用基準（最低気温≧-25℃）

強度の階級	使用箇所	板厚（mm）			
		16以下	17～25	26～32	33～38
400N/mm²級	主要部材	SM400A	SM400A	SM400B	SM400A
		SMA400A	SMA400A	SMA400A	SMA400A
	2次部材	SS400	SS400	SM400A	SM400A
		SMA400A	SMA400A	SMA400A	SMA400A
490N/mm²級	主要部材	SM520B	SM520B	SM520B	SM520B
		SMA490B	SMA490B	SMA490B	SMA490B
	2次部材	SM490YA	SM490YA	SM490YA	SM490YA
		SMA490A	SMA490A	SMA490A	SMA490A
570N/mm²級	主要部材	SM570	SM570	SM570	SM570
		SMA570	SMA570	SMA570	SMA570

P25 表-Ⅱ.1.2.3 鋼材の使用基準（-35℃＜最低気温＜-25℃）

強度の階級	板厚（mm）			
	16以下	17～25	26～32	33～38
400N/mm²級	SM400A	SM400A	SM400B	SM400B
	SMA400A	SMA400A	SMA400B	SMA400C
490N/mm²級	SM520B	SM520B	SM520B	SM520B
	SMA490B	SMA490B	SMA490B	SMA490C
570N/mm²級	SM570	SM570	SM570	SM570
	SMA570	SMA570	SMA570	SMA570

P25 表-Ⅱ.1.2.4 鋼材の使用基準（最低気温≦-35℃）

強度の階級	板厚（mm）			
	16以下	17～25	26～32	33～38
400N/mm²級	SM400A	SM400A	SM400C	SM400C
	SMA400A	SMA400A	SMA400C	SMA400C
490N/mm²級	SM520B	SM520B	SM520B	SM520B
	SMA490B	SMA490B	SMA490B	SMA490B
570N/mm²級	SM570	SM570	SM570	SM570
	SMA570	SMA570	SMA570	SMA570

頁	従来単位系

P24

表-Ⅱ.1.2.2　鋼材の使用基準（最低気温≧-25℃）

強度の階級	使用箇所	板厚（mm）			
		16以下	17～25	26～32	33～38
41キロ級	主要部材	SM41A	SM41A	SM41B	SM41B
		SMA41A	SMA41A	SMA41B	SMA41B
	2次部材	SS41	SS41	SM41A	SM41A
		SMA41A	SMA41A	SMA41A	SMA41A
50キロ級	主要部材	SM53B	SM53B	SM53B	SM53B
		SMA50B	SMA50B	SMA50B	SMA50B
	2次部材	SM50YA	SM50YA	SM50YA	SM50YA
		SMA50A	SMA50A	SMA50A	SMA50A
60キロ級	主要部材	SM58	SM58	SM58	SM58
		SMA58	SMA58	SMA58	SMA58

P25

表-Ⅱ.1.2.3　鋼材の使用基準（-35℃＜最低気温＜-25℃）

強度の階級	板厚（mm）			
	16以下	17～25	26～32	33～38
41キロ級	SM41A	SM41A	SM41B	SM41B
	SMA41A	SMA41A	SMA41B	SMA41C
50キロ級	SM53B	SM53B	SM53B	SM520B
	SMA50B	SMA50B	SMA50B	SMA490C
60キロ級	SM58	SM58	SM58	SM58
	SMA58	SMA58	SMA58	SMA58

P25

表-Ⅱ.1.2.4　鋼材の使用基準（最低気温≦-35℃）

強度の階級	板厚（mm）			
	16以下	17～25	26～32	33～38
41キロ級	SM41A	SM41A	SM41C	SM41C
	SMA41A	SMA41A	SMA41C	SMA41C
50キロ級	SM53B	SM53B	SM53B	SM53B
	SMA50B	SMA50B	SMA50B	SMA50B
60キロ級	SM58	SM58	SM58	SM58
	SMA58	SMA58	SMA58	SMA58

頁	SI　単　位　系
P26	**1.2.1　鋼種の選定** (1) 一般構造用圧延鋼材（JIS　G　3110）SS400
P26	(1) 一般構造用圧延鋼材（JIS G 3110）SS400 …特別考慮されていないが、SS400の場合、板厚が…
P26	(1) 一般構造用圧延鋼材（JIS G 3110）SS400 SS490については、溶接性に問題があるため…
P26	(1) 一般構造用圧延鋼材（JIS G 3110）SS400 …、鋼棒としてはS35CN等を使用する例が増えている。
P26	**1.2.1　鋼種の選定** (2) 溶接構造用圧延鋼材（JIS　G　3106） SM400、SM490、SM490Y、SM520、SM570
P26	(2) 溶接構造用圧延材（JIS G 3106）SM400、SM490、SM490Y、SM520、SM570 SM570については、熱処理を行って所定の機械的性質を得るSM570Q材と、熱処理を行なわないSM570N材があるが、…
P26	**1.2.1　鋼種の選定** (3) 溶接構造用耐候性熱間圧延鋼材（JIS　G　3114） SMA400、SMA490、SMA570
P29	(3) 溶接構造用耐候性熱間圧延鋼材（JIS　G　3114）SMA400、SMA490、SMA570 …SMA材は、SMA490PおよびSMA490Wの…
P26	(b) 規格料 …に対してはSS400をベースとしている。
P30	(3) 形状および寸法の許容差 …とくに、調質を施したSM570にあっては…

頁	従来単位系
P26	**1.2.1 鋼種の選定** (1) 一般構造用圧延鋼材 (JIS　G　3110) SS41
P26	(1) 一般構造用圧延鋼材 (JIS G 3110) SS41 …特別考慮されていないが、SS41の場合、板厚が…
P26	(1) 一般構造用圧延鋼材 (JIS G 3110) SS41 SS50については、溶接性に問題があるため…
P26	(1) 一般構造用圧延鋼材 (JIS G 3110) SS41 …、鋼棒としてはS30C等を使用する例が増えている。
P26	**1.2.1 鋼種の選定** (2) 溶接構造用圧延鋼材 (JIS　G　3106) SM41、SM50、SM50Y、SM53、SM58
P26	(2) 溶接構造用圧延材 (JIS G 3106) SM400、SM490、SM490Y、SM520、SM570 SM58については、熱処理を行って所定の機械的性質を得るSM58Q材と、熱処理を行なわないSM58N材があるが、…
P26	**1.2.1 鋼種の選定** (3) 溶接構造用耐候性熱間圧延鋼材 (JIS　G　3114) SMA41、SMA50、SMA58
P29	(3) 溶接構造用耐候性熱間圧延鋼材 (JIS　G　3114) SMA400、SMA490、SMA570 …SMA材は、SMA50PおよびSMA50Wの…
P26	(b) 規格料 …に対してはSS41をベースとしている。
P30	(3) 形状および寸法の許容差 …とくに、調質を施したSM58にあっては…

頁	ＳＩ 単 位 系
P33	**表-Ⅱ.1.2.7 識別色および塗色方法** SS400 SM400 SM490 SM490Y SM520 SM570 SMA400 SMA490 SMA570
P33	（注２） 例：SMA490Bの鋼板の場合 SM400BのＨ形鋼の場合
P39	**1.6.1 材 料** (1) 一般構造用圧延鋼材（SS400、SS490）
P39	(1) 一般構造用圧延鋼材（SS400、SS490） …機械構造用炭素鋼S35CN、S45CN…
P39	**1.6.1 材 料** (2) 機械構造用炭素鋼材（S35CN、S45CN）
P39	**1.6.1 材 料** (3) 炭素鋼鍛鋼品（SF490A、SF540A）
P39	**1.6.1 材 料** (4) 炭素鋼鋳鋼品（SC450）等
P39	(4) 炭素鋼鋳鋼品（SC450）等 炭素鋼鋳鋼品（SC450）、溶接構造用鋳鋼品（SCW410、SCW480）および…
P49	(2) テープ合せ …張力50～100kNをかけて行なう。
P70	**3.4.2 熱 間 加 工** SM570Qのように焼き入れ、焼もどし処理された調質鋼は、…

頁	従来単位系
P33	**表-Ⅱ.1.2.7　識別色および塗色方法** SS41 SM41 SM50 SM50Y SM53 SM58 SMA41 SMA50 SMA58
P33	(注 2) 例：SMA50Bの鋼板の場合 SM41BのＨ形鋼の場合
P39	**1.6.1　材　料** (1) 一般構造用圧延鋼材 (SS41、SS50)
P39	(1) 一般構造用圧延鋼材 (SS400、SS490) …機械構造用炭素鋼S30C、S35C…
P39	**1.6.1　材　料** (2) 機械構造用炭素鋼材 (S30C、S35C)
P39	**1.6.1　材　料** (3) 炭素鋼鍛鋼品 (SF50、SF55)
P39	**1.6.1　材　料** (4) 炭素鋼鋳鋼品 (SC46) 等
P39	(4) 炭素鋼鋳鋼品 (SC450) 等 炭素鋼鋳鋼品 (SC46)、溶接構造用鋳鋼品 (SCW42、SCW49) および…
P49	(2) テープ合せ …張力5～10kgをかけて行なう。
P70	**3.4.2　熱間加工** SM58Qのように焼き入れ、焼もどし処理された調質鋼は、…

頁	SI 単 位 系
P70	**3.4.2 熱間加工** SS400～SM490の熱間加工は、…
P71	**4.1 鋼橋に使用される溶接法の概要** 使用鋼材は、一般構造用鋼材（SS400）、溶接構造用鋼材（SM400～SM570）、溶接構造用耐候性鋼材（SMA400～SMA570）など多岐にわたっている。
P73	（注２） D43XX……保証する溶着金属の引張強さの最低値が420N/mm^{2}であることを示す。
P78	**表-Ⅱ.4.1.5　ＭＡＧ溶接用材料（JIS Z 3312）** 表中の適用鋼種　上から 軟鋼および490N/mm^{2}高張力鋼 590N/mm^{2}高張力鋼
P82	(2) ＭＩＧ（METAL-INERT-GAS）溶接法 …とくに切欠じん性にすぐれているので785N/mm^{2}高張力鋼の溶接に…
P83	**4.1.3 ノーガスアーク溶接法**（セルフシードアーク溶接法） 使用されるワイヤは、490N/mm2鋼用のものが作られており、…
P85	**4.1.4 サブマージアーク溶接法** …とくに、SM570Qのように熱処理によって強度を高めて…
P85	**4.1.4 サブマージアーク溶接法** …ここには570N/mm^{2}鋼用のものが規定されていないが，570N/mm^{2}鋼用として必要な機能を有するものが…
P96	**4.2.1 軟　鋼** 鋼橋に使用される軟鋼には，SS400とSM400がある。
P97	**4.2.1 軟　鋼** …とくに，炭素量の制限のないSS400の厚板の場合には…
P97	**4.2.1 軟　鋼** また、溶接構造用圧延材であるSM400においても厚板の場合には、…
P97	**4.2.2 溶接構造用高張力鋼** 高張力鋼は構造用鋼の一種で、引張強さ490N/mm^{2}以上を有し、…

頁	従来単位系
P70	**3.4.2　熱間加工** SS41～SM50の熱間加工は、…
P71	4.1　鋼橋に使用される溶接法の概要 使用鋼材は、一般構造用鋼材（SS41）、溶接構造用鋼材（SM41～SM58）、溶接構造用耐候性鋼材（SMA41～SMA58）など多岐にわたっている。
P73	（注２） D43XX……保証する溶着金属の引張強さの最低値が43kg/mm^{2}であることを示す。
P78	**表-Ⅱ.4.1.5　ＭＡＧ溶接用材料（JIS Z 3312）** 表中の適用鋼種　上から 軟鋼および50キロ高張力鋼 60キロ高張力鋼
P82	(2)　ＭＩＧ（METAL-INERT-GAS）溶接法 …とくに切欠じん性にすぐれているので80キロ高張力鋼の溶接に…
P83	**4.1.3　ノーガスアーク溶接法**（セルフシールドアーク溶接法） 使用されるワイヤは、50キロ鋼用のものが作られており、…
P85	**4.1.4　サブマージアーク溶接法** …とくに、SM58Qのように熱処理によって強度を高めて…
P85	**4.1.4　サブマージアーク溶接法** …ここには58キロ鋼用のものが規定されていないが，58キロ鋼用として必要な機能を有するものが…
P96	**4.2.1　軟　鋼** 鋼橋に使用される軟鋼には，SS41とSM41がある。
P97	**4.2.1　軟　鋼** …とくに，炭素量の制限のないSS41の厚板の場合には…
P97	**4.2.1　軟　鋼** また、溶接構造用圧延材であるSM41においても厚板の場合には、…
P97	**4.2.2　溶接構造用高張力鋼** 高張力鋼は構造用鋼の一種で、引張強さ50kgf/mm^{2}以上を有し、…

頁	S I 単 位 系
P97	**4.2.2 溶接構造用高張力鋼** …であり、SM490材はこれに属する。
P97	**4.2.2 溶接構造用高張力鋼** …焼戻しを行った調質鋼であり、SM570Q材はこれに属する。
P98	**4.2.2 溶接構造用高張力鋼** …入熱量が過大になると、SM570Qのような調質鋼においては、…
P98	**4.2.2 溶接構造用高張力鋼** またSM570Qに対しては、入熱量が70,000Joule/cmをこすような溶接条件…
P99	**4.2.4 鋳鋼** 鋼橋で使用される鋳鋼は、炭素鋼鋳鋼品のSC450、溶接構造用鋳鋼品のSCW410、SCW480および…
P100	(2) 溶接施工試験を行なう場合 ( ) 鋼材の材質がSMA400、SM490、SM520、SM570で板厚が38mmをこえる場合 ( ) 鋼材の材質がSMA490、SMA570で板厚が25mmをこえる場合 ( ) SM570、SMA570において１パスの入熱量が70,000Joule/cmをこえる場合
P108	**表-Ⅱ.4.7.1 鋼材の溶接われ指数（Pc）と予熱温度の関係** 表中の鋼種 上から SS400 SM400 SMA400 SM490 SMA490 SM490Y SM520 SM570 SMA570
P129	**表-Ⅱ.4.11.1 ガス炎加熱法による線状加熱時の鋼材表面温度および冷却法** 表中の鋼種 上から SM570 SMA570

頁	従来単位系
P97	**4.2.2 溶接構造用高張力鋼** …であり、SM50材はこれに属する。
P97	**4.2.2 溶接構造用高張力鋼** …焼戻しを行った調質鋼であり、SM58Q材はこれに属する。
P98	**4.2.2 溶接構造用高張力鋼** …入熱量が過大になると、SM58Qのような調質鋼においては、…
P98	**4.2.2 溶接構造用高張力鋼** またSM58Qに対しては、入熱量が70,000Joule/cmをこすような溶接条件…
P99	**4.2.4 鋳　鋼** 鋼橋で使用される鋳鋼は、炭素鋼鋳鋼品のSC46、溶接構造用鋳鋼品のSCW42、SCW49および…
P100	(2) 溶接施工試験を行なう場合 (　) 鋼材の材質がSMA41、SM50、SM53、SM58で板厚が38mmをこえる場合 (　) 鋼材の材質がSMA50、SMA58で板厚が25mmをこえる場合 (　) SM58、SMA58において1パスの入熱量が70,000Joule/cmをこえる場合
P108	**表-Ⅱ.4.7.1 鋼材の溶接われ指数（Pc）と予熱温度の関係** 表中の鋼種　上から SS41 SM41 SMA41 SM50 SMA50 SM50Y SM53 SM58 SMA58
P129	**表-Ⅱ.4.11.1 ガス炎加熱法による線状加熱時の鋼材表面温度および冷却法** 表中の鋼種　上から SM58 SMA58

頁	S I 単 位 系
P170	**表-Ⅳ.1.4.1 架設時の風荷重** 風荷重 0.4kN/m^2 0.9kN/m^2 1.60kN/m^2
P171	(b) 風荷重 P (kN/m^2) 1.23 kg/m^3
P171	**表-Ⅳ.1.4.2 架設時の設計風速と風荷重** 風荷重 0.4kN/m^2 0.9kN/m^2 1.6kN/m^2
P180	**表-Ⅳ.1.5.3 合板足場板** ヤング係数 (N/mm^2) / 許容応力度 (kN/mm^2) 8×10^3 / 1.6 8×10^3 / 1.6 8×10^3 / 1.6 8×10^3 / 1.6
P191	**2.5.3 ボルトの締付け方法** F：摩擦力 (N) N：一継手のおけるボルト軸力の総和 (N)
P253	(b) 履帯（キャタピラー）の接地圧の算出 60 kN/m^2～110 kN/m^2
P254	2）側方吊り時 q：接地圧 (kN/m^2)
P269	**図-Ⅳ.4.2.16 特殊橋型クレーン** 構造を示したものである。

頁	従来単位系
P170	**表-Ⅳ.1.4.1　架設時の風荷重** 風荷重 40kg/m² 90kg/m² 160kg/m²
P171	(b) 風荷重 P　(kg/m²) 0.125 kg・s²/m⁴
P171	**表-Ⅳ.1.4.2　架設時の設計風速と風荷重** 風荷重 40kg/m² 90kg/m² 160kg/m²
P180	**表-Ⅳ.1.5.3　合板足場板** ヤング係数 (kg/cm²) ／ 許容応力度 (Kg/cm²) 8×10⁴ ／ 165 8×10⁴ ／ 165 8×10⁴ ／ 165 8×10⁴ ／ 165
P191	**2.5.3　ボルトの締付け方法** F：摩擦力（kg） N：一継手のおけるボルト軸力の総和（kg）
P253	(b) 履帯（キャタピラー）の接地圧の算出 6 t/m²～11 t/m²
P254	2）側方吊り時 q：接地圧（t/m²）
P269	**図-Ⅳ.4.2.16　特殊橋型クレーン** 構造を示したものである。

頁	S I 単 位 系
P272	(b) 電動ウインチ 引張る力（kN）
P272	(b) 電動ウインチ 原動力の出力（kW）
P274	(3) 原動機出力の算出 P：所要ロープ張力（N）
P296	**表-Ⅳ.4.4.1　ワイヤロープ（ストランドロープ）の主な種類** 6×37
P299	**表-Ⅳ.4.4.4　素線の引張強さ** E種: 1,320 / G種: 1,470 / A種: 1,620 / B種: 1,770
P300	**表-Ⅳ.4.4.5　ワイヤーロープの弾性係数** E_r（$\times 10^5$N/mm^5） 0.6～0.8 0.4～0.6 0.7～0.8 1.1～1.5 1.5～1.6

頁	従来単位系

P272

(b) 電動ウインチ
引張る力 (t)

P272

(b) 電動ウインチ
原動力の出力 (kW、PS)

P274

(3) 原動機出力の算出
P ：所要ロープ張力 (kg)

P296

表-Ⅳ.4.4.1 ワイヤロープ（ストランドロープ）の主な種類

6×36

P299

表-Ⅳ.4.4.4 素線の引張強さ

E種	G種	A種	B種
135	150	165	180

P300

表-Ⅳ.4.4.5 ワイヤーロープの弾性係数

E_r (×10^6kg/cm^2)
0.6～0.8
0.4～0.6
0.7～0.8
1.1～1.5
1.5～1.6

⑤ コンクリート道路橋設計便覧

コンクリート道路橋設計便覧

頁	S I 単 位 系
P5	**図-1.1.1 T 荷 重**（図中単位） 橋軸方向　200kN 橋軸直角方向　100kN　100kN
P6	**表-1.1.2 L 荷 重**
P34	**3.1 一 般** ……設計基準強度30N/㎟まで、ＰＣ部材に対して50N/㎟までの許容応力度……
P36	**3.2.2 高強度コンクリート** ……と呼ぶと，$\sigma ck > 50$N/㎟となる。 ……設計基準強度$\sigma ck = 60$N/㎟のコンクリートが…… ……他の構造物では圧縮強度が50N/㎟を超える……
P41	**3.4.1 (1) 弾性係数** 設計基準強度が50N/㎟をこえる高強度コンクリート…
P67	**4.3(1) ③設計セット量** Pi：kN/m²
P68	**表-4.3.1** $b\Lambda \dfrac{49\times 100}{200{,}000} = 0.025$mm
P69	**4.3(2) 定着具のセットの** $c\Lambda 0.025 + \dfrac{12\times(100+0.5\times 1{,}200)}{200{,}000} = 0.067$mm

表-1.1.2 L 荷重

荷重の種類	等分布荷重 p_1(kN/m²)		等分布荷重 p_2(kN/m²)		
	曲げ	せん断	$L\leqq 80$m	$80\leqq L\leqq$	$L>130$
B活荷重	10	12	3.5	4.3-0.01L	3.0

表-4.3.1

	σ_ρ (N/mm²)
a	1225
b	1176
c	1170
d	1059
e	1028

頁	従 来 単 位 系

P5

図-1.1.1　T　荷　重（図中単位）

橋軸方向　　　　橋軸直角方向

20tf　　　　　　10tf　10tf

P6

表-1.1.2　L　荷　重

荷　重の種類	等分布荷重 p_1(kgf/m^2)		等分布荷重 p_2(kgf/m^2)		
	曲げ	せん断	$L\leqq80$m	$80\leqq L\leqq$	$L>130$
B活荷重	1,000	1,200	350	430-L	300

P34

3.1　**一　般**

……設計基準強度300kgf/cm^{2}まで、ＰＣ部材に対して500kgf/cm^{2}までの許容応力度……

P36

3.2.2　高強度コンクリート

……と呼ぶと，$\sigma ck>500$kgf/cm^{2}となる。

……設計基準強度$\sigma ck>600$kgf/cm^{2}のコンクリートが……

……他の構造物では圧縮強度が500kgf/cm^{2}を超える……

P41

3.4.1　(1)　弾性係数

設計基準強度が500kgf/cm^{2}をこえる高強度コンクリート…

P67

4.3(1)　③設計セット量

Pi：tf/m^2

P68

表-4.3.1

	σ_ρ (kgf/mm^2)
a	125.0
b	120.0
c	119.4
d	108.1
e	104.9

$$b\Lambda\ \frac{5.0\times100}{20,000}=0.025\text{mm}$$

P69

4.3(2)　定着具のセットの

$$c\Lambda0.25+\frac{1.2\times(100+0.5\times1,200)}{20,000}=0.067\text{mm}$$

頁	S I 単 位 系
P69	**4.3(2) 定着具のセットの** $d\Lambda\underline{0.067}+\dfrac{\underline{221}\times(100+1,200+0.5\times5,200)}{\underline{200,000}}=\underline{4.31\mathrm{mm}}$ $e\Lambda\underline{4.31}+\dfrac{\underline{62.7}\times(100+1,200+5,200+0.5\times7,500)}{\underline{200,000}}=\underline{7.52\mathrm{mm}}$
P69	**図-4.3.4　ＰＣ鋼材の配置形状（図中文章）** ジャッキ端引張応力度＝$\underline{1,230\mathrm{N/mm^2}}$，$\mu=0.3$，$\lambda=0.004$， $A=P_i\cdot\lambda=\underline{1,059,000}\times0.004=\underline{4,640}$（R＝∞） $B=2\cdot A\cdot\Sigma l_c=2\times\underline{4,640}\times6.4=\underline{59,390}$
P70	**図-4.3.5　セットを考慮した引張応力度分布** 緊張中　セット終了時 b　c　d　e 1225　1176　1170　1115　1164　1059　1041　1028　1023　997　948　942　906　893　912　857　880　886 100　1,200　5,200　7,500
P70	**4.3(3)1) プレストレッシング直後のプレストレス** $P_i=A_p\cdot\sigma_{pt}=9\times\underline{461.8}\times\underline{890}=\underline{3.70\times10^6\mathrm{N}}$
P71	**4.3(3)1) プレストレッシング直後のプレストレス** 上縁　$\sigma'_{ct}=\underline{-4.47\mathrm{N/mm^2}}$ ＰＣ鋼材図心位置　$\sigma'_{cpt}=\underline{23.66\mathrm{N/mm^2}}$ 下縁　$\sigma_{ct}=\underline{26.95\mathrm{N/mm^2}}$
P71	**4.3(3)2) プレストレッシング直後の応力度の照査** 上縁　$\underline{-4.47}+\underline{4.83}=\underline{0.36\mathrm{N/mm^2}}>\sigma_{ta}=\underline{-1.5\mathrm{N/mm^2}}$ 下縁　$\underline{26.95}-\underline{8.87}=\underline{18.08\mathrm{N/mm^2}}<\sigma_{ca}=\underline{19.0\mathrm{N/mm^2}}$ $\Delta\sigma_{pr}=0.05\times\sigma_{pt}=0.05\times\underline{890}=\underline{44.5\mathrm{N/mm^2}}$

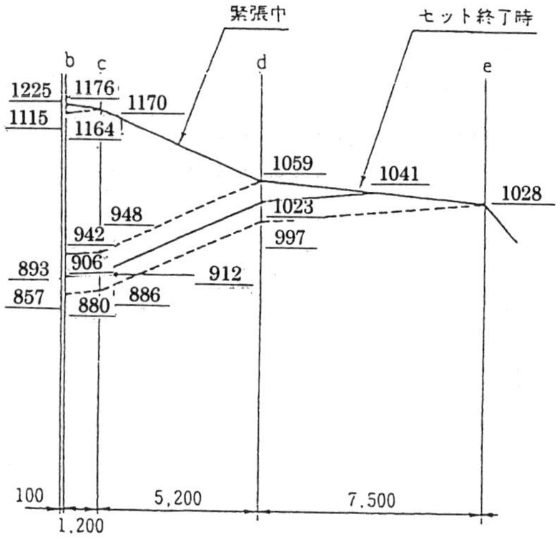

頁	従来単位系
P69	**4.3(2) 定着具のセットの** $d\Lambda\underline{0.067}+\dfrac{\underline{22.6}\times(100+1,200+0.5\times5,200)}{\underline{20,000}}=\underline{4.47}\text{mm}$ $e\Lambda\underline{4.47}+\dfrac{\underline{6.4}\times(100+1,200+0.5+5,200+0.5\times7,500)}{\underline{20,000}}=\underline{7.75}\text{mm}$
P69	**図-4.3.4　ＰＣ鋼材の配置形状（図中文章）** ジャッキ端引張応力度＝$\underline{125\text{kgf/mm}^2}$，　$\mu=0.3$，　$\lambda=0.004$， $A=P_i\cdot\lambda=\underline{108,100}\times0.004=\underline{432}$（$R=\infty$） $B=2\cdot A\cdot\Sigma l_c=2\times\underline{432}\times6.4=\underline{5,621}$
P70	**図-4.3.5　セットを考慮した引張応力度分布** 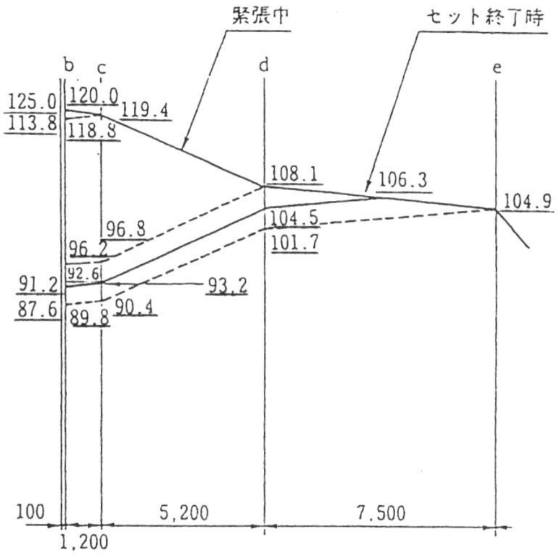
P70	**4.3(3)1) プレストレッシング直後のプレストレス** $P_i=A_p\cdot\sigma_{pt}=9\times\underline{4.618}\times\underline{9,100}=\underline{3.78\times10^5\text{kgf}}$
P71	**4.3(3)1) プレストレッシング直後のプレストレス** 上縁　$\sigma'_{ct}=\underline{-45.6\text{kgf/cm}^2}$ ＰＣ鋼材図心位置　$\sigma'_{cpt}=\underline{241.4\text{kgf/cm}^2}$ 下縁　$\sigma_{ct}=\underline{275.0\text{kgf/cm}^2}$
P71	**4.3(3)2) プレストレッシング直後の応力度の照査** 上縁　$\underline{-45.6}+\underline{49.3}=\underline{3.7\text{kgf/cm}^2}>\sigma_{ta}=\underline{-15\text{kgf/cm}^2}$ 下縁　$\underline{275.0}-\underline{90.5}=\underline{184.5\text{kgf/cm}^2}<\sigma_{ca}=\underline{190\text{kgf/cm}^2}$ $\Delta\sigma_{pr}=0.05\times\sigma_{pt}=0.05\times\underline{9,100}=\underline{450\text{kgf/cm}^2}$

頁	SI 単位系
P71	**4.3(3)3) 有効プレストレス** $$=\frac{\frac{2.0\times\underline{10^5}}{3.5\times\underline{10^4}}\times2.6\times(\underline{241.4}-\underline{141.7})+2.0\times\underline{10^6}\times20\times10^{-5}}{1+\frac{2.0\times\underline{10^5}}{3.5\times\underline{10^4}}\times\frac{\underline{23.66}}{\underline{890}}\times\left(1+\frac{2.6}{2}\right)}$$ $=\underline{133.6\mathrm{N/mm^2}}$ $=\underline{890.0}-\underline{44.5}-\underline{133.6}=\underline{711.9\mathrm{N/mm^2}}$
P72	**4.3(3)3) 有効プレストレス** $\eta=\frac{\sigma_{pe}}{\sigma_{pt}}=\frac{\underline{711.9}}{\underline{890}}=\underline{0.798}$ 上縁　$\sigma'_{ce}=\underline{-4.47}\times\underline{0.800}=\underline{-3.58\mathrm{N/mm^2}}$ ＰＣ鋼材図心位置　$\sigma'_{cpe}=\underline{23.66}\times\underline{0.800}=\underline{18.93\mathrm{N/mm^2}}$ 下縁　$\sigma_{ce}=\underline{26.95}\times\underline{0.800}=\underline{21.56\mathrm{N/mm^2}}$
P89	**5.3.3(2) 二軸曲げモーメントと軸方向が作用するＲＣ部材の計算例** ……得られた値 $\theta=-\underline{0.88996\mathrm{rad}}$ と設定し，……
P90	**図－5.3.1 断面形状と鋼材配置** X 軸周りのモーメント　$M_x=\underline{930\mathrm{kN\cdot m}}$ Y 軸周りのモーメント　$M_y=\underline{590\mathrm{kN\cdot m}}$ 軸 方 向 力　$N_z=\underline{1760\mathrm{kN}}$
P90	**5.3.3(2)2) 中立軸位置** $M_{x'}=\underline{1042.92\mathrm{kN\cdot m}}$ $M_{y'}=\underline{-353.32\mathrm{kN\cdot m}}$ $N_{z'}=\underline{1764.00\mathrm{kN}}$ （$=Nz$）
P90	**5.3.3(2)2) 中立軸位置** ……中立軸位置を $\chi'=\underline{712\mathrm{mm}}$ と仮定する。 $=\frac{\underline{1764}\times10^3\times\underline{712}}{(0.123+0.006-0.012)\times\underline{10^9}}=\underline{10.73\mathrm{N/mm^2}}$

頁	従来単位系
P71	**4.3(3)3) 有効プレストレス** $= \dfrac{\dfrac{2.0\times10^6}{3.5\times10^5}\times2.6\times(23.66-13.89)+2.0\times10^5\times20\times10^{-5}}{1+\dfrac{2.0\times10^6}{3.5\times10^5}\times\dfrac{241.4}{9{,}100}\times\left(1+\dfrac{2.6}{2}\right)}$ $=1{,}390\text{kgf/cm}^2$ $=9{,}100-450-1{,}390=7{,}260\text{kgf/cm}^2$
P72	**4.3(3)3) 有効プレストレス** $\eta=\dfrac{\sigma_{pe}}{\sigma_{pt}}=\dfrac{7{,}260}{9{,}100}=0.800$ 上縁　$\sigma'_{ce}=-45.6\times0.798=-36.4\text{kgf/cm}^2$ ＰＣ鋼材図心位置　$\sigma'_{cpe}=241.4\times0.798=192.6\text{kgf/cm}^2$ 下縁　$\sigma_{ce}=275.0\times0.798=219.5\text{kgf/cm}^2$
P89	**5.3.3(2) 二軸曲げモーメントと軸方向が作用するＲＣ部材の計算例** ……得られた値 $\theta=-50.991°$ と設定し，……
P90	**図-5.3.1 断面形状と鋼材配置** X 軸周りのモーメント　$M_x=95\text{tf}\cdot\text{m}$ Y 軸周りのモーメント　$M_y=60\text{tf}\cdot\text{m}$ 軸　方　向　力　$N_z=180\text{tf}$
P90	**5.3.3(2)2) 中立軸位置** $\begin{cases} M_{x'}=106.420\text{tf}\cdot\text{m} \\ M_{y'}=-36.053\text{tf}\cdot\text{m} \\ N_{z'}=180.000\text{tf}(=Nz) \end{cases}$
P90	**5.3.3(2)2) 中立軸位置** ……中立軸位置を $\chi'=71.2\text{cm}$ と仮定する。 $=\dfrac{180\times10^3\times71.2}{(0.123+0.006-0.012)\times10^6}=109.5\text{kgf/cm}^2$

頁	S I 単 位 系

P91

図-5.3.2 二軸曲げを受ける断面の応力

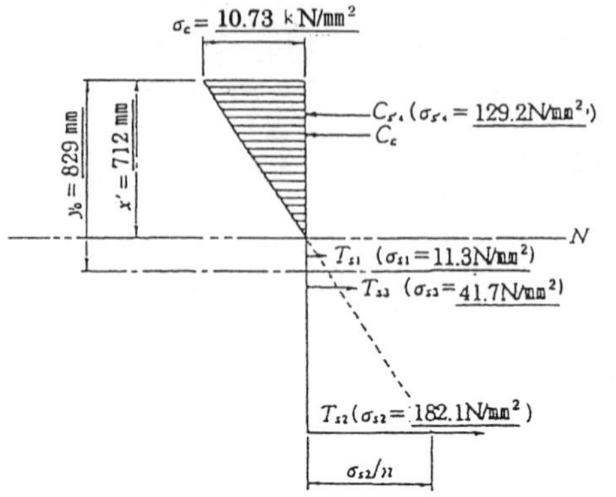

$\sigma_c = \underline{10.73\ \mathrm{kN/mm^2}}$

$y_0 = \underline{829\ \mathrm{mm}}$

$x' = \underline{712\ \mathrm{mm}}$

$C_{s'i}\ (\sigma_{s'i} = \underline{129.2\mathrm{N/mm^2}})$

C_c

N

$T_{s1}\ (\sigma_{s1} = \underline{11.3\mathrm{N/mm^2}})$

$T_{s3}\ (\sigma_{s3} = \underline{41.7\mathrm{N/mm^2}})$

$T_{s2}\ (\sigma_{s2} = \underline{182.1\mathrm{N/mm^2}})$

σ_{s2}/n

P91

5.3.3(2)3) X'軸まわりの力のつり合いの照査

$$M_{c\chi'} = \frac{\theta_c}{\chi}\int(\mathrm{y}-\mathrm{y}')\mathrm{y}dA' = \frac{\sigma_c}{\chi'}\left[\int \mathrm{y}^2 dA' - \mathrm{y}'\int \mathrm{y}dA'\right] = \underline{877.34\mathrm{kN\cdot m}}$$

$$M_{s'\chi'} = \frac{\theta_c}{\chi'}(\mathrm{n}-1)\sum_{s'i}(\mathrm{y}_{s'i}-\mathrm{y}')\mathrm{y}_{s'i}A_{s'i} = \underline{65.88\mathrm{kN\cdot m}}$$

$$M_{s\chi'} = \frac{\sigma_c}{\chi'}\cdot \mathrm{n}\cdot\sum_{s'i}(\mathrm{y}_{s'i}-\mathrm{y}')\mathrm{y}_{s'i}A_{s'i} = \underline{-101.13\mathrm{kN\cdot m}}$$

$$M_{c\chi'} + M_{s'\chi'} + M_{s\chi'} = \underline{1044.34\mathrm{kN\cdot m}} \fallingdotseq M_{\chi'} = \underline{1042.92\mathrm{kN\cdot m}}$$

P92

5.3.3(2)4) Y'軸まわりの力のつり合いの照査

$$M_{cy'} = \frac{\theta_c}{\chi}\int(\mathrm{y}-\mathrm{y}')\mathrm{y}dA' = \frac{\sigma_c}{\chi'}\left[\int \mathrm{y}\cdot\chi dA'\right] = \underline{-285.05\mathrm{kN\cdot m}}$$

$$M_{s'y'} = \frac{\theta_c}{\chi'}(\mathrm{n}-1)\sum_{s'i}(\mathrm{y}_{s'i}-\mathrm{y}')\chi_{s'i}A_{s'i} = \underline{-20.49\mathrm{kN\cdot m}}$$

$$M_{s\chi'} = \frac{\sigma_c}{\chi'}\cdot \mathrm{n}\cdot\sum_{s'i}(\mathrm{y}_{s'i}-\mathrm{y}')\mathrm{y}_{s'i}A_{s'i} = \underline{-48.29\mathrm{kN\cdot m}}$$

$$M_{cy'} + M_{s'y'} + M_{sy'} = \underline{-353.79\mathrm{kN\cdot m}} \fallingdotseq M_{y'} = \underline{-353.32\mathrm{kN\cdot m}}$$

頁	従来単位系

P91 **図-5.3.2 二軸曲げを受ける断面の応力**

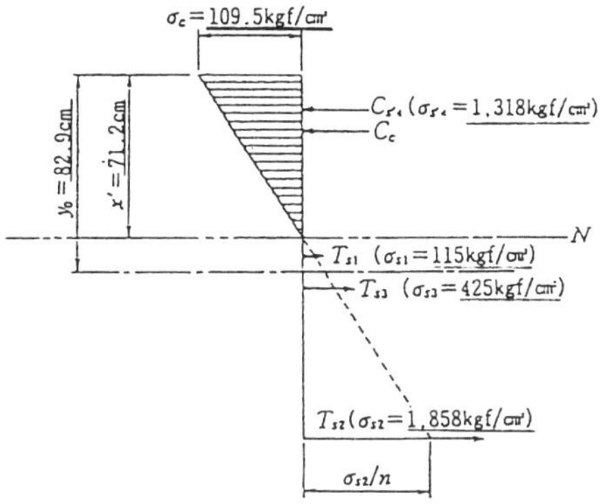

$\sigma_c = \underline{109.5 kgf/cm^2}$

$C_{s'4}$ ($\sigma_{s'4} = \underline{1,318 kgf/cm^2}$)

C_c

$y_b = \underline{82.9cm}$

$x' = \underline{71.2cm}$

N

T_{s1} ($\sigma_{s1} = \underline{115 kgf/cm^2}$)

T_{s3} ($\sigma_{s3} = \underline{425 kgf/cm^2}$)

T_{s2} ($\sigma_{s2} = \underline{1,858 kgf/cm^2}$)

σ_{s2}/n

P91 **5.3.3(2)3) X' 軸まわりの力のつり合いの照査**

$$M_{c\chi'} = \frac{\theta_c}{\chi}\int(y-y')ydA' = \frac{\sigma_c}{\chi'}\left[\int y^2dA' - y'\int ydA'\right] = \underline{89.524tf\cdot m}$$

$$M_{s'\chi'} = \frac{\theta_c}{\chi'}(n-1)\sum_{s'i}(y_{s'i}-y')y_{s'i}A_{s'i} = \underline{6.722tf\cdot m}$$

$$M_{s\chi'} = \frac{\sigma_c}{\chi'}\cdot n\cdot\sum_{s'i}(y_{s'i}-y')y_{s'i}A_{s'i} = \underline{-10.319tf\cdot m}$$

$$M_{c\chi'} + M_{s'\chi'} + M_{s\chi'} = \underline{106.565tf\cdot m} \fallingdotseq M_{\chi'} = \underline{106.420tf\cdot m}$$

P92 **5.3.3(2)4) Y' 軸まわりの力のつり合いの照査**

$$M_{cy'} = \frac{\theta_c}{\chi}\int(y-y')ydA' = \frac{\sigma_c}{\chi'}\left[\int y\cdot\chi dA'\right] = \underline{-29.087tf\cdot m}$$

$$M_{s'y'} = \frac{\theta_c}{\chi'}(n-1)\sum_{s'i}(y_{s'i}-y')\chi_{s'i}A_{s'i} = \underline{-2.091tf\cdot m}$$

$$M_{s\chi'} = \frac{\sigma_c}{\chi'}\cdot n\cdot\sum_{s'i}(y_{s'i}-y')y_{s'i}A_{s'i} = \underline{-4.923tf\cdot m}$$

$$M_{cy'} + M_{s'y'} + M_{sy'} = \underline{-36.101tf\cdot m} \fallingdotseq M_{y'} = \underline{-36.053tf\cdot m}$$

頁	S I 単 位 系
P98	**図-5.4.4 終局荷重作用時におけるひずみ分布と応力度分布 (a), (b), (c)** B： フランジの有効幅（<u>mm</u>） b： ウェブ幅（<u>mm</u>） d'： 圧縮縁から圧縮鉄筋図心までの距離（<u>mm</u>） d： 圧縮縁から引張鉄筋図心までの距離（<u>mm</u>） A_s： 引張鉄筋量（<u>mm^2</u>） A_s'：圧縮鉄筋量（<u>mm^2</u>） x：圧縮縁から中立軸までの距離（<u>mm</u>） M_u：破壊抵抗曲げモーメント（<u>N･mm</u>） Nd：終局荷重作用時の軸方向力（<u>N</u>） σ_{ck}：コンクリートの設計基準強度（<u>N/mm^2</u>） C_c：コンクリートの圧縮応力度の合力（<u>N</u>） C_s：圧縮鉄筋の圧縮応力度の合力（<u>N</u>） T_s：引張鋼材の引張応力度の合力（<u>N</u>） h：圧縮縁から軸方向力作用点までの距離（<u>mm</u>）
P99	**5.4.2(5)1) 計算の条件** ……作用曲げモーメントは，$M_d=\underline{2960\text{kN}\cdot\text{m}}$とする。 断面の基本値は次のとおりとする。 $A_s=\underline{9530\text{mm}^2}$，$\sigma_{sy}=3\underline{50\text{kN/mm}^2}$(SD345)，$d=\underline{997\text{mm}}$ $b=\underline{3800\text{mm}}$，$\sigma_{ck}=\underline{24\text{N/mm}^2}$
P100	**5.4.2(5)2) 中立軸位置の計算** $\chi=\frac{k_3}{k_1}=\frac{\sigma_{sy}\cdot A_s}{0.68\cdot\sigma_{ck}\cdot b}=\frac{\underline{350}\times\underline{9,530}}{0.68\times\underline{24}\times\underline{3,800}}=\underline{53.8\text{mm}}$
P100	**5.4.2(5)3) 圧縮ブロック厚の計算** $0.8\times\underline{53.8}=\underline{43.0\text{mm}}$
P100	**5.4.2(5)4) コンクリート圧縮力作用位置の計算** $k\cdot x=0.4x=0.4\times\underline{53.8}=\underline{21.5\text{mm}}$
P100	**5.4.2(5)5) 破壊抵抗曲げモーメントの計算** $M_u=T_s(d-k\cdot x)=A_s\cdot\sigma_{sy}(d-k\cdot x)$ $=\underline{9,530}\times\underline{350}(\underline{997}-\underline{21.5})$ $=3.254\times\underline{10^9\text{N}\cdot\text{mm}}=\underline{3,254\text{kN}\cdot\text{m}}>M_d=\underline{2960\text{kN}\cdot\text{m}}$
P100	曲げ破壊安全度は，$M_u/M_d=\underline{3254/2960}=\underline{1.10}$となり… なお，このときの引張鉄筋のひずみは$\varepsilon_s=\underline{0.061}$である。

頁	従来単位系
P98	**図-5.4.4　終局荷重作用時におけるひずみ分布と応力度分布（a），（b），（c）** B：フランジの有効幅（cm） b：ウェブ幅（cm） d'：圧縮縁から圧縮鉄筋図心までの距離（cm） d：圧縮縁から引張鉄筋図心までの距離（cm） A_s：引張鉄筋量（cm^2） A_s'：圧縮鉄筋量（cm^2） x：圧縮縁から中立軸までの距離（mm） M_u：破壊抵抗曲げモーメント（kgf·cm） Nd：終局荷重作用時の軸方向力（kgf） σ_{ck}：コンクリートの設計基準強度（$kgf \cdot cm^2$） C_c：コンクリートの圧縮応力度の合力（kgf） C_s：圧縮鉄筋の圧縮応力度の合力（kgf） T_s：引張鋼材の引張応力度の合力（kgf） h：圧縮縁から軸方向力作用点までの距離（cm）
P99	**5.4.2(5)1）計算の条件** ……作用曲げモーメントは，$M_d = 302.0tf \cdot m$とする。 断面の基本値は次のとおりとする。 $A_s = 95.3cm^2$，$\sigma_{sy} = 3{,}500kgf/cm^2$(SD345)，$d = 99.7cm$ $b = 380cm$，$\sigma_{ck} = 240kgf/cm^2$
P100	**5.4.2(5)2）中立軸位置の計算** $\chi = \frac{k_3}{k_1} = \frac{\sigma_{sy} \cdot A_s}{0.68 \cdot \sigma_{ck} \cdot b} = \frac{3{,}500 \times 95.3}{0.68 \times 240 \times 380} = 5.38cm$
P100	**5.4.2(5)3）圧縮ブロック厚の計算** $0.8 \times 5.38 = 4.30cm$
P100	**5.4.2(5)4）コンクリート圧縮力作用位置の計算** $k \cdot x = 0.4x = 0.4 \times 5.38 = 2.15cm$
P100	**5.4.2(5)5）破壊抵抗曲げモーメントの計算** $M_u = T_s(d - k \cdot x) = A_s \cdot \sigma_{sy}(d - k \cdot x)$ $= 95.3 \times 3{,}500(99.7 - 2.15)$ $= 3.254 \times 10^7 kgf \cdot cm = 325.4tf \cdot m > M_d = 302.0tf \cdot m$
P100	曲げ破壊安全度は，$M_u/M_d = 325.2/302.0 = 1.08$となり安全である。 なお，このときの引張鉄筋のひずみは$\varepsilon_s = 0.060$である。

頁	S I 単 位 系
P100	**5.4.2(6)1) 計算の条件** このときの作用断面力は，$M_d = 1368\text{kN}\cdot\text{m}$，$N_d = 1092\text{kN}$とする。 断面の基本値は次のとおりとする。 $A_s = 7\times 794.2 = 5559\text{mm}^2$，$d = 825\text{mm}$，$d' = d'' = 125\text{mm}$ $d = 950\text{mm}$，$\sigma_{sy} = \sigma_{sy'} = 350\text{kN/mm}^2$，$h = 950\text{mm}$
P101	**5.4.2(6)2) 中立軸位置の計算** $k_2 - k_3 - N = A_{s'}\cdot E_s\cdot \varepsilon_c - \sigma_{sy}\cdot A_s - N$ $= 5559\times 2.0\times 10^5\times 0.0035 - 350\times 5559 - 1092\times 10^3$ $= 854,700$ $4\cdot k_1\cdot k_2\cdot d' = 4\times(0.68\times 950\times 24)\times(5559\times 2.0\times 10^5\times 0.0035)\times 125$ $= 3.017\times 10^{13}$ $\dfrac{-854,700 + 854,700^2 + 3.017\times 10^{13}}{2\times(0.68\times 950\times 24)}$
P101	**5.4.2(6)3) 圧縮鉄筋の圧縮合力の計算** $= 5559\times 2.0\times 10^5\times 0.0035\times \dfrac{151.7 - 125}{151.7} = 684.9\text{kN}$ $< A_{s'}\cdot \sigma_{sy} = 5559\times 350 = 1946\text{kN}$
P101	**5.4.2(6)4) 破壊抵抗曲げモーメントの計算** $C = 0.68\cdot \sigma_{ck}\cdot b\cdot \chi = 0.68\times 24\times 950\times 151.7 = 2,352,000\text{N}$ $T_s = A_s\cdot \sigma_{sy} = 1,946,000\text{N}$ $\therefore M_u = 1,946,000\times\left(825 - \dfrac{950}{2}\right) + 685,000\times\left(\dfrac{950}{2} - 125\right)$ $+ 2,352,000\times\left(\dfrac{950}{2} - 0.4\times 151.7\right) = 681,100,000 + 239,800,000 + 974,480,0$ $= 1,895\times 10^6\text{N}\cdot\text{mm} = 1,895\text{kN}\cdot\text{m}$ 軸方向力のつり合いを照査する。 $N_d = C + C_{s'} - T_s = 2,352 + 685 - 1946 = 1,091\text{kN}\ (\fallingdotseq 1,092\text{kN})$ ＯＫ 曲げ破壊安全度は、$M_u/M_d = 1,895/1.368 = 1.39$となり安全である。
P101	$\varepsilon_s = \dfrac{d-\chi}{\chi}\cdot \varepsilon_{cu} = \dfrac{825 - 151.7}{151.7}\times 0.0035 = 0.0156$

頁	従来単位系
P100	**5.4.2(6)1) 計算の条件** このときの作用断面力は，$M_d=\underline{139.6\text{tf}\cdot\text{m}}$，$N_d=\underline{111.4\text{tf}}$とする。 断面の基本値は次のとおりとする。 $A_s=7\times\underline{7.942}=\underline{55.59\text{cm}^2}$，$d=\underline{82.5\text{cm}}$，$d'=d''=\underline{12.5\text{cm}}$ $d=\underline{95\text{cm}}$，$\sigma_{sy}=\sigma_{sy'}=\underline{3{,}500\text{kgf/cm}^2}$，$h=\underline{95.0\text{cm}}$
P101	**5.4.2(6)2) 中立軸位置の計算** $k_2-k_3-N=\ A_{s'}\cdot E_s\cdot\varepsilon_c-\sigma_{sy}\cdot A_s-N$ $=\underline{55.59}\times\underline{2.1}\times\underline{10^6}\times0.0035-\underline{3{,}500}\times\underline{55.59}-\underline{111.4}\times10^3$ $=\underline{102{,}600}$ $4\cdot k_1\cdot k_2\cdot d'\ =4\times(0.68\times\underline{95}\times\underline{240})\times(\underline{55.59}\times\underline{2.1\times10^6}\times0.0035)\times\underline{12.5}$ $=\underline{3.168\times10^{11}}$ $\dfrac{\underline{-102{,}600}+\underline{102{,}600^2}+\underline{3.168\times10^{11}}}{2\times(0.68\times\underline{95}\times\underline{240})}$
P101	**5.4.2(6)3) 圧縮鉄筋の圧縮合力の計算** $=\underline{55.59}\times\underline{2.1\times10^6}\times0.0035\times\dfrac{\underline{15.14}-\underline{12.5}}{\underline{15.14}}=\underline{71.25\text{tf}}$ $<A_{s'}\cdot\sigma_{sy}=\underline{55.59}\times\underline{3{,}500}=\underline{194.6\text{tf}}$
P101	**5.4.2(6)4) 破壊抵抗曲げモーメントの計算** $C=0.68\cdot\sigma_{ck}\cdot b\cdot\chi=\underline{0.69}\times\underline{240}\times\underline{95}\times\underline{15.14}=\underline{234{,}700\text{kgf}}$ $T_s=A_s\cdot\sigma_{sy}=\underline{194{,}600\text{kgf}}$ $\therefore M_u\ =\underline{194{,}000}\times\left(\underline{82.5}-\dfrac{\underline{95}}{2}\right)+\underline{71{,}500}\times\left(\dfrac{\underline{95}}{2}-\underline{12.5}\right)$ $+\underline{234{,}500}\times\left(\dfrac{\underline{95}}{2}-0.4\times\underline{15.14}\right)=\underline{6{,}811{,}000}+\underline{2{,}492{,}000}+\underline{9{,}727{,}000}$ $=\underline{190.3\times10^5\text{kgf}\cdot\text{cm}}=\underline{190.3\text{tf}\cdot\text{m}}$ 軸方向力のつり合いを照査する。 $N_d=C+C_{s'}-T_s=\underline{234.7}+\underline{71.2}-\underline{194.6}=\underline{111.3\text{tf}}(\fallingdotseq\underline{111.4\text{tf}})$ ＯＫ 曲げ破壊安全度は、$M_u/M_d=\underline{190.3/139.6}=\underline{1.36}$となり安全である。
P101	$\varepsilon_s=\dfrac{d-\chi}{\chi}\cdot\varepsilon_{cu}=\dfrac{\underline{82.5}-\underline{15.14}}{\underline{15.14}}\times0.0035=0.0156$

頁	SI 単位系
P102	**5.4.2.(7)1) 計算の条件** (a) PC鋼材量 $A_p = 9 \times \underline{461.8} = \underline{4{,}150\text{mm}^2}$ (b) PC鋼材の引張強度 $\sigma_{pu} = \underline{1{,}500\text{N/mm}^2}$ (c) 圧縮フランジ有効幅 $B = \underline{1500\text{mm}}$ (d) コンクリートの設計基準強度 $\sigma_{ck} = \underline{40\text{N/mm}^2}$ (e) 有効高 $d = \underline{1078\text{mm}}$ (f) PC鋼材の有効緊張力 $\sigma_{pe} = \underline{711.5\text{N/mm}^2}$
P103	**5.4.2.(7)2) 中立軸の仮定** $\varepsilon_p = \frac{0.93 \cdot \sigma_{pu}}{E_p} = \frac{0.93 \times \underline{1{,}500}}{\underline{2 \times 10^5}} = \underline{0.00698}$ $\varepsilon_p = \frac{\sigma_{pe}}{E_p} = \frac{\underline{711.5}}{\underline{2 \times 10^5}} = \underline{0.00356}$ $\chi = \frac{\varepsilon_{cu}}{\varepsilon_p - \varepsilon_{pe} + \varepsilon_{cu}} \cdot d = \frac{0.0035}{\underline{0.00698} - \underline{0.00356} + \underline{0.0035}} \times \underline{1078}$ $= \underline{545\text{mm}}$
P103	**5.4.2.(7)3) 領域の判定** $0.8\chi = 0.8 \times \underline{545} = \underline{436} > t = \underline{180\text{mm}}$ 引張合力、圧縮合力の計算を行うと次のようになる。 $T = 0.93\sigma_{pu} \cdot A_p = 0.93 \times \underline{1500} \times 9 \times \underline{461.8} \fallingdotseq \underline{5{,}798{,}000\text{N}}$ $= 0.85 \times \underline{40} \times \{\underline{1500} \times \underline{180} + (0.8 \times \underline{545} - \underline{180}) \times 16\}$ $= \underline{9{,}319{,}000\text{N}}$
P103	**5.4.2.(7)4) 中立軸の計算** $\chi = \frac{k_3}{k_1} = \frac{T}{0.68 \cdot \sigma_{ck} \cdot B} = \frac{\underline{5{,}798{,}000}}{\underline{0.68} \times \underline{40} \times \underline{1{,}500}} = \underline{142.1\text{mm}}$ $0.8\chi = \underline{114} < t = \underline{180\text{mm}}$であるので，圧縮合力Cの作用…次のようになる。 $k \cdot \chi = 0.4\chi = 0.4 \times \underline{142} = \underline{57\text{mm}}$
P103	**5.4.2.(7)5) 破壊抵抗曲げモーメントの計算** $M_u = T(d - k \cdot \chi) = \underline{5{,}798{,}000} \times (\underline{1078} - \underline{57}) = \underline{5920\text{kN} \cdot \text{m}}$
P110	**6.2 トラス理論** $\tau_m \max = \frac{1}{3} \cdot 0.4\sigma_{ck} \leqq \underline{6\text{N/mm}^2}$ ………………………… (6.2.6) ここに，σ_{ck}：コンクリートの設計基準強度（$\underline{\text{N/mm}^2}$）

5.4.2.(7)1) 計算の条件

(a) ＰＣ鋼材量　$A_p = 9 \times \underline{4.618} = \underline{41.5\text{cm}^2}$

(b) ＰＣ鋼材の引張強度　$\sigma_{pu} = \underline{15{,}500\text{kgf/cm}^2}$

(c) 圧縮フランジ有効幅　$B = \underline{150\text{cm}}$

(d) コンクリートの設計基準強度　$\sigma_{ck} = \underline{400\text{kgf/cm}^2}$

(e) 有効高　$d = \underline{107.8\text{cm}}$

(f) ＰＣ鋼材の有効緊張力　$\sigma_{pe} = \underline{7{,}260\text{kgf/cm}^2}$

5.4.2.(7)2) 中立軸の仮定

$$\varepsilon_p = \frac{0.93 \cdot \sigma_{pu}}{E_p} = \frac{0.93 \times \underline{15{,}500}}{\underline{2 \times 10^6}} = \underline{0.00721}$$

$$\varepsilon_p = \frac{\sigma_{pe}}{E_p} = \frac{\underline{7{,}260}}{\underline{2 \times 10^6}} = \underline{0.00363}$$

$$\chi = \frac{\varepsilon_{cu}}{\varepsilon_p - \varepsilon_{pe} + \varepsilon_{cu}} \cdot d = \frac{0.0035}{\underline{0.00721} - \underline{0.00363} + \underline{0.0035}} \times \underline{107.8}$$

$$= \underline{53.3\text{cm}}$$

5.4.2.(7)3) 領域の判定

$0.8\chi = 0.8 \times \underline{53.3} = \underline{42.6} > t = \underline{18\text{cm}}$

引張合力、圧縮合力の計算を行うと次のようになる。

$T = 0.93\,\sigma_{pu} \cdot A_p = 0.93 \times \underline{15{,}500} \times 9 \times \underline{4}.618 \fallingdotseq \underline{599{,}100\text{kgf}}$

$= 0.85 \times \underline{400} \times \{\underline{150} \times \underline{18} + (0.8 \times \underline{53.3} - \underline{18}) \times 16\}$

$= \underline{1{,}052{,}000\text{kgf}}$

5.4.2.(7)4) 中立軸の計算

$$\chi = \frac{k_3}{k_1} = \frac{T}{0.68 \cdot \sigma_{ck} \cdot B} = \frac{\underline{599{,}100}}{0.68 \times 400 \times 150} = \underline{14.67\text{cm}}$$

$0.8\chi = \underline{11.7} < t = \underline{18\text{cm}}$であるので，圧縮合力Ｃの作用…次のようになる。

$k \cdot \chi = 0.4\chi = 0.4 \times \underline{14.7} = \underline{5.9\text{cm}}$

5.4.2.(7)5) 破壊抵抗曲げモーメントの計算

$M_u = T(d - k \cdot \chi) = 599{,}\underline{100} \times (\underline{107} - \underline{5.9}) = \underline{610.5\text{tf} \cdot \text{m}}$

6.2 トラス理論

$$\tau_m \max = \frac{1}{3} \cdot 0.4\sigma_{ck} \leqq \underline{60\text{kgf/cm}^2} \quad \cdots\cdots\cdots\cdots \quad (6.2.6)$$

ここに，σ_{ck}：コンクリートの設計基準強度（$\underline{\text{kgf/cm}^2}$）

頁	ＳＩ 単 位 系
P112	**6.4.2(1) 斜引張応力度の算出方法** σ_χ ：部材軸方向圧縮応力度（N/㎟） σ_y ：部材軸直角方向圧縮応力度（N/㎟） τ ：部材断面に生じるせん断応力度（N/㎟） τ_p ：せん断補強ＰＣ鋼材によるせん断応力度（N/㎟） A_c ：部材の断面積（㎟） b_w ：部材断面のウェブ厚さ（㎜） h ：部材の高さ（㎜）
P112	**6.4.2(1) 斜引張応力度の算出方法** S ：部材断面に作用するせん断力（N） S_p ：ＰＣ鋼材引張力のせん断力作用方向の分力（N） P_s ：せん断補強ＰＣ鋼材の有効引張力（N） a′ ：せん断補強ＰＣ鋼材の部材軸方向の配置間隔（㎜）
P113	**6.4.2(1) 斜引張応力度の算出方法** S_h ：部材の有効高の変化の影響を考慮したせん断力（N） S_c ：コンクリートの受け持つせん断力（N）
P113	**6.4.2(2)1) 計算の条件** ウェブ厚さ$b_w = 800$㎜，有効高$d \fallingdotseq 1000$㎜，終局荷重作用時のせん断力$S_h =$ 1303kNとする。
P113	**6.4.2(2)2) コンクリートが受け持つせん断力** $\tau_c = 0.38$N/㎟，$b_w = 800$㎜，$d = 1000$㎜ $S_c = 0.38 \times 800 \times 1000 = 304{,}000\text{N} = 304\text{kN}$
P114	**6.4.2(2)3) スターラップが受け持つせん断力** D16(SD295A)のＵ型スターラップを150㎜間隔で用いる。…… $A_w = 2 \times 198.6$㎟，$\sigma_{sy} = 300$N/㎟，$a = 150$㎜，$d = 1000$㎜であるから…… $S_{s1} = \dfrac{2 \times 198.6 \times 300 \times 1000}{1.15 \times 150} = 690{,}000\text{N} = 690.0\text{kN}$ $< \dfrac{1}{2}(S_h - S_c) = \dfrac{1}{2}(1303 - 304) = 500\text{kN}$
P114	**6.4.2(2)4) 折曲げ鉄筋が受け持つせん断力** 曲げモーメントに対する主鉄筋D32(SD345)１本を，900㎜間隔で配置し，45°で折り曲げるとすると、 $A_w = 794.2$㎟，$\sigma_{sy} = 350$N/㎟，$a = 900$㎜，$d = 1000$㎜であるから、…… $S_{s2} = \dfrac{749.2 \times 350 \times 1000 \times 1.414}{1.15 \times 900} = 379{,}000\text{N} = 379\text{kN}$

頁	従 来 単 位 系
P112	**6.4.2(1) 斜引張応力度の算出方法** σ_χ ：部材軸方向圧縮応力度（kgf/cm^2） σ_y ：部材軸直角方向圧縮応力度（kgf/cm^2） τ ：部材断面に生じるせん断応力度（kgf/cm^2） τ_p ：せん断補強ＰＣ鋼材によるせん断応力度（kgf/cm^2） A_c ：部材の断面積（cm^2） b_w ：部材断面のウェブ厚さ（cm） h ：部材の高さ（cm）
P112	**6.4.2(1) 斜引張応力度の算出方法** S ：部材断面に作用するせん断力（kgf） S_p ：ＰＣ鋼材引張力のせん断力作用方向の分力（kgf） P_s ：せん断補強ＰＣ鋼材の有効引張力（kgf） a′ ：せん断補強ＰＣ鋼材の部材軸方向の配置間隔（cm）
P113	**6.4.2(1) 斜引張応力度の算出方法** S_h ：部材の有効高の変化の影響を考慮したせん断力（kgf） S_c ：コンクリートの受け持つせん断力（kgf）
P113	**6.4.2(2)1) 計算の条件** ウェブ厚さb_w＝80cm，有効高d≒100cm，終局荷重作用時のせん断力S_h＝133.0tfとする。
P113	**6.4.2(2)2) コンクリートが受け持つせん断力** τ_c＝3.9kgf/cm^2，b_w＝80cm，d＝100cm $S_c = 3.9 \times 80 \times 100 = 31{,}200\text{kgf} = 31.2\text{tf}$
P114	**6.4.2(2)3) スターラップが受け持つせん断力** D16(SD295A)のU型スターラップを15cm間隔で用いる。…… A_w＝2×1.986cm^2，σ_{sy}＝3,000kgf/cm^2，a＝15cm，d＝100cmであるから…… $S_{s1} = \dfrac{2 \times 1.986 \times 3{,}000 \times 100}{1.15 \times 15} = 69{,}000\text{kgf} = 69.0\text{tf}$ $< \dfrac{1}{2}(S_h - S_c) = \dfrac{1}{2}(133.0 - 31.2) = 50.9\text{tf}$
P114	**6.4.2(2)4) 折曲げ鉄筋が受け持つせん断力** 曲げモーメントに対する主鉄筋D32(SD345) 1本を，90cm間隔で配置し，45°で折り曲げるとすると、 A_w＝7.942cm^2，σ_{sy}＝3,500kgf/cm^2，a＝90cm，d＝100cmであるから、…… $S_{s2} = \dfrac{7.492 \times 3{,}500 \times 100 \times 1.414}{1.15 \times 90} = 37{,}900\text{kgf} = 37.9\text{tf}$

頁	ＳＩ 単 位 系
P114	**6.4.2(2)5) 抵抗せん断力** $S_R = S_c + S_{s1} + S_{s2} = \underline{304} + \underline{690} + \underline{379} = \underline{1373\text{kN}} > S_h = \underline{1303\text{kN}}$
P116	**6.5.2③** A_p ：ＰＣ鋼材の断面積（$\underline{\text{mm}^2}$） σ_{py} ：ＰＣ鋼材の降伏点（$\underline{\text{N/mm}^2}$） A_s ：引張鉄筋の断面積（$\underline{\text{mm}^2}$） **6.5.2③** σ_{sy} ：引張鉄筋の降伏点（$\underline{\text{N/mm}^2}$） d_p ：部材圧縮縁からＰＣ鋼材の図心までの距離（$\underline{\text{mm}}$） d_s ：部材圧縮縁から引張鉄筋の図心までの距離（$\underline{\text{mm}}$） $S_{h'}$ ：斜引張鉄筋が負担するせん断力（$\underline{\text{N}}$）
P117	**6.5.3 せん断耐力の照査** S_u ：せん断耐力（$\underline{\text{N}}$） S_p ：ＰＣ鋼材引張力のせん断作用方向の分力（$\underline{\text{N}}$） S_c ：コンクリートが受け持つせん断力（$\underline{\text{N}}$） S_s ：斜引張鉄筋が受け持つせん断力（$\underline{\text{N}}$） $S_{hp'}$：せん断補強ＰＣ鋼材の受け持つせん断力（$\underline{\text{N}}$） S_h ：部材の有効高や変化の影響を考慮したせん断力（$\underline{\text{N}}$）
P118	**6.5.4 斜引張鉄筋の算出** S_p ：ＰＣ鋼材の引張力のせん断作用方向の分力（$\underline{\text{N}}$） S_c ：コンクリートの受け持つせん断力（$\underline{\text{N}}$） σ_{sy}：斜引張鉄筋の降伏応力度（$\underline{\text{N/mm}^2}$）
P118	**6.5.5(1) 斜引張鉄筋の受け持つせん断力の算出** ここに、S_s ：斜引張鉄筋が受け持つせん断力（$\underline{\text{N}}$） A_{w1}：ウェブに配置する鉄筋農地、主方向の設計における斜引張鉄筋とみなす鉄筋量（$\underline{\text{mm}^2}$） ここに、A_{w1}：斜引張鉄筋とみなす鉄筋量（$\underline{\text{mm}^2}$） A_s ：１本のウェブに配置する鉄筋量（$\underline{\text{mm}^2}$） A_{w2}：ウェブに生じる曲げモーメントに対する必要鉄筋量（$\underline{\text{mm}^2}$）
P119	**6.5.5(2) せん断力補強ＰＣ鋼材量の算出** $a_{2'}$ ：せん断補強ＰＣ鋼材の配置間隔（$\underline{\text{mm}}$） A_p ：せん断補強ＰＣ鋼材の断面積（$\underline{\text{mm}^2}$） σ_{pe}：せん断補強ＰＣ鋼材の有効引張応力度（$\underline{\text{N/mm}^2}$） σ_{py}：せん断補強ＰＣ鋼材の降伏点（$\underline{\text{N/mm}^2}$） σ_{sy}：斜引張鉄筋の降伏点（$\underline{\text{N/mm}^2}$） $S_{hp'}$：せん断補強ＰＣ鋼材が負担しなければならないせん断力（$\underline{\text{N}}$）

頁	従来単位系
P114	**6.4.2(2)5) 抵抗せん断力** $S_R = S_c + S_{s1} + S_{s2} = \underline{31.2} + \underline{69.0} + \underline{37.9} = \underline{138.1\text{tf}} > S_h = \underline{133.0\text{tf}}$
P116	**6.5.2③** A_p ：ＰＣ鋼材の断面積（<u>cm²</u>） σ_{py} ：ＰＣ鋼材の降伏点（<u>kgf/cm²</u>） A_s ：引張鉄筋の断面積（<u>cm²</u>） **6.5.2③** σ_{sy} ：引張鉄筋の降伏点（<u>kgf/cm²</u>） d_p ：部材圧縮縁からＰＣ鋼材の図心までの距離（<u>cm</u>） d_s ：部材圧縮縁から引張鉄筋の図心までの距離（<u>cm</u>） $S_{h'}$ ：斜引張鉄筋が負担するせん断力（<u>kgf</u>）
P117	**6.5.3 せん断耐力の照査** S_u ：せん断耐力（<u>kgf</u>） S_p ：ＰＣ鋼材引張力のせん断作用方向の分力（<u>kgf</u>） S_c ：コンクリートが受け持つせん断力（<u>kgf</u>） S_s ：斜引張鉄筋が受け持つせん断力（<u>kgf</u>） $S_{hp'}$ ：せん断補強ＰＣ鋼材の受け持つせん断力（<u>kgf</u>） S_h ：部材の有効高や変化の影響を考慮したせん断力（<u>kgf</u>）
P118	**6.5.4 斜引張鉄筋の算出** S_p ：ＰＣ鋼材の引張力のせん断作用方向の分力（<u>kgf</u>） S_c ：コンクリートの受け持つせん断力（<u>kgf</u>） σ_{sy} ：斜引張鉄筋の降伏応力度（<u>kgf/cm²</u>）
P118	**6.5.5(1) 斜引張鉄筋の受け持つせん断力の算出** ここに、S_s ：斜引張鉄筋が受け持つせん断力（<u>kgf</u>） A_{w1} ：ウェブに配置する鉄筋農地、主方向の設計における斜引張鉄筋とみなす鉄筋量（<u>cm²</u>） ここに、A_{w1} ：斜引張鉄筋とみなす鉄筋量（<u>cm²</u>） A_s ：１本のウェブに配置する鉄筋量（<u>cm²</u>） A_{w2} ：ウェブに生じる曲げモーメントに対する必要鉄筋量（<u>cm²</u>）
P119	**6.5.5(2) せん断力補強ＰＣ鋼材量の算出** $a_{2'}$ ：せん断補強ＰＣ鋼材の配置間隔（<u>cm</u>） A_p ：せん断補強ＰＣ鋼材の断面積（<u>cm²</u>） σ_{pe} ：せん断補強ＰＣ鋼材の有効引張応力度（<u>kgf/cm²</u>） σ_{py} ：せん断補強ＰＣ鋼材の降伏点（<u>kgf/cm²</u>） σ_{sy} ：斜引張鉄筋の降伏点（<u>kgf/cm²</u>） $S_{hp'}$ ：せん断補強ＰＣ鋼材が負担しなければならないせん断力（<u>kgf</u>）

頁	S I 単 位 系
P133	**7.8.3(2) ねじり補強鉄筋の計算例** 図－7.8.1に示す長方形断面部材に活荷重ねじりモーメント$M_{t,l+i}=\underline{25\mathrm{kN\cdot m}}$
P133	**7.8.3(2)1) 作用ねじりモーメント** 設計荷重作用時　$M_{ts}=\underline{25\mathrm{kN\cdot m}}$ 終局荷重作用時　$M_{tu}=\underline{25}\times2.5=\underline{62.5\mathrm{kN\cdot m}}$（この時のせん断力による 平均せん断応力度　$\tau_{su}=\underline{0.65\mathrm{N/mm^2}}$）
P134	**図7－8.1（図中文章）** $\sigma_{ck}=\underline{24\mathrm{N/mm^2}}$
P134	**7.8.3(2)2) ねじりせん断応力度** $\frac{h}{b}=\frac{\underline{600}}{\underline{400}}=1.5\rightarrow$　表-7.8.1より $K_t=\frac{b^2h}{\eta_1}=\frac{\underline{400^2\times600}}{4.33}=\underline{22{,}170{,}000\mathrm{mm}^3}$ $\tau_{tu}=\frac{M_{tu}}{K_t}=\frac{\underline{62.5\times10^6}}{\underline{22{,}170{,}000}}=\underline{2.82\mathrm{N/mm^2}}<\tau\max=\underline{3.2\mathrm{N/mm^2}}$ $\tau_{tu}+\tau_{su}=\underline{2.82}+\underline{0.65}=\underline{3.47\mathrm{N/mm^2}}<\tau a\max=\underline{4.0\mathrm{N/mm^2}}$
P135	**7.8.3(2)2) ねじりせん断応力度** $\tau_{ts}=\frac{M_{ts}}{K_t}=\frac{\underline{2.5\times10^7}}{\underline{22{,}170{,}000}}=\underline{1.13\mathrm{N/mm^2}}<\tau_a=\underline{0.39\mathrm{N/mm^2}}$
P135	**7.8.3(2)3) ねじり補強鉄筋量** $A_{wt}=\frac{M_{ta}}{1.6\cdot b_t\cdot h_t\cdot\sigma_s}=\frac{\underline{62.5}\times\underline{10^6}\times\underline{200}}{1.6\times\underline{290}\times\underline{490}\times\underline{300}}=\underline{183\mathrm{mm}^2}$ $A_{lt}=\frac{2A_{wt}(b+h_t)}{a}=\frac{2\times\underline{183}\times(\underline{290}+\underline{490})}{\underline{200}}=\underline{1427\mathrm{mm}^2}$ $A_{wt}=\frac{\underline{25}\times\underline{10^6}\times\underline{200}}{1.6\times\underline{290}\times\underline{490}\times\underline{180}}=\underline{122\mathrm{mm}^2}$ $A_{lt}=\frac{2\times\underline{122}\times(\underline{290}+\underline{490})}{\underline{200}}=\underline{952\mathrm{mm}^2}$ 間隔は0.4h以下でかつ，$\underline{300}$㎜以下としなければならないため， 0.4×$\underline{600}$=$\underline{240}$㎜> a =$\underline{200}$㎜とする。 鉄筋径D16（A=$\underline{198.6\mathrm{mm}^2}$）>$\underline{183\mathrm{mm}^2}$とする。 少なくとも横方向鉄筋の各隅部に１本配置し，その間隔は$\underline{300}$㎜以下としなければならない。……

頁	従来単位系
P133	**7.8.3(2) ねじり補強鉄筋の計算例** 図-7.8.1に示す長方形断面部材に活荷重ねじりモーメント$M_{t,l+i}$=2.5tf·m
P133	**7.8.3(2)1) 作用ねじりモーメント** 設計荷重作用時　M_{ts}=2.5tf·m 終局荷重作用時　M_{tu}=2.5×2.5=6.25tf·m（この時のせん断力による平均せん断応力度　τ_{su}=6.5kgf/cm²）
P134	**図7-8.1（図中文章）** σ_{ck} =240kgf/cm²
P134	**7.8.3(2)2) ねじりせん断応力度** $\frac{h}{b}=\frac{60}{40}=1.5\rightarrow$　表-7.8.1より $K_t=\frac{b^2h}{\eta_1}=\frac{40^2\times 60}{4.33}=22{,}170\text{cm}^3$ $\tau_{tu}=\frac{M_{tu}}{K_t}=\frac{6.25\times 10^5}{22{,}170}=28.2\text{kgf}/\text{cm}^2<\tau\max=32\text{kgf}/\text{cm}^2$ $\tau_{tu}+\tau_{su}$=28.2+6.5=34.7kfg/cm²＜ τamax=40kgf/cm²
P135	**7.8.3(2)2) ねじりせん断応力度** $\tau_{ts}=\frac{M_{ts}}{K_t}=\frac{25\times 10^5}{22{,}170}=11.3\text{kgf}/\text{cm}^2>\tau_a=3.9\text{tf}/\text{cm}^2$
P135	**7.8.3(2)3) ねじり補強鉄筋量** $A_{wt}=\frac{M_{ta}}{1.6\cdot b_t\cdot h_t\cdot\sigma_s}=\frac{6.25\times 10^5\times 20}{1.6\times 29\times 49\times 3{,}000}=1.83\text{cm}^2$ $A_{lt}=\frac{2A_{wt}(b+h_t)}{a}=\frac{2\times 1.83\times(29+49)}{20}=14.27\text{cm}^2$ $A_{wt}=\frac{2.5\times 10^5\times 20}{1.6\times 29\times 49\times 1{,}800}=1.22\text{cm}^2$ $A_{lt}=\frac{2\times 1.22\times(29+49)}{20}=9.52\text{cm}^2$ 間隔は0.4h以下でかつ，30cm以下としなければならないため， 0.4×60=24cm> a =20cmとする。 鉄筋径D16（A =1.986cm²）>1.83cm²とする。 少なくとも横方向鉄筋の各隅部に１本配置し，その間隔は30cm以下としなければならない。…

頁	SI 単位系
135	**7.8.3(2)3) ねじり補強鉄筋量** $\frac{A_{lt}}{10}=\frac{\underline{1427}}{10}=\underline{143\mathrm{mm}^2}<D16(A=\underline{198.6\mathrm{mm}^2})$　　となり、…… $A_{wt}=\underline{198.6\mathrm{mm}^2},\quad A_{lt}=\underline{1{,}986\mathrm{mm}^2}$ $\frac{2A_{wt}(b_t+h_t)}{A_{lt}\cdot a}=\frac{2\times\underline{198.6}\times(\underline{290}+\underline{490})}{\underline{1{,}986}\times\underline{200}}=\underline{0.78}$
P140	**8.2.2(1) 照査の基本** 設計基準強度が30.0N/mm²をこえる許容押抜きせん断応力度は参考文献…
P144	**9.1.1(1) コンクリートの許容応力度（〔道示Ⅲ〕3.2.1参照）** 長方形断面の許容圧縮応力度の基本値を1.0N/mm²割り増し……
P147	**9.1.2 鉄筋の許容応力度（〔道示Ⅲ〕3.2.2参照）** ……鉄筋応力度がなるべく100.0N/mm²以下になるように……
P148	**9.2.1(1) コンクリートの許容圧縮応力度（〔道示Ⅲ〕3.3.1参照）** ……許容圧縮応力度の基本値を1.0N/mm²増しした……
P149	**9.2.1(4) コンクリートの許容付着応力度（〔道示Ⅲ〕3.3.1参照）** ……の許容付着応力度は、RC部材と同様であるが、40.0N/mm²以上の高強度の……
P165	**表-10.3.1 鉄筋材料表の数量計算方法の一例**
P173	**表-10.3.2(b) 各種継手工法の比較**

表-10.3.1 鉄筋材料表の数量計算方法の一例

長さ(mm)	mm単位を切り上げて10mm単位とする。
単位質量(kg/m³)	有効数字3ケタとする。
1本あたり質量(kg)	少数点以下4位を四捨五入する。
質量(kg)	少数点以下2位を四捨五入する。

表-10.3.2(b) 各種継手工法の比較

項目	重ね継手	ガス圧接継手	エンクローズ継手	ねじ式継手	スリーブ継手	
					圧着式	モルタル充てん式
継手の径	$2d$	約$1.4d$	$1.1d$	$1.6d$～$1.8d$	$1.4d$	$2.4d$～$4d$
継手の長さ	$30d$～$40d$	$1.2d$	10～13mm	$3.7d$～$5d$	$5d$～$7d$	$14d$～$16d$
施工機器の質量	なし	小	小	小	大	小

頁	従来単位系

135

7.8.3(2)3) ねじり補強鉄筋量

$$\frac{A_{lt}}{10}=\frac{\underline{14.27}}{10}=\underline{1.43\text{cm}^2}<D16(A=\underline{1.986\text{cm}^2})$$ となり、……

$$A_{wt}=\underline{1.986\text{cm}^2},\quad A_{lt}=\underline{19.86\text{cm}^2}$$

$$\frac{2A_{wt}(b_t+h_t)}{A_{lt}\cdot a}=\frac{2\times\underline{1.986}\times(\underline{29}+\underline{49})}{\underline{19.86}\times\underline{20}}=\underline{0.79}$$

P140

8.2.2(1) 照査の基本

設計基準強度が300kgf/cm^{2}をこえる許容押抜きせん断応力度は参考文献…

P144

9.1.1(1) コンクリートの許容応力度（〔道示Ⅲ〕3.2.1参照）

長方形断面の許容圧縮応力度の基本値を10kgf/cm^{2}割り増し……

P147

9.1.2 鉄筋の許容応力度（〔道示Ⅲ〕3.2.2参照）

……鉄筋応力度がなるべく1,000kgf/cm^{2}以下になるように……

P148

9.2.1(1) コンクリートの許容圧縮応力度（〔道示Ⅲ〕3.3.1参照）

……許容圧縮応力度の基本値を10kgf/cm^{2}増しした……

P149

9.2.1(4) コンクリートの許容付着応力度（〔道示Ⅲ〕3.3.1参照）

……の許容付着応力度は、RC部材と同様であるが、400kgf/cm^{2}以上の高強度の……

P165

表-10.3.1 鉄筋材料表の数量計算方法の一例

長　さ(mm)	mm単位を切り上げて10mm単位とする。
単位重量(kgf/m^3)	有効数字3ケタとする。
1本あたり重量(kgf)	少数点以下4位を四捨五入する。
重　量(kgf)	少数点以下2位を四捨五入する。

P173

表-10.3.2(b) 各種継手工法の比較

項　目	重ね継手	ガス圧接継手	エンクローズ継手	ねじ式継手	スリーブ継手	
					圧着式	モルタル充てん式
継手の径	$2d$	約$1.4d$	$1.1d$	$1.6d$～$1.8d$	$1.4d$	$2.4d$～$4d$
継手の長さ	$30d$～$30d$	$1.2d$	10～13mm	$3.7d$～$5d$	$5d$～$7d$	$14d$～$16d$
施工機器の重量	なし	軽	軽	軽	重	軽

頁	SI 単位系
P176	**10.3.6(2)4) 重 ね 継 手** l_a ：付着応力度より算出する重ね継手長（mm） σ_{sa}：鉄筋の許容引張応力度（N/mm²）〔道示Ⅲ〕3.2.2(5) 項解説参照 τ_{oa}：コンクリートの許容付着応力度（N/mm²） **10.3.6(2)4) 重ね継手** ϕ ：鉄筋の直径（mm）
P178	**10.3.7(1) ＰＣ鋼材の曲げ半径** 一般に，$\sigma_c \leqq 5.0$N/mm²であれば安全とされている[10-7]。……
P186	**10.3.9(2) 切欠き定着部** 参考として有効緊張力1,000kN程度のＰＣ鋼材を定着した場合の補強例を図-10.3.34に示す。 図－10.3.25において、θ=20°とすると、 $Z=0.06P=60$kN
P187	**10.3.9(2) 切欠き定着部** $F_2=F_3=\frac{Z\cos\alpha}{\sigma_{sa}}=\frac{\underline{600}\times10^3\times\cos(\pi/180)40rsd}{\underline{180}}=\underline{255\text{mm}^2}<\underline{397}(2-D16)$ $Z'=0.05P=\underline{50\text{kN}}$ $F_4=\frac{Z'}{\sigma_{sa}}=\frac{\underline{50}\times10^3}{\underline{180}}=\underline{278}<\underline{507}(4-D13)$
P188	**図-10.3.35 特記定着部の引張応力度（図中文章）** P ：プレストレス力（N） c ：プレストレス力の偏心量（mm） C ：突起定着部の長さ（mm） R ：ＰＣ鋼材の曲げ半径（mm） T_1：定着部背面z－方向（紙面に直角方向）に生じる引張力（N） T_2：定着部背面y－方向に生じる引張力（N） T_3：隅角部に生じる引張力（N） T_4：定着部前面に生じる引張力（N） T_5：プレストレスによる曲げモーメント（Mo=P･e）によって生じる引張力（N） T_6：ＰＣ鋼材屈曲部に生じる引張力（N） σ_f：フランジに作用している橋軸方向平均圧縮応力度（N/mm²）
P190	**(3) 突起定着部** 参考に有効緊張力980kN程度のＰＣ鋼材を定着した場合の補強筋…… a × b =310×500mm，a '× b '=180×180mm，床版厚 t =220mm，

頁	従来単位系
P176	**10.3.6(2)4) 重ね継手** l_a：付着応力度より算出する重ね継手長（cm） σ_{sa}：鉄筋の許容引張応力度（kgf/cm²）〔道示Ⅲ〕3.2.2(5) 項解説参照 τ_{oa}：コンクリートの許容付着応力度（kgf/cm²） **10.3.6(2)4) 重ね継手** ϕ：鉄筋の直径（cm）
P178	**10.3.7(1) ＰＣ鋼材の曲げ半径** 一般に，$\sigma_c \leqq 50\text{kg/cm}^2$であれば安全とされている[10-7)]。……
P186	**10.3.9(2) 切欠き定着部** 参考として有効緊張力100tf程度のＰＣ鋼材を定着した場合の補強例を図-10.3.34に示す。 図－10.3.25において、$\theta=20^\circ$とすると、 $Z=0.06P=6.0\text{tf}$
P187	**10.3.9(2) 切欠き定着部** $F_2=F_3=\dfrac{Z\cos\alpha}{\sigma_{sa}}=\dfrac{6.0\times10^3\times\cos40^\circ}{1{,}800}=2.55\text{cm}^2<3.97(2-D16)$ $Z'=0.05P=5.0\text{tf}$ $F_4=\dfrac{Z'}{\sigma_{sa}}=\dfrac{5.0\times10^3}{1{,}800}=2.78<5.07(4-D13)$
P188	**図-10.3.35 特記定着部の引張応力度（図中文章）** P：プレストレス力（kgf） c：プレストレス力の偏心量（cm） C：突起定着部の長さ（cm） R：ＰＣ鋼材の曲げ半径（cm） T_1：定着部背面z-方向（紙面に直角方向）に生じる引張力（kgf） T_2：定着部背面y-方向に生じる引張力（kgf） T_3：隅角部に生じる引張力（kgf） T_4：定着部前面に生じる引張力（kgf） T_5：プレストレスによる曲げモーメント(Mo=P･e)によって生じる引張力(kgf) T_6：ＰＣ鋼材屈曲部に生じる引張力（kgf） σ_f：フランジに作用している橋軸方向平均圧縮応力度（kgf/cm²）
P190	**(3) 突起定着部** 参考に有効緊張力100tf程度のＰＣ鋼材を定着した場合の補強筋…… a × b =31×50cm，a '× b '=18×18cm，床版厚 t =22cm，

頁	SI 単 位 系

補強筋計算例

$P=980\times10^3\text{N},\quad e_p=240\text{mm},\quad \theta=10^\circ$

$T_1=0.25P(a-a')/a=0.25\times980\times10^3\times(310-180)/310=103\times10^3\text{N}$

$F_1=T_1/\sigma_{sa}=103\times10^3/180=571\text{mm}^2<760(6-D13)$

$T_2+T_3=\{0.25P(b-b')/b+0.1\}P=\{0.25(500-180)/500+0.1\}\times$

980×10^3

$=255\times10^3\text{N}$

$F_2=(T_2+T_3)/\sigma_{sa}=255\times10^3/180$

$=1417\text{mm}^2<1520$ (12－D13)

$T_4=0.5P-\sigma_f\cdot b\cdot t=0.5\times980\times10^3-4.4\times500\times220=6.0\times10^3\text{N}$

（ただし、突起付近の床版は4.4N/㎟の平均圧縮応力度が作用…

T_5について

断面積　$A=500\times(310+220)=265{,}000$㎟

断面係数　$W=500\times530^2/6=23{,}408{,}000$㎜^{3}

$$\begin{Bmatrix}\sigma_{c0}\\ \sigma_{cu}\end{Bmatrix}=980\times10^3\times(1/265{,}000\oplus240/23{,}408{,}000)=\begin{Bmatrix}-6.3\\ 13.7\end{Bmatrix}$$

$T_5=6.3\times220/2\times500=346.5\times10^3\text{N}$

$F_3=(T_2+T_3)/\sigma_{sa}=352.5\times10^3/180$

$=1958$㎟<2292 (8－D19)

$T_6=P\sin\theta=980\times\sin10^\circ=170.2\text{kN}$

$F_4=T_6/\sigma_{sa}=170.2\times103/180=946$㎟$<1267$ (10－D13)

P192 **(4) 中間埋込み定着部**

参考としてP=500kN/本程度のＰＣ鋼材を定着した場合の補強例を図-10.3.39に示す。

このとき，$P=4.9\times10^3$N/㎟，c=2000㎜，d=250㎜，b=170㎜，h=170㎜として

$p=4.9\times10^3\times170(0.008\times170^2\times250)=14.4$N/㎟

P193 **(4) 中間埋込み定着部**

$\sigma_{max}=14.4\sqrt[3]{(2000/170-1)}/45=0.707\text{N/mm}^2$

$A_s=3\times170\times250\times0.707/180=501\text{mm}<1589(8-D16)$

P210 **表-11.1.1 床版の設計方法の概要（抜粋）**

設計活荷重	B活荷重	A活荷重
T活荷重	P=100,000N	

P211 **11.1 設 計 一 般**

……補修作業の難易度に応じて割増しされ，鉄筋の許容応力度は，従来の140.0N/㎟に対し20.0N/㎟程度の余裕をもたせるのが望ましい……

頁	従 来 単 位 系

補強筋計算例

$$P = 100 \times 10^3 \text{kgf}, \quad e_p = 24.0\text{cm}, \quad \theta = 10^\circ$$

$$T_1 = 0.25P(a - a')/a = 0.25 \times 100 \times 10^3 \times (31 - 18)/31 = 10.5 \times 10^3 \text{kgf}$$

$$F_1 = T_1 / \sigma_{sa} = 10.5 \times 10^3 / 1{,}800 = 5.38\text{cm}^2 < 7.60(6 - D13)$$

$$T_2 + T_3 = 0.25P(b - b')/b + 0.1P = \{0.25(50 - 18)/50 + 0.1\} \times 100 \times 10^3$$
$$= 26.0 \times 10^3 \text{kgf}$$

$$F_2 = (T_2 + T_3)/\sigma_{sa} = 26.0 \times 10^3 / 1{,}800$$
$$= 14.44\text{cm}^2 < 15.20 \ (12\text{-}D13)$$

$$T_4 = 0.5P - \sigma_f \cdot b \cdot t = 0.5 \times 100 \times 10^3 - 45 \times 50 \times 22 = 0.5 \times 10^3 \text{kgf}$$

（ただし、突起付近の床版は45kgf/cm²の平均圧縮応力度が作用…

T_5について

断面積　$A = 50 \times (31 + 22) = 2{,}650\text{cm}^2$

断面係数　$W = 50 \times 53^2 / 6 = 23{,}408\text{cm}^3$

$$\begin{Bmatrix} \sigma_{c0} \\ \sigma_{cu} \end{Bmatrix} = 100 \times 10^3 \times (1/2{,}650 \oplus 24.0/23{,}408) = \begin{Bmatrix} -65 \\ 140 \end{Bmatrix}$$

$$T_5 = 65 \times 22/2 \times 50 = 35.75 \times 10^3 \text{kgf}$$

$$F_3 = (T_4 + T_5)/\sigma_{sa} = 36.25 \times 10^3 / 1{,}800$$
$$= 20.14\text{cm}^2 < 22.92 \ (8\text{-}D19)$$

$$T_6 = P\sin\theta = 100 \times \sin 10^\circ = 17.4\text{tf}$$

$$F_4 = T_6 / \sigma_{sa} = 17.4 \times 10^3 / 1{,}800 = 9.67\text{cm}^2 < 12.67 \ (10\text{-}D13)$$

P192　**(4) 中間埋込み定着部**

参考としてP=50tf/本程度のＰＣ鋼材を定着した場合の補強例を図-10.3.39に示す。

このとき，$P = 50 \times 10^3$kgf/cm²，e=200cm，d=25cm，b=17cm，h=17cmとして

$$p = 50 \times 10^3 \times 17(0.8 \times 17^2 \times 25) = 147\text{kgf/cm}^2$$

P193　**(4) 中間埋込み定着部**

$$\sigma_{\max} = 147 \sqrt[3]{(200/17 - 1)} / 45 = 7.21\text{kgf/cm}^2$$

$$A_s = 3 \times 17 \times 25 \times 7.21 / 1{,}800 = 5.12\text{cm} < 15.89(8 - D16)$$

P210　**表-11.1.1　床版の設計方法の概要（抜粋）**

設計活荷重	B活荷重	A活荷重
T活荷重	P=10,000kgf	

P211　**11.1　設 計 一 般**

……補修作業の難易度に応じて割増しされ，鉄筋の許容応力度は，従来の1,400kgf/cm²に対し200kgf/cm²程度の余裕をもたせるのが望ましい…

コンクリート道路橋設計便覧

頁	SI 単 位 系
P228	**表-12.3.1 係数β_i, β_i', γ_i, γ_i'の値（表中文章）** M_x ：床版橋の支間方向単位幅あたりの曲げモーメント（kN·m/m） M_y ：床版橋の支間直角方向単位幅あたりの曲げモーメント（kN·m/m） P_y ：単位長あたり縁端荷重（kN/m） m_y：片持版によって与えられる単位幅あたりの縁モー メント（kN·m/m）
P240	**13.1.1(4)1) 平面シフトへの対応[13−4)]** （たとえば，500㎜以下）場合，図-13.1.3に示すように床版を……
P270	**図-14.2.11 下フランジおよびウェブの応力度を照査する場合の荷重状態（図中文章）** P_u ：床版の死荷重（N/m） M_i ：〔道示Ⅲ〕5.5によって算出される床版の活荷重による支点上の曲げモーメント（N/m）（i=1,2,3,4） N_p ：プレストレスによる軸力（N/m） M_p ：プレストレスによる曲げモーメント（N/m）
P272	**14.2.4(3) 傾斜したウェブによる影響** U_T：下フランジの作用する横方向引張力（N/m） P ：プレストレス力（N） U_P：腹圧力（N/m）
P293	**15.2.2(1) 付加的な力の評価** N_t ：温度差により床版図心に生じる軸方向力（N）（図-15.2.5） M_{to}：N_tにより前断面図心に作用する曲げモーメント（N·㎜）（図-
P294	**15.2.2(1)2) 温度変化および温度差による不静定力** A_{cl}：床版の断面積（$㎜^2$） E_c ：床版のヤング係数（$N/㎜^2$） e_c ：全断面図心から床版図心までの距離（㎜）
P295	**図-15.2.6 曲げモーメントの分布（図中文章）** N_t：温度差により生じる曲げモーメントM_{to}による不静定曲げモーメント（N/㎜）
P298	**15.2.2(3) 中間支点上の設計曲げモーメントの算出** M = −22,978（kN·m） =(3,620)/(2×2.575) =703（kN/m） =(703×5.15²)/8 =2,330（kN·m） R＝3,620（kN） （$a=2yc$）

頁	従来単位系
P228	**表-12.3.1 係数β_i，β_i'，γ_i，γ_i'の値（表中文章）** M_χ：床版橋の支間方向単位幅あたりの曲げモーメント（t･m/m） M_v：床版橋の支間直角方向単位幅あたりの曲げモーメント（t･m/m） P_γ：単位長あたり縁端荷重（t/m） m_γ：片持版によって与えられる単位幅あたりの縁モーメント（t･m/m）
P240	**13.1.1(4)1) 平面シフトへの対応[13−4)]** （たとえば，50㎝以下）場合，図-13.1.3に示すように床版を……
P270	**図-14.2.11 下フランジおよびウェブの応力度を照査する場合の荷重状態（図中文章）** P_u：床版の死荷重（kgf/m） M_i：〔道示Ⅲ〕5.5によって算出される床版の活荷重による支点上の曲げモーメント（kgf/m）（i=1,2,3,4） N_p：プレストレスによる軸力（kgf/m） M_p：プレストレスによる曲げモーメント（kgf/m）
P272	**14.2.4(3) 傾斜したウェブによる影響** U_T：下フランジの作用する横方向引張力（kgf/m） P：プレストレス力（kgf） U_P：腹圧力（kgf/m）
P293	**15.2.2(1) 付加的な力の評価** N_t：温度差により床版図心に生じる軸方向力（kgf）（図-15.2.5） M_{to}：N_tにより全断面図心に作用する曲げモーメント（kgf･㎝）（図-
P294	**15.2.2(1)2) 温度変化および温度差による不静定力** A_{cl}：床版の断面積（㎝^{2}） E_c：床版のヤング係数（kgf/㎝^{2}） e_c：全断面図心から床版図心までの距離（㎝）
P295	**図-15.2.6 曲げモーメントの分布（図中文章）** N_t：温度差により生じる曲げモーメントM_{to}による不静定曲げモーメント（kgf/㎝）
P298	**15.2.2(3) 中間支点上の設計曲げモーメントの算出** M = −2,344.7 （tf･m） =(369.4)/(2×2.575) =71.7 （tf/m） =(71.7×5.15^2)/8 =237.7 （tf･m） R = 369.4 （tf） ($a=2yc$)

頁	ＳＩ 単 位 系
	$=\underline{22{,}978-2{,}330}$ $=\underline{20{,}648}$ （$\underline{\mathrm{kN\cdot m}}$） $M_1/M=(\underline{20{,}648})/\underline{22{,}978})$ $=0.899<0.90$ $=\underline{-22{,}978}\times 0.90$ $=\underline{-20{,}680}$ （$\underline{\mathrm{kN\cdot m}}$）
P308	**15.3.2(5) 連結部の設計** 連結部上側引張鉄筋の許容引張応力度は〔道示Ⅲ〕10.5に従い，$\underline{160\mathrm{N/mm^2}}$とする。
P309	**15.3.2(5) B-B断面のおける照査：** Mmin=$\underline{-397.70\mathrm{kN\cdot m}}$に対して， 連結部上側引張鉄筋-D22 N＝8本、$A_s=\underline{3{,}096.8\mathrm{mm^2}}$ $\sigma_c=\underline{6.00\mathrm{N/mm^2}}$（$<\sigma_{ca}=\underline{10.0\mathrm{N/mm^2}}$）、 $\sigma_s=\underline{148.39\mathrm{N/mm^2}}$（$<\sigma_{sa}=\underline{160.0\mathrm{N/mm^2}}$） 次に，$M$max=$\underline{91.22\mathrm{kN\cdot m}}$に対して， 下側引張鉄筋-D22 N＝4本， $A_s=\underline{1{,}548.4\mathrm{mm^2}}$：ＲＣ構造として計算 $\sigma_c=\underline{1.02\mathrm{N/mm^2}}$（$<\sigma_{ca}=\underline{10.0\mathrm{N/mm^2}}$）、 $\sigma_s=\underline{14.64\mathrm{N/mm^2}}$（$<\sigma_{sa}=\underline{160.0\mathrm{N/mm^2}}$） 橋面死荷重 $\underline{-304.417}$ 活荷重 max $\underline{32.957}$ 〃 min $\underline{-233.799}$ 自重クリープ $\underline{-318.510}$ プレストスクリープ $\underline{567.028}$ 温度差 $\underline{14.749}$ 支点沈下 max $\underline{99.411}$ 〃 min $\underline{-108.006}$ 静荷重合計 $\underline{-55.899}$ 総合計 max $\underline{91.218}$ 〃 min $\underline{-397.704}$ A-A断面における照査： 設計曲げモーメント　Mmin=$\underline{-290.05\mathrm{kN\cdot m}}$に対して、 主げたのプレストレス力　$P_e=\underline{1{,}285.97\mathrm{kN}}$ ＰＣ鋼材の高さ　$y_p=\underline{467\mathrm{mm}}$
P310	A-A断面における照査： $\sigma_{cu}=\underline{1.23}$（$\underline{\mathrm{N/mm^2}}$）、$\underline{5.84}$（$\underline{\mathrm{N/mm^2}}$） $\sigma_{cl}=\underline{7.53}$（$\underline{\mathrm{N/mm^2}}$）、$\underline{5.50}$（$\underline{\mathrm{N/mm^2}}$） A-A断面における照査： $\sigma_c=\underline{6.33\mathrm{N/mm^2}}$ $\Sigma\sigma=\sigma_{cl}+\sigma_c=\underline{13.86\mathrm{N/mm^2}}$、$\underline{11.83\mathrm{N/mm^2}}$（$<\sigma_{ca}=\underline{16.0\mathrm{N/mm^2}}$）
P310	**(7) 連結部の構造** …プレテンションげたの場合は$\underline{1.0\mathrm{N/mm^2}}$以上、ポストテンションげたの場合は$\underline{1.5\mathrm{N/mm^2}}$以上とされる（図-15.3.6参照）。

頁	従来単位系

=2,344.7－237.7

=2,107.0（tf·m）

M_l/M =（2,107.0）/2,344.7）

=0.899＜0.90

=－2,344.7×0.90

=－2,110.2（tf·m）

P308 **15.3.2(5) 連結部の設計**

連結部上側引張鉄筋の許容引張応力度は〔道示Ⅲ〕10.5に従い，1,600kgf/cm²とする。

P309 **15.3.2(5) B-B断面のおける照査：**

Mmin=-40.581tf·mに対して，

連結部上側引張鉄筋-D22 N=8本、A_s=30.968cm²

σ_c=61.2kgf/cm²（＜σ_{ca}=100kgf/cm²）、

σ_s=1,514.2kgf/cm²（＜σ_{sa}=1,600kgf/cm²）

橋面死荷重	－31.063
活荷重 max	3.363
〃 min	－23.857
自重クリープ	－32.501
プレストスクリープ	57.860
温度差	1.505
支点沈下 max	10.144
〃 min	－11.021
静荷重合計	－55.704
総合計 max	9.308
〃 min	－40.581

次に，*M*max=9.308tf·mに対して、

下側引張鉄筋-D22 N=4本，

A_s=15.484cm²：ＲＣ構造として計算

σ_c=10.4kgf/cm²（＜σ_{ca}=100kgf/cm²）、

σ_s=149.4kgf/cm²（＜σ_{sa}=1,600kgf/cm²）

A-A断面における照査：

設計曲げモーメント　*M*min=－29.597tf·mに対して、

主げたのプレストレス力　P_e＝128.466tf

ＰＣ鋼材の高さ　y_p=46.7cm

P310 A-A断面における照査：

σ_{cu}=12.6（kgf/cm²）、59.6（kgf/cm²）

σ_{cl}=76.8（kgf/cm²）、56.1（kgf/cm²）

A-A断面における照査：

σ_c=64.6kgf/cm²

$\Sigma\sigma=\sigma_{cl}+\sigma_c$=141.4kgf/cm²、120.7kgf/cm²（＜σ_{ca}=160kgf/cm²）

P310 **(7) 連結部の構造**

…プレテンションげたの場合は10kgf/cm²以上、ポストテンションげたの場合は15kgf/cm²以上とされる（図-15.3.6参照）。

頁	S I 単 位 系
P316	**15.3.3(4)③ 主げたと床版のクリープ、乾燥収縮による不静定力**

項　　目	けた(添字1)	床版(添字2)	合成断面(添字12)
Ec N/mm²	3.1×10^4	2.5×10^4	3.1×10^4
Ic mm⁴	74.12×10^{10}	0.6215×10^{10}	143.12×10^{10}
Ac mm²	954,200	781,200	1,735,400
y' mm	1,246	142	952
y mm	−1,204	98	−1,738

(荷重条件) プレストレス力　P=7192.1×10³N, e_{p1}=1024㎜, e_{p12}=1558㎜

また, γ_{c1}^2=776,800㎜²　m=148　C=-13,290

γ_{c2}^2=79,560㎜²　B=149　F=4,914,800

P317

(計算例)

コンクリートのクリープ差による断面力：

$$N_\phi=\frac{0.389}{(-13{,}290)^2-149\times4{,}914{,}800}[7{,}192.1\times10^3\times\{149\times(1{,}246\times 1{,}024-776{,}800)-(-13{,}290)\times1{,}024]=442{,}940\mathrm{N}$$

$$M_\phi=\frac{0.389}{149\times4{,}914{,}800-(-13{,}907)^2}[7{,}192.1\times10^3\times\{(-13{,}290)\times (1{,}246\times1{,}024-776{,}800)-4{,}914{,}800\times1{,}024]=58{,}734{,}870\mathrm{N\cdot mm}$$

相対角変化はゼロゆえ… $\theta+\theta'=0$

$$=\frac{3\times3.1\times10^4\times1.4312\times10^{12}}{2\times3.1\times10^4\times74.12\times10^{10}(1+2.6)}\{7{,}192.1\times10^3\times1{,}024\times 1.4-(58{,}734{,}870+442{,}940\times1{,}246)(1+2.6)\}=-6.53\times10^9\mathrm{N\cdot mm}$$

P318

(解法２) Mattockの方法

$M_{p'}=P\cdot e_{p12}=7{,}192.1\times10^3\times1{,}558=1{,}120.5\times10^7$ (N·㎜)

単位モーメントによる回転角：

$$X_\phi=X\frac{\phi_t}{1+\phi_\infty}=\frac{2}{3}\times1{,}120.5\times10^7\times0.389=-6.54\times10^9\mathrm{N\cdot mm}$$

P344

16.2.1(1) 端節点部の補強[16-3)]

(N/㎜²) (引張応力度を正とする)

R ：接点部対角線長 (㎜)

w ：接点部奥行目幅 (㎜)

M_o ：図-16.2.2に示すO'点における曲げモーメント (N·㎜)

頁	従来単位系

P316

15.3.3(4)③ 主げたと床版のクリープ、乾燥収縮による不静定力

項　目	けた(添字1)	床版(添字2)	合成断面(添字12)
Ec kgf/cm^2	3.1×10^5	2.5×10^5	3.1×10^5
Ic cm^4	74.12×10^6	0.6215×10^6	143.12×10^6
Ac cm^2	9,542	7,812	17,354
y' cm	124.6	14.2	95.2
y cm	−120.4	9.8	−173.8

(荷重条件) プレストレス力 $P=733.89\times10^3$kgf, $e_{p1}=102.4$cm, $e_{p12}=155.8$cm

また, $\gamma_{c1}{}^2=7,768$cm^2　$m=148$　$C=-1,329$

$\gamma_{c2}{}^2=79.56$cm^2　$B=149$　$F=49,148$

P317

(計算例)

コンクリートのクリープ差による断面力：

$$N_\phi=\frac{0.389}{(-1,329)^2-149\times49,148}[733.89\times10^3\times\{149\times(1,246\times102.4-7,768)-(-1,329)\times102.4]=45,204\text{kgf}$$

$$M_\phi=\frac{0.389}{149\times49,148-(-1,329)^2}[733.89\times10^3\times\{(-1,329)\times(124.6\times102.4-7,768)-49,148\times102.4]=599,427\text{kgf}$$

相対角変化はゼロゆえ… $\theta+\theta'=0$

$$=\frac{3\times3.1\times10^5\times1.4312\times10^8}{2\times3.1\times10^5\times74.12\times10^6(1+2.6)}\{733.89\times10^3\times102.4\times1.4-(599,427+45,204\times124.6)(1+2.6)\}=-6.66\times10^7\text{kgf}\cdot\text{cm}$$

P318

(解法2) Mattockの方法

$$M_{p'}=P\cdot e_{p12}=733.89\times10^3\times155.8=1,143.4\times10^6\ (\text{kgf}\cdot\text{cm})$$

単位モーメントによる回転角：

$$X_\phi=X\frac{\phi_t}{1+\phi_\infty}=\frac{2}{3}\times1,143.4\times10^6\times0.389=-6.67\times10^7\text{kgf}\cdot\text{cm}$$

P344

16.2.1(1) 端節点部の補強[16-3)]

(kgf/cm^2) (引張応力度を正とする)

R：接点部対角線長 (cm)

w：接点部奥行目幅 (cm)

M_o：図-16.2.2に示すO'点における曲げモーメント (kgf·cm)

頁	SI 単 位 系

P354

表-17.2.1　mの変化によるスプリンギング部の断面力変化

		m=1.7	m=1.9	m=2.0	m=2.5
N (kN)	左	12,100	12,110	12,110	12,130
	右	12,520	12,520	12,520	12,520
M (kN·m)	左	1,170	820	490	480
	右	250	600	950	1,980

P355

17.2.2　アーチ軸線

$\sigma_{c,t}$が次の値であるようにする。

$\sigma_{c,t} \leqq 0.227 \cdot \sigma_{ck}2/3$

P357

17.2.4(4)　座沓に対する検討

E = 3.1×10⁴N/㎟（σ_{ck} = 40N/㎟）の場合，σ_eはλの値に対して……

P358

表-17.2.2　細長比と座屈応力度

λ	20	35	50	100	200
σe (N/mm²)	764.9	249.8	122.4	30.6	7.6

P358

17.2.4(4)　座沓に対する検討

…スパンライズ比：0.16で断面：正方形，E = 3.1×10^4N/㎟（σ_{ck} = 40N/㎟）を考え，代表的なλの値に対する…

P358

表-17.2.3　面内座屈解析結果

		座屈荷重		座屈応力度*)	
		等分布 (kN/m)	非対称分布 (kN/m)	等分布 (N/mm²)	非対称分布 (N/mm²)
20	0.634	38,790	43,860 33,730	1,790	2,180
35	0.362	3,970	4,490 3,450	493	697
50	0.254	933	1,060 810	221	360
100	0.127	54	61.5 47.3	51.3	115

P362

表-17.2.5　アーチ橋の一般的荷重条件

荷 重 条 件	適　　用
① 自　　重	一般に24.5kN/m³
② 作 業 荷 重	一般に4kN/m³

頁	従来単位系

P354

表-17.2.1　*m*の変化によるスプリンギング部の断面力変化

		m=1.7	m=1.9	m=2.0	m=2.5
N (tf)	左	1,235	1,236	1,236	1,238
	右	1,277	1,278	1,278	1,277
M (tf·m)	左	119	84	50	49
	右	25	61	97	202

P355

17.2.2　アーチ軸線

$\sigma_{c,t}$が次の値であるようにする。

$\sigma_{c,t} \leqq 0.5 \cdot \sigma_{ck} 2/3$

P357

17.2.4(4)　座沓に対する検討

E = 3.1×10^5kgf/cm^2（σ_{ck} = 400kgf/cm^2）の場合，σ_eはλの値に対して…

P358

表-17.2.2　細長比と座屈応力度

λ	20	35	50	100	200
σe (kgf/cm^2)	7,649	2,498	1,224	306	76

P358

17.2.4(4)　座沓に対する検討

…スパンライズ比：0.16で断面：正方形、E = 3.1×10^5kgf/cm^2（σ_{ck} = 400kgf/cm^2）を考え、代表的なλの値に対する…

P358

表-17.2.3　面内座屈解析結果

		座屈荷重		座屈応力度*)	
		等分布 (tf/m)	非対称分布 (tf/m)	等分布 (kgf/cm^2)	非対称分布 (kgf/cm^2)
20	0.634	3,958	4,475 3,442	18,300	22,200
35	0.362	405	458 352	5,030	7,110
50	0.254	95.2	108 83	2,260	3,670
100	0.127	5.5	6.28 4.83	523	1,170

P362

表-17.2.5　アーチ橋の一般的荷重条件

荷　重　条　件	適　　　用
①　自　　　重	一般に24.5tf/m^3
②　作 業 荷 重	一般に4kgf/m^3

頁	SI 単 位 系

P363

表-17.3.1 設計条件の例

	外 津 橋 （佐賀県）	中谷川橋 （日本道路公団）	別府明橋 （日本道路公団）
許容地盤支持力度	1000kN/m²	600kN/m²（常時） 900kN/m²（地震時）	650kN/m²（山側） 635kN/m²（谷側）
コンクリート強度 （上床版） （アーチリブ） （アバット）	 35N/mm² 40N/mm² 24N/mm²	 40N/mm² 40N/mm² 24N/mm²	 35N/mm² 40N/mm² 24N/mm²
斜吊鋼棒	SBPR 930/1180, φ 32mm	SBPR 930/1180, φ 32mm 41.1～42.0t/本	SBPR 930/1180, φ 32mm 39.0～43.0t/本

P378

表-18.1.2 プレストレスの外力評価とねじりモーメント

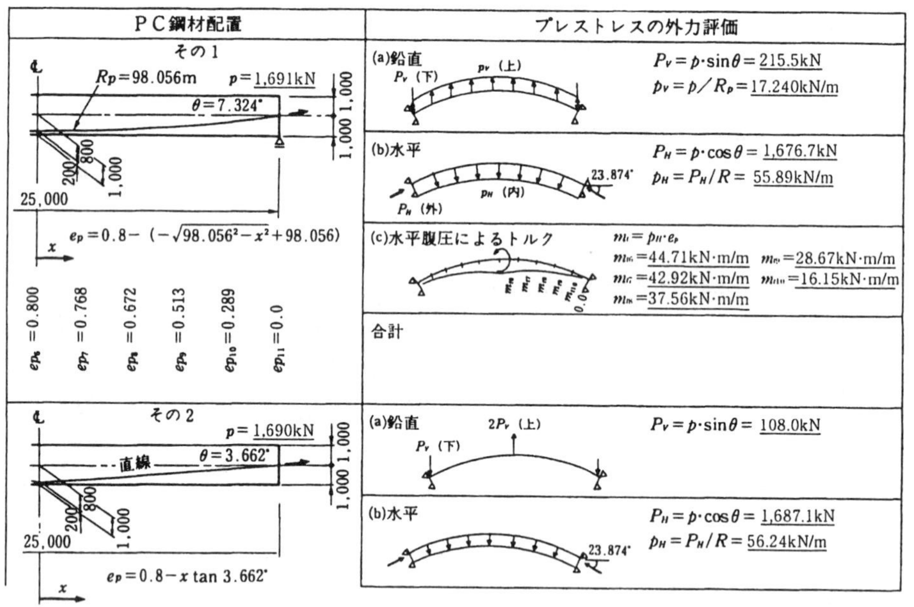

表-17.3.1　設計条件の例

	外　津　橋 (佐賀県)	中谷川橋 (日本道路公団)	別府明橋 (日本道路公団)
許容地盤支持力度	100tf/m^2	60tf/m^2　(常時) 90kn/m^2 (地震時)	65.0tf/m^2 (山側) 63.5tf/m^2 (谷側)
コンクリート強度 (上床版) (アーチリブ) (アバット)	 350kgf/cm^2 400kgf/cm^2 240kgf/cm^2	 400kgf/m^2 400kgf/m^2 240kgf/m^2	 350kgf/cm^2 400kgf/cm^2 240kgf/cm^2
斜吊鋼棒	SBPR 930/1180, ϕ 32mm	SBPR 930/1180, ϕ 32mm 41.1～42.0tf/本	SBPR 930/1180, ϕ 32mm 39.0～43.0tf/本

表-18.1.2　プレストレスの外力評価とねじりモーメント

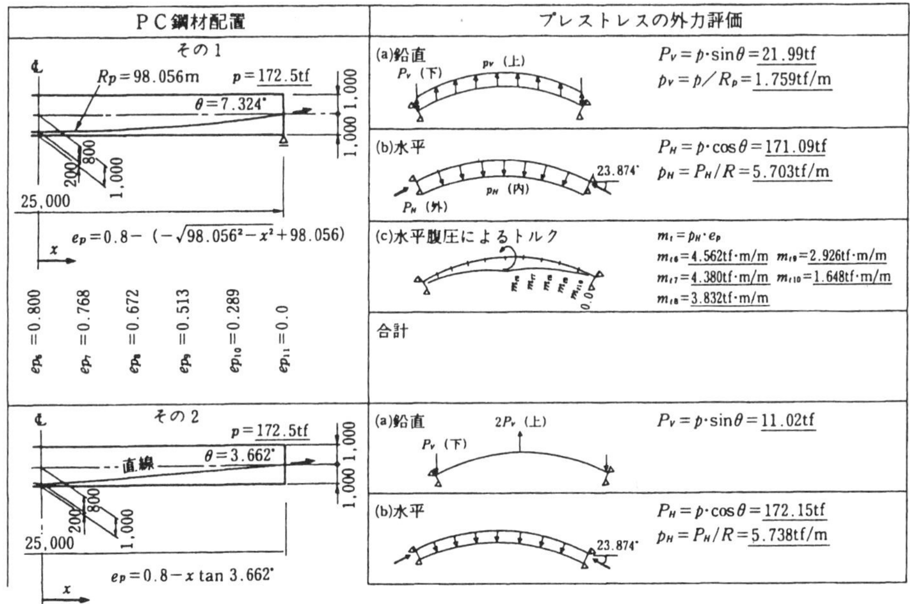

頁	SI 単位系
P379	**表-18.1.2 プレストレスの外力評価とねじりモーメント**

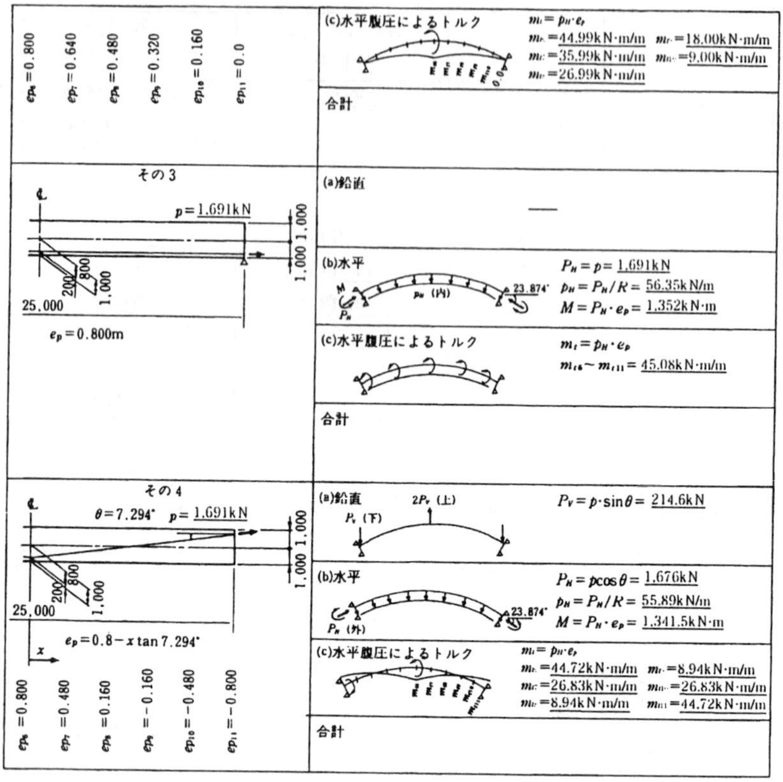

$e_{p6}=0.800$ $e_{p7}=0.640$ $e_{p8}=0.480$ $e_{p9}=0.320$ $e_{p10}=0.160$ $e_{p11}=0.0$	(c)水平腹圧によるトルク $m_t=p_H \cdot e_p$ $m_{t6}=$ 44.99kN·m/m $m_{t9}=$ 18.00kN·m/m $m_{t7}=$ 35.99kN·m/m $m_{t10}=$ 9.00kN·m/m $m_{t8}=$ 26.99kN·m/m
	合計
その3 ℄ $p=$ 1,691kN 1,000 1,000 200 800 1,000 25,000 $e_p=0.800$m	(a)鉛直 —
	(b)水平 $P_H=p=$ 1,691kN $p_H=P_H/R=$ 56.35kN/m $M=P_H \cdot e_p=$ 1,352kN·m M P_H p_H (内) 23.874°
	(c)水平腹圧によるトルク $m_t=p_H \cdot e_p$ $m_{t6} \sim m_{t11}=$ 45.08kN·m/m
	合計
その4 ℄ $\theta=7.294°$ $p=$ 1,691kN 1,000 1,000 200 800 1,000 25,000 $e_p=0.8-x\tan 7.294°$ x	(a)鉛直 $2P_V$ (上) P_V (下) $P_V=p \cdot \sin\theta=$ 214.6kN
	(b)水平 $P_H=p\cos\theta=$ 1,676kN $p_H=P_H/R=$ 55.89kN/m $M=P_H \cdot e_p=$ 1,341.5kN·m P_H (外) 23.874°
$e_{p6}=0.800$ $e_{p7}=0.480$ $e_{p8}=0.160$ $e_{p9}=-0.160$ $e_{p10}=-0.480$ $e_{p11}=-0.800$	(c)水平腹圧によるトルク $m_t=p_H \cdot e_p$ $m_{t6}=$ 44.72kN·m/m $m_{t9}=$ 8.94kN·m/m $m_{t7}=$ 26.83kN·m/m $m_{t10}=$ 26.83kN·m/m $m_{t8}=$ 8.94kN·m/m $m_{t11}=$ 44.72kN·m/m
	合計

頁	従来単位系
P379	**表-18.1.2 プレストレスの外力評価とねじりモーメント**

$e_{p6}=0.800$ $e_{p7}=0.640$ $e_{p8}=0.480$ $e_{p9}=0.320$ $e_{p10}=0.160$ $e_{p11}=0.0$	(c)水平腹圧によるトルク 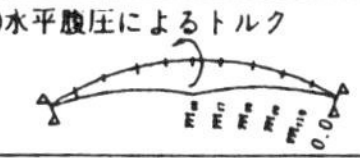 $m_t=p_H\cdot e_p$ $m_{t6}=\underline{4.590\text{tf}\cdot\text{m/m}}$ $m_{t9}=\underline{1.836\text{tf}\cdot\text{m/m}}$ $m_{t7}=\underline{3.672\text{tf}\cdot\text{m/m}}$ $m_{t10}=\underline{0.918\text{tf}\cdot\text{m/m}}$ $m_{t8}=\underline{2.754\text{tf}\cdot\text{m/m}}$
	合計
その3 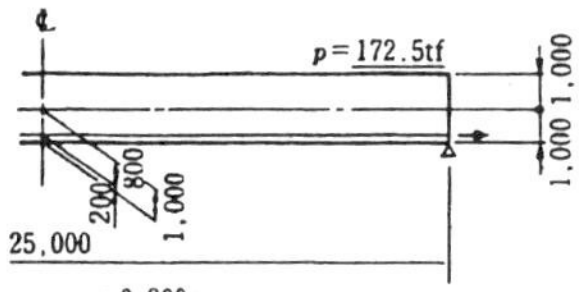 ℄ $p=\underline{172.5\text{tf}}$ 1,000 1,000 200 800 1,000 25,000 $e_p=0.800\text{m}$	(a)鉛直 —
	(b)水平 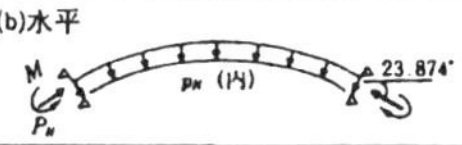 M P_H p_H (内) 23.874° $P_H=p=\underline{172.5\text{tf}}$ $p_H=P_H/R=\underline{5.750\text{tf/m}}$ $M=P_H\cdot e_p=\underline{138.0\text{tf}\cdot\text{m}}$
	(c)水平腹圧によるトルク  $m_t=p_H\cdot e_p$ $m_{t6}\sim m_{t11}=\underline{4.560\text{tf}\cdot\text{m/m}}$
	合計
その4 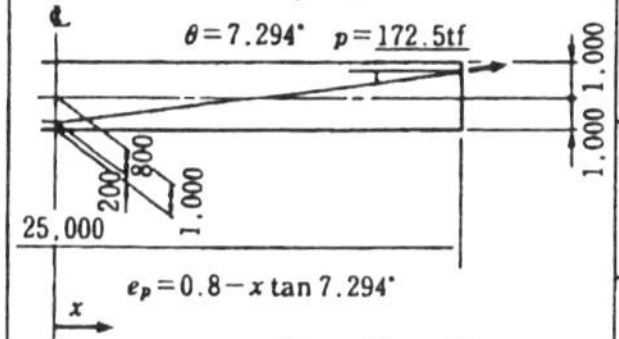 ℄ $\theta=7.294°$ $p=\underline{172.5\text{tf}}$ 1,000 1,000 200 800 1,000 25,000 $e_p=0.8-x\tan 7.294°$ x $e_{p6}=0.800$ $e_{p7}=0.480$ $e_{p8}=0.160$ $e_{p9}=-0.160$ $e_{p10}=-0.480$ $e_{p11}=-0.800$	(a)鉛直 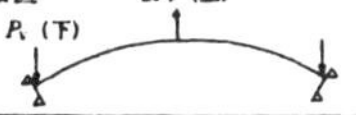 $2P_v$ (上) P_v (下) $P_v=p\cdot\sin\theta=\underline{21.90\text{tf}}$
	(b)水平 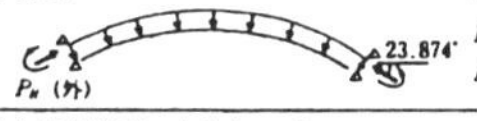 P_H (外) 23.874° $P_H=p\cos\theta=\underline{171.10\text{tf}}$ $p_H=P_H/R=\underline{5.703\text{tf/m}}$ $M=P_H\cdot e_p=\underline{136.88\text{tf}\cdot\text{m}}$
	(c)水平腹圧によるトルク 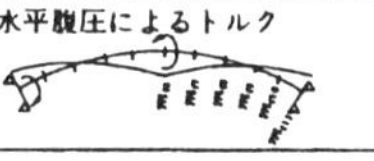 $m_t=p_H\cdot e_p$ $m_{t6}=\underline{4.562\text{tf}\cdot\text{m/m}}$ $m_{t9}=\underline{-0.913\text{tf}\cdot\text{m/m}}$ $m_{t7}=\underline{2.737\text{tf}\cdot\text{m/m}}$ $m_{t10}=\underline{-2.737\text{tf}\cdot\text{m/m}}$ $m_{t8}=\underline{0.913\text{tf}\cdot\text{m/m}}$ $m_{t11}=\underline{-4.562\text{tf}\cdot\text{m/m}}$
	合計

頁	S I 単 位 系
P380	**表-18.1.3　3径間連続げたにおける中心角と主げた各断面力の関係 (1)**

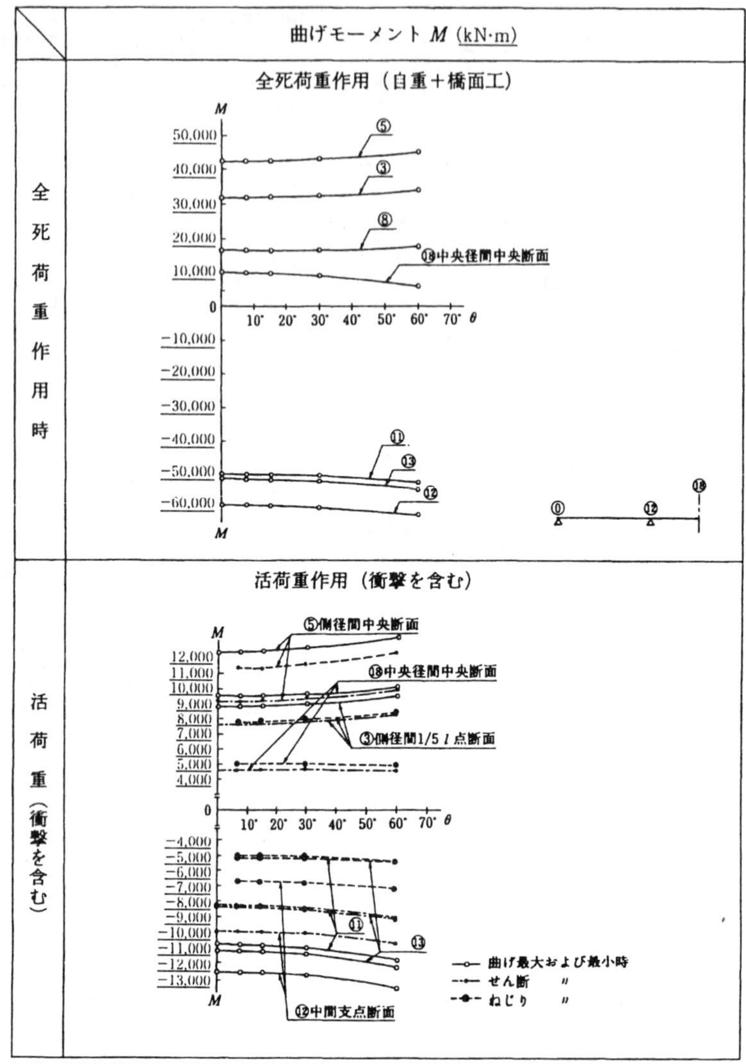

モデル：けた高 2.8 m，支間 50 m，有効幅員 10 m の 3 径間連続箱げた橋（参考文献 18-7）より）

頁	従来単位系
P380	**表-18.1.3　3径間連続げたにおける中心角と主げた各断面力の関係（1）**

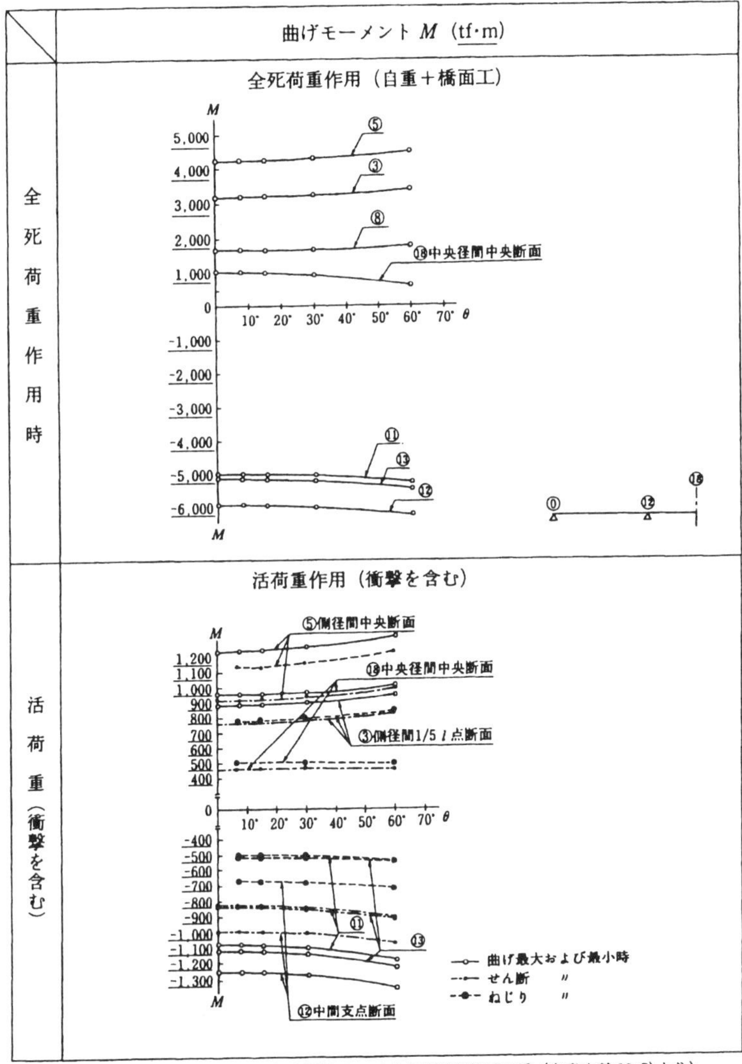

モデル：けた高 2.8 m，支間 50 m，有効幅員 10 m の 3 径間連続箱げた橋（参考文献 18-7）より）

頁	SI 単 位 系
P381	表-18.1.3 3径間連続げたにおける中心角と主げた各断面力の関係 (1)

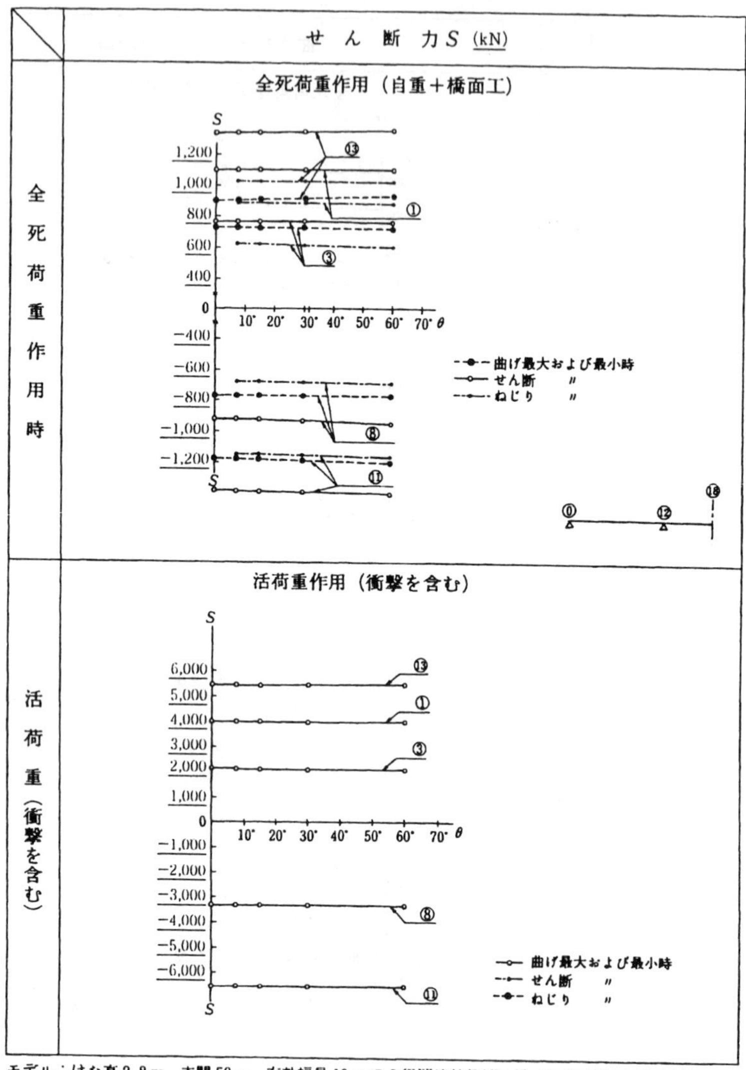

モデル：けた高2.8m, 支間50m, 有効幅員10mの3径間連続箱げた橋 (参考文献18-7) より)

表-18.1.3　3径間連続げたにおける中心角と主げた各断面力の関係（1）

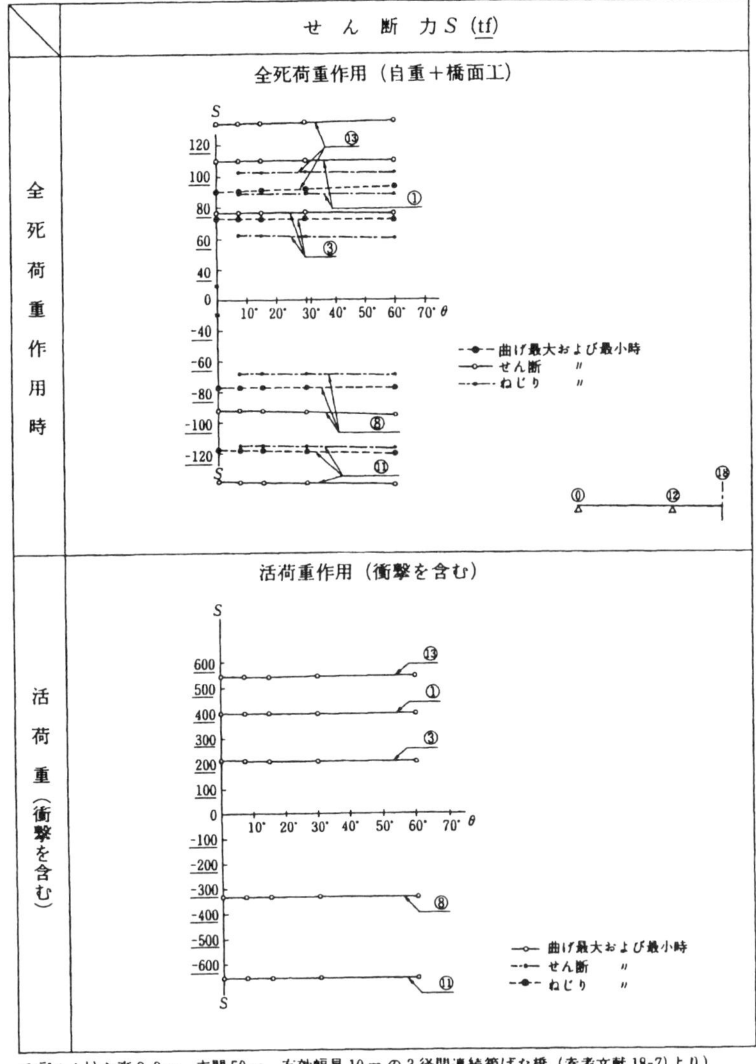

モデル：けた高 2.8 m，支間 50 m，有効幅員 10 m の 3 径間連続箱げた橋（参考文献 18-7）より）

頁	S I 単 位 系
P382	**表-18.1.3 3径間連続げたにおける中心角と主げた各断面力の関係 (1)**

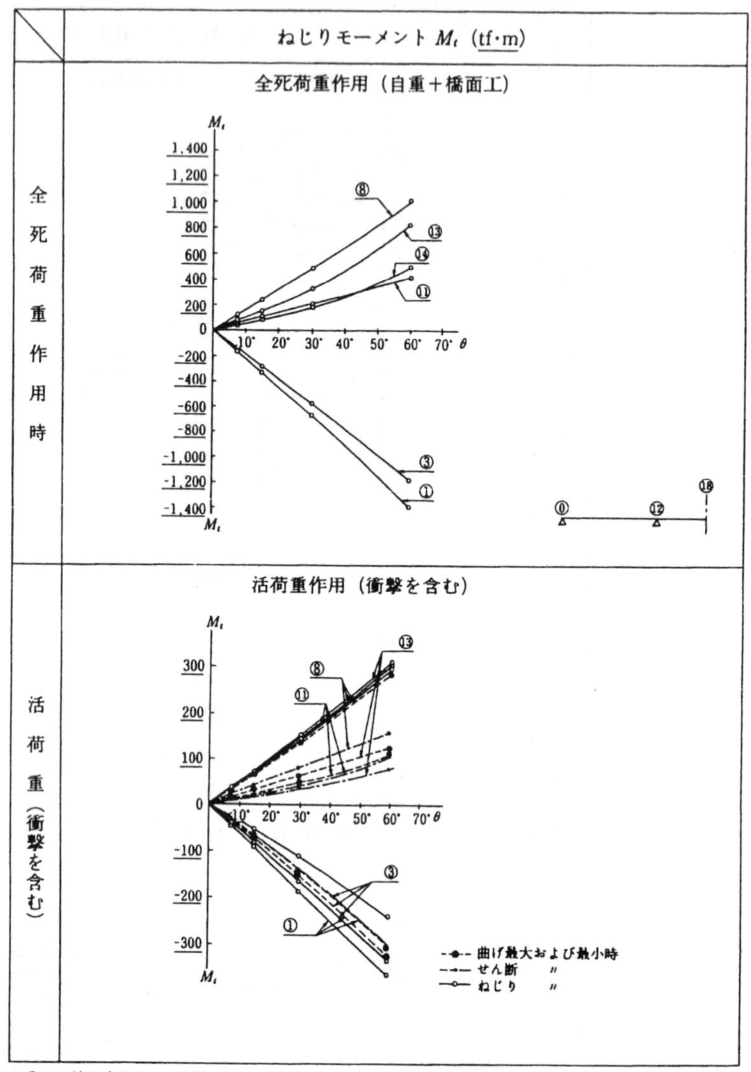

モデル：けた高 2.8 m，支間 50 m，有効幅員 10 m の 3 径間連続箱げた橋（参考文献 18-7) より）

頁	従来単位系
P382	**表-18.1.3　3径間連続げたにおける中心角と主げた各断面力の関係（1）**

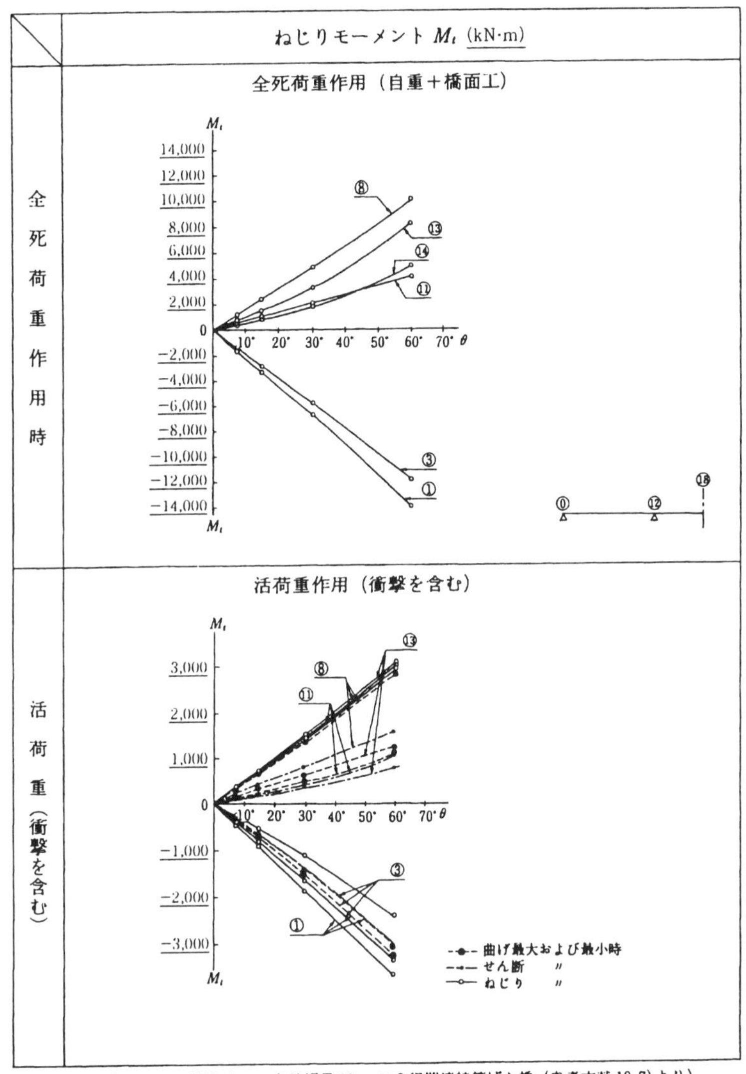

モデル：けた高 2.8 m，支間 50 m，有効幅員 10 m の3径間連続箱げた橋（参考文献 18-7）より）

頁	S I 単 位 系
P386	**表-18.1.4 曲線げたに発生する横方向力と横方向曲げモーメント**

	橋軸方向応力度σ (KN/m²)	q_{HC}とq_{HP}*	発生横方向曲げモーメント(KN·m/m)
A. 自重	-6,066 (圧縮) 6,066 (引張)	q_{HC} -100.9KN/m² -100.9 Σ=0	外側 内側 ---FEM — 単純ばりに q_{HC} q_{HP} 作用 5.0 -5.0
B. プレストレス	1,970 -5.312	q_{HC} 33.3KN/m² q_{HP} 56.232KN/m -88.2 Σ=0	5.0 -5.0
C. 合計	-4,096 755	q_{HC} -67.6KN/m² q_{HP} 56.232KN/m 12.7 Σ=0	5.0 -5.0

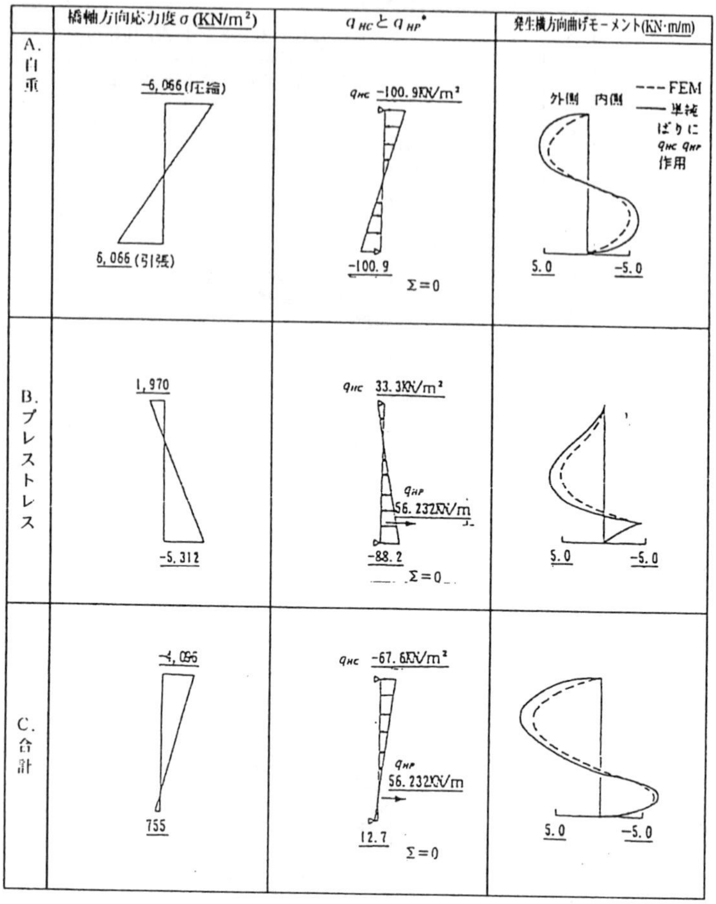

Bw：ウェブ幅（=0.5m） ここに，PH：プレストレス橋軸方向分力（=1,687.0kN）

頁	S I 単 位 系
P388	**18.1.3(2)3) 箱 げ た 橋**

主方向はり理論による死荷重（便宜上自重のみを考慮）の曲げモーメント

M_d=14,470kN·m

手法工はり理論による上下縁曲げ応力度

σ_{c0}=3,3030N/m²， σ_{cu}=－4,890kN/m²

プレストレス（N_p=9,800kN，e_p=－1.019m）による上下縁応力度

σ_{c0}=－410kN/m²， σ_{cu}=5,240kN/m²

頁	従来単位系

P386

表-18.1.4　曲線げたに発生する横方向力と横方向曲げモーメント

	橋軸方向応力度σ (tf/m²)	q_{HC} と q_{HP}*	発生横方向曲げモーメント (tf·m/m)
A. 自重	−619 (圧縮) 619 (引張)	q_{HC} −10.3 tf/m² 10.3 Σ=0	外側　内側 ---FEM —— 単純ばりに q_{HC} q_{HP} 作用 0.5　−0.5
B. プレストレス	201 −542	q_{HC} 3.4 tf/m² q_{HP} 5.738tf/m −9.0 Σ=0	0.5　−0.5
C. 合計	−418 77	q_{HC} −6.9 tf/m² q_{HP} 5.738 tf/m 1.3 Σ=0	0.5　−0.5

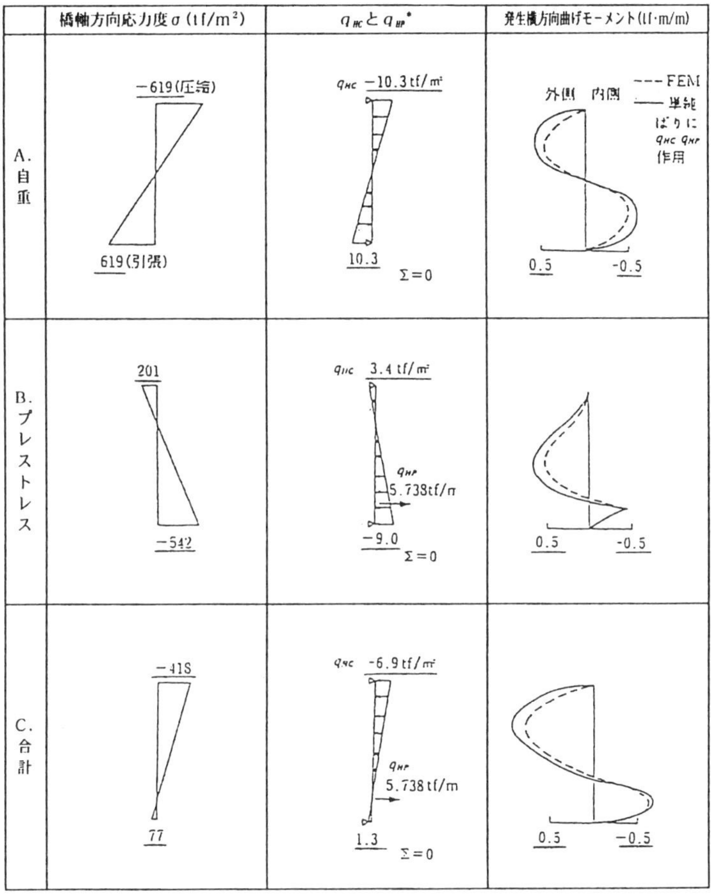

Bw：ウェブ幅（=0.5m）　ここに，PH：プレストレス橋軸方向分力（=172.15t）

P388

18.1.3（2）3）箱げた橋

主方向はり理論による死荷重（便宜上自重のみを考慮）の曲げモーメント

M_d=1,477tf·m

手法工はり理論による上下縁曲げ応力度

σ_{c0}=337tf/m²，σ_{cu}=−499tf/m²

プレストレス（N_p=1,000tf，e_p=−1.019m）による上下縁応力度

σ_{c0}=−42tf/m²，σ_{cu}=535tf/m²

頁	S I 単 位 系

P389

図-18.1.12 腹圧力が作用する場倍の横方向解析モデルと主方向曲げ応力度分布

(a) 解析モデル（図中表記）

$$E = 3.1 \times \underline{10^7 \mathrm{kN/m^2}}$$

(b) バネ定数（図中表記）

$$鉛直バネ K_v = \frac{1}{\delta(I_v)} = \frac{3763EI_v}{5wl^4} = \underline{11{,}683\mathrm{kN/m}}$$

$$水平バネ K_H = \frac{1}{\delta(I_H)} = \frac{3763EI_H}{5wl^4} = \underline{99{,}647\mathrm{kN/m}}$$

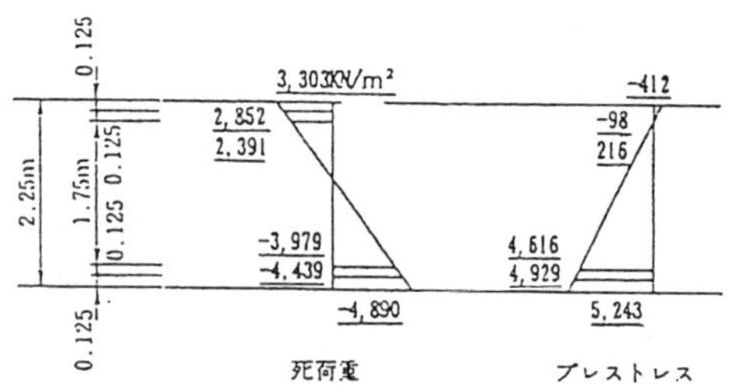

(c) 主方向曲げ応力度分布（図中）

P390

表-18.1.5 横方向解析における作用荷重

	死荷重（自重）（kN/m）	プレストレス（kN/m）
鉛直方向	上床版、下床版 $w = 0.25 \times \underline{24.5} = \underline{6.125}$ 腹部 $w = 0.40 \times \underline{24.5} = \underline{9.80}$ 6.125 9.80　6.125　9.80	
水平方向（上・下床版）	上床版 $h_o = \sigma \cdot t / R$ $= \underline{2{,}852} \times 0.25/50.0 = \underline{14.26}$ 下床版 $h_u = \underline{-4{,}439} \times 0.25/50.0 = \underline{22.20}$ 14.26 −22.20	上床版 $h_o = \underline{-98} \times 0.25/50.0 = \underline{0.49}$ 下床版 $h_u = \underline{4{,}929} \times 0.25/50.0 = \underline{24.65}$ −0.49 24.65

頁	従来単位系

P389

図-18.1.12 腹圧力が作用する場倍の横方向解析モデルと主方向曲げ応力度分布

(a) 解析モデル（図中表記）

$$E=3.1\times\underline{10^{6}\mathrm{tf/m^{2}}}$$

(b) バネ定数（図中表記）

$$鉛直バネ\ K_v=\frac{1}{\delta(I_v)}=\frac{384EI_v}{5wl^4}=\underline{1{,}168\mathrm{tf/m}}$$

$$水平バネ\ K_H=\frac{1}{\delta(I_H)}=\frac{384EI_H}{5wl^4}=\underline{9{,}665\mathrm{tf/m}}$$

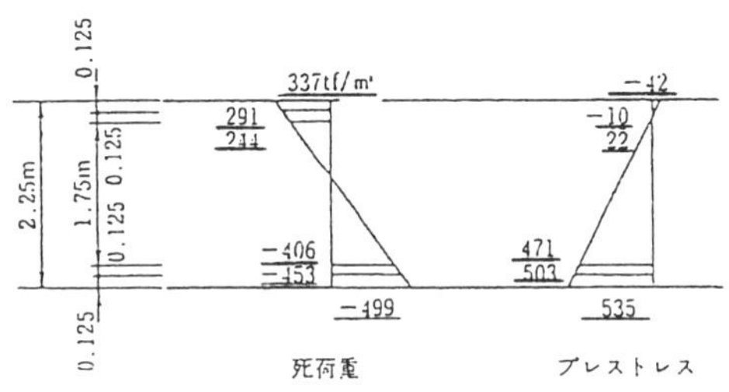

(c) 主方向曲げ応力度分布（図中）

P390

表-18.1.5 横方向解析における作用荷重

	死荷重（自重）(tf/m)	プレストレス (tf/m)
鉛直方向	上床版、下床版 $w=0.25\times\underline{2.5}=\underline{0.625}$ 腹部 $w=0.40\times\underline{2.5}=\underline{1.00}$ 0.625 1.00 0.625 1.00	
水平方向(上・下床版)	上床版 $h_o=\sigma\cdot t/R$ $=\underline{291}\times0.25/50.0=\underline{1.455}$ 下床版 $h_u=\underline{-453}\times0.25/50.0=\underline{-2.265}$ 1.455 −2.265	上床版 $h_o=\underline{-10}\times0.25/50.0=\underline{-0.05}$ 下床版 $h_u=\underline{503}\times0.25/50.0=\underline{2.515}$ −0.05 2.515

頁	SI 単位系

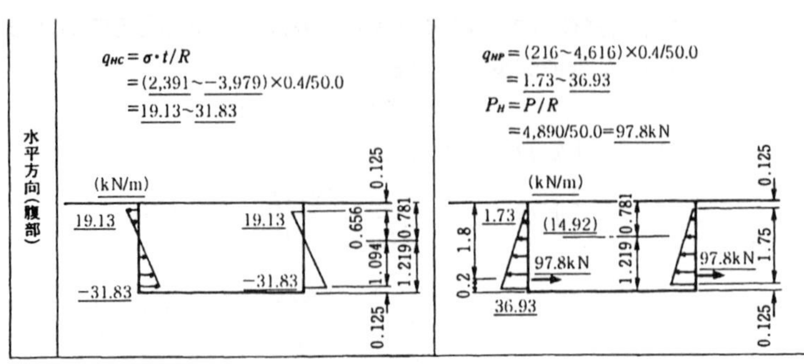

σ：部材応力，t：部材厚，R：曲線半径

P391

図-18.1.13　腹圧力を考慮した横方向曲げモーメント（1/100kN·m/m）

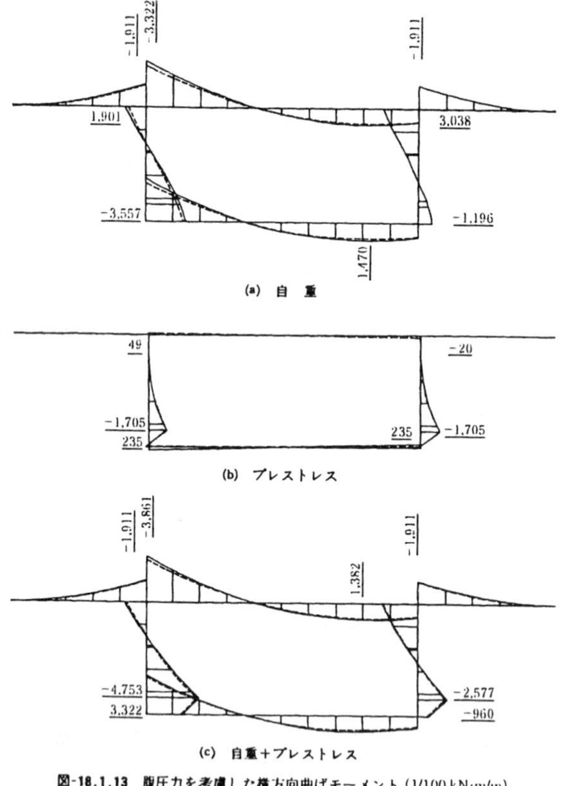

頁	従来単位系
P391	図-18.1.13　腹圧力を考慮した横方向曲げモーメント（1/100tf·m/m）

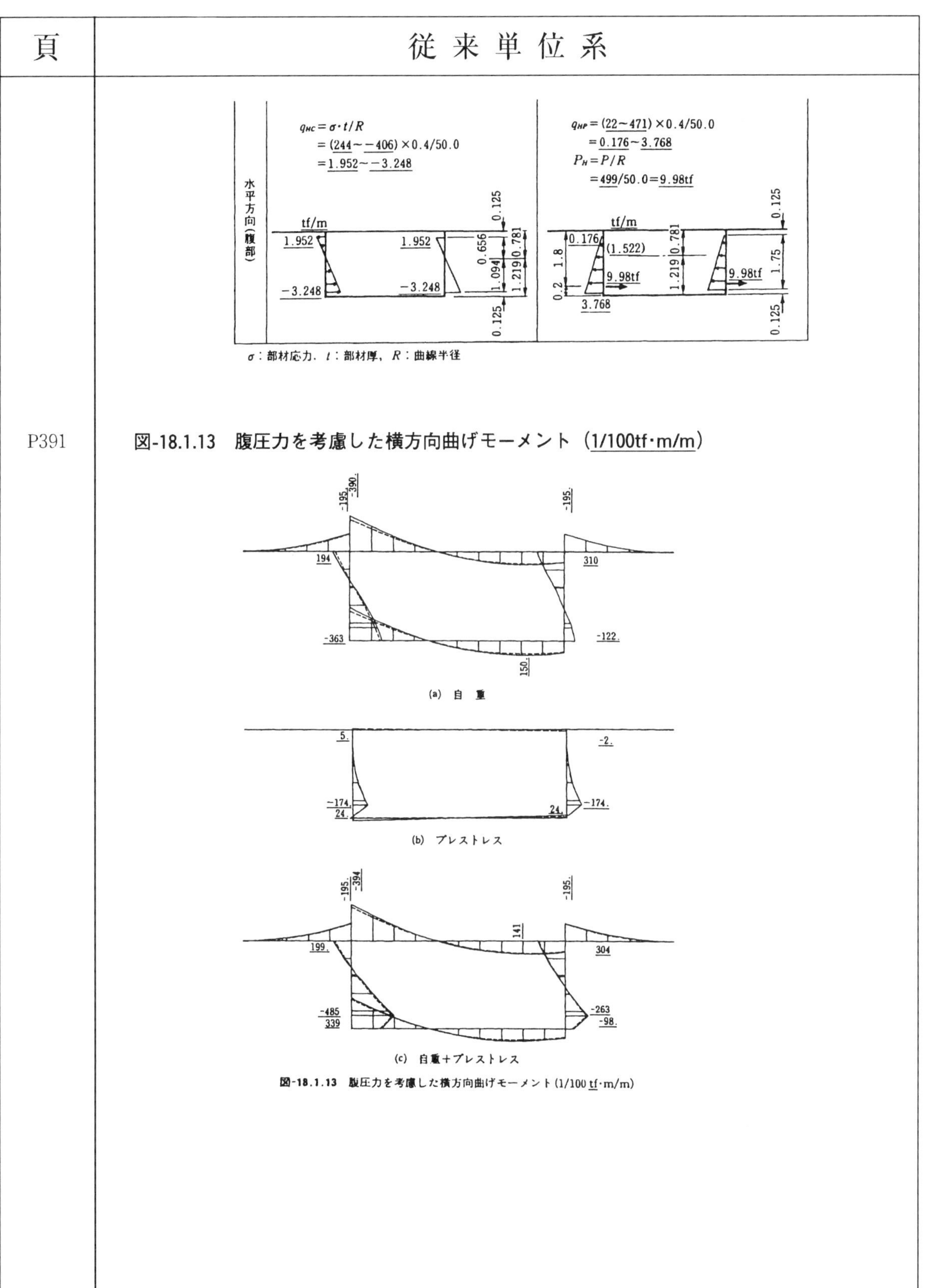

頁	SI 単 位 系
P392	**18.1.3(2)3) 箱げた橋** …バネ定数は橋梁支間($l=30$m)に$\underline{9.8\text{kN/m}}$の等分布荷重を満載したときの着目断面……
P406	**19.2.3(2) ①計算条件**
P407	**② クリープ差により生じる断面力**

19.2.3(2) ①計算条件

けた

$E_{c1}=\underline{3.1\times10^4\text{N/mm}^2}$

$I_{c1}=74.12\times\underline{10^{10}\text{mm}^4}$

$A_{c1}=\underline{954{,}200\text{mm}^2}$

$y'_1=\underline{1{,}246\text{mm}}$

$y_1=\underline{-1{,}204\text{mm}}$

$\therefore\ \gamma^2_{c1}=\underline{776{,}800\text{mm}^2}$

$\gamma^2_{c2}=\underline{7{,}956\text{mm}^2}$

$C=-13{,}290$

$F=\underline{4{,}914{,}800}$

床版

$E_{c2}=2.5\times\underline{10^4\text{N/mm}^2}$

$I_{c2}=0.6215\times\underline{10^{10}\text{mm}^4}$

$A_{c2}=\underline{781{,}200\text{mm}^2}$

$y'_2=\underline{142.4\text{mm}}$

$y_2=\underline{97.6\text{mm}}$

② クリープ差により生じる断面力

$M_{d1}=\underline{490.3\times10^7\text{N}\cdot\text{mm}},\quad M_{d2}=\underline{428.7\times10^7\text{N}\cdot\text{mm}}$

$P=\underline{719.20\times10^4\text{N}}(e_{pl}=\underline{1{,}024}\text{mm})$

$$N_\phi=-\frac{0.389}{(\underline{-13{,}290})^2-149\times\underline{4{,}914{,}800}}\times[\underline{719.21}\times\underline{10^4}\times\{149\times(\underline{1{,}246}\times\underline{1{,}024}-\underline{776{,}800})-(\underline{-13{,}290})\times\underline{1{,}024}\}+\underline{490.3}\times\underline{10^7}\times(\underline{-13{,}290}-149\times\underline{1{,}246})]-\frac{0.722}{(\underline{-13{,}290})^2-149\times\underline{4{,}914{,}800}}\times\underline{428.7}\times\underline{10^7}\times(\underline{-13{,}290}-149\times\underline{1{,}246})$$

$$=\underline{-1{,}348{,}000\text{N}}$$

$$M_\phi=-\frac{0.389}{149\times\underline{4{,}914{,}800}-(\underline{-13{,}290})^2}\times[\underline{719.21}\times\underline{10^4}\times\{\underline{-13{,}290}\times(\underline{1{,}246}\times\underline{1{,}024}-\underline{776{,}800})-\underline{4{,}914{,}800}\times\underline{1{,}024}\}+\underline{490.3}\times\underline{10^7}\times\{\underline{4{,}914{,}800}-(\underline{-13{,}290}\times\underline{1{,}246})\}]-\frac{0.722}{149\times\underline{4{,}914{,}800}-(\underline{-13{,}290})^2}\times$$

② クリープ差により生じる断面力

$$\underline{428.7}\times\underline{10^7}\times\{\underline{4{,}914{,}800}-(\underline{-13{,}290})\times\underline{1{,}246}\}$$

$$=\underline{-134{,}580{,}000\text{N}\cdot\text{mm}}$$

$$\sigma'_{c2}=\frac{\underline{-1{,}348{,}000}}{\underline{781{,}200}}-\frac{\underline{-134{,}580{,}000}-(\underline{-1{,}348{,}000})\times\underline{97.6}}{0.6215\times\underline{10^{10}}}\times\underline{142.4}$$

$$=\underline{1.79\text{N/mm}^2}$$

頁	従来単位系
P392	**18.1.3(2)3) 箱げた橋** …バネ定数は橋梁支間(l=30m)に<u>1.0tf/m</u>の等分布荷重を満載したときの着目断面……
P406	**19.2.3(2) ①計算条件** けた $E_{c1}=3.1\times\underline{10^5\text{kgf/cm}^2}$ 床版 $E_{c2}=2.5\times\underline{10^5\text{kgf/cm}^2}$ $I_{c1}=74.12\times\underline{10^6\text{cm}^4}$ $I_{c2}=0.6215\times\underline{10^6\text{cm}^4}$ $A_{c1}=\underline{9,542\text{cm}^2}$ $A_{c2}=\underline{7,812\text{cm}^2}$ $y'_1=\underline{124.6\text{cm}}$ $y'_2=\underline{14.24\text{cm}}$ $y_1=\underline{-120.4\text{cm}}$ $y_2=\underline{9.76\text{cm}}$ $\therefore\gamma^2_{c1}=\underline{7,768\text{cm}^2}$ $\gamma^2_{c2}=\underline{79.56\text{cm}^2}$ $C=\underline{-1,329}$ $F=\underline{49,148}$
P407	**② クリープ差により生じる断面力** $M_{d1}=\underline{500.3\times10^5\text{kgf}\cdot\text{cm}}$, $M_{d2}=\underline{437.4\times10^5\text{kgf}\cdot\text{cm}}$ $P=\underline{733.89\times10^3\text{kg}}(e_{pl}=\underline{102.4\text{cm}})$ $N_\phi=-\dfrac{0.389}{(\underline{-1,329})^2-149\times\underline{49,148}}\times[\underline{733.89}\times\underline{10^3}\times\{149\times(\underline{124.6}\times\underline{102.4}-\underline{7,768})-(\underline{-1,329})\times\underline{102.4}\}+\underline{500.3}\times\underline{10^5}\times(\underline{-1,329}-149\times\underline{124.6})]-\dfrac{0.722}{(\underline{-1,329})^2-149\times\underline{49,148}}\times\underline{437.4}\times\underline{10^5}\times(\underline{-1,329}-149\times\underline{124.6})$ $=\underline{-137,560\text{kg}}$ $M_\phi=-\dfrac{0.389}{149\times\underline{49,148}-(\underline{-1,329})^2}\times[\underline{733.89}\times\underline{10^3}\times\{\underline{-1,329}\times(\underline{124.6}\times\underline{102.4}-\underline{7,768})-\underline{49,148}\times\underline{102.4}\}+\underline{500.3}\times\underline{10^5}\times\{\underline{49,148}-(\underline{-1,329}\times\underline{124.6})\}]-\dfrac{0.722}{149\times\underline{49,148}-(\underline{-1,329})^2}\times$ **② クリープ差により生じる断面力** $\underline{437.4}\times\underline{10^5}\times\{\underline{49,148}-(\underline{-1,329})\times\underline{124.6}\}$ $=\underline{-1,374,000\text{kgf}\cdot\text{m}}$ $\sigma'_{c2}=\dfrac{\underline{-137,560}}{\underline{7,812}}-\dfrac{\underline{-1,374,000}-(\underline{-137,560})\times\underline{9.76}}{0.6215\times\underline{10^6}}\times\underline{14.24}$ $=\underline{18.3\text{kgf}/\text{cm}^2}$

<table>
<tr><th>頁</th><th>S I 単 位 系</th></tr>
<tr><td></td><td>

$$\sigma_{c2} = \frac{-1{,}348{,}000}{781{,}200} + \frac{-134{,}580{,}000-(-1{,}348{,}000)\times 97.6}{0.6215\times 10^{10}}\times 97.6$$
$$= 1.68\mathrm{N/mm^2}$$
$$\sigma'_{c1} = \frac{-1{,}348{,}000}{954{,}200} + \frac{-134{,}580{,}000+(-1{,}348{,}000)\times 1{,}246}{74.12\times 10^{10}}\times 1{,}246$$
$$= -4.46\mathrm{N/mm^2}$$
$$\sigma_{c1} = \frac{-1{,}348{,}000}{954{,}200} - \frac{-134{,}580{,}000+(-1{,}348{,}000)\times 1{,}246}{74.12\times 10^{10}}\times 1{,}204$$
$$= 1.53\mathrm{N/mm^2}$$
$$N_s = 6.00\times 10^{-5}\times 3.1\times 10^{4}\times 74.12\times 10^{10}\times \frac{149}{149\times 4{,}914{,}800-(-13{,}290)^2}\times\frac{1}{1+2.6} = 102.7\times 10^3\mathrm{N}$$
$$M_s = 6.00\times 10^{-5}\times 3.1\times 10^{4}\times 74.12\times 10^{10}\times \frac{-13{,}290}{(-13{,}290)^2-149\times 4{,}914{,}800}\times\frac{1}{1+2.6} = 91.6\times 10^5\mathrm{N\cdot mm}$$
$$\sigma'_{c2} = -0.11\mathrm{N/mm^2} \qquad \sigma'_{c1} = 0.33\mathrm{N/mm^2}$$
$$\sigma_{c2} = -0.14\mathrm{N/mm^2} \qquad \sigma_{c2} = -0.12\mathrm{N/mm^2}$$

</td></tr>
<tr><td>P408</td><td>

図-19.2.5　クリープ、乾燥収縮差によって生じる曲げ応力度

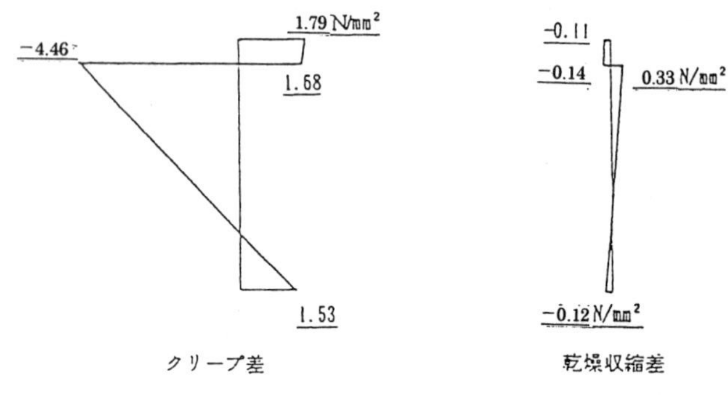

</td></tr>
<tr><td>P411</td><td>

19.3　けたと床版の結合

$$Q_a = 9.5D^2\cdot\sqrt{\sigma_{ck}}$$
$$Q_a = 1.7D^2\cdot\sqrt{\sigma_{ck}}$$

ここに，D，H：スタッドの軸径及び全高（mm）
σ_{ck}：床版コンクリートの設計基準強度（N/mm²）
・合成げたの図心軸に関する床版の断面一次モーメント
$Q = 5.97\times 10^8\mathrm{mm^3}$

</td></tr>
</table>

頁	従 来 単 位 系

$$\sigma_{c2}=\frac{\underline{-137,560}}{\underline{7,812}}+\frac{\underline{-1,374,000}-(\underline{-137,560})\times\underline{9.76}}{0.6215\times\underline{10^6}}\times\underline{9.76}$$

$$=\underline{17.1\mathrm{kgf/cm^2}}$$

$$\sigma'_{c1}=\frac{\underline{-137,560}}{\underline{9,542}}+\frac{\underline{-1,374,000}+(\underline{-137,560})\times\underline{124.6}}{74.12\times\underline{10^6}}\times\underline{124.6}$$

$$=\underline{-45.5\mathrm{kgf/cm^2}}$$

$$\sigma_{c1}=\frac{\underline{-137,560}}{\underline{9,542}}-\frac{\underline{-1,374,000}+(\underline{-137,560})\times\underline{124.6}}{74.12\times\underline{10^6}}\times\underline{120.4}$$

$$=\underline{15.7\mathrm{kgf/cm^2}}$$

$$N_s=6.00\times10^{-5}\times3.1\times\underline{10^5}\times74.12\times\underline{10^6}\times\frac{149}{149\times\underline{49,148}-(\underline{-1,329})^2}\times\frac{1}{1+2.6}=\underline{10.27\times10^3\mathrm{kgf}}$$

$$M_s=6.00\times10^{-5}\times3.1\times\underline{10^5}\times74.12\times\underline{10^6}\times\frac{\underline{-1,329}}{(\underline{-1,329})^2-149\times\underline{49,148}}\times\frac{1}{1+2.6}=\underline{0.92\times10^5\mathrm{kgf\cdot mm}}$$

$$\sigma'_{c2}=\underline{-1.1\mathrm{kgf/cm^2}}\qquad\sigma'_{c1}=\underline{3.4\mathrm{kgf/cm^2}}$$

$$\sigma_{c2}=\underline{-1.4\mathrm{kgf/cm^2}}\qquad\sigma_{c2}=\underline{-1.2\mathrm{kgf/cm^2}}$$

P408 **図-19.2.5　クリープ、乾燥収縮差によって生じる曲げ応力度**

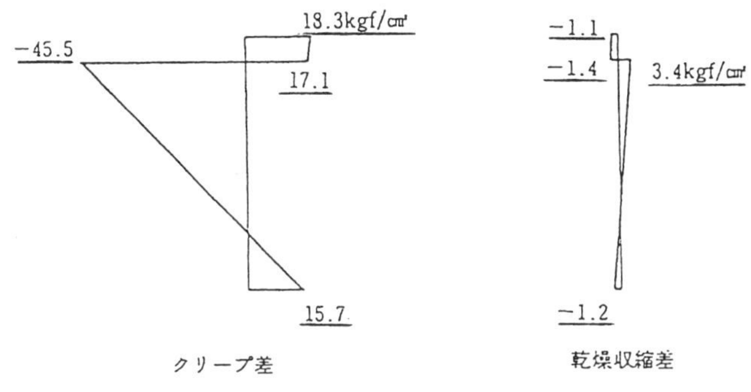

P411 **19.3　けたと床版の結合**

$$Q_a=\underline{30}D^2\cdot\sqrt{\sigma_{ck}}$$

$$Q_a=\underline{5.5}D^2\cdot\sqrt{\sigma_{ck}}$$

ここに，D，H：スタッドの軸径及び全高（<u>cm</u>）

　σ_{ck}：床版コンクリートの設計基準強度（<u>kgf/cm²</u>）

・合成げたの図心軸に関する床版の断面一次モーメント

$$Q=5.97\times\underline{10^5\mathrm{cm}^3}$$

頁	SI 単位系
P412	**19.3① 計算条件** $I=\underline{167.7\times10^{10}\text{mm}^4}$ $b=\underline{1000\text{mm}}$ $a=\underline{2850\text{mm}}$ $S_{D1}=\underline{1{,}010{,}780\text{N}}$ $S_{D2}=\underline{549{,}520\text{N}}$ $S_L=\underline{235{,}940\text{N}}$ $N_s=\underline{-118{,}290\text{N}}$ $N_t=\underline{425{,}810\text{N}}$
P412	**② けたと床版の結合面におけるせん断応力度** 作用軸力 $N=\underline{-118{,}286}+\underline{425{,}810}=\underline{307{,}524\text{N}}$ $\tau_1=\dfrac{2\times\underline{307{,}524}}{\underline{2{,}850}\times\underline{1{,}000}}=\underline{0.216\text{N}/\text{mm}^2}$
P412	**② けたと床版の結合面におけるせん断応力度** 作用せん断力 $S=1/2\times S_{D1}+(S_{D2}+S_L)$ $=1/2\times\underline{1{,}010{,}782}+(\underline{649{,}524}+\underline{235{,}935})$ $=\underline{1{,}390{,}850\text{N}}$ $\tau_2=\dfrac{\underline{1{,}390{,}850}\times5.97\times\underline{10^8}}{\underline{1{,}000}\times167.7\times\underline{10^{10}}}=\underline{0.495\text{N}/\text{mm}^2}$ $\tau_{1+2}=\tau_1+\tau_2=\underline{0.711\text{N}/\text{mm}^2}$ **③ ずれ止め必要鉄筋量** $\underline{0.38}+\underline{12}\cdot p\cdot\sqrt{\underline{24}}\geqq\tau_{1+2}(=\underline{0.711})$ $\therefore p\geqq\underline{0.00563}$
P413	**③ ずれ止め必要鉄筋量** $=b\times\underline{1{,}000}\times p=\underline{1{,}000}\times\underline{1{,}000}\times\underline{0.00563}=\underline{5{,}630\text{mm}^2}$ **④ ずれ止め鉄筋の配置** $A_s=\underline{198.6}\times32=\underline{6{,}360\text{mm}^2}>\underline{5{,}630\text{mm}^2}$
P421	**20.2.2 構造解析** E ：サグの影響を考慮した見かけのヤング係数（$\underline{\text{N/mm}^2}$） E_0：斜材の鋼線のヤング係数（$\underline{\text{N/mm}^2}$） γ ：斜材の単位体積重量（$\underline{\text{N/mm}^3}$） W ：ケーブル単位長さあたり重量（$\underline{\text{N}}\text{/mm}$） A_p：ケーブル素線合計断面積（mm^2） l ：斜材の長さ（mm）

頁	従来単位系
P412	**19.3① 計算条件** $I = 167.7\times10^6 \mathrm{cm}^4$ $b = 100\mathrm{cm}$ $a = 285\mathrm{cm}$ $S_{D1} = 103{,}141\mathrm{kgf}$ $S_{D2} = 66{,}278\mathrm{kgf}$ $S_L = 24{,}075\mathrm{kgf}$ $N_s = -12{,}070\mathrm{kgf}$ $N_t = 43{,}450\mathrm{kgf}$
P412	**② けたと床版の結合面におけるせん断応力度** 作用軸力$N = -12{,}070 + 43{,}450 = 31{,}380\mathrm{kgf}$ $\tau_1 = \dfrac{2\times31{,}380}{285\times100} = 2.20\mathrm{kgf/cm^2}$
P412	**② けたと床版の結合面におけるせん断応力度** 作用せん断力 $S = 1/2\times S_{D1} + (S_{D2} + S_L)$ $= 1/2\times103{,}141 + (66{,}278 + 24{,}075)$ $= 141{,}924\mathrm{kgf}$ $\tau_2 = \dfrac{141{,}924\times5.97\times10^5}{100\times167.7\times10^6} = 5.05\mathrm{kgf/cm^2}$ $\tau_{1+2} = \tau_1 + \tau_2 = 7.25\mathrm{kgf/cm^2}$ **③ ずれ止め必要鉄筋量** $3.8 + 38\cdot p\cdot\sqrt{240} \geqq \tau_{1+2} (= 7.25)$ $\therefore p \geqq 0.00586$
P413	**③ ずれ止め必要鉄筋量** $= b\times100\times p = 100\times100\times0.00586 = 58.6\mathrm{cm^2}$ **④ ずれ止め鉄筋の配置** $A_s = 1.986\times32 = 63.6\mathrm{cm^2} > 58.6\mathrm{cm^2}$
P421	**20.2.2 構造解析** E ：サグの影響を考慮した見かけのヤング係数（kgf/cm^2） E_0 ：斜材の鋼線のヤング係数（kgf/cm^2） γ ：斜材の単位体積重量（kg/cm^3） W ：ケーブル単位長さあたり重量（kg/cm） A_p ：ケーブル素線合計断面積（cm^2） l ：斜材の長さ（cm）

頁	SI 単 位 系

P422

20.2.2 構造解析

σ ：斜材に作用している引張応力度（N/mm^2）

ケーブル引張強度1.85kN/㎟，安全率を2.5とすると許容引張応力度は0.74kN/㎟となる。死荷重による応力度を許容引張応力度の90％と仮定すると σ =0.666kN/㎟=666N/㎟が作用している引張応力度となる。

P423

20.2.2 構造解析

PE管の単位長さあたりの重量は，　W_{pe}=56.2（N/m）=0.0562（N/㎜）

61本の鋼より線の合計断面積は，　A_p=61×138.7（㎟/本）=8,461（㎟）

61本の鋼より線の合計長さあたり重量は，

W_w=61×10.79（N/m/本）=658.19（N/m）=0.6582（N/㎜）

P423

20.2.2 構造解析

以上の仮定した数値を用いて$l\cdot\cos\alpha$（ケーブル水平長）が100mの場合と200mの場合についてEを計算すると（E_0=2.0×10^{5}N/㎟の場合）

$l\cdot\cos\alpha$ =100m（100,000㎜）の場合

$l\cdot\cos\alpha$ =200m（200,000㎜）の場合

P431

図-20.2.7 震度法による主げた曲げモーメントと動的解析による主げた曲げモーメントの比較

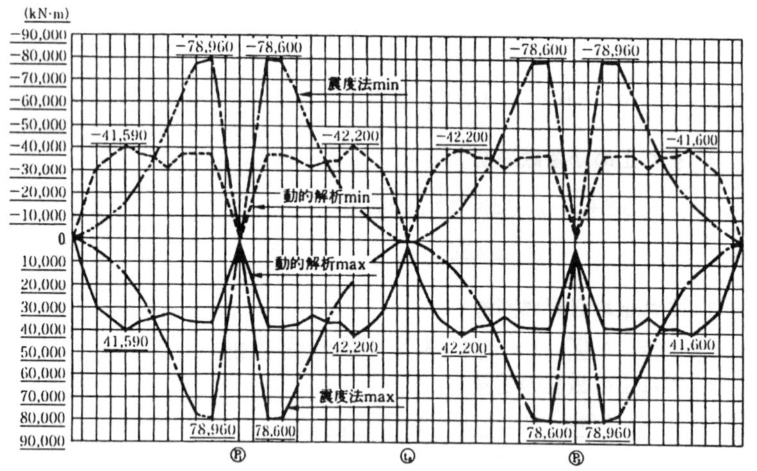

P431

表-20.4.1 斜張橋実施例

	東名足柄橋	ミュンヘン大橋	ツインハープ橋
コンクリート強度（塔）	30N/mm^2	50N/mm^2	40N/mm^2
コンクリート強度（けた）	40N/mm^2	40N/mm^2	40N/mm^2

頁	従来単位系

P422

20.2.2 構造解析

σ ：斜材に作用している引張応力度（kgf/cm^2）

ケーブル引張強度190kgf/mm^2，安全率を2.5とすると許容引張応力度は76kgf/mm^{2}となる。死荷重による応力度を許容引張応力度の90%と仮定すると σ =68.4kgf/mm^2 =6,840kgf/cm^{2}が作用している引張応力度となる。

P423

20.2.2 構造解析

PE管の単位長さあたりの重量は，　W_{pe}=5.73(kg/m)=0.0573(kg/cm)

61本の鋼より線の合計断面積は，　A_p=61×138.7(mm^2/本)=84.61(cm^2)

61本の鋼より線の合計長さあたり重量は，

W_w=61×1.101(kg/m/本)=67.161(kg/m)=0.6716(kg/cm)

P423

20.2.2 構造解析

以上の仮定した数値を用いて$l\cdot\cos\alpha$（ケーブル水平長）が100mの場合と200mの場合についてEを計算すると（E_0=2.0×10^{6}kgf/cm^{2}の場合）

$l\cdot\cos\alpha$ =100m（10,000cm）の場合

$l\cdot\cos\alpha$ =200m（20,000cm）の場合

P431

図-20.2.7　震度法による主げた曲げモーメントと動的解析による主げた曲げモーメントの比較

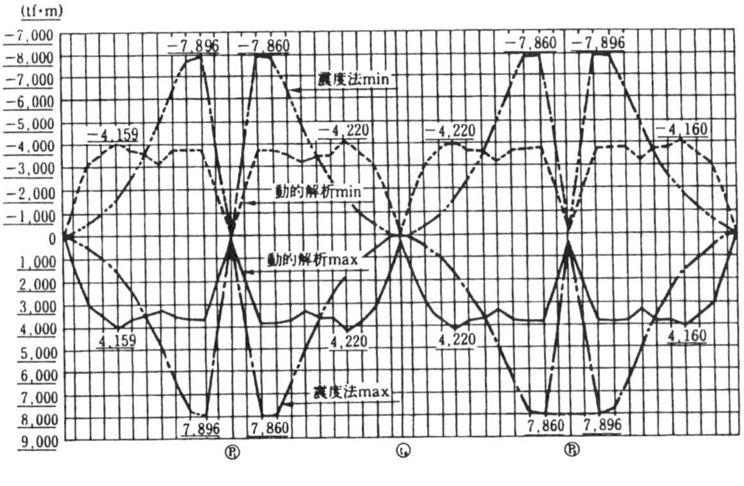

P431

表-20.4.1　斜張橋実施例

	東名足柄橋	ミュンヘン大橋	ツインハーブ橋
コンクリート強度（塔）	300kgf/cm^2	500kgf/cm^2	400kgf/cm^2
コンクリート強度（けた）	400kgf/cm^2	400kgf/cm^2	400kgf/cm^2

頁	SI 単位系
P445	**21.2.1(1) 箱げた断面の場合** …最近では、比較的大型の架設機械が用いられることが多くブロック質量は50～70t程度が多い。
P448	**21.2.2(2) 設計荷重をこえる大きな活荷重が作用した場合** …過載荷重作用時の許容曲げ引張応力度は，設計基準強度が40N/mm²のコンクリートに対して2.5N/mm²，設計基準強度が50N/mm²のコンクリートに対して3.0N/mm²としてよい。…… σ_0：活荷重および衝撃以外の主荷重によるコンクリートの曲げ引張応力度（N/mm²） σ_1：活荷重および衝撃によるコンクリートの曲げ引張応力度（N/mm²） σ_{1S}：活荷重（T荷重）および衝撃による床版としてのコンクリートの曲げ引張応力度（N/mm²） σ_{1g}：活荷重および衝撃によるけたとしてのコンクリートの曲げ引張応力度（N/mm²） 〔けたに対する計算例〕 σ_p：プレストレスによる応力度（圧縮応力度）=5.9（N/mm²） σ_d：死荷重による応力度（引張応力度）＝−2.9（N/mm²） σ_1：活荷重による応力度（引張応力度）＝−2.9（N/mm²） $\sigma_0=\sigma_p+\sigma_d=5.9-2.9=3.0$（N/mm²） $\sigma_0+1.7\sigma_1=3.0+1.7\times(-2.9)=-1.9$（N/mm²）$>\sigma_{ca}=-2.5$（N/mm²） 〔床版に対する計算例〕 σ_p：プレストレスによる応力度（圧縮応力度）＝13.7（N/mm²） σ_d：死荷重による応力度（引張応力度）＝−10.8（N/mm²） σ_{1S}：活荷重（T荷重）による床版としての応力度（引張応力度）＝−2.5（N/mm²） σ_{1g}：活荷重によるけたとしての応力度（引張応力度）＝−1.5（N/mm²） $\sigma_0=\sigma_p+\sigma_d=13.7-10.8=2.9$（N/mm²） $\sigma_0+1.7\sigma_{1S}+0.5\cdot\sigma_{1g}=2.9+1.7\times(-2.5)+0.5\times(-1.5)$ $=-2.1$(N/mm²)>-2.5(N/mm²) …………… (21.2.3)
P450	**(3) 終局荷重作用時の検討** $A_{p,m}$：継目位置において、せん断またはねじいりモーメントが最大……等しい抵抗曲げモーメントとなる軸方向PC鋼材の断面積（mm²） $A_{p,s}$：せん断力またはねじりモーメントが最大もしくは最小となる……面積（mm²） ただし，d：有効高さ（mm） d_s：部材圧縮縁からせん断用引張鋼材図心までの距離（mm） 荷重状態での終局荷重作用時のせん断力（N）

頁	従来単位系
P445	**21.2.1(1) 箱げた断面の場合** …最近では、比較的大型の架設機械が用いられることが多くブロック重量は50～70t程度が多い。
P448	**21.2.2(2) 設計荷重をこえる大きな活荷重が作用した場合** …過載荷重作用時の許容曲げ引張応力度は，設計基準強度が400kgf/cm²のコンクリートに対して25kgf/cm²，設計基準強度が500kgf/cm²のコンクリートに対して30kgf/cm²としてよい。…… σ_0 ：活荷重および衝撃以外の主荷重によるコンクリートの曲げ引張応力度（kgf/cm²） σ_1 ：活荷重および衝撃によるコンクリートの曲げ引張応力度（kgf/cm²） σ_{1S} ：活荷重（T荷重）および衝撃による床版としてのコンクリートの曲げ引張応力度（kgf/cm²） σ_{1g} ：活荷重および衝撃によるけたとしてのコンクリートの曲げ引張応力度（kgf/cm²） 〔けたに対する計算例〕 σ_p ：プレストレスによる応力度（圧縮応力度）＝60（kgf/cm²） σ_d ：死荷重による応力度（引張応力度）＝－30（kgf/cm²） σ_1 ：活荷重による応力度（引張応力度）＝－30（kgf/cm²） $\sigma_0=\sigma_p+\sigma_d=60-30=30$（kgf/cm²） $\sigma_0+1.7\sigma_1=30+1.7\times(-30)=-21$（kgf/cm²）$>\sigma_{ca}=-25$（kgf/cm²） 〔床版に対する計算例〕 σ_p ：プレストレスによる応力度（圧縮応力度）＝140（kgf/cm²） σ_d ：死荷重による応力度（引張応力度）＝－110（kgf/cm²） σ_{1S} ：活荷重（T荷重）による床版としての応力度（引張応力度）＝－26（kgf/cm²） σ_{1g} ：活荷重によるけたとしての応力度（引張応力度）＝－15（kgf/cm²） $\sigma_0=\sigma_p+\sigma_d=140-110=30$（kgf/cm²） $\sigma_0+1.7\sigma_{1S}+0.5\cdot\sigma_{1g}=30+1.7\times(-26)+0.5\times(-15)$ $=-21.7$（kgf/cm²）>-25（kgf/cm²）……………（21.2.3）
P450	**(3) 終局荷重作用時の検討** $A_{p,m}$ ：継目位置において、せん断またはねじりモーメントが最大……等しい抵抗曲げモーメントとなる軸方向ＰＣ鋼材の断面積（cm²） $A_{p,s}$ ：せん断力またはねじりモーメントが最大もしくは最小となる……面積（cm²） ただし，d ：有効高さ（cm） d_s ：部材圧縮縁からせん断用引張鋼材図心までの距離（cm） 荷重状態での終局荷重作用時のせん断力（kgf）

頁	S I 単 位 系
P451	**(3) 終局荷重作用時の検討** 引張鋼材の断面積（mm²） $b_v h_t$：横方向鉄筋図心線の幅と高さ，または中空断面の場合における部材図心が囲む長方形の幅と高さ（mm） σ_y　：鋼材の降伏点応力（N/mm²） M_f　：せん断力またはねじりモーメントが最大もしくは最小となる載荷状態での終局荷重作用時のねじりモーメント（N･mm²） **21.2.3(1)1) 架設時のせん断力** $S_t = S/N_w$（N）
P452	**21.2.3(1)1) 架設時のせん断力** S_T：接合キー１箇所あたりのせん断力（N） （Tげたの場合） S_1, S_2, S_3：作用せん断力（N） W：隣り合うブロックのうち重量の大きいブロック重量（N） S_d：ブロック継目位置に作用する自重によるせん断力（N） P_1：１番目に緊張するＰＣ鋼材の緊張力（N） P_i：ｉ番目に緊張するＰＣ鋼材の緊張力（N）
P453	**2) 終局荷重作用時のせん断力** S_k：着目している接合キー１箇所あたりのせん断力（N） S_{si}：終局荷重作用時のせん断力による接合キー１箇所当りのせん断力（N） S_{ti}：終局荷重作用時のねじりモーメントによる接合キー１箇所当りのせん断力（N） **2) 終局荷重作用時のせん断力** S_u：終局荷重作用時の継目部のねじりモーメント（N･mm） d_i：せん断中心からそれぞれの接合キーまでの距離（mm）
P454	**図−21.2.6　鉄筋コンクリート製接合キーの補強筋（図中文章）** ただし，A_e, A'_e：補強鉄筋断面積（mm²） A_B, A'_B：スターラップ断面積（mm²） A_V, A'_V：垂直方向補強鉄筋断面積（mm²） $\sigma_{sa} = \sigma_{sy}$としてよい（N/mm²） S：接合キー１箇所あたりのせん断力（N） a：支点から荷重作用点までの距離〔H/2〕（mm） S_{pf}：接合キー１箇所あたりのプレストレス力の摩擦によるせん断抵抗力（N） $P_e \cdot \cos\theta$：全ｐＣ鋼材の引張力の軸方向分力（N） S_k：終局荷重作用時の接合キー１箇所あたりのせん断力（N）

頁	従来単位系
P451	**(3) 終局荷重作用時の検討** 引張鋼材の断面積（<u>cm²</u>） $b_v h_t$：横方向鉄筋図心線の幅と高さ，または中空断面の場合における部材図心が囲む長方形の幅と高さ（<u>cm</u>） σ_y：鋼材の降伏点応力（<u>kgf/cm²</u>） M_f：せん断力またはねじりモーメントが最大もしくは最小となる載荷状態での終局荷重作用時のねじりモーメント（<u>kgf·cm²</u>） **21.2.3(1)1) 架設時のせん断力** $S_t = S/N_w$（<u>kgf</u>）
P452	**21.2.3(1)1) 架設時のせん断力** S_T：接合キー１箇所あたりのせん断力（<u>kgf</u>） （Ｔげたの場合） S_1, S_2, S_3：作用せん断力（<u>kgf</u>） W：隣り合うブロックのうち重量の大きいブロック重量（<u>kgf</u>） S_d：ブロック継目位置に作用する自重によるせん断力（<u>kgf</u>） P_1：１番目に緊張するＰＣ鋼材の緊張力（<u>kgf</u>） P_i：ｉ番目に緊張するＰＣ鋼材の緊張力（<u>kgf</u>）
P453	**2) 終局荷重作用時のせん断力** S_k：着目している接合キー１箇所あたりのせん断力（<u>kgf</u>） S_{si}：終局荷重作用時のせん断力による接合キー１箇所当りのせん断力（<u>kgf</u>） S_{ti}：終局荷重作用時のねじりモーメントによる接合キー１箇所当りのせん断力（<u>kgf</u>） **2) 終局荷重作用時のせん断力** S_u：終局荷重作用時の継目部のねじりモーメント（<u>kgf·cm</u>） d_i：せん断中心からそれぞれの接合キーまでの距離（<u>cm</u>）
P454	**図ー21.2.6　鉄筋コンクリート製接合キーの補強筋（図中文章）** ただし，A_e, A'_e：補強鉄筋断面積（<u>cm²</u>） A_B, A'_B：スターラップ断面積（<u>cm²</u>） A_V, A'_V：垂直方向補強鉄筋断面積（<u>cm²</u>） $\sigma_{sa} = \sigma_{sy}$としてよい（<u>kgf/cm²</u>） S：接合キー１箇所あたりのせん断力（<u>kgf</u>） a：支点から荷重作用点までの距離〔H/2〕（<u>cm</u>） S_{pf}：接合キー１箇所あたりのプレストレス力の摩擦によるせん断抵抗力（<u>kgf</u>） $P_e \cdot \cos\theta$：全ｐＣ鋼材の引張力の軸方向分力（<u>kgf</u>） S_k：終局荷重作用時の接合キー１箇所あたりのせん断力（<u>kgf</u>）

頁	S I 単 位 系

P455

(3)2) 終局荷重作用時

S_{pf}：鋼製接合キー1箇所あたりのプレストレス力の摩擦によるせん断抵抗力（N）

$P_e \cdot \cos\theta$：全ｐＣ鋼材の引張力の軸方向分力（N）

A_R：鋼製接合キー－1箇所あたりの所要断面積（㎟）

P456

(3)2) 終局荷重作用時

箇所あたりのせん断力（N）

τ_a：接合キーの受け持つことができるせん断応力度で表-21.2.1の値としてよい（N/㎟）

表-21.2.1　鋼製接合キーの受け持つことができるせん断応力度

（N/mm²）

材　　質	架設時	終局荷重時
SS400, FCD450 相当の場合	100	235

2) 終局荷重作用時

σ_{tb}：架設時にコンクリートに作用する支圧応力度（N/㎟）

σ_{tba}：架設時にコンクリートが負担できる支圧応力度の限界値（N/ ㎟）

σ_c：架設時のコンクリートの圧縮強度（N/㎟）

σ_{ck}：コンクリートの設計基準強度（N/㎟）

σ_{ub}：終局荷重作用時にコンクリートに作用する支圧応力度（N/㎟）

σ_{uba}：終局荷重作用時にコンクリートが負担できる支圧応力度の限界値（N/㎟）

S_T, S_k：架設時、終局荷重作用時の接合キー1箇所あたりのせん断力（N）

P457

2) 終局荷重作用時

抗力（N）

B：接合キーの外径（図－21.2.7参照）（㎜）

L：接合キーの埋込み長さ（図－21.2.7参照）（㎜）

P458

21.2.4　プレキャストブロック吊上げ時および運搬時の検討

…この場合，吊上げ時のコンクリートの強度は25N/㎟以上，運搬時は30N/㎟以上とする。

表-21.2.2　吊上げ時および運搬時のコンクリートの曲げ引張応力度の制限値

（N/mm²）

吊上げおよび運搬時の圧縮強度	25	30	40	50
引 張 応 力 度 の 制 限 値	2.0	2.2	2.5	2.8

ここに、σ_c：コンクリートに生ずる曲げ引張応力度（N/㎟）

M_d：プレキャストブロックを運搬するときに生じる曲げモーメント（N/㎟）

z：全断面を有効としたときの断面係数（㎣）

頁	従来単位系

P455 **(3)2) 終局荷重作用時**

S_{pf}：鋼製接合キー1箇所あたりのプレストレス力の摩擦によるせん断抵抗力（kgf）

$P_e \cdot \cos\theta$：全ｐＣ鋼材の引張力の軸方向分力（kgf）

A_R：鋼製接合キー－１箇所あたりの所要断面積（cm²）

P456 **(3)2) 終局荷重作用時**

箇所あたりのせん断力（kgf）

τ_a：接合キーの受け持つことができるせん断応力度で表-21.2.1の値としてよい（kgf/cm²）

表-21.2.1　鋼製接合キーの受け持つことができるせん断応力度

（kgf/cm²）

材　　質	架設時	終局荷重時
SS400, FCD450 相当の場合	1,000	2,400

2）終局荷重作用時

σ_{tb}：架設時にコンクリートに作用する支圧応力度（kgf/cm²）

σ_{tba}：架設時にコンクリートが負担できる支圧応力度の限界値（kgf/ cm²）

σ_c：架設時のコンクリートの圧縮強度（kgf/cm²）

σ_{ck}：コンクリートの設計基準強度（kgf/cm²）

σ_{ub}：終局荷重作用時にコンクリートに作用する支圧応力度（kgf/cm²）

σ_{uba}：終局荷重作用時にコンクリートが負担できる支圧応力度の限界値（kgf/cm²）

S_T, S_k：架設時、終局荷重作用時の接合キー１箇所あたりのせん断力（kgf）

P457 **2）終局荷重作用時**

抗力（kgf）

B：接合キーの外径（図－21.2.7参照）（cm）

L：接合キーの埋込み長さ（図－21.2.7参照）（cm）

P458 **21.2.4　プレキャストブロック吊上げ時および運搬時の検討**

…この場合，吊上げ時のコンクリートの強度は250kgf/cm²以上，運搬時は300kgf/cm²以上とする。

表-21.2.2　吊上げ時および運搬時のコンクリートの曲げ引張応力度の制限値

（kgf/cm²）

吊上げおよび運搬時の圧縮強度	250	300	400	500
引張応力度の制限値	20	22	25	28

ここに、σ_c：コンクリートに生ずる曲げ引張応力度（kgf/cm²）

M_d：プレキャストブロックを運搬するときに生じる曲げモーメント（kgf/cm²）

z：全断面を有効としたときの断面係数（cm³）

頁	ＳＩ 単 位 系
P461	**21.3.1(2)(c) 波形および多段接合キー** …接合キー面のせん断応力度を架設時には1.5N/㎟程度以下，終局荷重作用時には2.0N/㎟程度以下にするのが望ましい[21-3]。 ここに、τ：接合キー面のせん断応力度（N/㎟） h：接合キーの高さ（㎜） b：接合キーの幅（㎜）
P470	**表-21.4.1 わが国における片持張出し架設によるプレキャスト工法実績表（その１）**

橋名	完成年(年)	架設工法	主げた σck (N/mm²)	製作ブロック 数(個)	製作ブロック 質量(t)
目黒高架橋（首都高速公団）	1966	クレーンエレクションノーズ	35	36	25
多摩橋（東京都）	1967	門型クレーン	40	120	36.5
神島大橋（岡山県）	1970	エレクションノーズ	40	46	45
加古川橋梁（日本国有鉄道）	1970	エレクショントラス 2×2本	40	240	50
越田橋 建設省 東北地建	1971	エレクションガーター	40	52	38.2
首都高速381（首都高速公団）	1971	エレクションノーズ	40	64 上下線	35
首都高速383（首都高速公団）	1971	エレクションノーズ	40	92	46
大内野大橋（茨城県）	1971	エレクションガーター	40	52	27～40
西金大橋（茨城県）	1971	エレクションガーター	40	44	MAX 40.5
妙高大橋（建設省）	1972	ケーブルクレーン	40	90	61
中央橋（北上市役所）	1973	エレクションガーター	40	134	40
国見橋（北上市役所）	1974	エレクションガーター	40	198	65
川端橋（栃木県）	1974	エレクションノーズ	40	138	

従 来 単 位 系

P461 **21.3.1(2)(c) 波形および多段接合キー**

…接合キー面のせん断応力度を架設時には15kgf/cm²程度以下，終局荷重作用時には20kgf/cm²程度以下にするのが望ましい[21-3]。

ここに、τ：接合キー面のせん断応力度（kgf/cm²）

h：接合キーの高さ（cm）

b：接合キーの幅（cm）

P470 **表-21.4.1 わが国における片持張出し架設によるプレキャスト工法実績表（その１）**

橋名	完成年(年)	架設工法	主げた σck (kgf/cm²)	製作ブロック 数(個)	製作ブロック 重量(t)
目黒高架橋 (首都高速公団)	1966	クレーンエレクションノーズ	350	36	25
多摩橋 (東京都)	1967	門型クレーン	400	120	36.5
神島大橋 (岡山県)	1970	エレクションノーズ	400	46	45
加古川橋梁 (日本国有鉄道)	1970	エレクショントラス 2×2本	400	240	50
越田橋 建設省 東北地建	1971	エレクションガーター	400	52	38.2
首都高速381 (首都高速公団)	1971	エレクションノーズ	400	64 上下線	35
首都高速383 (首都高速公団)	1971	エレクションノーズ	400	92	46
大内野大橋 (茨城県)	1971	エレクションガーター	400	52	27～40
西金大橋 (茨城県)	1971	エレクションガーター	400	44	MAX 40.5
妙高大橋 (建設省)	1972	ケーブルクレーン	400	90	61
中央橋 (北上市役所)	1973	エレクションガーター	400	134	40
国見橋 (北上市役所)	1974	エレクションガーター	400	198	65
川端橋 (栃木県)	1974	エレクションノーズ	400	138	

表-21.4.1　わが国における片持張出し架設によるプレキャスト工法実績表（その１）

橋名	完成年(年)	架設工法	主げた σck (N/mm²)	製作ブロック数	
				数(個)	質量(t)
沼館橋（秋田県）	1974	門型クレーン	40	54	27～34
横浜高速１号線（ＹＣ１０４）（首都高速公団）	1977	エレクションノーズ	40	148	36.0(平均)
新山下線（首都高速公団）	1978	エレクショントラズ	40	135	65
鳥州橋梁 日本鉄道建設公団	1978	門型クレーン（ノーズ）	40	56	58～67
十三湖大橋（青森県）	1979	エレクションノーズ	40	44	60
下山田橋（鉄道建設公団）	1979	エレクションガーター	40	48	65
江原橋（岩手県）	1982	エレクションガーター	40	176	65
太田橋（岩手県）	1984	エレクションガーター	40	104	60
瀬底大橋（沖縄県）	1985	エレクションガーター	40	226	45
池間大橋（沖縄県）	1992	エレクションガーター	40	464	48
東名足柄東（日本道路公団）	1994	エレクションノーズ	40	24	30
二色の浜高架橋	1993	エレクションガーター	40	424	40

22.2.2(1)　主引張鋼材量の算定

$P=100\text{kN}\qquad H=10\text{kN}$

$$T_p=\frac{1{,}000\times0.4}{0.8\times0.8}=625\text{kN}\qquad T_H=100\times\left(1+\frac{0.1}{0.8\times0.8}\right)=116\text{kN}$$

$T=625+116+741\text{kN}$

SD345による補強を考える。$\sigma_{sa}=180\text{N/mm}^2$

必要鉄筋量　$A_s=\dfrac{741\times10^3}{180}=4{,}120\text{mm}^2$

$A_s=642.4\times7=4{,}500\ (\text{mm}^2)>4{,}120\ (\text{mm}^2)$

頁	従来単位系
P470	表-21.4.1 わが国における片持張出し架設によるプレキャスト工法実績表（その1）

橋名	完成年(年)	架設工法	主げた σck (kgf/cm²)	製作ブロック数 数(個)	製作ブロック数 重量(t)
沼館橋（秋田県）	1974	門型クレーン	400	54	27～34
横浜高速1号線（YC104）（首都高速公団）	1977	エレクションノーズ	400	148	36.0 (平均)
新山下線（首都高速公団）	1978	エレクショントラス	400	135	65
鳥州橋梁 日本鉄道建設公団	1978	門型クレーン（ノーズ）	400	56	58～67
十三湖大橋（青森県）	1979	エレクションノーズ	400	44	60
下山田橋（鉄道建設公団）	1979	エレクションガーター	400	48	65
江原橋（岩手県）	1982	エレクションガーター	400	176	65
太田橋（岩手県）	1984	エレクションガーター	400	104	60
瀬底大橋（沖縄県）	1985	エレクションガーター	400	226	45
池間大橋（沖縄県）	1992	エレクションガーター	400	464	48
東名足柄東（日本道路公団）	1994	エレクションノーズ	400	24	30
二色の浜高架橋	1993	エレクションガーター	400	424	40

22.2.2(1) 主引張鋼材量の算定

$P=100\text{tf} \qquad H=10\text{tf}$

$T_p=\dfrac{100\times0.4}{0.8\times0.8}=62.5\text{tf} \qquad T_H=10\times\left(1+\dfrac{0.1}{0.8\times0.8}\right)=11.6\text{tf}$

$T=62.5+11.6+74.1\text{tf}$

SD345による補強を考える。 $\sigma_{sa}=1{,}800\text{kgf/cm}^2$

必要鉄筋量 $A_s=\dfrac{74.1\times10^3}{1{,}800}=41.2\text{cm}^2$

$A_s=6.424\times7=45.0$ (cm²) ＞41.2 (cm²)

頁	SI 単 位 系

P471

図-23.2.1(3)(e) 橋面積1.0m^2

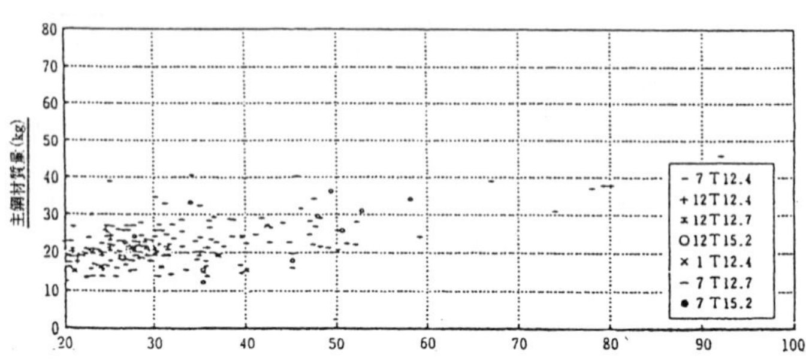

図-23.2.1(3)

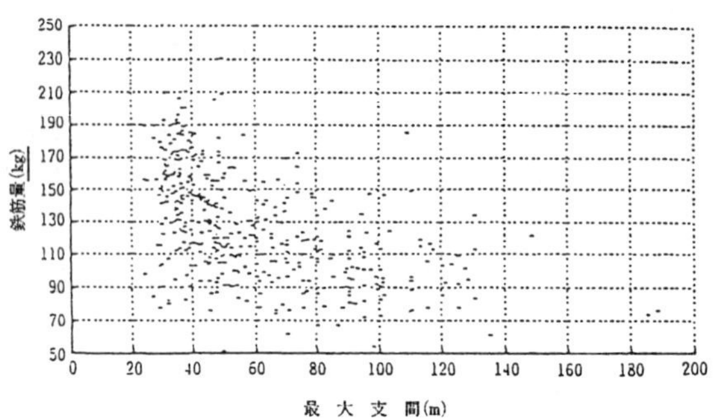

P478

表-23.3.1　橋梁上部工設計調書（PC床版橋）（その1）

<table>
<tr><td colspan="4">3. 主版の設計</td><td>設計理論名</td></tr>
<tr><td rowspan="11">縦
方
向</td><td colspan="3"></td><td>判断力</td></tr>
<tr><td rowspan="5">支
間
(max)</td><td rowspan="4">曲げモーメント</td><td>前死荷重</td><td>kN·m</td></tr>
<tr><td>後死荷重</td><td></td></tr>
<tr><td>活荷重
その他</td><td></td></tr>
<tr><td>合　計</td><td></td></tr>
<tr><td colspan="2">せ ん 断 力</td><td></td></tr>
<tr><td rowspan="5">支
間
(min)</td><td rowspan="4">曲げモーメント</td><td>前死荷重</td><td>N</td></tr>
<tr><td>後死荷重</td><td>kN·m</td></tr>
<tr><td>活荷重
その他</td><td></td></tr>
<tr><td>合　計</td><td></td></tr>
<tr><td colspan="2">せ ん 断 力</td><td>N</td></tr>
<tr><td rowspan="3">横
方
向</td><td colspan="4">曲げモーメント</td></tr>
<tr><td colspan="2">死 荷 重</td><td>活 荷 重</td><td>合　計</td></tr>
<tr><td colspan="2">kN·m</td><td>kN·m</td><td>kN·m</td></tr>
</table>

頁	従来単位系

P471

図－23.2.1(3)(e) 橋面積1.0m^2

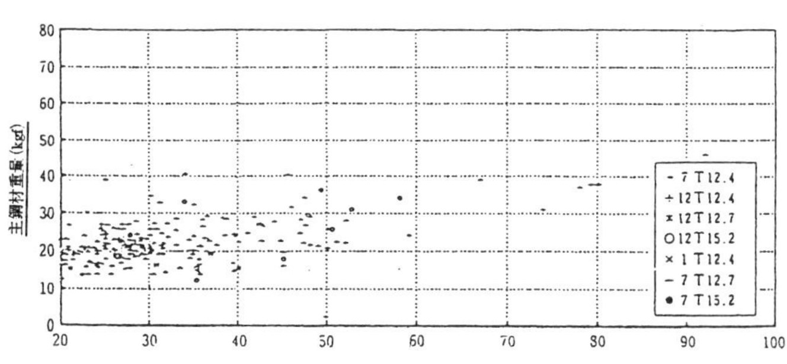

図-23.2.1(3)

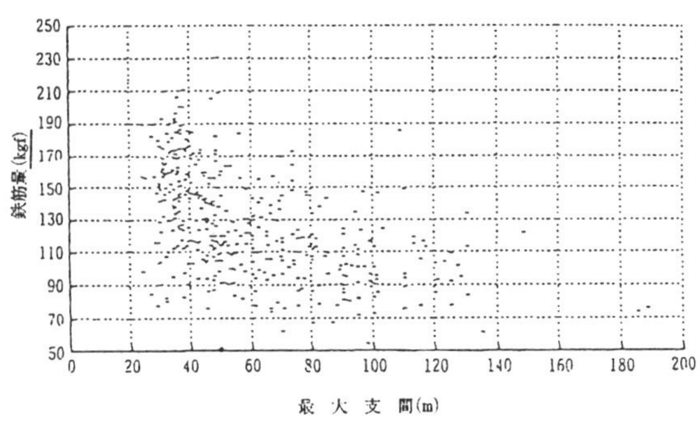

P478

表-23.3.1　橋梁上部工設計調書（PC床版橋）（その1）

3. 主版の設計				設計理論名
				判断力
縦方向	支間(max)	曲げモーメント	前死荷重	tf·m
			後死荷重	
			活荷重 その他	
			合　計	
		せん断力		
	支間(min)	曲げモーメント	前死荷重	tf
			後死荷重	tf·m
			活荷重 その他	
			合　計	
				tf
横方向	曲げモーメント			
	死荷重		活荷重	合計
	t·m		t·m	t·m

頁	SI 単位系
P497	**表-23.3.1 橋梁上部工設計調書（PC床版橋）（その1）**

8. 材　料							
コンクリート量	鉄筋量	型枠	橋面積 1m²あたり			円筒型枠　長	コンクリート 1m³あたり 鉄　筋　量
			コンクリート量	鉄筋量	型　枠		
m^3	t	m^2	m^3/m^2	kg/m^2	m^2/m^2	m	kg/m^2
PC鋼材	PC鋼材 1m³ あたり	支保工平均高					
kg	kg/m^3	m					

頁	
P498	**表-23.3.1 橋梁上部工設計調書（PC床版橋）（その 2）**

鉄　筋　量	応　力　度	
	σs N/mm^2	σs N/mm^2
A＝ D etc		
A＝ D etc		
A＝ D etc		
A＝ D etc		
A＝ D etc		

断面図および着眼点 ＼ 荷重の種類	曲げモーメント(kN･m)			せん断力(KN)		
	外げた		中げた	外げた		中げた
前死荷重						
後死荷重						
小　計						
活荷重						
計						

頁	
P499	**表-23.3.1 橋梁上部工設計調書（PC床版橋）（その 2）**

	正の曲げモーメント		負の曲げモーメント	
	kN･m		kN･m	
	上　縁	下　縁	上　縁	下　縁
曲げ応力度				
有効プレストレス				
合成応力度				
床板引張鉄筋	上　縁	D ctc	上　縁	D ctc

頁	従来単位系

P497

表-23.3.1　橋梁上部工設計調書（PC床版橋）（その1）

8. 材　料							
コンクリート量	鉄筋量	型枠	橋面積 1m²あたり			円筒型枠長	コンクリート1m³あたり鉄筋量
			コンクリート量	鉄筋量	型　枠		
m^3	t	m^2	m^3/m^2	kgf/m^2	m^2/m^2	m	kgf/m^2
PC鋼材	PC鋼材 1m³あたり	支保工平均高					
kgf	kgf/m^3	m					

P498

表-23.3.1　橋梁上部工設計調書（PC床版橋）（その2）

鉄　筋　量	応　力　度	
	σs kgf/cm^2	σs kgf/cm^2
A = *D*　　etc		
A = *D*　　etc		
A = *D*　　etc		
A = *D*　　etc		
A = *D*　　etc		

断面図および着眼点 / 荷重の種類	曲げモーメント(tf·m)			せん断力(tf·m)		
	外げた		中げた	外げた		中げた
前死荷重						
後死荷重						
小　計						
活荷重						
計						

P499

表-23.3.1　橋梁上部工設計調書（PC床版橋）（その2）

	正の曲げモーメント tf·m		負の曲げモーメント tf·m	
	上　縁	下　縁	上　縁	下　縁
曲げ応力度				
有効プレストレス				
合成応力度				
床板引張鉄筋	上　縁	*D* ctc	上　縁	*D* ctc

頁	SI単位系

8. 材　　料				
	合　　計	橋面積1m²あたり	コンクリート1m³あたり	
コンクリート	m³	m³/m²		
鉄　　筋	kg	kg/m²	kg/m³	
型　　枠	m²	m²/m²		
P C 鋼 材	kg	kg/m²	kg/m³	

P500

表-23.3.1　橋梁上部工設計調書（PC床版橋）（その3）

2. 床版(上スラブ)の設計	床厚板		cm	σck	N/m²	高欄		
		断面			応力度		許容応力度	
		h	d		σs	σc	σsa	σca
常	kN・m	cm	cm	A = D　ctc	N/mm²	N/mm²	N/mm²	N/mm²
衝				A = D　ctc				
中間支点				A = D　ctc				
端 支 点				A = D　ctc				
中間支点				A = D　etc				

	曲げモーメント(kN·m)			せん断力(KN)					
				外げた				中げた	
				路肩側		中分側			
	路肩側	中分側		支点	支間	支点	支間		
前死荷重									
後死荷重									
小　　計									
活 荷 重									
計									

P501

表-23.3.1　橋梁上部工設計調書（PC床版橋）（その3）

4. 横げたの設計					
断面および鋼材の配置図		正の曲げモーメント (kN·m)		負の曲げモーメント (kN·m)	
		上　縁	下　縁	上　縁	下　縁
	曲げ応力度				
	有効プレストレス				
	合成応力度				
	床板引張鉄筋	下　縁	D ctc	下　縁	D ctc

頁	従来単位系

8. 材料				
	合計	橋面積1m²あたり	コンクリート1m³あたり	
コンクリート	m^3	m^3/m^2		
鉄筋	kgf	kgf/m^2	kgf/m^3	
型枠	m^2	m^2/m^2		
PC鋼材	kgf	kgf/m^2	kgf/m^3	

P500

表-23.3.1 橋梁上部工設計調書（PC床版橋）（その3）

床版（上スラブ）の設計		床厚板		cm	σck		kgf/m²	高欄	
			断面			応力度		許容応力度	
			h	d		σs	σc	σsa	σca
	常	tf・m	cm	cm	$A=$ D ctc	kgf/cm²	kgf/cm²	kgf/cm²	kgf/cm²
	衝				$A=$ D ctc				
中間支点					$A=$ D ctc				
端支点					$A=$ D ctc				
中間支点					$A=$ D etc				

	曲げモーメント(tf·m)			せん断力(tf·m)					
				外げた				中げた	
				路肩側		中分側			
	路肩側	中分側		支点	支間	支点	支間		
前死荷重									
後死荷重									
小計									
活荷重									
計									

P501

表-23.3.1 橋梁上部工設計調書（PC床版橋）（その3）

8. 横げたの設計					
断面および鋼材の配置図		正の曲げモーメント		負の曲げモーメント	
			tf·m		tf·m
		上縁	下縁	上縁	下縁
	曲げ応力度				
	有効プレストレス				
	合成応力度				
	床板引張鉄筋	下縁	D ctc	下縁	D ctc

8. 材 料		合 計	横面積1m²あたり	主げた1本あたり	中げた	外げた
コンクリート	床板	m³	m³/m²	コンクリート	m³/本	m³/本
	けた					
鉄 筋		kg	kg/m³	鉄 筋	kg/本	kg/本
型 枠		m²		型 枠	m²/本	m²/本
P C 鋼 材		kg	kg/m³	P C 鋼 材	kg/本	kg/本

P502

表-23.3.2 設計調書（ＰＣげたの数橋の例）その３

直斜円 R=Mi	R/L	斜角	波断線形 i= %	床断勾配 K= %	連校けた支間流出長m	主げたコンクリート		主げたPCケーブル			主げた1本あたり本数（全長m）	ケーブル1本あたりの引張力(kN)						床板PCケーブルピッチ (cm)
						σts N/mm²	σts N/mm²	種別	σts N/mm²	σts N/mm²			σts N/mm²	σts N/mm²	種別	σts N/mm²	σts N/mm²	

P503

表-23.3.2 設計調書（ＰＣげたの数橋の例）その４

施工時番号	管理けた番号		床版PCケーブル1本あたり(kN)	支承最小縁端距離(cm)	支承最大反力(kN)(起)(終)	支承設置方向	架設工法	ブロック最大寸法幅×高×長(km)	ブロック最大質量(t)	ブロック接合材料	主げたコンクリート量		主げたPC量材料		主げたシース(m)(延長)φm
	本線 上り 下り ランプ 入路 出路	番号									m³	直面(m²)あたり m³/m²	kg	コンクリートm³あたり kg/m²	

表-23.3.2 設計調書（ＰＣげたの数橋の例）その５

施工時番号	管理けた番号		主げた鉄筋質量		版組コンクリート量 (m²)	版組PC鋼材料 (kg)	組版シース		版組鉄筋質量		均 L コンクリート量 (m²)
	本線 上り 下り ランプ 入路 出路	番号	種別	(kg)			種別	延長 (m)	種別	(kg)	

8. 材　料		合　計	横面積1m²あたり	主げた1本あたり	中げた	外げた
	床板	m³	m³/m²			
	けた					
鉄　筋		kg	kg/m³	鉄　筋	kg/本	kg/本
型　枠		m²		型　枠	m²/本	m²/本
P　C　鋼　材		kgf	kgf/m³	P　C　鋼　材	kgf/本	kgf/本

P502

表-23.3.2　設計調書（ＰＣげたの数橋の例）その３

直斜円 R=Mi	R/L	斜角	波断線形 i= %	床断勾配 K= %	連校けた支間流出長m	主げたコンクリート σts kgf/	σts kgf/	主げたPCケーブル 種別	σts kgf/	σts kgf/	主げた1本あたり本数（全長m）	ケーブル1本あたりの引張力(kN)	σts kgf/	σts kgf/	種別	σts kgf/	σts kgf/	床板PCケーブルピッチ(cm)

P503

表-23.3.2　設計調書（ＰＣげたの数橋の例）その４

施工時番号	管理けた番号 本線 ランプ	上り下り 入路出路	番号	床版PCケーブル1本あたり(tf)	支承最小縁端距離(cm)	支承最大反力(tf)(起)(終)	支承設置方向	架設工法	ブロック最大寸法幅×高×長(km)	ブロック最大重量(tf)	ブロック接合材料	主げたコンクリート量 m³	直面(m²)あたり m³/m²	主げたPC量材料 kgf	コンクリートm³あたり kgf/m²	主げたシース(m)(延長)φm

表-23.3.2　設計調書（ＰＣげたの数橋の例）その５

施工時番号	管理けた番号 本線 ランプ	上り下り 入路出路	番　号	主げた鉄筋重量 種　別	(kgf)	版組コンクリート量(m²)	版組PC鋼材料(kgf)	組版シース 種　別	延　長(m)	版組鉄筋重量 種　別	(kgf)	均Lコンクリート量(m²)

頁	S I 単 位 系

P504

表-23.3.3 橋梁台帳

コンクリート種別 許容圧縮定力度 N/mm²		鉄筋種別 (SD) 許容引張応力度 N/mm² 主筋径 ピッチ ctc 配力筋径 ピッチ ctc	
H. T. B			
種 別			許容曲圧縮定力度 N/mm²
工法	鋼材の種類 引張強度 ϕpw＝ N/mm²		
工法	鋼材の種類 引張強度 ϕpw＝ N/mm²		

P505

表-23.3.3 橋梁台帳

項目						
橋	橋体鋼重	SM570 t	SM520 SM41 t SM90	SS400 SM400 t	計	t(kg/m²)
重	附 属 品	支 承 t	伸縮装置	その他 t	総計	t(kg/m²)
PC	PC鋼材	版橋 t(kg/m²)			版橋	t(kg/m²)
RC	コンクリート (床版を除く上部工)	m²(m²/m²)		法面		t(kg/m²)
共通	床版コンクリート	m²(m²/m²)		法面		t(kg/m²)

P520

3.3.2 外国の施工例

…X型ウェブは高強度コンクリート（65N/㎜²）を使用したプレキャスト部材（PC構造）であり，現地ヤードでウェブ組立と上下フランジのコンクリートが打設された。…

頁	従来単位系

P504

表-23.3.3　橋梁台帳

コンクリート種別			鉄筋種別 (SD) 許容引張応力度 kgf/mm²
許容圧縮定力度 N/mm²			主筋径 ピッチ ctc 配力筋径 ピッチ ctc
H．T．B			
種　別			許容曲圧縮定力度 kgf/mm²
工法	鋼材の種類	引張強度 ϕ pw＝ kgf/mm²	
工法	鋼材の種類	引張強度 ϕ pw＝ kgf/mm²	

P505

表-23.3.3　橋梁台帳

項目						
項目	橋	橋体鋼重	SM570 tf	SM520 SM41 SM90 tf	SS400 SM400 tf	計 tf (kg/m²)
項目	重	附属品	支承 tf	伸縮装置	その他 tf	総計 tf (kg/m²)
PC	PC鋼材		版橋	t (kg/m²)	版橋	tf (kg/m²)
RC	コンクリート (床版を除く上部工)			m² (m²/m²)	法面	tf (kg/m²)
共通	床版コンクリート			m² (m²/m²)	法面	tf (kg/m²)

P520

3.3.2　外国の施工例

…X型ウェブは高強度コンクリート（650kgf/cm²）を使用したプレキャスト部材（ＰＣ構造）であり，現地ヤードでウェブ組立と上下フランジのコンクリートが打設された。…

⑥ コンクリート道路橋施工便覧

コンクリート道路橋施工便覧

頁	SI　単　位　系

P19

2.1.4　①摩擦によっておこる減少

P_i, σ_{pi} ：ＰＣ鋼材端（引張側）の引張力、引張応力度（N,N/mm²）

P_x, σ_{px} ：ＰＣ鋼材端からxm離れた点の引張力、引張応力度（N,N/mm²）

P20

②（ii）ポストテンション方式で順次緊張する場合の近似式

σ_{cpd} ：プレストレッシング直後のプレストレスおよび部材自重による
ＰＣ鋼材図心位置でのコンクリート応力度（N/mm²）

P20

③（ii）摩擦のある場合

△１：セット量（mm）

１：ＰＣ鋼材の長さ（mm）

P21

④コンクリートのクリープ、乾燥収縮による減少

σ_{cp} ：ＰＣ鋼材の位置におけるコンクリートの圧縮応力度
（プレストレス＋死荷重）（N/mm²）

σ_{cpt} ：ＰＣ鋼材の位置におけるプレストレッシング直後のプレストレス
（N/mm²）

σ_{pt} ：プレストレッシング直後のＰＣ鋼材の引張応力度（N/mm²）

σ_{pe} ：ＰＣ鋼材の有効引張応力度（N/mm²）

P23

表-2.5　許容応力度の例

コンクリートの許容圧縮応力度　σ_{ca}	設計基準強度の1/3
引張鉄筋許容引張応力度　σ_{sa}	180（一般部材），140（床版）

注）鉄筋はSD295,SD345相当。床版に関しては許容値に対して20N/mm²程度の余裕をとるのが望ましい〔道示Ⅲ3.2〕単位：N/mm²

P26

（d）破壊抵抗曲げモーメントの計算

M_u ：破壊抵抗曲げモーメント（N・mm）

A_s ：引張主鉄筋断面積（mm²）

σ_{sy} ：引張主鉄筋の降伏点（N/mm²）

d ：部材断面の有効高（mm）

xs ： $\dfrac{A_s \cdot \sigma_{sy}}{b \cdot \sigma_{ck}}$ (mm)

b ：部材断面の幅（mm）

σ_{ck} ：コンクリートの設計基準強度（N/mm²）

頁	従来単位系

P19

2.1.4 ①摩擦によっておこる減少

P_i, σ_{pi}：ＰＣ鋼材端（引張側）の引張力、引張応力度（kgf,kgf/cm^2）

P_x, σ_{px}：ＰＣ鋼材端からxm離れた点の引張力、引張応力度（kgf,kgf/cm^2）

P20

②（ii）ポストテンション方式で順次緊張する場合の近似式

σ_{cpd}：プレストレッシング直後のプレストレスおよび部材自重による
ＰＣ鋼材図心位置でのコンクリート応力度（kgf/cm^2）

P20

③（ii）摩擦のある場合

△1：セット量（cm）

1：ＰＣ鋼材の長さ（cm）

P21

④コンクリートのクリープ、乾燥収縮による減少

σ_{cp}：ＰＣ鋼材の位置におけるコンクリートの圧縮応力度
（プレストレス＋死荷重）（kgf/cm^2）

σ_{cpt}：ＰＣ鋼材の位置におけるプレストレッシング直後のプレストレス
（kgf/cm^2）

σ_{pt}：プレストレッシング直後のＰＣ鋼材の引張応力度（kgf/cm^2）

σ_{pe}：ＰＣ鋼材の有効引張応力度（kgf/cm^2）

P23

表-2.5 許容応力度の例

コンクリートの許容圧縮応力度	σ_{ca}	設計基準強度の1/3
引張鉄筋許容引張応力度	σ_{sa}	1800（一般部材），1400（床版）

注）鉄筋はSD295,SD345相当。床版に関しては許容値に対して200kgf/cm^{2}程度の余
裕をとるのが望ましい〔道示Ⅲ3.2〕単位：kgf/cm^2

P26

（d）破壊抵抗曲げモーメントの計算

M_u：破壊抵抗曲げモーメント（kgf・cm）

A_s：引張主鉄筋断面積（cm^2）

σ_{sy}：引張主鉄筋の降伏点（kgf/cm^2）

d：部材断面の有効高（cm）

x_s：$\dfrac{A_s \cdot \sigma_{sy}}{b \cdot \sigma_{ck}}$（cm）

b：部材断面の幅（cm）

σ_{ck}：コンクリートの設計基準強度（kgf/cm^2）

頁	S I 単 位 系

P28

表-2.7 許容引張応力度 σ_{ca}'

設計基準強度		30	40	50	60
σ_{ca}'	架設時	2.2	2.5	2.8	3.0
	設計荷重作用時	1.2	1.5	1.8	2.0

P29

(d) 引張鉄筋量の算定

A_s ：引張鉄筋量（mm）
T_c ：コンクリートに生じる引張応力の合力（N）
σ_{sa} ：引張鉄筋の許容引張応力度（架設時に対する割増は1.25）（N/mm^2）
b ：部材引張縁の幅（mm）
x ：部材引張縁から中立軸までの距離（mm）
σ_{ct} ：架設時および設計荷重作用時に部材引張縁に生じるコンクリートの引張応力度（N/mm^2）

P29

(e) 破壊抵抗曲げモーメントの計算

…… σckが50.0N/mm^{2}以下の場合は、式（2-38）を用いてよい。……

P30

(e) 破壊抵抗曲げモーメントの計算

A_p ：部材断面のうち引張応力が生じている部分に配置されているPC鋼材の断面積（mm^2）
σ_{py} ：ＰＣ鋼材の降伏点（N/mm^2）
A_s ：引張主鉄筋断面積（mm^2）
σ_{sy} ：引張主鉄筋の降伏点（N/mm^2）
d ：部材断面の有効高（mm）
x_p ：$\dfrac{A_p \cdot \sigma_{py} + A_s \cdot \sigma_{sy}}{b \cdot \sigma_{ck}}$（mm）
b ：部材断面の幅（mm）
σck ：コンクリートの設計基準強度（N/mm^2）

P30

2.2.3(1)(a) 所要の斜引張鉄筋量の計算

A_w ：間隔aおよび角度θで配筋される斜引張鉄筋の断面積（mm^2）
S_h' ：間隔aおよび角度θで配筋される斜引張鉄筋が負担するせん断力（N）
$\Sigma S_h'$ ：S_h' の合計（N）
S_c ：コンクリートが負担できるせん断力（N）
$S_c = \tau_c \cdot b_w \cdot d$
A ：斜引張鉄筋の部材軸方向の間隔（mm）
σ_{sa} ：斜引張鉄筋の許容応力度（設計荷重に対する割増は1.25，終局時は降伏点とする）（N/mm^2）

頁	従来単位系
P28	**表-2.7　許容引張応力度σ_{ca}'**

設計基準強度		300	400	500	600
σ_{ca}'	架設時	22	25	28	30
	設計荷重作用時	12	15	18	20

P29

(d) 引張鉄筋量の算定

A_s：引張鉄筋量（cm）

T_c：コンクリートに生じる引張応力の合力（kgf）

σ_{sa}：引張鉄筋の許容引張応力度（架設時に対する割増は1.25）（kgf/cm^2）

b：部材引張縁の幅（cm）

x：部材引張縁から中立軸までの距離（cm）

σ_{ct}：架設時および設計荷重作用時に部材引張縁に生じるコンクリートの引張応力度（kgf/cm^2）

P29

(e) 破壊抵抗曲げモーメントの計算

……σckが$500kgf/cm^2$以下の場合は、式（2-38）を用いてよい。……

P30

(e) 破壊抵抗曲げモーメントの計算

A_p：部材断面のうち引張応力が生じている部分に配置されているPC鋼材の断面積（cm^2）

σ_{py}：ＰＣ鋼材の降伏点（kgf/cm^2）

A_s：引張主鉄筋断面積（cm^2）

σ_{sy}：引張主鉄筋の降伏点（kgf/cm^2）

d：部材断面の有効高（cm）

x_p：$\dfrac{A_p \cdot \sigma_{py} + A_s \cdot \sigma_{sy}}{b \cdot \sigma_{ck}}$(cm)

b：部材断面の幅（cm）

σck：コンクリートの設計基準強度（kgf/cm^2）

P30

2.2.3(1)(a) 所要の斜引張鉄筋量の計算

A_w：間隔aおよび角度θで配筋される斜引張鉄筋の断面積（cm^2）

S_h'：間隔aおよび角度θで配筋される斜引張鉄筋が負担するせん断力（kgf）

$\Sigma S_h'$：S_h'の合計（kgf）

S_c：コンクリートが負担できるせん断力（kgf）

$S_c = \tau_c \cdot b_w \cdot d$

A：斜引張鉄筋の部材軸方向の間隔（cm）

σ_{sa}：斜引張鉄筋の許容応力度（設計荷重に対する割増は1.25，終局時は降伏点とする）（kgf/cm^2）

頁	SI 単 位 系

d ：部材断面の有効高（mm）

θ ：斜引張鉄筋が部材軸方向となす角度

τ_c ：コンクリートが負担できる平均せん断応力度（N/mm^2）

b_w ：ウェブ厚（mm）

設計基準強度（N/mm^2）	21	24	27	30	40	50	60
τ_c（N/mm^2）	0.36	0.39	0.42	0.45	0.55	0.65	0.70

P31

(b) 終局荷重時における平均せん断応力度の照査

設計基準強度（N/mm^2）	21	24	27	30	40	50	60
平均せん断応力度の最大値（N/mm^2）	2.8	3.2	3.6	4.0	5.3	6.0	6.0

P31

(2) プレストレストコンクリート

σ_I：部材断面に生じるコンクリートの斜引張応力度（N/mm^2）

τ ：部材断面に生じるコンクリートのせん断応力度（N/mm^2）

σ_c：部材断面に生じるコンクリートの曲げおよび軸圧縮応力度（N/mm^2）

S ：部材断面に作用するせん断力（N）

P32

(2) プレストレストコンクリート

S_p：ＰＣ鋼材の引張力のせん断力作用方向の分力（N）

鉄筋コンクリート部材の場合　$S_p=0$

プレストレストコンクリートの場合　$S_p=A_p \cdot \sigma_{pe} \cdot \sin \alpha$

b_w：部材断面の部材厚（mm）

I：部材断面の図心軸に関する断面二次モーメント（mm^4）

Q：せん断応力度を算出する位置より片側部分の部材断面の図心軸に関する断面一次モーメント（mm^3）

A_p：部材断面におけるＰＣ鋼材の断面積（mm^2）

σ_{pe}：部材断面におけるＰＣ鋼材の有効引張応力度（N/mm^2）

α ：ＰＣ鋼材が部材軸方向となす角度

σ_{Ia}：コンクリートの許容斜引張応力度（N/mm^2）

設計基準強度（N/mm^2）	30	40	50	60
σ_{Ic}（N/mm^2）	0.8	1.0	1.2	1.3

P33

2.3.2(a) プレストレス力による弾性たわみ δ_p

l：単純げたの場合のスパン（mm）

M_x, I_x：x点におけるプレストレス力による曲げモーメントおよび断面二次モーメント（$N \cdot mm, mm^4$）

M_c：プレストレス力によるスパン中央の曲げモーメント　$M_c \doteqdot P_t \cdot e_p$（$N \cdot mm$）

頁	従来単位系
	d：部材断面の有効高（cm） θ：斜引張鉄筋が部材軸方向となす角度 τ_c：コンクリートが負担できる平均せん断応力度（kgf/cm^2） b_w：ウェブ厚（cm）

設計基準強度（kgf/mm^2）	210	240	270	300	400	500	600
τ_c（kgf/mm^2）	3.6	3.9	4.2	4.5	5.5	6.5	7.0

P31 (b) 終局荷重時における平均せん断応力度の照査

設計基準強度（N/mm^2）	210	240	270	300	400	500	600
平均せん断応力度の最大値（N/mm^2）	28	32	36	40	53	60	60

P31 (2) プレストレストコンクリート

σ_I：部材断面に生じるコンクリートの斜引張応力度（kgf/cm^2）
τ：部材断面に生じるコンクリートのせん断応力度（kgf/cm^2）
σ_c：部材断面に生じるコンクリートの曲げおよび軸圧縮応力度（kgf/cm^2）
S：部材断面に作用するせん断力（kgf）

P32 (2) プレストレストコンクリート

S_p：ＰＣ鋼材の引張力のせん断力作用方向の分力（kgf）
鉄筋コンクリート部材の場合　$S_p=0$
プレストレストコンクリートの場合　$S_p=A_p\cdot\sigma_{pe}\cdot\sin\alpha$
b_w：部材断面の部材厚（cm）
I：部材断面の図心軸に関する断面二次モーメント（cm^4）
Q：せん断応力度を算出する位置より片側部分の部材断面の図心軸に関する断面一次モーメント（cm^3）
A_p：部材断面におけるＰＣ鋼材の断面積（cm^2）
σ_{pe}：部材断面におけるＰＣ鋼材の有効引張応力度（kgf/cm^2）
α：ＰＣ鋼材が部材軸方向となす角度
σ_{Ia}：コンクリートの許容斜引張応力度（kgf/cm^2）

設計基準強度（kgf/mm^2）	300	400	500	600
σ_{Ic}（kgf/mm^2）	8	10	12	13

P33 2.3.2(a) プレストレス力による弾性たわみ δ_p

l：単純げたの場合のスパン（cm）
M_x, I_x：x点におけるプレストレス力による曲げモーメントおよび断面二次モーメント（$kgf\cdot cm, cm^4$）
M_c：プレストレス力によるスパン中央の曲げモーメント　$M_c\fallingdotseq P_t\cdot e_p$（$kgf\cdot cm$）

頁	S I 単 位 系
P35	**2.3.3(a) プレストレス導入時における弾性短縮量は次式で決まる。** l：短縮を考えるスパン（mm） E_c：プレストレス導入時のコンクリートのヤング係数（N/mm^2） σ_c：コンクリートの軸圧縮応力度（N/mm^2）
P38	**2.4.2 PC鋼材の伸びに関する計算** ……例えば、ϕ7㎜鋼線で、ケーブル全長が20m程度、曲げ角度25°、 σ_{pi}=1130N/mm^2、μ=0.30、λ=0.004と仮定すれば、……
P39	**2.4.2 PC鋼材の伸びに関する計算** $\Delta l_p = \frac{11.3\times 10^2\times l}{2\times 2.0\times 10^5}\times\frac{2+0.30\times 0.437+0.004\times 10}{1+0.30\times 0.437+0.004\times 10}$ $=5.2\times 10^{-3}\cdot l$
P39	**2.4.2 PC鋼材の伸びに関する計算** ケーブル長が多少変化してもこの近似式は使用でき、１m当り5.2mmの伸びであることを示す。
P40	**2.5.1(a) けたの仮支持** １：設計支間長（mm） １'：仮支持支間長（mm） 〈計算例〉 １=35.0m，σ_{ct}' = −5.92N/mm^2，σ_{ct}=24.26N/mm^2，σ_{do}'=7.05N/mm^2， σ_{do}= −7.79N/mm^2，σ_{cat}' = −1.5N/mm^2，σ_{cat}=17N/mm^2，η_t=0.95 とすれば $l_{al}' = \sqrt{\frac{-1.5+5.92\times 0.95}{7.05}}\times 35.0 = 26.8m$ $l_{al}' = \sqrt{\frac{17-24.26\times 0.95}{-7.79}}\times 35.0 = 30.8m$ したがって，仮支持支間長は$1_a'$=30.8m以上となる。
P41	**(b) けたの横方向の傾斜** σ_{cat}''：架設時の一時的な荷重に対する許容曲げ応力度（N/mm^2） Z_c'：桁上縁の断面係数（mm^3） Z_h：けた鉛直軸に関する上フランジ端の断面係数（mm^3） 〈計算例〉（支間35.0m） Z_h=57.0×10^6mm^3，Z_c'=447.3×10^6mm^3，σ_{cat}''= −2.5N/mm^2， σ_{ct}'= −5.92N/mm^2，σ_{do}'=7.05N/mm^2，η_t=0.95 とすれば， $\theta_a = \sin^{-1}\left(\frac{\lvert -2.5+5.92\times 0.95-7.05\rvert}{7.05}\times\frac{57.0\times 10^6}{447.3\times 10^6}\right) = 4^\circ - 0'$

2.3.3(a) プレストレス導入時における弾性短縮量は次式で決まる。

l：短縮を考えるスパン（cm）

E_c：プレストレス導入時のコンクリートのヤング係数（kgf/cm^2）

σ_c：コンクリートの軸圧縮応力度（kgf/cm^2）

2.4.2 PC鋼材の伸びに関する計算

……例えば、ϕ7㎜鋼線で、ケーブル全長が20m程度、曲げ角度25°、

σ_{pi}=11500kgf/cm^2、μ=0.30、λ=0.004と仮定すれば、……

2.4.2 PC鋼材の伸びに関する計算

$$\Delta l_p = \frac{115 \times 10^2 \times l}{2 \times 2.0 \times 10^6} \times \frac{2 + 0.30 \times 0.437 + 0.004 \times 10}{1 + 0.30 \times 0.437 + 0.004 \times 10}$$

$$= 5.3 \times 10^{-3} \cdot l$$

2.4.2 PC鋼材の伸びに関する計算

ケーブル長が多少変化してもこの近似式は使用でき、1m当り5.3mmの伸びであることを示す。

2.5.1(a) けたの仮支持

1：設計支間長（cm）

1'：仮支持支間長（cm）

〈計算例〉

1=35.0m，σ_{ct}' =－60.4kgf/cm^2，σ_{ct}=247.6kgf/cm^2，σ_{do}'=71.9kgf/cm^2，σ_{do}=－79.5kgf/cm^2，σ_{cat}'=－15.0kgf/cm^2，σ_{cat}=170kgf/cm^2，η_t=0.95

とすれば

$$l_{al}' = \sqrt{\frac{-15.0 + 60.4 \times 0.95}{71.9}} \times 35.0 = 26.8\text{m}$$

$$l_{al}' = \sqrt{\frac{170 - 247.6 \times 0.95}{-79.5}} \times 35.0 = 31.7\text{m}$$

したがって，仮支持支間長は$1_a'$=31.7m以上となる。

(b) けたの横方向の傾斜

σ_{cat}''：架設時の一時的な荷重に対する許容曲げ応力度（kgf/cm^2）

Z_c'：桁上縁の断面係数（cm^3）

Z_h：けた鉛直軸に関する上フランジ端の断面係数（cm^3）

〈計算例〉（支間35.0m）

Z_h=57.0×10^3cm^3，Z_c'=447.3×10^3cm^3，σ_{cat}''=－25kgf/cm^2，

σ_{ct}'=－60.4kgf/cm^2，σ_{do}'=71.9kgf/cm^2，η_t=0.95とすれば

$$\theta_a = \sin^{-1}\left(\frac{\left|-25 + 60.4 \times 0.95 - 71.9\right|}{71.9} \times \frac{57.0 \times 10^3}{447.3 \times 10^3}\right) = 4^\circ - 0'$$

頁	S I 単 位 系

P42

(c) けたの横方向の傾斜

B：横方向曲げ剛度$E_c \cdot I_h$（N·mm^2）

C：ねじり剛度G·J（G=0.43E_c）（N·mm^2）

l ：支持支間長（mm）

P43

②けたを両端2箇所で鉛直に吊る場合

L ：けた長（mm）

q ：けた自重の分布荷重（N/mm）

R_x：拘束に対するばね定数（N·mm）

e ：けた図心から吊り点までの距離（図-2.15,2.16参照）

e=y_0+h（mm）

y_0：図心から上縁までの距離（mm）

h ：けた上縁から吊り点までの距離（mm）

P46

表-2.8 横座沓に対する安全率の計算例2-2)

支間(m)	36	37	38	39	40	41	42	43	44	45
B(×10^6kN·m^2)	2.04	2.04	2.04	3.17	3,17	3.21	3.21	3.21	3.21	3.23
C(×10^6kN·m^2)	0.37	0.39	0.39	0.50	0.50	0.53	0.54	0.57	0.57	0.59
R_x (kNm^2)	1522	1639	1682	2332	2390	2552	2720	2894	2961	3145
W_{cr1} (kNm^2)	528	500	461	600	557	535	502	480	449	428
W_{cr2} (kNm^2)	105	101	97	134	128	125	124	121	110	114

・けたの吊点はけた上面より3m，σ_{ck}=50N/mm^2と仮定した。

P47

(d) けた吊上げ時の縦方向の傾斜

〈計算例〉

$$l = 35.0\text{m}, \sigma_{cat}' = -1.50\text{N/mm}^2, \sigma_{cat} = 17.0\text{N/mm}^2,$$

$$\sigma_{ct}' = -5.92\text{N/mm}^2, \sigma_{ct} = 24.26\text{N/mm}^2,$$

$$\sigma_{do}' = 7.05\text{N/mm}^2, \sigma_{do} = -7.79\text{N/mm}^2, \eta_t = 0.95$$

$$\theta_{a1} = \cos^{-1}\left(\frac{-1.50 + 5.92 \times 0.95}{7.05}\right) = \cos^{-1}(0.584) = 54^\circ$$

P48

(d) けた吊上げ時の縦方向の傾斜

$$\theta_{a2} = \cos^{-1}\left(\frac{17.0 - 24.26 \times 0.95}{-7.79}\right) = \cos^{-1}(0.776) = 39^\circ$$

したがって、許容傾斜角は39°となる。

P448

(e) 既設げた上におけるけたの縦取り

W：縦取りげたの全重量（N）

q ：軌道単位重量（N/mm）

頁	従来単位系

P42

(c) けたの横方向の傾斜

B：横方向曲げ剛度$E_c \cdot I_h$（kgf·cm^2）

C：ねじり剛度G·J（$G=0.43E_c$）（kgf·cm^2）

l：支持支間長（cm）

P43

②けたを両端２箇所で鉛直に吊る場合

L：けた長（cm）

q：けた自重の分布荷重（kgf/cm）

R_x：拘束に対するばね定数（kgf·cm）

e：けた図心から吊り点までの距離（図-2.15,2.16参照）

$e=y_0+h$（cm）

y_0：図心から上縁までの距離（cm）

h：けた上縁から吊り点までの距離（cm）

P46

表-2.8　横座沓に対する安全率の計算例2-2)

支間(m)	36	37	38	39	40	41	42	43	44	45
B(×10^6tf·m^2)	0.208	0.208	0.208	0.323	0.323	0.327	0.327	0.327	0.327	0.330
C(×10^6tf·m^2)	0.038	0.040	0.040	0.051	0.051	0.054	0.055	0.058	0.058	0.060
R_x (tfm^2)	155.3	167.2	171.6	238.0	243.9	260.4	277.5	295.3	302.1	320.9
W_{cr1} (tfm^2)	53.9	51.0	47.0	61.2	56.8	54.6	51.2	49.0	45.8	43.7
W_{cr2} (tfm^2)	10.7	10.3	9.9	13.7	13.1	12.8	12.6	12.3	11.8	11.6

・けたの吊点はけた上面より3m，σ_{ck}=500kgf/cm^{2}と仮定した。

P47

(d) けた吊上げ時の縦方向の傾斜

〈計算例〉

$$l = 35.0\text{m}, \sigma_{cat}' = -15.0\text{kgf/cm}^2, \sigma_{cat} = 170\text{kgf/cm}^2,$$

$$\sigma_{ct}' = -60.4\text{kgf/cm}^2, \sigma_{ct} = 247.6\text{kgf/cm}^2,$$

$$\sigma_{do}'' = 71.9\text{kgf/cm}^2, \sigma_{do} = -79.5\text{kgf/cm}^2, \eta_t = 0.95$$

$$\theta_{a1} = \cos^{-1}\left(\frac{-15.0 + 60.4 \times 0.95}{71.9}\right) = \cos^{-1}(0.589) = 54^\circ$$

P48

d) けた吊上げ時の縦方向の傾斜

$$\theta_{a2} = \cos^{-1}\left(\frac{170 - 247.6 \times 0.95}{-79.5}\right) = \cos^{-1}(0.818) = 35^\circ$$

したがって、許容傾斜角は35°となる。

P448

(e) 既設げた上におけるけたの縦取り

W：縦取りげたの全重量（kgf）

q：軌道単位重量（kgf/cm）

頁	SI 単位系

P49

(e) 既設げた上におけるけたの縦取り

〈計算例〉

1 =35.0m，W=753kN，q=3kN/m，σ_{ca}' = − 4.82N/mm^2,
σ_{ca}=19.75N/mm^2，σ_{do}' =7.05N/mm^2，σ_{do}= − 7.79N/mm^2,
σ_{ca}=15.93N/mm^2，σ_{ca}' = − 2.5N/mm^2，Z_{c1}' = − 4.52 × 108mm^3,
Z_{c1}= − 4.46 × 10^{8}mm^3

とすれば、

$$M_w = \frac{35.0}{16}\{753\times(1+0.2)+3\times35.0\} = 2{,}206\text{kN}\cdot\text{m}$$

$$M_{a1} = (15.93-7.05+4.82)\times4.52\times10^8 = 6{,}192\times10^6\text{N}\cdot\text{mm}$$
$$= 6{,}192\text{kN}\cdot\text{m}$$

$$M_{a2} = (-2.5+7.79-19.75)\times(-4.46\times10^8) = 6{,}449\times10^6\text{N}\cdot\text{mm}$$
$$= 6{,}449\text{kN}\cdot\text{m}$$

(1) 転　倒

D_1 ：A_1より後方の主げたの自重（kN）
D_2 ：A_1より前方の主げたの自重（kN）
D_1 ：手延べげたの自重（kN）
EM：仮設資材荷重（kN）

3.2.1　一　般

……無筋コンクリートの設計基準強度は18N/mm^{2}以上のものを原則とし、フーチング下面に打ち込まれる均しコンクリートなどについては、…

表-3.1　コンクリートの最低設計基準強度

(N/mm^2)

部材の種類		最低設計基準強度
無筋コンクリート部材		18
鉄筋コンクリート部材		21
プレストレスコンクリート部材	プレテンション方式	35
	ポストテンション方式	30

3.2.7　人工軽量骨材コンクリート

……30.0～50.0N/mm^{2}の高い圧縮強度が得られるものである。…

P67

(b) 強　度

……人工軽量骨材コンクリートの実用上の圧縮強度の限界は60.0N/mm^{2}程度であり、引張およびせん断強度は普通コンクリートの……

頁	従来単位系

P49

(e) 既設げた上におけるけたの縦取り

〈計算例〉

$1=35.0\text{m}$, $W=76.8\text{t}$, $q=0.3\text{t/m}$, $\sigma_{ca}'=-49.2\text{kgf/cm}^2$,
$\sigma_{ca}=201.5\text{kgf/cm}^2$, $\sigma_{do}'=71.9\text{kgf/cm}^2$, $\sigma_{do}=-79.5\text{kgf/cm}^2$,
$\sigma_{ca}=162.5\text{kgf/cm}^2$, $\sigma_{ca}'=-25\text{kgf/cm}^2$, $Z_{c1}'=-4.52\times 105\text{cm}^3$,
$Z_{c1}=-4.46\times 10^5\text{cm}^3$

とすれば、

$$M_w=\frac{35.0}{16}\{76.8\times(1+0.2)+0.3\times 35.0\}=224.6\text{tf}\cdot\text{m}$$

$$M_{a1}=(162.5-71.9+49.2)\times 4.52\times 10^5=631.9\times 10^5\text{kgf}\cdot\text{cm}$$
$$=631.9\text{tf}\cdot\text{m}$$

$$M_{a2}=(-25+79.5-201.5)\times(-4.46\times 10^5)=655.6\times 10^5\text{kgf}\cdot\text{cm}$$
$$=655.6\text{tf}\cdot\text{m}$$

(1) 転　倒

D_1 ：A_1より後方の主げたの自重（tf）
D_2 ：A_1より前方の主げたの自重（tf）
D_1 ：手延べげたの自重（tf）
EM：仮設資材荷重（tf）

3.2.1　一　般

……無筋コンクリートの設計基準強度は180kgf/cm^{2}以上のものを原則とし、フーチング下面に打ち込まれる均しコンクリートなどについては、…

表-3.1　コンクリートの最低設計基準強度

(kgf/cm^2)

部材の種類		最低設計基準強度
無筋コンクリート部材		180
鉄筋コンクリート部材		210
プレストレスコンクリート部材	プレテンション方式	350
	ポストテンション方式	300

3.2.7　人工軽量骨材コンクリート

……300～500kgf/cm^{2}の高い圧縮強度が得られるものである。…

P67

(b) 強　度

……人工軽量骨材コンクリートの実用上の圧縮強度の限界は600kgf/cm^{2}程度であり、引張およびせん断強度は普通コンクリートの……

頁	S I 単 位 系
P67	**(c) ヤング係数、クリープおよび乾燥収縮** ……人工軽量骨材コンクリートのヤング係数は、ほぼ(1.5～2.3)×10^4N/mm^{2}の範囲にあり、同程度の圧縮強度を示す普通コンクリート……
P69	**表-3.5 鉄筋コンクリート用鋼棒の機械的性質**
P73	**表-3.10 ＰＣ鋼棒の機械的性質（JIS G3109）**
P77	**表(b) 大径異形ＰＣ鋼棒の機械的性質**
P81	**3.4.7 ＰＣ鋼材のヤング係数** ……ＰＣ鋼材のヤング係数は、2.0×10^5N/mm^{2}として、〔道示Ⅰ、Ⅲ〕で定められている。……

表-3.5 鉄筋コンクリート用鋼棒の機械的性質

種類の記号	引張試験	
	降伏点または0.2%耐力N/mm^2	引張強さN/mm^2
SR235	235以上	380～520
SD295A	295以上	440～600
SD295B	295～390	440以上
SD345	345～440	490以上

表-3.10 ＰＣ鋼棒の機械的性質（JIS G3109）

記号	引張試験	
	降伏点または耐力N/mm^2	引張強さN/mm^2
SBPR 785/1030	785以上	1030以上
SBPR 930/1080	930以上	1080以上
SBPR 930/1180	930以上	1180以上

表(b) 大径異形ＰＣ鋼棒の機械的性質

記号	引張試験	
	降伏点(N/mm^2)	引張強さ(N/mm^2)
SBPD 930/1080	930以上	1080以上

頁	従来単位系
P67	(c) ヤング係数、クリープおよび乾燥収縮 ……人工軽量骨材コンクリートのヤング係数は、ほぼ(1.5～2.3)×10^5kgf/cm^{2}の範囲にあり、同程度の圧縮強度を示す普通コンクリート……
P69	表-3.5　鉄筋コンクリート用鋼棒の機械的性質
P73	表-3.10　ＰＣ鋼棒の機械的性質（JIS G3109）
P77	表(b)　大径異形ＰＣ鋼棒の機械的性質
P81	3.4.7　ＰＣ鋼材のヤング係数 ……ＰＣ鋼材のヤング係数は、2.0×10^6kgf/cm^{2}として、〔道示Ⅰ、Ⅲ〕で定められている。……

表-3.5　鉄筋コンクリート用鋼棒の機械的性質

種類の記号	引張試験	
	降伏点または0.2%耐力kgf/mm^2	引張強さkgf/mm^2
SR235	24以上	39～53
SD295A	30以上	45～61
SD295B	30～40	45以上
SD345	35～45	50以上

表-3.10　ＰＣ鋼棒の機械的性質（JIS G3109）

記号	引張試験	
	降伏点または耐力(kgf/mm^2)	引張強さ(kgf/mm^2)
SBPR 785/1030	80以上	105以上
SBPR 930/1080	95以上	110以上
SBPR 930/1180	95以上	120以上

表(b)　大径異形ＰＣ鋼棒の機械的性質

記号	引張試験	
	降伏点(kgf/mm^2)	引張強さ(kgf/mm^2)
SBPD 930/1080	95以上	110以上

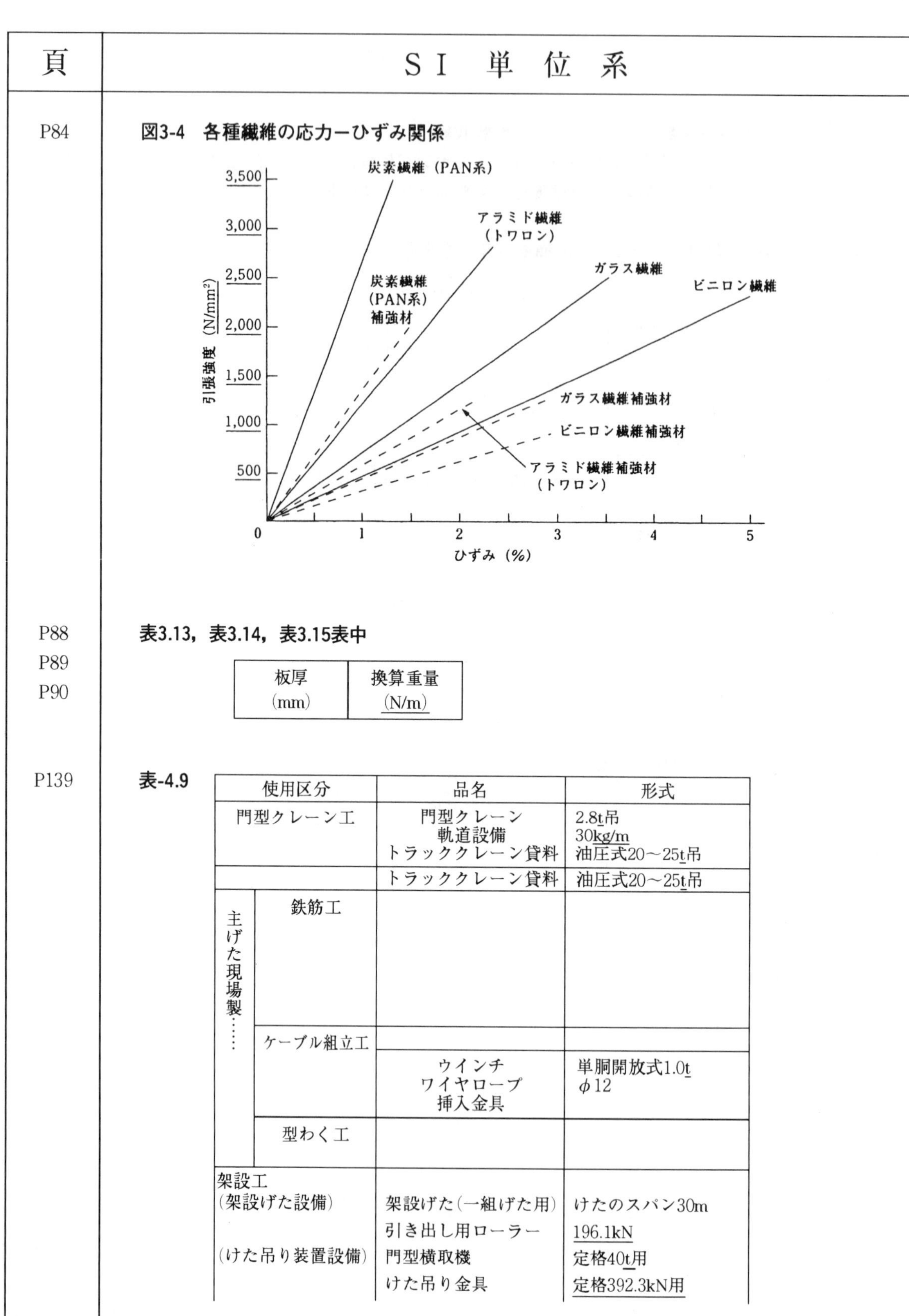

頁	SI 単 位 系

P84

図3-4　各種繊維の応力－ひずみ関係

P88
P89
P90

表3.13，表3.14，表3.15表中

板厚 (mm)	換算重量 (N/m)

P139

表-4.9

使用区分		品名	形式
門型クレーン工		門型クレーン 軌道設備 トラッククレーン貸料	2.8t吊 30kg/m 油圧式20～25t吊
		トラッククレーン貸料	油圧式20～25t吊
主げた現場製……	鉄筋工		
	ケーブル組立工		
		ウインチ ワイヤロープ 挿入金具	単胴開放式1.0t φ12
	型わく工		
架設工 (架設げた設備) (けた吊り装置設備)		架設げた(一組げた用) 引き出し用ローラー 門型横取機 けた吊り金具	けたのスパン30m 196.1kN 定格40t用 定格392.3kN用

頁	従来単位系

P84 **図3-4 各種繊維の応力－ひずみ関係**

炭素繊維（PAN系）
アラミド繊維（トワロン）
ガラス繊維
ビニロン繊維
炭素繊維（PAN系）補強材
ガラス繊維補強材
ビニロン繊維補強材
アラミド繊維補強材（トワロン）
引張強度（kgf/mm²）
350
300
250
200
150
100
50
0
1
2
3
4
5
ひずみ（%）

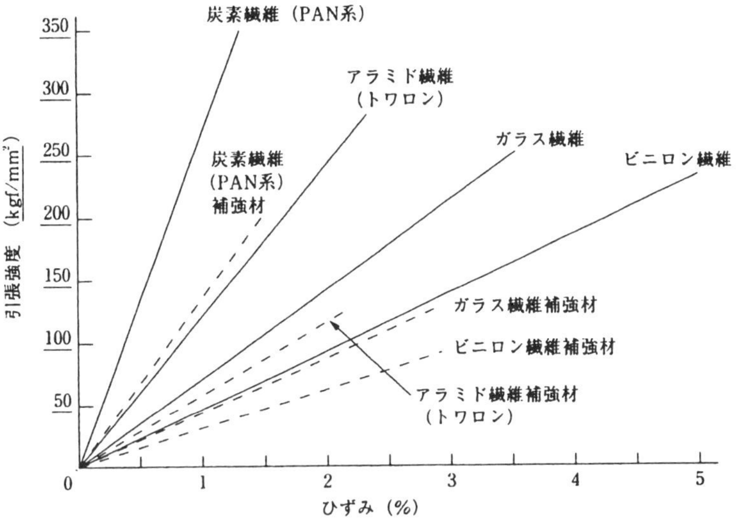

P88 P89 P90 **表3.13，表3.14，表3.15表中**

板厚 (mm)	換算重量 (kgf/m)

P139 **表-4.9**

<table>
<tr><th colspan="2">使用区分</th><th>品名</th><th>形式</th></tr>
<tr><td colspan="2">門型クレーン工</td><td>門型クレーン
軌道設備
トラッククレーン貸料</td><td>2.8t吊
30kg/m
油圧式20～25t吊</td></tr>
<tr><td colspan="2"></td><td>トラッククレーン貸料</td><td>油圧式20～25t吊</td></tr>
<tr><td rowspan="4">主げた現場製……</td><td>鉄筋工</td><td></td><td></td></tr>
<tr><td rowspan="2">ケーブル組立工</td><td></td><td></td></tr>
<tr><td>ウインチ
ワイヤロープ
挿入金具</td><td>単胴開放式1.0ft
φ12</td></tr>
<tr><td>型わく工</td><td></td><td></td></tr>
<tr><td colspan="2">架設工
(架設げた設備)

(けた吊り装置設備)</td><td>架設げた(一組げた用)
引き出し用ローラー
門型横取機
けた吊り金具</td><td>けたのスパン30m
20tf
定格40tf用
定格40tf用</td></tr>
</table>

頁	SI 単位系

(横取り設備)	チェーンブロック	定格40t用
	チルホール	29.4kN
	レバーブロック	29.4kN
	ターンバックル	耐力147.1kN
	ワイヤロープ	φ16
	横取り装置	PC橋用耐力401
(引き出し設備)	油圧ジャッキ	294.2kN複動型
	油圧ジャッキ送り台	294.2kN×150
	電動油圧ホール	2連動 2.2kW
	チルホール	14.7kN
	レバーブロック	29.4kN
	ウインチ	複胴直引3tf
	重量台車	直線耐力392.3kN
	レバーブロック	29.4kN
	ジャッキ	245.2kN
	軌条	30kg/m

P141

表-4.10 主要機械表（張出し架設工法）

種類	名称	仕様
作業車用機器	作業車用メインジャッキ	1471.0kN
	作業車用アンカージャッキ	686.5kN
	作業車用ジップジャッキ	490.3kN
	ジャーナルジャッキ	490.3kN
	センターホールジャッキ	490.3kN
運搬機器	クローラークレーン	35m×9t吊り
	ジブクレーン	E－60 4t吊り
	トラック	4t
	トラック	2t
PC用機器	ジャッキ	686.5kN
	ダイナモメーター	980.7kN
その他	チェーンブロック	3t吊り

P150

5.2.1 鉛直方向荷重

……作業荷重としては、衝撃の影響も含めて、**表-5.1**に示す用に1500～3500N/m^{2}を考えるのがよい。

頁	従来単位系

(横取り設備)	チェーンブロック	定格40tf用
	チルホール	3.0tf
	レバーブロック	3.0tf
	ターンバックル	耐力15tf
	ワイヤロープ	φ16
	横取り装置	PC橋用耐力40tf
(引き出し設備)	油圧ジャッキ	30tf複動型
	油圧ジャッキ送り台	30tf×150
	電動油圧ホール	2連動 2.2kW
	チルホール	1.5tf
	レバーブロック	3.0tf
	ウインチ	複胴直引3tf
	重量台車	直線耐力40tf
	レバーブロック	3tf
	ジャッキ	25tf
	軌条	30kgf/m

P141 **表-4.10 主要機械表（張出し架設工法）**

種類	名称	仕様
作業車用機器	作業車用メインジャッキ	150tf
	作業車用アンカージャッキ	70tf
	作業車用ジップジャッキ	50tf
	ジャーナルジャッキ	50tf
	センターホールジャッキ	50tf
運搬機器	クローラークレーン	35m×9tf吊り
	ジブクレーン	E－60 4tf吊り
	トラック	4tf
	トラック	2tf
PC用機器	ジャッキ	70tf
	ダイナモメーター	100tf
その他	チェーンブロック	3tf吊り

P150 **5.2.1 鉛直方向荷重**

……作業荷重としては、衝撃の影響も含めて、**表-5.1**に示す用に150～350kgf/m^{2}を考えるのがよい。

頁	SI単位系

P151

表-5.1 作業荷重の一例[5-1)]

≦1m W＝3500N/m²	1：支柱またははり1本の負担領域の長辺の長さ（m） W：作業荷重（N/m²）
1m＜1＜5.5m	
≧5.5m W＝1500N/m²	

P152

表-5.3 型枠および支保工に作用する風荷重

施行条件	風荷重（N/m²）	摘要
一般の場合	400	風速V＝20m/s
台風の影響を考慮する場合	1500	風速V＝40m/s

P153

図-5.1 コンクリートの側圧

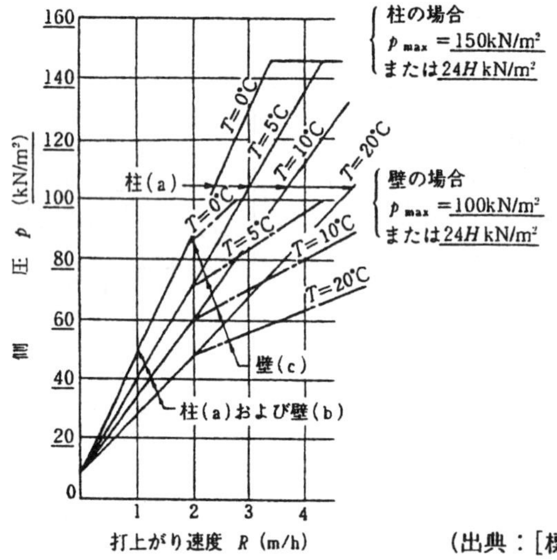

柱の場合 p_{max} ＝150kN/m² または24H kN/m²

壁の場合 p_{max} ＝100kN/m² または24H kN/m²

（出典：[標準示方書施工編]）

P153

(1) 柱 の 場 合

$$p = 8 + \frac{800R}{T+20} \leqq 150\mathrm{kN/m^2} \quad \cdots\cdots (5.1)$$

または，$24H$kN/m²

頁	従来単位系

P151

表-5.1　作業荷重の一例[5-1)]

≦1m W＝350kgf/m²	1：支柱またははり1本の負担領域の長辺の長さ（m） W：作業荷重（kgf/m²）
1m＜1＜5.5m	
≧5.5m W＝150kgf/m²	

P152

表-5.3　型枠および支保工に作用する風荷重

施行条件	風荷重（kgf/m²）	摘要
一般の場合	40	風速V＝20m/s
台風の影響を考慮する場合	150	風速V＝40m/s

P153

図-5.1　コンクリートの側圧

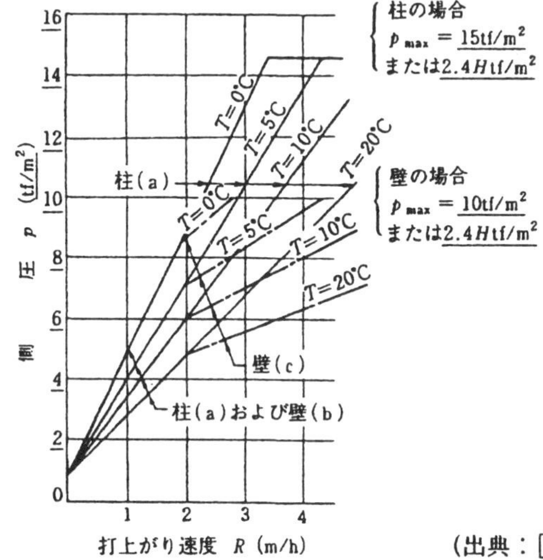

（出典：[標準示方書施工編]）

P153

(1) 柱の場合

$$p = \underline{0.8} + \frac{80R}{T+20} \leqq \underline{15\mathrm{tf/m^2}} \qquad \cdots\cdots (5.1)$$

または，$\underline{24Htf/m^2}$

頁	SI 単位系

P153 **(2) 壁の場合でR≦2m/hのとき**

$$p = \underline{8} + \frac{800R}{T+20} \leqq \underline{100\mathrm{kN/m^2}} \quad \cdots\cdots \quad (5.2)$$

または，$\underline{24H\mathrm{kN/m^2}}$

(3) 壁の場合でR＞2m/hのとき

$$p = \underline{8} + \frac{1{,}200+250R}{T+20} \leqq \underline{100\mathrm{kN/m^2}} \quad \cdots\cdots \quad (5.3)$$

または，$\underline{24H\mathrm{kN/m^2}}$

ここに、

p：側圧（$\underline{\mathrm{kN/m^2}}$）

表-5.5　金属製型枠パネルの諸元の一例[5-5]の注記文章

（鋼製パネルの寸法・質量・断面係数など）

（注）ヤング率=$\underline{2.1\times10^5\mathrm{N/mm^2}}$

許容応力度=$\underline{240.0\mathrm{N/mm^2}}$

（アルミニウム合金製パネルの寸法・質量・断面係数など）

P153 （注）ヤング率=$\underline{0.7\times10^5\mathrm{N/mm^2}}$

許容応力度=$\underline{190.0\mathrm{N/mm^2}}$

表-5.9　鋼製支柱の基本性能と使用上の注意

名称	材料、基本許容荷重
枠組支柱	Pa＝50kN/枠
	Pa＝78kN/枠
パイプサポート	Pa＝20kN/本
	Pa＝70kN/本
四角支柱	Pa＝160kN/柱 ただし、重荷重用は Pa＝220kN/柱
くさび固定式組立て支保工	Pa＝26kN/本
	Pa＝51kN/本
パイプ支柱システム	Pa＝500kN/支柱

頁	従 来 単 位 系
P153	**(2) 壁の場合でR≦2m/hのとき** $p=\underline{0.8}+\dfrac{80R}{T+20}\leqq\underline{10\mathrm{tf}/\mathrm{m}^2}$ ……………………………… (5.2) または，$\underline{24Htf/m^2}$ **(3) 壁の場合でR＞2m/hのとき** $p=\underline{0.8}+\dfrac{120+25R}{T+20}\leqq\underline{10\mathrm{tf}/\mathrm{m}^2}$ ………………………… (5.3) または，$\underline{24Htf/m^2}$ ここに、 p：側圧（$\underline{\mathrm{tf/m^2}}$） **表-5.5　金属製型枠パネルの諸元の一例[5-5]の注記文章** （鋼製パネルの寸法・質量・断面係数など） （注）ヤング率=$\underline{2.1\times10^6\mathrm{kgf/cm^2}}$ 許容応力度=$\underline{2400\mathrm{kgf/cm^2}}$
P153	（アルミニウム合金製パネルの寸法・質量・断面係数など） （注）ヤング率=$\underline{0.7\times10^6\mathrm{kgf/cm^2}}$ 許容応力度=$\underline{1900\mathrm{kgf/cm^2}}$ **表-5.9　鋼製支柱の基本性能と使用上の注意**

名称	材料、基本許容荷重
枠組支柱	Pa＝5.0tf/枠
	Pa＝7.8tf/枠
パイプサポート	Pa＝2.0tf/本
	Pa＝7.0tf/本
四角支柱	Pa＝16tf/柱 ただし、重荷重用は Pa＝22tf/柱
くさび固定式組立て支保工	Pa＝2.6tf/本
	Pa＝5.1tf/本
パイプ支柱システム	Pa＝50.0tf/支柱

頁	S I 単 位 系

P170

表-5.12　型枠支保工材料の許容応力度の標準

	木材の種類	許容応力度 (N/mm^2)		
		曲げ	軸圧縮	せん断
針葉樹	あかまつ、くろまつ、からまつ、ひば、ひのき、つが、べいまつ、べいひ	13.5	12.0	1.05
	すぎ、もみ、えぞまつ、とどまつ、べいすぎ、べいつが	10.5	9.0	0.75
針葉樹	かし	19.5	13.5	2.1
	くり、なら、ぶな、けやき	15.0	10.5	1.5
ラワン合板 (5プライ以上)		16.5	14.0	1.05

P170

(2) 機材の繊維方向の許容座沓応力度の値は，式(5.4)，および……

l_k ：支柱の長さ（支柱が水平方向の変位を拘束されているときは拘束点間の長さのうち最大の長さ）(mm)

I ：支柱の最小断面二次半径 (mm)

σ_c ：許容圧縮応力度 (N/mm^2)

σ_k ：許容座屈応力度 (N/mm^2)

P172

5.3.4(c) 鋼材の許容せん断力の値は、当該鋼材の降伏強さの値または…

l_k ：支柱の長さ（支柱が水平方向の変位を拘束されているときは拘束点間の長さのうち最大の長さ）(mm)

I ：支柱の最小断面二次半径 (mm)

E ：当該鋼材のヤング係数 (N/mm^2)

σ_k ：許容座屈応力度 (N/mm^2)

F ：当該鋼材の降伏強さの値または引張強さの値の3/4の値のうちいずれか小さい値 (N/mm^2)

P172

表-5.14　鋼材の許容応力度

(N/mm^2)

鋼材の種類			降伏点	曲げ	軸引張	軸圧縮	せん断
一般構造用圧延鋼材	SS400	厚さt≦16mm	250.0	166.6	166.6	166.6	95.0
		10mm≦t≦16mm	240.0	160.0	160.0	160.0	91.2
		40mm≦t	220.0	140.0	146.6	146.6	83.6
一般構造用炭素鋼鋼管	STK400		240.0	160.0	160.0	160.0	91.2
一般構造用軽量型鋼	SSC400		250.0	166.6	166.6	166.6	95.0

頁	従 来 単 位 系

P170

表-5.12　型枠支保工材料の許容応力度の標準

	木材の種類	許容応力度（kgf/cm^2）		
		曲げ	軸圧縮	せん断
針葉樹	あかまつ、くろまつ、からまつ、ひば、ひのき、つが、べいまつ、べいひ	135	120	10.5
	すぎ、もみ、えぞまつ、とどまつ、べいすぎ、べいつが	105	90	7.5
針葉樹	かし	195	135	21
	くり、なら、ぶな、けやき	150	105	15
ラワン合板（5プライ以上）		165	140	10.5

P170

(2) 機材の繊維方向の許容座沓応力度の値は，式(5.4)，および……

l_k：支柱の長さ（支柱が水平方向の変位を拘束されているときは拘束点間の長さのうち最大の長さ）（cm）

I　：支柱の最小断面二次半径（cm）

σ_c：許容圧縮応力度（kgf/cm^2）

σ_k：許容座屈応力度（kgf/cm^2）

P172

5.3.4(c) 鋼材の許容せん断力の値は、当該鋼材の降伏強さの値または…

l_k：支柱の長さ（支柱が水平方向の変位を拘束されているときは拘束点間の長さのうち最大の長さ）（cm）

I　：支柱の最小断面二次半径（cm）

E　：当該鋼材のヤング係数（kgf/cm^2）

σ_k：許容座屈応力度（kgf/cm^2）

F　：当該鋼材の降伏強さの値または引張強さの値の3/4の値のうちいずれか小さい値（kgf/cm^2）

P172

表-5.14　鋼材の許容応力度

（kgf/cm^2）

鋼材の種類			降伏点	曲げ	軸引張	軸圧縮	せん断
一般構造用圧延鋼材	SS400	厚さt≦16mm	2500	1666	1666	1666	950
		10mm≦t≦16mm	2400	1600	1600	1600	912
		40mm≦t	2200	1466	1466	1466	836
一般構造用炭素鋼鋼管	STK400		2400	1600	1600	1600	912
一般構造用軽量型鋼	SSC400		2500	1666	1666	1666	950

頁	S I 単 位 系

P173

表-5-15　引張を受けるボルトの許容引張力

直径（mm）	座金寸法（mm）	長期荷重に対する値（N）	短期荷重に対する値（N）	支圧応力度（N/mm^2）
12（1/2”）	50×50×6	10,000	長期荷重に対する値の1.5倍	4.2
16（5/8”）	65×65×9	16,000		4.0
19（3/4”）	75×75×9	23,000		4.5
22（7/8”）	90×90×12	31,000		4.0

P173

表-5.16　型枠および支保工材料のヤング係数

材料	鋼材	木材				
		つが すぎ つみ えぞまつ	ひのき とどまつ からまつ	あかまつ くろまつ べいまつ	合板	
					表板の繊維方向に平行方向	表板の繊維方向に直角方向
ヤング係数（N/mm^2）	200,000.0	7,000.0	8,000.0	9,000.0	6,000.0	2,500.0

P174

5.4.1　設　計

曲げ応力度（N/mm^2）の照査

たわみ（mm）の照査

ここに，

σ_a：許容曲げ応力度（N/mm^2）　　b：型枠の部材幅（mm）

δ_a：許容たわみ（mm）　　d：型枠の部材高（mm）

W：等分布荷重（N/mm^2）　　E：ヤング係数（N/mm^2）

L：型枠の支点間隔（mm）　　I：断面二次モーメント（mm^4）

P181

表-5.18　推定による場合の許容支持力度[5-6)]

基礎地盤の問題		許容支持応力度（kN/m^2）	目安とする値 一軸圧縮強度（kN/m^2）
岩盤	亀裂の少ない均一な硬岩	1000	10000以上
	亀裂の多い硬岩	600	10000以上
	軟岩土丹	300	1000以上
れき層	密実なもの	600	—
	密実でないもの	300	—
砂質地盤	密なもの	300	—
	中位のもの	300	—

頁	従来単位系

P173

表-5-15 引張を受けるボルトの許容引張力

直径（mm）	座金寸法（mm）	長期荷重に対する値(N)	短期荷重に対する値(N)	支圧応力度（N/mm^2）
12(1/2")	50×50×6	1,000	長期荷重に対する値の1.5倍	42
16(5/8")	65×65×9	1,600		40
19(3/4")	75×75×9	2.300		45
22(7/8")	90×90×12	3,100		40

P173

表-5.16 型枠および支保工材料のヤング係数

材料	鋼材	木材				
		つが すぎ つみ えぞまつ	ひのき とどまつ からまつ	あかまつ くろまつ べいまつ	合板	
					表板の繊維方向に平行方向	表板の繊維方向に直角方向
ヤング係数（kgf/cm^2）	2,100,000	70,000	80,000	90,000	60,000	25,000

P174

5.4.1 設　計

曲げ応力度（kgf/cm^2）の照査

たわみ（cm）の照査

ここに、

σ_a：許容曲げ応力度（kgf/cm^2）　　b：型枠の部材幅（cm）
δ_a：許容たわみ（cm）　　d：型枠の部材高（cm）
W：等分布荷重（kgf/cm^2）　　E：ヤング係数（kgf/cm^2）
L：型枠の支点間隔（cm）　　I：断面二次モーメント（cm^4）

P181

表-5.18 推定による場合の許容支持力度[5-6)]

基礎地盤の問題		許容支持応力度（tf/m^2）	目安とする値 一軸圧縮強度（tf/m^2）
岩盤	亀裂の少ない均一な硬岩	100	1000以上
	亀裂の多い硬岩	60	1000以上
	軟岩土丹	30	100以上
れき層	密実なもの	60	—
	密実でないもの	30	—
砂質地盤	密なもの	30	—
	中位のもの	30	—

頁	S I 単 位 系

粘性土地盤	非常に硬いもの	200	200～400
	硬いもの	100	100～200
	中位のもの	50	50～100

P189

表-5.20　型枠を取り外してよい時期のコンクリートの圧縮強度の参考値

コンクリートの圧縮強度（N/mm^2）
3.5
5.0
14.0

P202

表-6.3　示方配合例

構造形式	部材	設計基準強度（N/mm^2）
RC固定アーチ橋	アーチリング	40
3径間連続PC斜張橋	けた	40
3径間連続PC箱桁橋	主げた	50
PC斜張橋	主塔	40
3径間連続PC斜張橋	主塔	50

P275

8.5.1(a)　コンクリート断面に生じる圧縮応力度に対する安全率

……ただし、プレテンション方式の場合は$30.0N/mm^2$を下回ってはならない。

……大きな断面の生じる部材などでは、プレストレス導入時の圧縮強度は$35.0N/mm^2$以上とするのがよい。

P275

8.5.2　2）支間の大きい箱げたを支保工施工する場合などでは、……

……コンクリートの材令の早期（2～3日）にプレストレスの一部（$0.5\sim0.1N/mm^2$程度）を与える場合がある。

P284

(1)　コンクリートの弾性変形による緊張力の補正値

Ep：ＰＣ鋼材のヤング係数＝$2.0\times10^5N/mm^2$

P287

(4)　セット量の許容値

Δl＝セット量の許容量（mm）

$A_1=(\sigma_1-\sigma_0)l_1$ N/mm

$A_2=[(\sigma_2-\sigma_0)+(\sigma_1-\sigma_0)]l_2$ N/mm

$A_3=[(\sigma_3-\sigma_0)+(\sigma_2-\sigma_0)]l_3$ N/mm

$A_4=[(\sigma_4-\sigma_0)+(\sigma_3-\sigma_0)]l_4$ N/mm

$A_5=\sigma_5\cdot l_5=\sigma_4\cdot l_5$ N/mm

頁	従来単位系

粘性土地盤	非常に硬いもの	20	20～40
	硬いもの	10	10～20
	中位のもの	5	5～10

P189

表-5.20　型枠を取り外してよい時期のコンクリートの圧縮強度の参考値

コンクリートの圧縮強度(kgf/cm²)
35
50
140

P202

表-6.3　示方配合例

構造形式	部材	設計基準強度（kgf/cm²）
RC固定アーチ橋	アーチリング	400
3径間連続PC斜張橋	けた	400
3径間連続PC箱桁橋	主げた	500
PC斜張橋	主塔	400
3径間連続PC斜張橋	主塔	500

P275

8.5.1(a)　コンクリート断面に生じる圧縮応力度に対する安全率

……ただし、プレテンション方式の場合は300kgf/cm²を下回ってはならない。

……大きな断面の生じる部材などでは、プレストレス導入時の圧縮強度は350kgf/cm²以上とするのがよい。

P275

8.5.2　2）支間の大きい箱げたを支保工施工する場合などでは、……

……コンクリートの材令の早期（2～3日）にプレストレスの一部（5～10kgf/cm²程度）を与える場合がある。

P284

(1)　コンクリートの弾性変形による緊張力の補正値

Ep：ＰＣ鋼材のヤング係数＝2.0×10^{6}kgf/cm²

P287

(4)　セット量の許容値

Δl＝セット量の許容量（cm）

$A_1=(\sigma_1-\sigma_0)l_1$ kgf/cm

$A_2=[(\sigma_2-\sigma_0)+(\sigma_1-\sigma_0)]l_2$ kgf/cm

$A_3=[(\sigma_3-\sigma_0)+(\sigma_2-\sigma_0)]l_3$ kgf/cm

$A_4=[(\sigma_4-\sigma_0)+(\sigma_3-\sigma_0)]l_4$ kgf/cm

$A_5=\sigma_5\cdot l_5=\sigma_4\cdot l_5$ kgf/cm

頁	SI 単 位 系

P294

(b) 試験緊張の手順

手順 3 ： ジャッキAの圧力が5.0N/mm^{2}のとき、伸び測定用の評点を付ける。

手順 4 ： ジャッキAの圧力計を5.0～10.0N/mm^{2}刻みに増加し、このときジャッキA,Bの移動量およびジャッキの圧力を測定する。

P296

表-8.7 試験緊張の測定結果

緊張順序	P'(N/mm^2)
1	40.7
2	42.6
3	41.2
4	41.7
5	40.2
6	40.2
7	41.2
8	40.7

P＝49N/mm^2

P297

①摩擦係数 $\dot{\mu}$

P ：作動ジャッキの圧力計の読み (N/mm^2)

P'：固定側ジャッキの圧力計の読み (N/mm^2)

P299

表-8.8 $\dot{\mu}$ および $\dot{E}_p$ の算出結果

測定順序	P' (N/mm^2)	$\dot{E}p$ (N/mm^2)	$(\bar{\dot{E}}p - Ep)^2$
1	40.7	1.885×10^5	2.401×10^7
2	42.6	1.993×10^5	3.481×10^7
3	41.2	1.944×10^5	1.000×10^6
4	41.7	1.935×10^5	1.000×10^4
5	40.2	1.940×10^5	3.600×10^5
6	40.2	1.909×10^5	6.250×10^5
7	41.2	1.930×10^5	1.600×10^5
8	40.7	1.929×10^5	2.500×10^5
Σ		$\Sigma\dot{E}p =$ 15.470×10^5	$\Sigma(\bar{\dot{E}}p - Ep)^2$ $=6.685\times10^7$
平均		$Ep = 1.973\times10^6$	
標準偏差		$\sigma = \sqrt{\dfrac{\Sigma(\bar{\dot{E}}_p - E_p)^2}{n-1}} = 0.032\times10^6$	

(b) 試験緊張の手順

手順3 ： ジャッキAの圧力が50kgf/cm^{2}のとき、伸び測定用の評点を付ける。

手順4 ： ジャッキAの圧力計を50～100kgf/cm^{2}刻みに増加し、このときジャッキA,Bの移動量およびジャッキの圧力を測定する。

表-8.7 試験緊張の測定結果

緊張順序	P'(kgf/cm^2)
1	415
2	435
3	420
4	425
5	410
6	410
7	420
8	415

P＝500kgf/cm^2

①摩擦係数 $\dot{\mu}$

P ：作動ジャッキの圧力計の読み（kgf/cm^2）

P'：固定側ジャッキの圧力計の読み（kgf/cm^2）

表-8.8 $\dot{\mu}$ および $\dot{E}_p$ の算出結果

測定順序	P' (kgf/cm2)	$\dot{E}p$ (kgf/cm2)	$(\overline{\dot{E}p}-Ep)2$
1	415	1.923×10^6	2.500×10^{-9}
2	435	2.034×10^6	3.721×10^{-9}
3	420	1.984×10^6	1.210×10^{-8}
4	425	1.974×10^6	1.000×10^{-6}
5	410	1.980×10^6	4.900×10^{-7}
6	410	1.948×10^6	6.250×10^{-8}
7	420	1.969×10^6	1.600×10^{-7}
8	415	1.968×10^6	2.500×10^{-7}
Σ		$\Sigma\dot{E}p=$ 15.780×10^6	$\Sigma(\overline{\dot{E}p}-Ep)^2$ $=7.058\times10^9$
平均		$Ep=1.934\times10^5$	
標準偏差		$\sigma=\sqrt{\dfrac{\Sigma(\overline{\dot{E}_p}-E_p)^2}{n-1}}=0.031\times10^5$	

頁	SI 単 位 系
P301	**(e) PC鋼材の見かけのヤング係数$\dot{E}_p$の推定** $E_p \pm t(\phi,\beta)\cdot\frac{\sigma}{\sqrt{n}} = \underline{1.934} \pm 2.37 \times \frac{\underline{0.031}}{\sqrt{8}} = \underline{(1.96 \sim 1.91)\times 10^5 \mathrm{N/mm^2}}$ 以上より，$E_p \pm t(\phi,\beta)\cdot\frac{\sigma}{\sqrt{n}} = \underline{1.934} \pm 2.37 \times \frac{\underline{0.031}}{\sqrt{8}} = \underline{(1.96 \sim 1.91)\times 10^5 \mathrm{N/mm^2}}$
P302	**(e) PC鋼材の見かけのヤング係数$\dot{E}_p$の推定** すなわち、$\underline{1.93}/(1+0.03)=\underline{1.87\times10^5\mathrm{N/mm^2}}$を引止め線とする。 ……ヤング係数が$\underline{2.00\times10^5\mathrm{N/mm^2}}$の場合には、$\underline{1.81\sim1.96\times10^5\mathrm{N/mm^2}}$程度になる場合が多い。
P302	**表-8.11　摩擦係数および見かけのヤング係数** （表は下記） ここに、$\dot{E}_p$：PC鋼材の見かけのヤング係数（$\underline{\mathrm{N/mm^2}}$）
P303	**8.6.3.3(1) 緊張管理の着目断面が1箇所の場合の管理** ……見かけのヤング係数は、試験緊張結果から$Ep=\underline{1.93\times10^5\mathrm{N/mm^2}}$とする。
P304	**手順3：引止め線の記入** $\dot{E}_p/(1+0.03)=\underline{1.87\times10^5\mathrm{N/mm^2}}$を記入する。 $\mu=0.2$：$186\times\underline{1.93\times10^5}/\underline{1.87\times10^5}=192\mathrm{mm}$ $\mu=0.4$：$190\times\underline{1.93\times10^5}/\underline{1.87\times10^5}=196\mathrm{mm}$
P304	**表-8.12　$Ep=1.93\times10^5\mathrm{N/mm^2}$の緊張計算結果** （表は下記）
P306	**手順6：管理図を用いた管理方法** ①圧力計の示度$\underline{5.0\mathrm{N/mm^2}}$（一般には$\underline{5.0\sim10.0\mathrm{N/mm^2}}$）で… ②各圧力ごと（例えば$\underline{5.0\mathrm{N/mm^2}}$ごと）に測定される…

表-8.11　摩擦係数および見かけのヤング係数

	$\dot{E}p\,(N/mm^2)$
鋼材	$\underline{1.95\times10^5}$
鋼より線	$\underline{1.85\times10^5}$
鋼棒	$\underline{2.00\times10^5}$

表-8.12　$Ep=1.93\times10^5\mathrm{N/mm^2}$の緊張計算結果

PC鋼材番号	$\mu=0.2$	$\mu=0.4$
	σ_a ($\underline{\mathrm{N/mm^2}}$)	σ_a ($\underline{\mathrm{N/mm^2}}$)
C_1	$\underline{52}$	$\underline{55}$
C_2	$\underline{50}$	$\underline{53}$
C_3	$\underline{48}$	$\underline{51}$
C_4	$\underline{45}$	$\underline{48}$

頁	従来単位系

P301

(e) ＰＣ鋼材の見かけのヤング係数$\dot{E}_p$の推定

$$E_p \pm t(\phi,\beta)\cdot\frac{\sigma}{\sqrt{n}} = 1.973 \pm 2.37\times\frac{0.032}{\sqrt{8}} = (2.00\sim1.95)\times10^6\,\mathrm{kgf/cm^2}$$

以上より，$E_p \pm t(\phi,\beta)\cdot\frac{\sigma}{\sqrt{n}} = 1.973 \pm 2.37\times\frac{0.032}{\sqrt{8}} = (2.00\sim1.95)\times10^6\,\mathrm{kgf/cm^2}$

P302

(e) ＰＣ鋼材の見かけのヤング係数$\dot{E}_p$の推定

すなわち、1.97/(1+0.03)=1.91×10^6kgf/cm^{2}を引止め線とする。

……ヤング係数が2.05×10^6kgf/cm^{2}の場合には、$1.85\sim2.00\times10^6$kgf/cm^{2}程度になる場合が多い。

P302

表-8.11　摩擦係数および見かけのヤング係数

	$\dot{E}p$(kgf/cm2)
鋼材	2.0×10^6
鋼より線	1.9×10^6
鋼棒	2.05×10^6

ここに、$\dot{E}_p$：ＰＣ鋼材の見かけのヤング係数（kgf/cm^2）

P303

8.6.3.3(1)　緊張管理の着目断面が１箇所の場合の管理

……見かけのヤング係数は、試験緊張結果からEp=1.97×10^6kgf/cm^{2}とする。

P304

手順３：引止め線の記入

$\dot{E}_p/(1+0.03)=1.91\times10^6$kgf/cm^{2}を記入する。

μ=0.2：$186\times1.97\times10^6/1.91\times10^6$=192mm

μ=0.4：$190\times1.97\times10^6/1.91\times10^6$=196mm

P304

表-8.12　Ep=1.97×10^6kgf/cm^{2}の緊張計算結果

PC鋼材番号	μ = 0.2	μ = 0.4
	σ_a (kgf/cm^2)	σ_a (kgf/cm^2)
C_1	530	560
C_2	510	540
C_3	490	520
C_4	460	490

P306

手順６：管理図を用いた管理方法

①圧力計の示度50kgf/cm^2（一般には50～100kgf/cm^2）で…

②各圧力ごと（例えば50kgf/cm^{2}ごと）に測定される…

頁	SI 単 位 系
P308	④測点線が減点を通るように水平移動し、平行移動した線と… ＰＣ鋼材 C_4 の引止め点は圧力47.1N/mm²である。
P310	**手順1：$\dot{E}_p$線の記入** ……と同様にEp=1.93×10⁵N/mm²とする。
P310	**手順3：引止め線の記入** 引止め線 $\dot{E}_p/(1+0.03)=1.87\times10^5$N/mm²を記入する。 $\mu=0.0$：377×1.93×10⁵/1.87×10⁵=389mm $\mu=0.4$：341×1.93×10⁵/1.87×10⁵=352mm
P310	**手順3：引止め線の記入** $\mu=0.0$：346×1.93×10⁵/1.87×10⁵=357mm $\mu=0.4$：377×1.93×10⁵/1.87×10⁵=389mm
P311	**表-8.13　$\dot{E}_p=1.93\times10^5$N/mm²の緊張計算結果**

PC鋼材番号	断面A		断面B	
	$\mu=0$	$\mu=0.4$	$\mu=0$	$\mu=0.4$
	σ_a	σ_a	σ_a	σ_a
C_1	37.3	48.8	40.7	44.2
C_2	37.2	48.8	40.6	44.1
C_3	37.2	48.7	40.5	44.1
C_4	37.2	48.7	40.4	44.0

P330～331　**表-8.19　緊張管理表**

①	③	⑮	⑯	⑰	⑱	⑲	⑳
ＰＣ鋼材	緊張端応力 δ_{se}	圧力計読み（予定値）		圧力計読み（測定値）定着時	定着時圧力計読み差 ⑰－⑯	応力差 ⑱/⑯×100	誤差 ⑭－⑲
		引越し時	定着時				
No.	N/mm²	N/mm²	N/mm²	N/mm²	N/mm²	%	%
507		35.8	30.9	30.4	－0.5	－1.62	2.25
607		〃	〃	32.3	1.5	4.86	－4.23
508		〃	〃	30.9	0	0	0.31
608		〃	〃	32.3	1.5	4.86	－4.47
509		36.3	〃	30.9	－0.5	－1.62	2.17
609		〃	〃	32.3	1.5	4.86	－4.63
524		〃	〃	30.9	0	0	－0.16
624		〃	〃	32.3	1.5	4.86	－4.63
525		35.8	〃	31.9	1.0	3.24	－3.01
625		〃	〃	30.4	－0.5	－1.62	1.93

④測点線が減点を通るように水平移動し、平行移動した線と…

ＰＣ鋼材C_4の引止め点は圧力480kgf/cm^{2}である。

手順１：$\dot{E}_p$線の記入

……と同様にEp=1.97×10^{6}kgf/cm^{2}とする。

手順３：引止め線の記入

引止め線$\dot{E}_p/(1+0.03)=1.87\times10^6$kgf/cm^{2}を記入する。

μ=0.0：346×1.97×10^6/1.87×10^5=357cm

μ=0.4：377×1.97×10^6/1.87×10^5=389cm

手順３：引止め線の記入

μ=0.0：346×1.97×10^6/1.91×10^6=357mm

μ=0.4：377×1.97×10^6/1.91×10^6=389mm

表-8.13　$\dot{E}_p$=1.97×10^{6}kgf/cm^{2}の緊張計算結果

PC鋼材番号	断面A		断面B	
	μ = 0	μ = 0.4	μ = 0	μ = 0.4
	σ_a	σ_a	σ_a	σ_a
C_1	381	498	415	451
C_2	380	498	414	450
C_3	380	497	413	450
C_4	380	497	412	449

表-8.19　緊張管理表

①	③	⑮	⑯	⑰	⑱	⑲	⑳
ＰＣ鋼材	緊張端応力 δ_{se}	圧力計読み（予定値）		圧力計読み（測定値）定着時	定着時圧力計読み差 ⑰－⑯	応力差 ⑱/⑯×100	誤差 ⑭－⑲
		引越し時	定着時				
No.	kgf/cm^2	kgf/cm^2	kgf/cm^2	kgf/cm^2	kgf/cm^2	%	%
507		365	315	310	－5	－1.59	2.22
607		〃	〃	330	15	4.76	－4.13
508		〃	〃	315	0	0	0.31
608		〃	〃	330	15	4.76	－4.37
509		370	〃	310	－5	－1.59	2.12
609		〃	〃	330	15	4.76	－4.53
524		〃	〃	315	0	0	－0.16
624		〃	〃	330	15	4.76	－4.53
525		365	〃	325	10	3.17	－2.94
625		〃	〃	310	－5	－1.59	1.90

頁	SI 単位系

526	N/mm²	35.2	31.4	32.3	1.0	3.19	−3.19
626		〃	〃	31.4	0	0	0.23
533		〃	〃	32.8	1.5	4.78	−4.62
633		〃	〃	31.4	0	0	0.31
534		35.8	〃	30.9	−0.5	−1.59	2.06
634		〃	〃	31.9	0.5	1.59	−0.96

P333

表-8.20　緊張データの整理結果の一例

組番号	PC鋼材番号	測定応力 (N/mm²)	計算応力 (N/mm²)
1	1	32.3	32.3
	2	〃	〃
	3	〃	〃
	4	〃	〃
	5	〃	〃
	6	〃	〃
	7	〃	〃
	8	〃	〃
	9	〃	〃
	10	32.8	〃
	11	32.3	〃
	12	〃	〃
	13	〃	〃
	14	〃	〃
	15	〃	〃
	16	335	〃
2	17	32.3	32.3
	18	〃	〃
	19	〃	〃
	20	〃	〃
	21	〃	〃
	22	〃	〃
	23	32.8	〃
	24	32.3	〃
	25	〃	〃
	26	〃	〃
	27	32.8	〃
	28	32.3	〃
	29	〃	〃
	30	〃	〃
	31	〃	〃
	32	32.8	〃

526	kgf/cm^2	359	320	330	10	3.13	−3.13
626		〃	〃	320	0	0	0.23
533		〃	〃	335	15	4.69	−4.53
633		〃	〃	320	0	0	0.31
534			〃	315	−5	−1.56	2.03
634		〃	〃	325	0	1.56	−0.93

表-8.20　緊張データの整理結果の一例

組番号	PC鋼材番号	測定応力 (kgf/cm^2)	計算応力 (kgf/cm^2)
1	1	330	330
	2	〃	〃
	3	〃	〃
	4	〃	〃
	5	〃	〃
	6	〃	〃
	7	〃	〃
	8	〃	〃
	9	〃	〃
	10	335	〃
	11	330	〃
	12	〃	〃
	13	〃	〃
	14	〃	〃
	15	〃	〃
	16	32.8	〃
2	17	330	330
	18	〃	〃
	19	〃	〃
	20	〃	〃
	21	〃	〃
	22	〃	〃
	23	335	〃
	24	330	〃
	25	〃	〃
	26	〃	〃
	27	335	〃
	28	330	〃
	29	〃	〃
	30	〃	〃
	31	〃	〃
	32	335	〃

P379 **9.5.4(2) 注入作業時の注意としては次のようなものがある。**

ポンプの圧力を注入圧より幾分大きな圧力(0.5N/mm^{2}程度)を…

表-9.7　ＰＣグラウト品質管理表の例

品質規格値

流　動　性	従来タイプ　J_A漏斗　15～30秒　ノンブリーディング型　J_{14}漏斗（注）
ブリーディング率	0.0%
膨　張　率	－0.5%～0.0%
圧　縮　強　度	材令　28日 ―― 20.0N/mm^{2}以上
塩化物イオン量	0.3kg/m^{3}以下　4倍希釈法

圧縮強度試験（材令28日）

P389

No.	質　量(g)	荷　重(N)	強　度(N/mm^2)	平均(N/mm^2)
1	370	11250	57.3	
2	368	11040	56.3	
3	374	11370	57.9	

表-9.11　アンボンドＰＣ鋼材の諸元

P416

呼び名(mm)	シース外径(mm)	ケーブル質量(kg/m)	引張荷重(kN)	降伏荷重(kN)	許容引張力(kN)	標準有効引張力(kN)
12.7	15.7	0.85	183	156	132	93
15.2	18.2	1.20	261	222	188	132
17.8	21.2	1.76	387	329	279	196
19.3	22.7	2.06	451	387	328	230
21.8	25.2	2.63	572	495	420	29

P417 **10.3.2(2) セグメントの保管**

……コンクリートの強度が25.0N/㎜^{2}以上であることを確認した後に行う。……

P512 **(4) セグメントの接合**

……接合面に0.2～0.4N/㎜^{2}の圧縮応力が均等に作用するように配置…

表-13.1　主 要 材 料

P515

項　　目	種別	単位	数量	摘要
コンクリート	σ_{ck}＝40N/mm^2	m^3	6458	主げた
ＰＣ鋼材	SBPR930/1180　ϕ32mm	t	246	
	SBPR930/1180　ϕ26mm	〃	11	
	SWPR7A　12S12.4	〃	127	
	SWPR1　12ϕ7	〃	53	
鉄　　筋	SD345	t	835	

頁	従来単位系

P379 **9.5.4(2) 注入作業時の注意としては次のようなものがある。**

ポンプの圧力を注入圧より幾分大きな圧力(5kgf/cm^{2}程度)を…

表-9.7 ＰＣグラウト品質管理表の例

品質規格値

流動性	従来タイプ J_A漏斗 15~30秒 ノンブリーディング型 J_{14}漏斗（注）
ブリーディング率	0.0%
膨張率	−0.5%~0.0%
圧縮強度	材令 28日 —— 200kgf/cm^{2}以上
塩化物イオン量	0.3kg/m^{3}以下 4倍希釈法

圧縮強度試験（材令28日）

頁	No.	重量(gf)	荷重(kgf)	強度(kgf/cm^2)	平均(kgf/cm^2)
	1	370	1148	585	
P389	2	368	1126	574	
	3	374	1160	591	

表-9.11 アンボンドＰＣ鋼材の諸元

頁	呼び名 (mm)	シース外径 (mm)	ケーブル重量 (kgf/m)	引張荷重 (tf)	降伏荷重 (tf)	許容引張力 (tf)	標準有効引張力 (tf)
	12.7	15.7	0.85	18.7	15.9	13.5	9.5
	15.2	18.2	1.20	26.6	22.6	19.2	13.5
	17.8	21.2	1.76	39.5	33.6	28.5	20.0
P416	19.3	22.7	2.06	46.0	39.5	33.5	23.5
	21.8	25.2	2.63	58.4	50.5	42.9	30.0

P417 **10.3.2(2) セグメントの保管**

……コンクリートの強度が250kgf/cm^{2}以上であることを確認した後に行う。……

P512 **(4) セグメントの接合**

……接合面面に2~4kgf/cm^{2}の圧縮応力が均等に作用するように配置…

表-13.1 主要材料

頁	項目	種別	単位	数量	摘要
	コンクリート	σ_{ck} = 400kgf/cm^2	m^3	6458	主げた
	ＰＣ鋼材	SBPR930/1180 φ32mm	t	246	
		SBPR930/1180 φ26mm	〃	11	
		SWPR7A 12S12.4	〃	127	
P515		SWPR1 12φ7	〃	53	
	鉄筋	SD345	t	835	

頁	SI 単 位 系

P521

(b) セグメントの架設

…全断面で0.1～0.3N/㎟程度の圧縮力となる緊張力を与え行った…

P526

表-13.2 主 要 材 料

項　　目	品質形状	単位	数　量	摘　　　要
コンクリート	σ ck＝50N/mm^2	m^3	12,260	
P C鋼材	SWPR7B　12φ12.7	t	129	内ケーブル
	SWPR7B　19φ15.2	t	289	外ケーブル
	SWPR7B　1φ15.2	t	168	横締PC鋼材
	SWPR7B　19φ15.2	t	43	脚頭部Uケーブル
鉄　　筋	SD345	t	1,800	

P532

表-13.3 主 要 材 料

項　　目	品質形状	単位	数　量	摘　　　要
コンクリート	σ ck＝40N/mm^2	m^3	1080	主げた
鋼　　材	SWA490AW	t	139	波形鋼板、鋼床版
	SWPR930/1180 φ32	t	71.8	一次鋼材 鉛直・横締鋼材
	SWPR7B　9S15.2	t	28912.1	二次鋼材 (外ケーブル)

P538

(b) 押出し架設

…けた自重を40kN/mまで軽量化することで手延べげたとして利用…

P544

表-13.5 主 要 材 料

項　　目	品質形状	単位	数量（上り線）	数量（下り線）	摘要
コンクリート	σ ck＝40N/mm^2	m^3	1,911	1,911	主げた
コンクリート	σ ck＝30N/mm^2	m^3	99	99	地覆高欄

P546

表-13.6 主 要 材 料

項　　目	品質形状	単位	数　量	摘　　　要
コンクリート	σ ck＝40N/mm^2	m^3	14,080	主げた橋体工
	σ ck＝50N/mm^2	m^3	3,520	主塔
P C鋼材	SWPR930/1180他	t	820	主げた
	SWPR7B　φ15.2	t	690	斜材
鉄　　筋	SD345	t	3,980	

13.6(2)(a) 斜材の架設・緊張

…P C鋼より線を挿入してケーブルを組み立て，7840kNセンターホールジャッキをしようして緊張した。…

頁	従来単位系

P521 **(b) セグメントの架設**

…全断面で1～3kgf/cm²程度の圧縮力となる緊張力を与え行った…

表-13.2 主要材料

P526

項　目	品質形状	単位	数　量	摘　要
コンクリート	σ_{ck}=500kgf/cm²	m³	12,260	
ＰＣ鋼材	SWPR7B　12φ12.7	t	129	内ケーブル
	SWPR7B　19φ15.2	t	289	外ケーブル
	SWPR7B　1φ15.2	t	168	横締PC鋼材
	SWPR7B　19φ15.2	t	43	脚頭部Uケーブル
鉄　筋	SD345	t	1,800	

表-13.3 主要材料

P532

項　目	品質形状	単位	数　量	摘　要
コンクリート	σ_{ck}=400kgf/cm²	m³	1080	主げた
鋼　材	SWA490AW	t	139	波形鋼板、鋼床版
	SWPR930/1180 φ32	t	71.8	一次鋼材 鉛直・横締鋼材
	SWPR7B　9S15.2	t	28912.1	二次鋼材 (外ケーブル)

P538 **(b) 押出し架設**

…けた自重を4.0tf/mまで軽量化することで手延べげたとして…

表-13.5 主要材料

P544

項　目	品質形状	単位	数量（上り線）	数量（下り線）	摘要
コンクリート	σ_{ck}=400kgf/cm²	m³	1,911	1,911	主げた
コンクリート	σ_{ck}=300kgf/cm²	m³	99	99	地覆高欄

表-13.6 主要材料

P546

項　目	品質形状	単位	数　量	摘　要
コンクリート	σ_{ck}=400kgf/cm²	m³	14,080	主げた橋体工
	σ_{ck}=500kgf/cm²	m³	3,520	主塔
ＰＣ鋼材	SWPR930/1180他	t	820	主げた
	SWPR7B　φ15.2	t	690	斜材
鉄　筋	SD345	t	3,980	

13.6(2)(a) 斜材の架設・緊張

…ＰＣ鋼より線を挿入してケーブルを組み立て，800tfセンターホールジャッキをしようして緊張した。…

頁	SI 単 位 系

P553

表-13.7 主 要 材 料

項目		種別	単位	数量	摘要
コンクリート		σ_{ck}=35N/mm^2	m^3	1350	P12、P13橋脚、主塔
		σ_{ck}=40N/mm^2	〃	3556	主げた
PC鋼材	PC鋼材	SBPR930/1180 ϕ32mm	t	17	
	PC鋼より線	SWPR7A 12S12.4	〃	111	
	PC鋼材	SWPRI 12ϕ8	〃	26	
鉄筋		SD345	t	468	主げた、主塔
斜材		SWPR7A 19S15.2		54	

P559

13.7(2)(b) 斜材の施工

…緊張は4214kNジャッキ4台を用い，サドル中央部が不動点となるように4ヶ所のポンプ圧力を同調させ、2本の斜材を両引きして行われた。…

P561

表-13.9 主 要 材 料

項目	品質形状	単位	数量	適用
コンクリート	σ_{ck}=40、35、24N/mm^2	m^3	14,200	
P C 鋼 材	SBPR 785/1030 ϕ32	m^3	483	
鉄 筋	SD295	t	2,850	
メ ラ ン 材	SS400～SM750	t	527	
水 平 鋼 材	SS400	t	946	
鉛 直 鋼 材	SS400	t	432	

P570

表-13.10 主 要 材 料

項目	品質形状	単位	数量	適用
コンクリート	普通コンクリート σ_{ck}=24N/mm^2	m^3	5,703	アーチリブ
コンクリート	普通コンクリート σ_{ck}=24N/mm^2	m^3	19,781	橋脚、側壁、支柱
コンクリート	普通コンクリート σ_{ck}=24N/mm^2	m^3	20,608	フーチング
鉄 筋	SD345	t	5,398	
支 承	ゴム支承	m^2	1.79	

P572

13.9(2)(a) アーチ部の支保工

…支保工撤去はアーチリブのコンクリートの圧縮応力度が14.0N/mm^{2}に達した時期としている。

従 来 単 位 系

表-13.7　主 要 材 料

項　目		種　別	単位	数量	摘　要
コンクリート		σ ck = 350kgf/cm²	m³	1350	P12、P13橋脚、主塔
		σ ck = 400kgf/cm²	〃	3556	主げた
PC鋼材	ＰＣ鋼材	SBPR930/1180 φ 32mm	t	17	
	ＰＣ鋼より線	SWPR7A 12S12.4	〃	111	
	ＰＣ鋼材	SWPRI 12 φ 8	〃	26	
			t		
鉄　筋		SD345	t	468	主げた、主塔
斜　材		SWPR7A 19S15.2		54	

13.7(2)(b) 斜材の施工

…緊張は430tfジャッキ４台を用い，サドル中央部が不動点となるように４ヶ所のポンプ圧力を同調させ、２本の斜材を両引きして行われた。…

表-13.9　主 要 材 料

項　目	品質形状	単位	数量	適　用
コンクリート	σ ck = 400，350，240kgf/cm²	m³	14,200	
Ｐ Ｃ 鋼 材	SBPR 80/108　φ 32	m³	483	
鉄　筋	SD30	t	2,850	
メ ラ ン 材	SS41～SM58	t	527	
水 平 鋼 材	SS41	t	946	
鉛 直 鋼 材	SS41	t	432	

表-13.10　主 要 材 料

項　目	品質形状	単位	数量	適　用
コンクリート	普通コンクリート　σ ck = 240kgf/cm²	m³	5,703	アーチリブ
コンクリート	普通コンクリート　σ ck = 240kgf/cm²	m³	19,781	橋脚、側壁、支柱
コンクリート	普通コンクリート　σ ck = 240kgf/cm²	m³	20,608	フーチング
鉄　筋	SD345	t	5,398	
支　承	ゴム支承	m²	1.79	

13.9(2)(a) アーチ部の支保工

…支保工撤去はアーチリブのコンクリートの圧縮応力度が140kgf/cm²に達した時期としている。

頁	SI 単位系
P579	**表-13.11 主要材料**

項　目	品質形状	単位	数量	適　用
コンクリート	普通コンクリート	m^3	2,363.4	床版
	σ_{ck} = 24N/mm^2			
コンクリート	コンクリート	m^3	576.71	橋げた
	σ_{ck} = 30N/mm^2			
P　C　鋼　材	SWPR7A12T12.4	kg	107,059.1	主げた
P　C　鋼　材	SBPR785/930 ϕ26	kg	15,461.3	横げた
支承	BP. A	箇所	216	
構造物取り壊し		m	1,432.0	床版、高欄

頁	従来単位系
P579	**表-13.11　主要材料**

項　　目	品質形状	単位	数量	適　　用
コンクリート	普通コンクリート	m^3	2,363.4	床版
	σ_{ck} = 240kgf/cm^2			
コンクリート	コンクリート	m^3	576.71	橋げた
	σ_{ck} = 300kgf/cm^2			
P　C　鋼　材	SWPR7A12T12.4	kg	107,059.1	主げた
P　C　鋼　材	SBPR80/95 ϕ26	kg	15,461.3	横げた
支承	BP. A	箇所	216	
構造物取り壊し		m	1,432.0	床版、高欄

⑦ 杭基礎設計便覧

杭基礎設計便覧

頁	S I 単 位 系
P2	**図-1.1　半無限長の梁と有限長の梁とした場合の水平変位量の関係** 杭の条件　　k_H 値　1,000～100,000kN/m^3
P3，P4	**図-1.2　β *l* と基礎底面へのモーメント伝達率の関係** **図-1.3　β *l* と基礎底面へのモーメント伝達率の関係** k_H＝1,000kN/m^3 k_H＝10,000kN/m^3 k_H＝100,000kN/m^3
P8	**表-3.1.1　各工法の特徴** 打込み杭工法　短所 iii）コンクリート杭の場合径が大きくなると質量が大きくなり……
P12	**(1) 騒　音** ……，しかもそのばらつきも20db前後と大きい。
P13	**図-3.2.1　杭施工時の騒音測定例** ディーゼルハンマの規格 ラム質量1.2～1.4t，ラム質量2.2～2.5t， ラム質量3.2～3.5t，ラム質量4.0～4.3t，ラム質量7.0t ドロップハンマの規格 1.5t，7.0t オールケーシング工法の規格 70～103kW
P14	**図-3.2.3　杭施工時の振動測定例** ディーゼルハンマの規格 ラム質量2～1.4t，ラム質量2.2～2.5t， ラム質量3.2～3.5t，ラム質量4.0～4.3t ドロップハンマの規格 1.0～1.5t，7.0t
P19	**表-3.3.1　先端処理方法の概要と特徴** セメントミルク噴出攪拌方式　概要 低圧方式 ……，直ちにセメントミルク（W/C＝60～70％程度）を1N/mm^2以上の圧力で噴出し，…… 高圧方式 ……，杭先端地盤中にセメントミルク（W/C＝60～70％程度）を15～20N/mm^2以上の圧力で……

頁	従 来 単 位 系
P2	**図-1.1　半無限長の梁と有限長の梁とした場合の水平変位量の関係** 杭の条件　　k_H 値　0.1～10kgf/cm^3
P3，P4	**図-1.2　β*l* と基礎底面へのモーメント伝達率の関係** **図-1.3　β*l* と基礎底面へのモーメント伝達率の関係** k_H = 0.1kgf/cm^3 k_H = 1.0kgf/cm^3 k_H = 10.0kgf/cm^3
P8	**表-3.1.1　各工法の特徴** 打込み杭工法　短所 iii）コンクリート杭の場合径が大きくなると重量が大きくなり……
P12	**(1) 騒　音** ……，しかもそのばらつきも20ホン前後と大きい。
P13	**図-3.2.1　杭施工時の騒音測定例** ディーゼルハンマの規格 ラム重量1.2～1.4tf，ラム重量2.2～2.5tf， ラム重量3.2～3.5tf，ラム重量4.0～4.3tf，ラム重量7.0tf ドロップハンマの規格 1.5tf，7.0tf オールケーシング工法の規格 95～140PS
P14	**図-3.2.3　杭施工時の振動測定例** ディーゼルハンマの規格 ラム重量2～1.4tf，ラム重量2.2～2.5tf， ラム重量3.2～3.5tf，ラム重量4.0～4.3tf ドロップハンマの規格 1.0～1.5tf，7.0tf
P19	**表-3.3.1　先端処理方法の概要と特徴** セメントミルク噴出攪拌方式　概要 低圧方式 ……，直ちにセメントミルク（W/C＝60～70%程度）を10kgf/cm^2以上の圧力で噴出し，…… 高圧方式 ……，杭先端地盤中にセメントミルク（W/C＝60～70%程度）を150～200kgf/cm^2以上の圧力で……

頁	S I 単 位 系

P24

表-3.4.1 場所打ち杭工法の概要と特徴

オールケーシング工法 特徴

機械が大型で質量も大きく、ケーシングチューブ引抜き……

P32

5-1-3 鋼管杭の寸法・質量および断面性能

鋼管杭の寸法・質量および断面性能については……

鋼管杭の断面性能および質量の計算式は次のとおりである。

単位質量 W＝0.02466 t （D － t） (kg/m)

なお、質量はJIS Z 8401によって有効数字 3 けた（1,000kg/m以上は 4 けた）に丸めたものである。

P34～P45

表-5.1.4 鋼管杭の寸法および質量

単位質量 W（kg/m）

P46

名 称	JIS 規格番号	設計基準強度[1)] σ_{ck} (N/mm^2)
遠心力鉄筋コンクリート杭（RC杭）	A 5310	40
プレテンション方式遠心力 高強度プレストレストコンクリート杭（PHC杭）	A 5337	80
外殻鋼管付きコンクリート杭（SC杭）	–	80
PCウェル	–	50

（注）1）コンクリート設計基準強度

P47

5-2-2 コンクリート

……養生完了時においてＰＨＣ杭で80N/mm^{2}以上，ＲＣ杭では40N/mm^{2}以上でなければならないとしている。

P47

5-2-2 コンクリート

……ＰＨＣ杭では杭種および養生方法によって30N/mm^2～70N/mm^{2}以上の値で規定されている。

……衝撃応力は18N/mm^2～25N/mm^{2}で，偏打を受けた場合には部分的に 35N/mm^2～40N/mm^{2}に達することもある。

頁	従来単位系
P24	**表-3.4.1　場所打ち杭工法の概要と特徴** オールケーシング工法の特徴 機械が大型で重量も重く、ケーシングチューブ引抜き……
P32	**5-1-3　鋼管杭の寸法・重量および断面性能** 鋼管杭の寸法・重量および断面性能については…… 鋼管杭の断面性能および重量の計算式は次のとおりである。 単位重量　W＝0.02466 t （D － t）　(kgf/m) なお、重量はJIS Z 8401によって有効数字 3 けた（1,000kgf/m以上は 4 けた）に丸めたものである。
P34～P45	**表-5.1.4　鋼管杭の寸法および重量** 単位重量　W（kgf/m）
P46	(table below)

名　称	JIS 規格番号	設計基準強度[1] σck (kgf/cm²)
遠心力鉄筋コンクリート杭（RC杭）	A 5310	400
プレテンション方式遠心力 高強度プレストレストコンクリート杭（PHC杭）	A 5337	800
外殻鋼管付きコンクリート杭（SC杭）	－	800
PCウェル	－	500

（注）1）コンクリート設計基準強度

頁	従来単位系
P47	**5-2-2　コンクリート** ……養生完了時においてＰＨＣ杭で800kgf/cm²以上，ＲＣ杭では400kgf/cm²以上でなければならないとしている。
P47	**5-2-2　コンクリート** ……ＰＨＣ杭では杭種および養生方法によって300kgf/cm2～700kgf/cm2以上の値で規定されている。 ……衝撃応力は180kgf/cm²～250kgf/cm²で，偏打を受けた場合には部分的に350kgf/cm²～400kgf/cm²に達することもある。

頁	SI 単位系
P50	**表-5.2.3 PHC杭の断面性能表（参考）**

外径 D (mm)	種類	有効プレストレス σ_{ce} (N/mm²)	JIS規格（N＝0時） ひび割れ曲げモーメント M_{cr} (kN・m)	破壊曲げモーメント M_u (kN・m)	せん断強さ Qu(kN)	単位質量 W (kg/m)
300	A	3.92	24.5	37.3	99.1	118
	B	7.85	34.3	61.8	125.6	
	C	9.81	39.2	78.5	136.4	
350	A	3.92	34.3	52.0	118.7	142
	B	7.85	49.0	88.3	150.1	
	C	9.81	58.0	117.7	162.8	
400	A	3.92	54.0	81.4	148.1	178
	B	7.85	73.6	132.4	187.4	
	C	9.81	88.3	176.6	204.0	
450	A	3.92	73.6	110.8	180.5	217
	B	7.85	107.9	194.2	227.6	
	C	9.81	122.6	245.2	248.2	
500	A	3.92	103.0	155.0	228.6	274
	B	7.85	147.2	264.9	288.4	
	C	9.81	166.8	333.5	313.9	
600	A	3.92	166.8	250.2	311.0	375
	B	7.85	245.2	441.4	392.4	
	C	9.81	284.5	569.0	427.7	
700	A	3.92	364.9	397.3	406.1	490
	B	7.85	372.8	671.0	512.1	
	C	9.81	441.4	882.9	557.2	
800	A	3.92	392.4	588.6	512.1	620
	B	7.85	539.6	971.2	646.5	
	C	9.81	637.6	1,275	704.4	
900	A	3.92	539.6	809.3	630.8	764
	B	7.85	735.8	1,324	796.6	
	C	9.81	833.8	1,668	867.2	
1000	A	3.92	735.8	1,104	762.2	923
	B	7.85	1,030	1,854	961.4	
	C	9.81	1,177	2,354	1,047	

（注） 1. 参考文献：JIS A 5337
2. 杭メーカー数社の平均値である。
3. 杭のヤング係数　$Ec = 4.0 \times 10^4 N/mm^2$
4. 杭の単位長さは，1m間隔とする。

P51 **表-5.2.4 ＲＣ杭（２種）の断面性能表（参考）**

単位質量　W（kg/m）

頁	従来単位系

P50

表-5.2.3　PHC杭の断面性能表（参考）

外　径 D (mm)	種類	有効プレストレス σ_{ce} (kgf/cm²)	JIS規格（N＝0時）			単位重量 W (kgf/m)
			ひび割れ曲げモーメント M_{cr} (tf・m)	破壊曲げモーメント M_u (tf・m)	せん断強さ Q_u (tf)	
300	A	40	2.5	3.8	10.1	118
	B	80	3.5	6.3	12.8	
	C	100	4.0	8.0	13.9	
350	A	40	3.5	5.3	12.1	142
	B	80	5.0	9.0	15.3	
	C	100	6.0	12.0	16.6	
400	A	40	5.5	8.3	15.1	178
	B	80	7.5	13.5	19.1	
	C	100	9.0	18.0	20.8	
450	A	40	7.6	11.3	18.4	217
	B	80	11.0	19.8	23.2	
	C	100	12.5	25.0	25.3	
500	A	40	10.5	15.8	23.3	274
	B	80	15.0	27.0	29.4	
	C	100	17.0	34.0	32.0	
600	A	40	17.0	25.5	31.7	375
	B	80	25.0	45.0	40.0	
	C	100	29.0	58.0	43.6	
700	A	40	27.0	40.5	41.4	490
	B	80	38.0	68.4	52.2	
	C	100	45.0	90.0	56.8	
800	A	40	40.0	60.0	52.2	620
	B	80	55.0	99.0	65.7	
	C	100	65.0	130.0	71.8	
900	A	40	55.0	82.5	64.3	764
	B	80	75.0	135.0	81.2	
	C	100	85.0	170.0	88.4	
1000	A	40	75.0	112.5	77.7	923
	B	80	105.0	189.0	98.0	
	C	100	120.0	240.0	106.7	

（注）　1. 参考文献：JIS A 5337
2. 杭メーカー数社の平均値である。
3. 杭のヤング係数　$E_c = 4.0 \times 10^4$ kgf/cm²
4. 杭の単位長さは，1m間隔とする。

P51

表-5.2.4　ＲＣ杭（２種）の断面性能表（参考）

単位重量　W（kgf/m）

頁	SI 単 位 系
P52～P53	**表-5.2.6 外殻鋼管付きコンクリート杭の断面性能表（参考）** 単位質量（kg/m）
P53	**表-5.2.6 外殻鋼管付きコンクリート杭の断面性能表（参考）** （注）1．……SC杭のヤング係数をE_c＝3.5×10^4N/mm^{2}に換算した時の値を示す。 2．コンクリートのヤング係数　E_c＝3.5×10^4N/mm^2 3．鋼管のヤング係数　E_s＝2.1×10^5N/mm^2
P54	**5-3-1 コンクリート** ……，コンクリートの呼び強度(JIS A 5308で保証される圧縮強度)が 30N/mm^{2}以上のものを用いることとしている。
P55	**5-3-1 コンクリート** JIS G 3112に規定されている異形棒鋼の機械的性質および単位質量、標準寸法はそれぞれ……
P55	**表-5.3.3 異形棒鋼の単位質量および標準寸法（JIS G 3112）** 単位質量（kg/m）
P65～P66	**2）地盤改良後の強度** ここで，c_u：載荷後の非排水せん断強度　(kN/m^2) c_{u0}：載荷前の非排水せん断強度　(kN/m^2) σ'_0：載荷前の有効上載圧　(kN/m^2) Δp：載荷前の非排水せん断強度　(kN/m^2) p_c：載荷前の圧密降伏応力　(kN/m^2)
P68	**2-2 水平方向地盤反力係数** (1) 標準貫入試験のN値より，E_0＝2,800Nとして求める。
P71	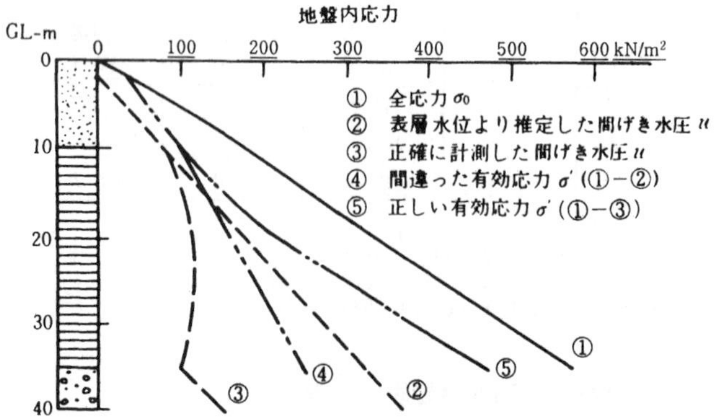 地盤内応力 GL-m　0　100　200　300　400　500　600 kN/m^2 ① 全応力σ_0 ② 表層水位より推定した間げき水圧 〃 ③ 正確に計測した間げき水圧 〃 ④ 間違った有効応力σ'（①－②） ⑤ 正しい有効応力σ'（①－③） **図-2.3.1** 地中応力推定例

頁	従来単位系
P52～P53	**表-5.2.6　外殻鋼管付きコンクリート杭の断面性能表（参考）** 単位重量（kgf/m）
P53	**表-5.2.6　外殻鋼管付きコンクリート杭の断面性能表（参考）** （注）1．……SC杭のヤング係数を$E_c=3.5\times10^5 kgf/cm^2$に換算した時の値を示す。 2．コンクリートのヤング係数　$E_c=3.5\times10^5 kgf/cm^2$ 3．鋼管のヤング係数　$E_s=2.1\times10^6 kgf/cm^2$
P54	**5-3-1　コンクリート** ……，コンクリートの呼び強度(JIS A 5308で保証される圧縮強度)が$300kgf/cm^2$以上のものを用いることとしている。
P55	**5-3-1　コンクリート** JIS G 3112に規定されている異形棒鋼の機械的性質および単位重量、標準寸法はそれぞれ……
P55	**表-5.3.3　異形棒鋼の単位重量および標準寸法（JIS G 3112）** 単位重量（kgf/m）
P65～P66	**2）地盤改良後の強度** ここで，c_u：載荷後の非排水せん断強度　(tf/m^2) c_{u0}：載荷前の非排水せん断強度　(tf/m^2) σ'_0：載荷前の有効上載圧　(tf/m^2) Δp：載荷前の非排水せん断強度　(tf/m^2) p_c：載荷前の圧密降伏応力　(tf/m^2)
P68	**2-2　水平方向地盤反力係数** (1) 標準貫入試験のN値より，$E_0=28N$として求める。
P71	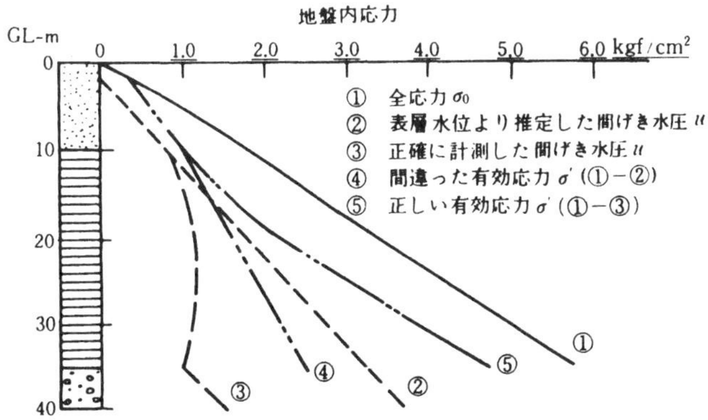 地盤内応力 GL-m 0　1.0　2.0　3.0　4.0　5.0　6.0 kgf/cm² 0　10　20　30　40 ① 全応力σ_0 ② 表層水位より推定した間げき水圧 〃 ③ 正確に計測した間げき水圧 〃 ④ 間違った有効応力σ' (①－②) ⑤ 正しい有効応力σ' (①－③) **図-2.3.1　地中応力推定例**

頁	SI 単 位 系

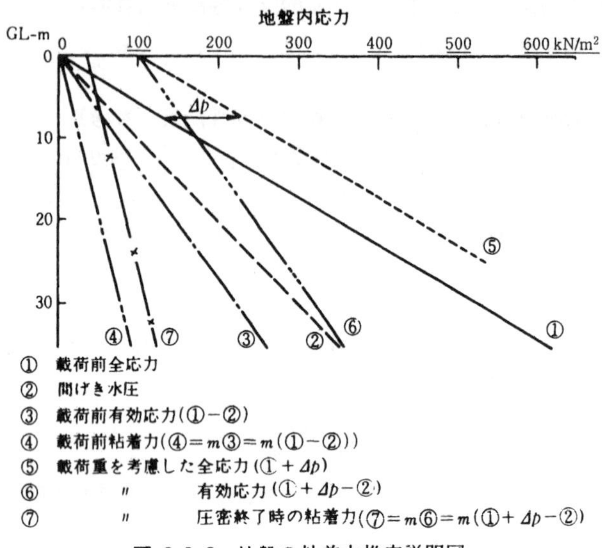

図-2.3.2 地盤の粘着力推定説明図

P73

2-5 耐震設計上土質定数を低減させる土層

……一軸圧縮強度が20kN/m²以下のものについては土質定数を低減する。

P77

表-3.2.1 サウンディング調査法

測定すべき量

標準貫入試験

63.5kgの重錘を75cmの高さから落下させ30cm打ち込むのに要する打撃回数（N値）を求める。

ラムサウンディング

63.5kgの重錘を50cmの高さから落下させ20cm打ち込むのに要する打撃回数（N値）を求める。

スウェーデン式サウンディング

全重量1kNまでの重り（Wsw）載荷による沈下測定。

1kN載荷による１mあたりの半回転数（Nsw）を得る。

従来単位系

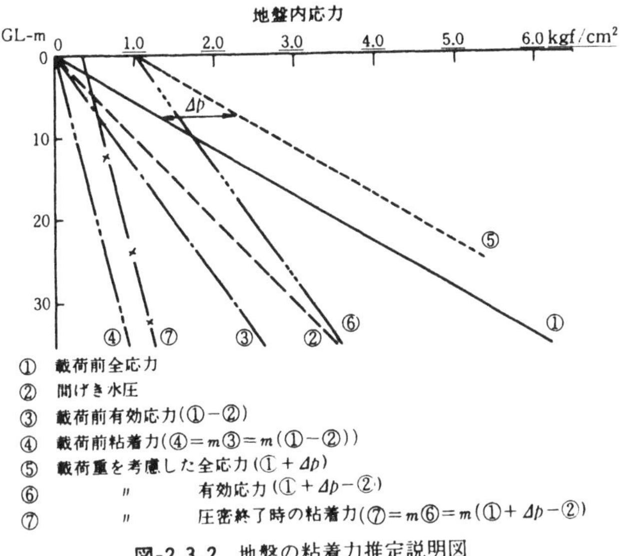

図-2.3.2 地盤の粘着力推定説明図

P73 **2-5 耐震設計上土質定数を低減させる土層**

……一軸圧縮強度が0.2kgf/cm²以下のものについては土質定数を低減する。

P77 **表-3.2.1 サウンディング調査法**

測定すべき量

標準貫入試験

63.5kgfの重錘を75cmの高さから落下させ30cm打ち込むのに要する打撃回数(N値)を求める。

ラムサウンディング

63.5kgfの重錘を50cmの高さから落下させ20cm打ち込むのに要する打撃回数(N値)を求める。

スウェーデン式サウンディング

全重量100kgfまでの重り（Wsw）載荷による沈下測定。

100kgf載荷による１mあたりの半回転数（Nsw）を得る。

頁	SI 単 位 系

P78
P84

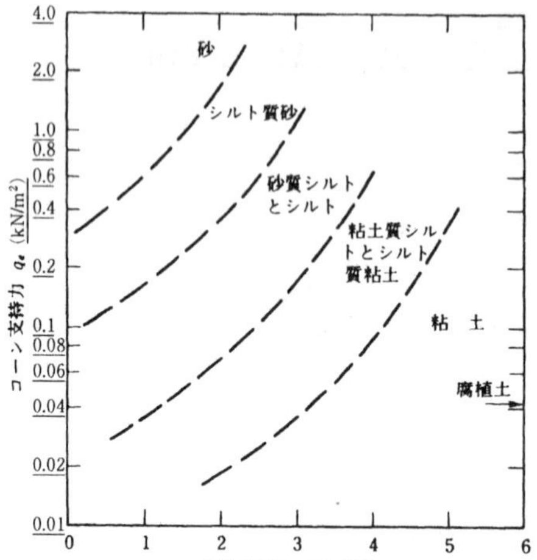
砂
シルト質砂
砂質シルトとシルト
粘土質シルトとシルト質粘土
粘 土
腐植土
コーン支持力 q_c (kN/m²)
4.0
2.0
1.0
0.8
0.6
0.4
0.2
0.1
0.08
0.06
0.04
0.02
0.01
0 1 2 3 4 5 6
摩擦抵抗比 FR (%)

図-3.2.1 簡便な土の分類チャート例[2)]

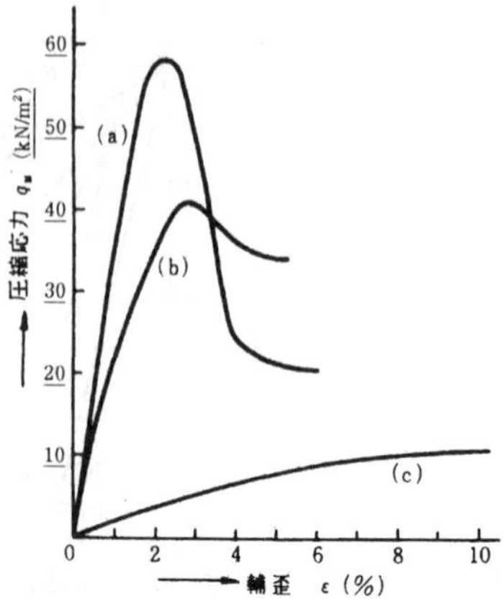
圧縮応力 q_u (kN/m²)
60
50
40
30
20
10
(a)
(b)
(c)
0 2 4 6 8 10
軸歪 ε (%)

(a) 乱れていない試料はシャープな曲線を呈し，破壊歪も6％以下のものが多い。ただし，腐植土等ではピークも現われにくく，(c)に近い曲線になる場合が多い。

(b) やや乱れた試料は強度が小さくなり，破壊歪が大きくなる。また，曲線にシャープさがなくなる。

(c) 完全に乱された試料である。

図-3.4.1 応力―歪曲線による乱れの判定例

P85

表-3.5.1 孔内水平載荷試験測定器の特徴

最大加圧力（kN/m²）

LLT　　　　　：3,000

プレシオメータ：2,500

KKT　　　　　：5,000

P94

表-5.1.1 鉛直載荷試験方法（土質工学会）

載荷速度

増荷重時：$\dfrac{\text{計画最大荷重}}{\text{荷重段階数}}$ kN/min程度

P95

(1) 載 荷 装 置

……現場打ち杭では鉄筋の引張応力度で30～40N/mm²以下として，……

P95

(1) 載 荷 装 置

② 載荷ばりの許容応力度は，SS400材を用いた場合，曲げで160N/mm²，せん断で100N/mm²以下とする。

頁	従来単位系

P78

P84

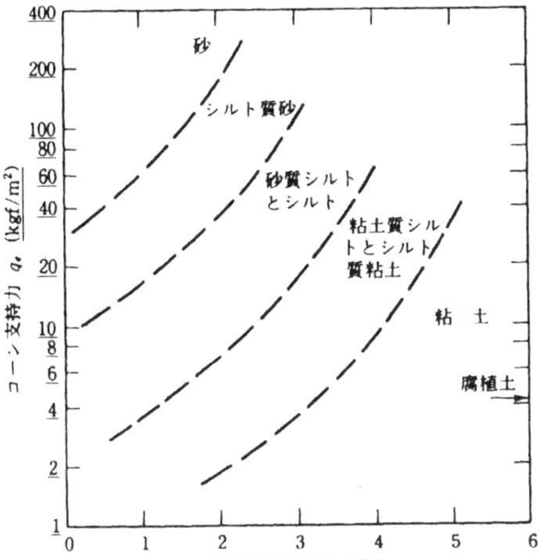

図-3.2.1　簡便な土の分類チャート例[2]

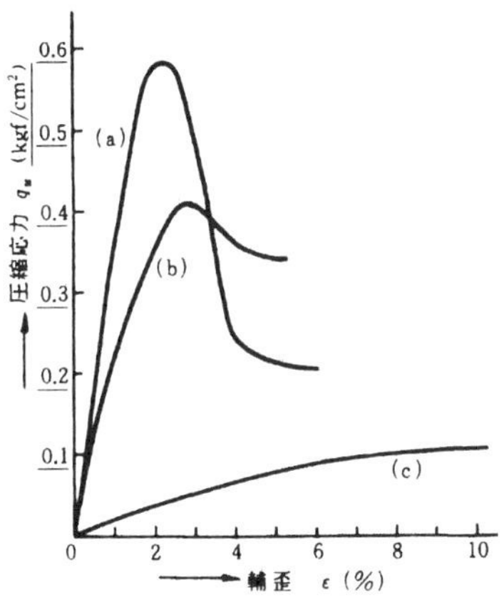

（a）　乱れていない試料はシャープな曲線を呈し，破壊歪も6％以下のものが多い。ただし，腐植土等ではピークも現われにくく，（c）に近い曲線になる場合が多い。

（b）　やや乱れた試料は強度が小さくなり，破壊歪が大きくなる。また，曲線にシャープさがなくなる。

（c）　完全に乱された試料である。

図-3.4.1　応力－歪曲線による乱れの判定例

P85

表-3.5.1　孔内水平載荷試験測定器の特徴

最大加圧力（kgf/cm^2）

LLT　：30

プレシオメータ　：25

KKT　：50

P94

表-5.1.1　鉛直載荷試験方法（土質工学会）

載荷速度

増荷重時：$\dfrac{\text{計画最大荷重}}{\text{荷重段階数}}$　tf/min程度

P95

(1) 載 荷 装 置

……現場打ち杭では鉄筋の引張応力度で300～400kgf/cm^{2}以下として，……

P95

(1) 載 荷 装 置

②　載荷ばりの許容応力度は，SS400材を用いた場合，曲げで1,600 kgf/cm^2，せん断で1,000kgf/cm^{2}以下とする。

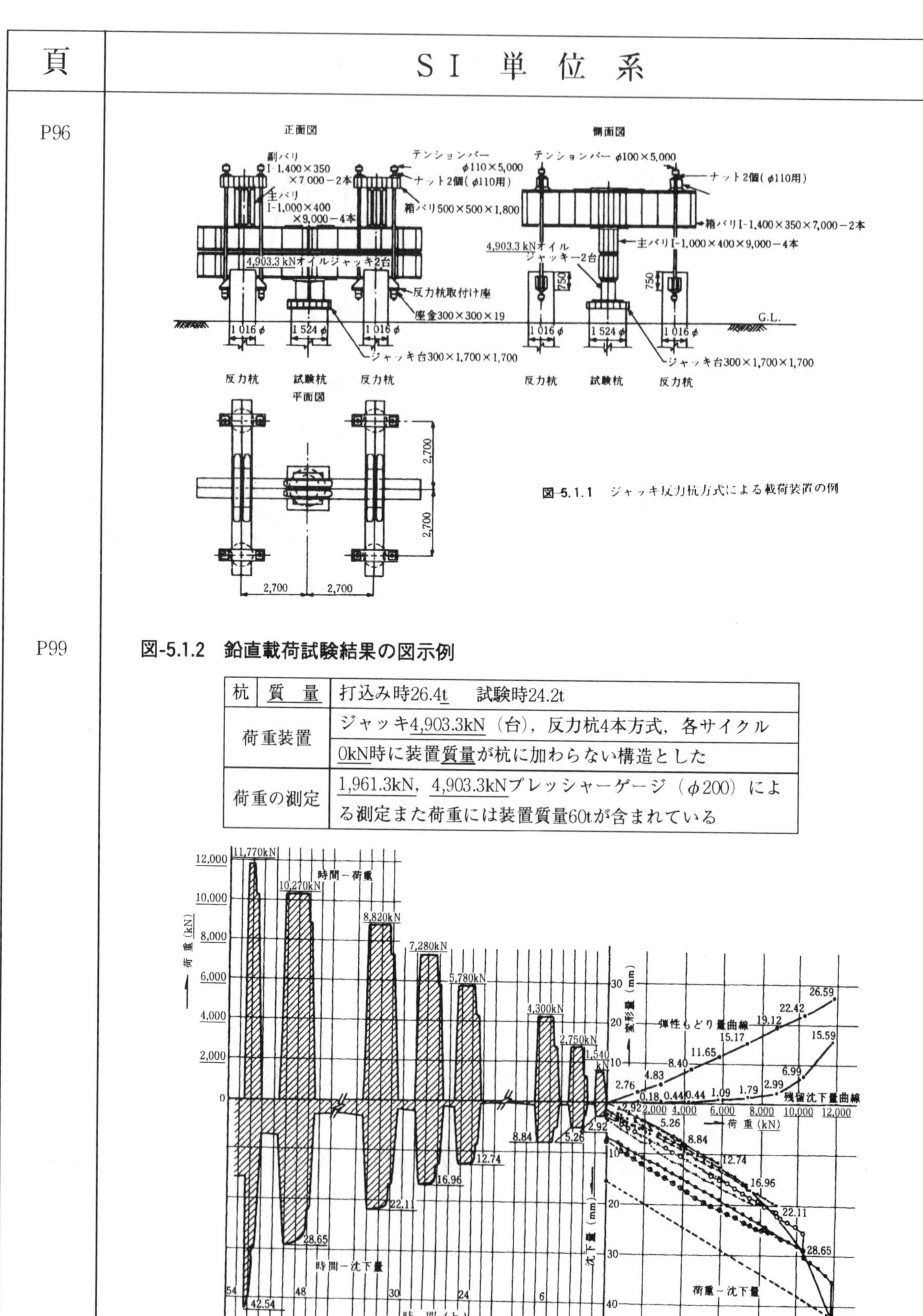

頁	SI単位系
P96	図-5.1.1 ジャッキ反力杭方式による載荷装置の例
P99	図-5.1.2 鉛直載荷試験結果の図示例

図-5.1.1 ジャッキ反力杭方式による載荷装置の例

図-5.1.2 鉛直載荷試験結果の図示例

杭 質量	打込み時26.4t　試験時24.2t
荷重装置	ジャッキ4,903.3kN（台），反力杭4本方式，各サイクル 0kN時に装置質量が杭に加わらない構造とした
荷重の測定	1,961.3kN，4,903.3kNプレッシャーゲージ（φ200）による測定また荷重には装置質量60tが含まれている

図 5.1.2 鉛直載荷試験結果の図示例

頁	従来単位系

P96

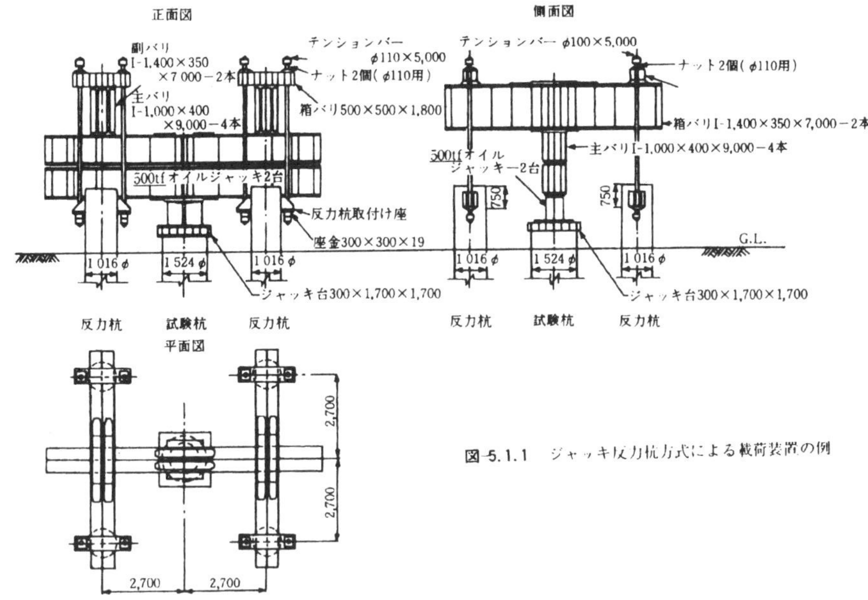

図-5.1.1 ジャッキ反力杭方式による載荷装置の例

P99

図-5.1.2 鉛直載荷試験結果の図示例

杭　重　量	打込み時26.4tf　試験時24.2t
荷重装置	ジャッキ500tf（台），反力杭4本方式，各サイクル 0tf時に装置重量が杭に加わらない構造とした
荷重の測定	200tf，500tfプレッシャーゲージ（φ200）による測定また荷重には装置質量60tが含まれている

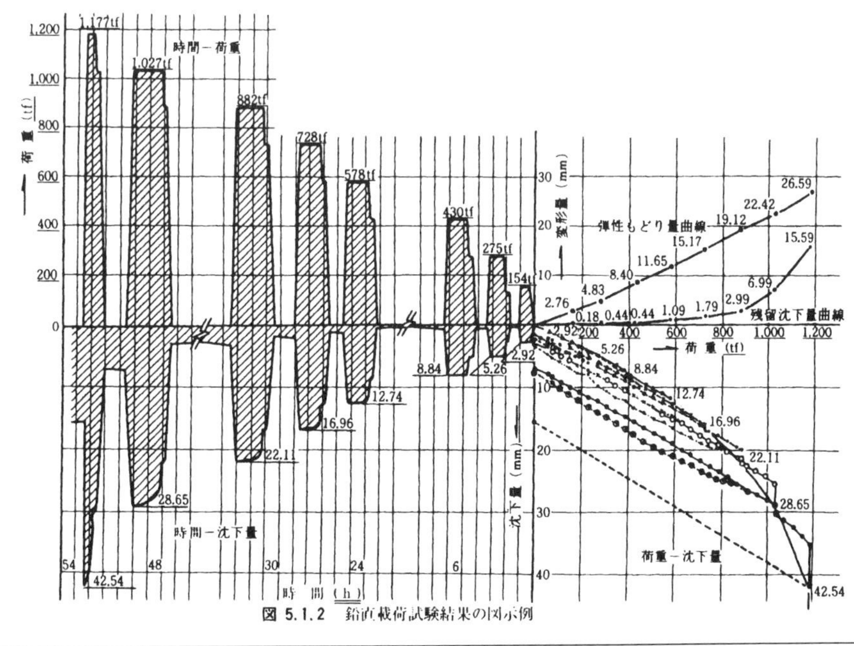

図 5.1.2 鉛直載荷試験結果の図示例

頁	SI 単位系
P107	**a．S～logt法** 同図の例では P_y=2,400 kN と判定される。
P108	図-5.1.9 S～log t法による降伏荷重の判定[11]　　図-5.1.10 ΔS/Δlog t～P法による降伏荷重の判定[11]
P108	**b．⊿S/⊿logt～P法** 同図の例では，P_y=2,330kN と判定された。 (a) 沈下量と時間の関係　　(b) m：(S/log t)と載荷重の関係 図-5.1.11 Parez法による降伏荷重の判定[11]

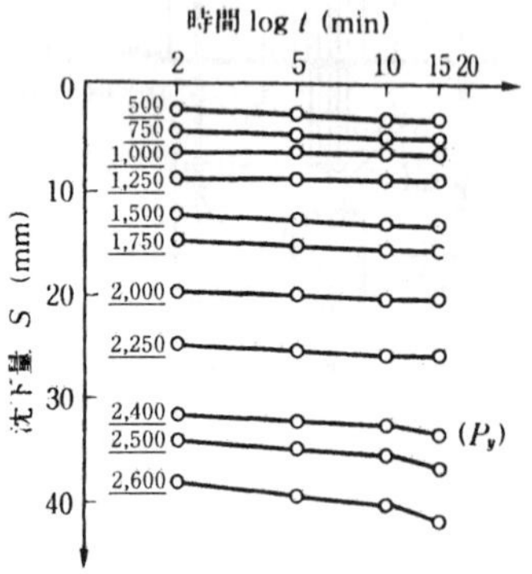

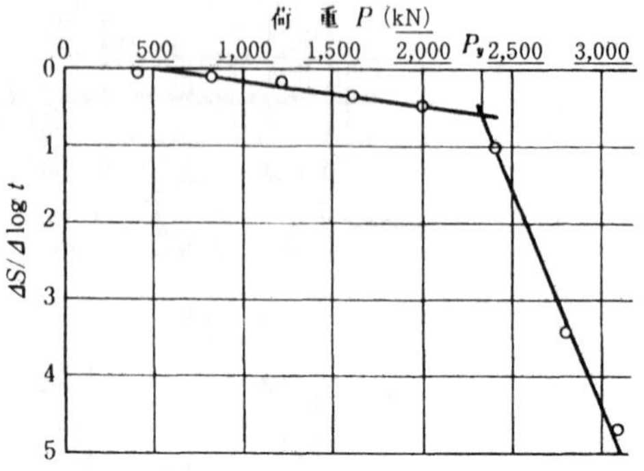

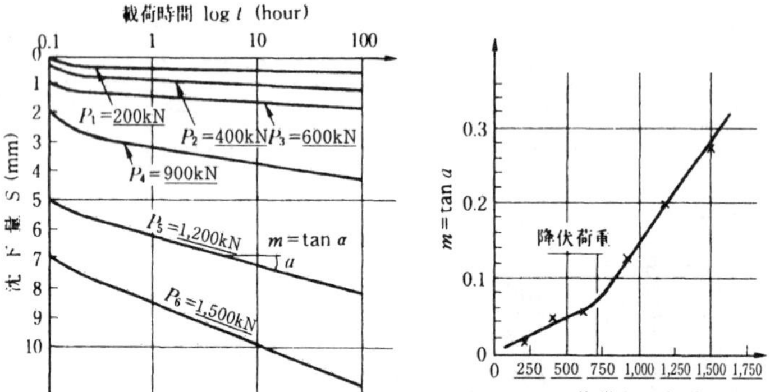

頁	従来単位系
P107	**a． S～logt法**
P108	同図の例ではP_y=240tfと判定される。
	図-5.1.9 S～log t法による降伏荷重の判定[9]　図-5.1.10 ΔS/Δlog t～P法による降伏荷重の判定[9]
P108	**b． ⊿S/⊿llogt～P法**
	同図の例では，P_y=233tfと判定された。
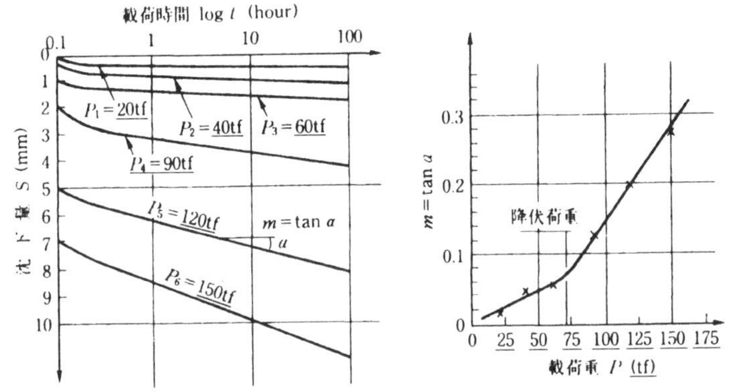	(a) 沈下量と時間の関係　(b) m：(S/log t)と載荷重の関係
	図-5.1.11 Parez法による降伏荷重の判定[9]

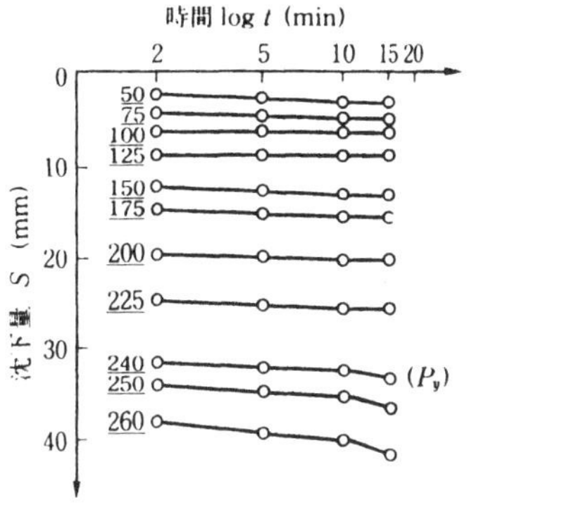

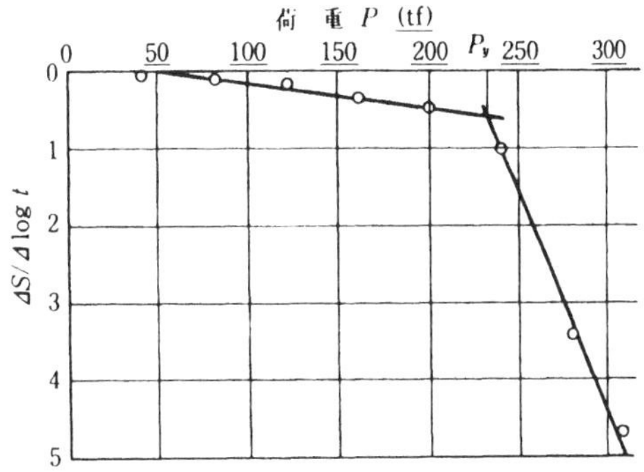

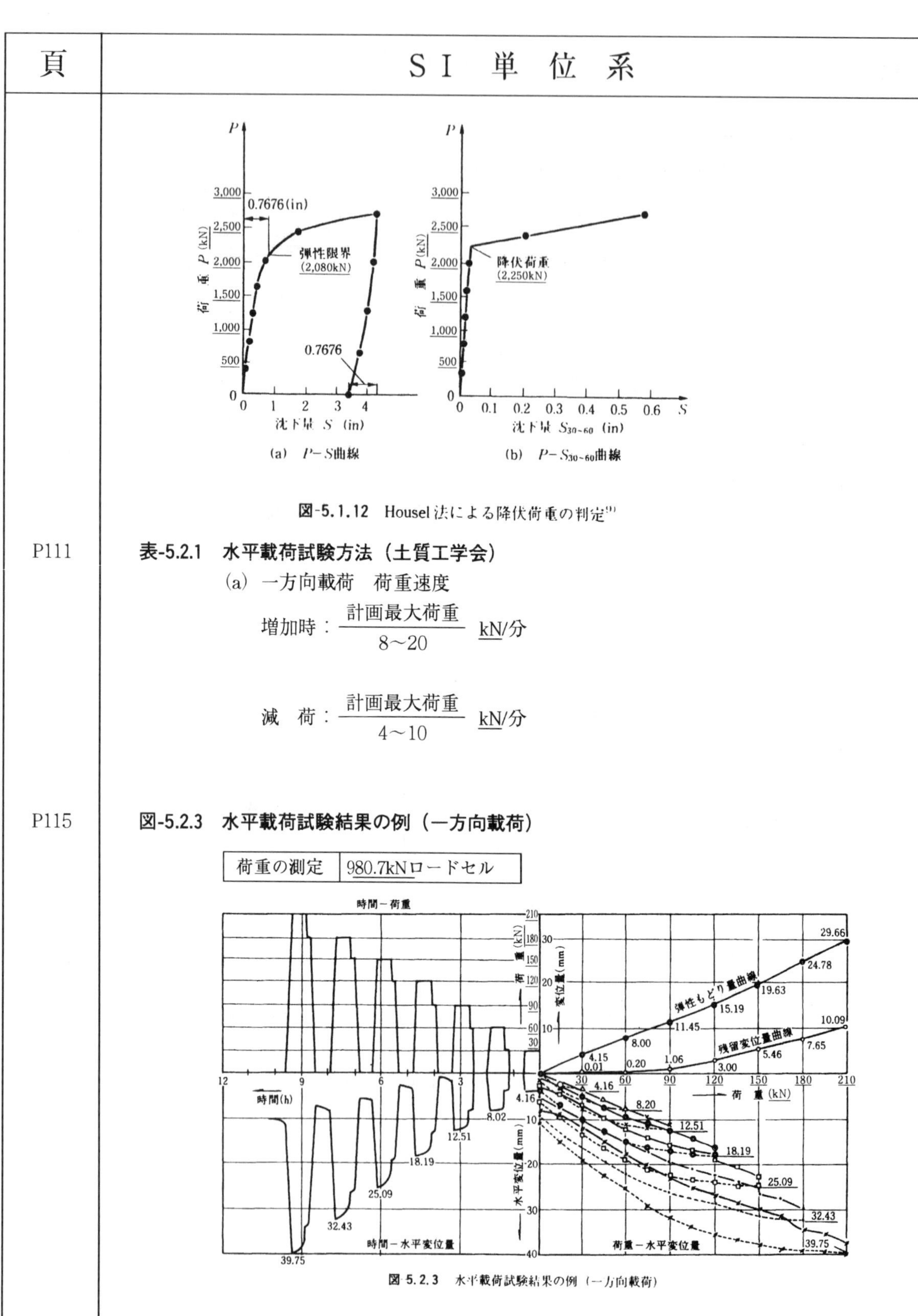

頁	SI 単 位 系

図-5.1.12 Housel法による降伏荷重の判定[9)]

P111

表-5.2.1 水平載荷試験方法（土質工学会）

(a) 一方向載荷　荷重速度

増加時：$\dfrac{\text{計画最大荷重}}{8\sim20}$ kN/分

減　荷：$\dfrac{\text{計画最大荷重}}{4\sim10}$ kN/分

P115

図-5.2.3 水平載荷試験結果の例（一方向載荷）

荷重の測定	980.7kNロードセル

図-5.2.3 水平載荷試験結果の例（一方向載荷）

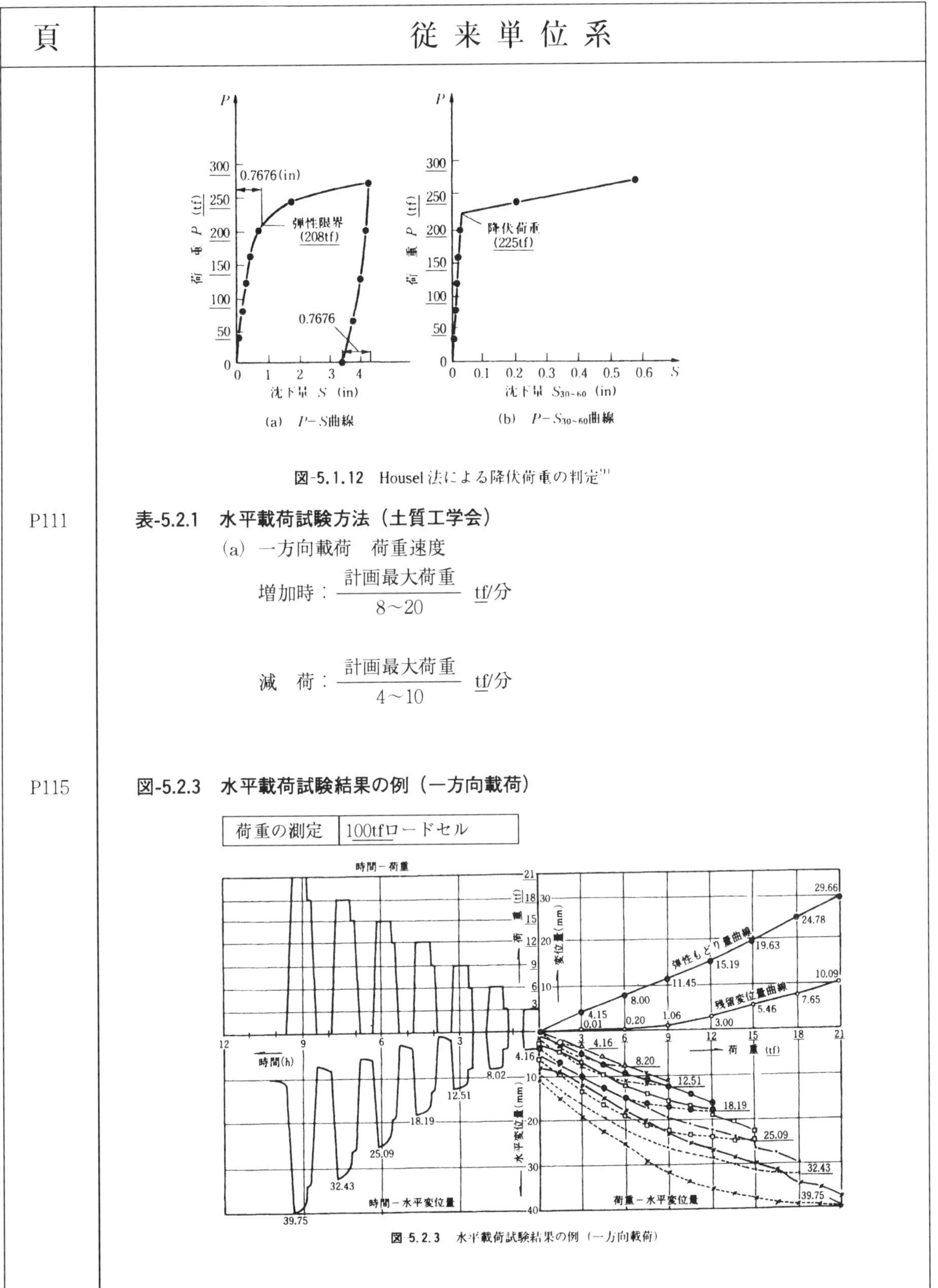

頁	従来単位系

図-5.1.12 Housel 法による降伏荷重の判定[9]

P111 **表-5.2.1 水平載荷試験方法（土質工学会）**

(a) 一方向載荷　荷重速度

増加時：$\dfrac{\text{計画最大荷重}}{8\sim20}$ tf/分

減　荷：$\dfrac{\text{計画最大荷重}}{4\sim10}$ tf/分

P115 **図-5.2.3 水平載荷試験結果の例（一方向載荷）**

荷重の測定	100tfロードセル

図-5.2.3 水平載荷試験結果の例（一方向載荷）

頁	SI 単位系
P116	**図-5.2.4　水平載荷試験結果の例（交番載荷）** 荷重の測定 | 294.2kNロードセル 図-5.2.4　水平載荷試験結果の例（交番載荷）
P117	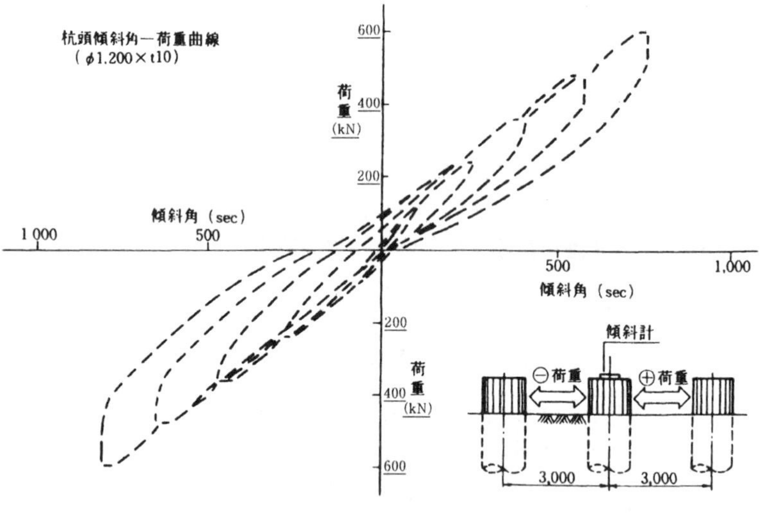 図-5.2.5　水平載荷試験における傾斜角測定例
P118〜 P119	**1）逆　算　k_H** ここに，y：地表面よりxなる点の水平変位量（m） x：地表面より変位測定点までの距離（m） H：載荷荷重（kN） h：地表面より載荷点までの距離（m） E：杭の弾性係数（kN/m^2） I：杭の断面二次モーメント（m^4）

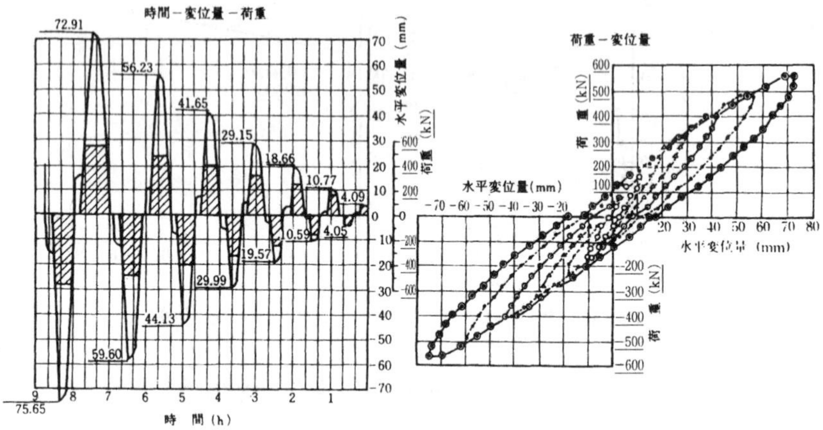

頁	従 来 単 位 系
P116	**図-5.2.4　水平載荷試験結果の例（交番載荷）** 荷重の測定 ｜ 30tfロードセル 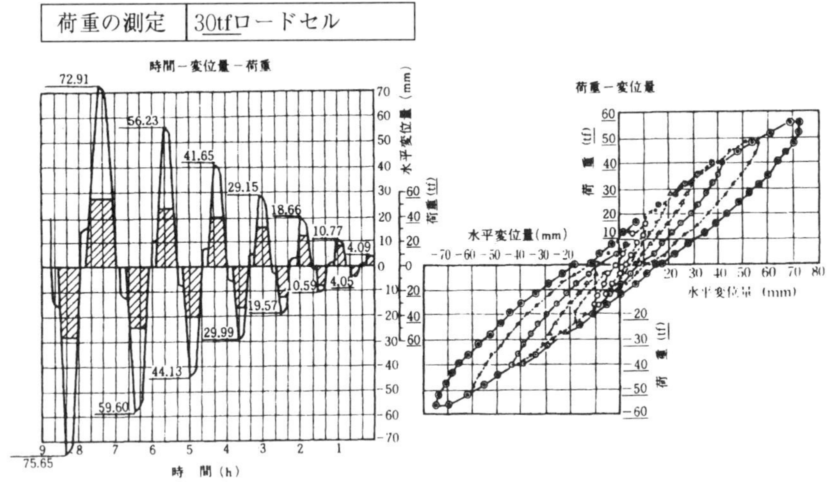 図-5.2.4　水平載荷試験結果の例（交番載荷）
P117	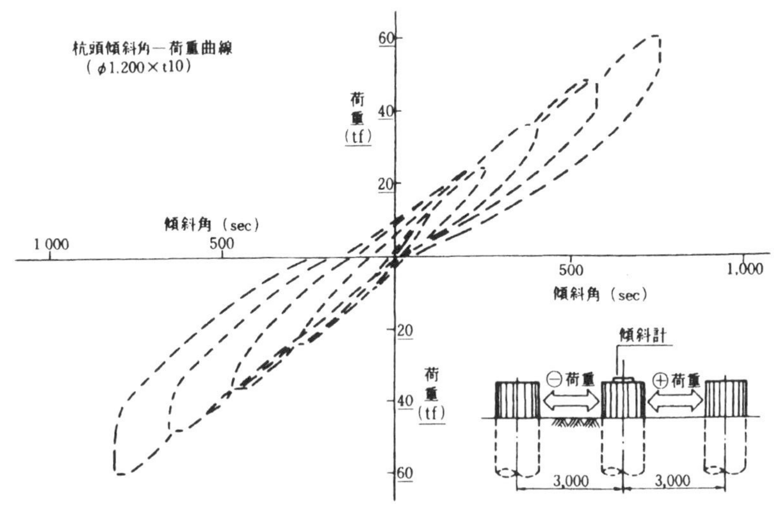 図-5.2.5　水平載荷試験における傾斜角測定例
P118～ P119	**1）逆　算　k_H** ここに，y：地表面よりxなる点の水平変位量（cm） x：地表面より変位測定点までの距離（cm） H：載荷荷重（kgf） h：地表面より載荷点までの距離（cm） E：杭の弾性係数（kgf/cm^2） I：杭の断面二次モーメント（cm^4）

頁	S I 単 位 系
	β ：$\sqrt[4]{k_H D / 4EI}$ m^{-1} (m^{-1}) D：杭径 (m) k_H：水平方向地盤反力係数 (kN/m^3)
P121	**表-5.3.1 載 荷 方 法（土質工学会）** 荷重速度 増加時：$\dfrac{計画最大荷重}{8\sim20}$ kN/分 減加荷：$\dfrac{計画最大荷重}{4\sim10}$ kN/分
P123	**図-5.3.1 引抜き試験の装置例** 980.7 kNジャッキ
P126	図-5.3.2 引抜き試験結果例

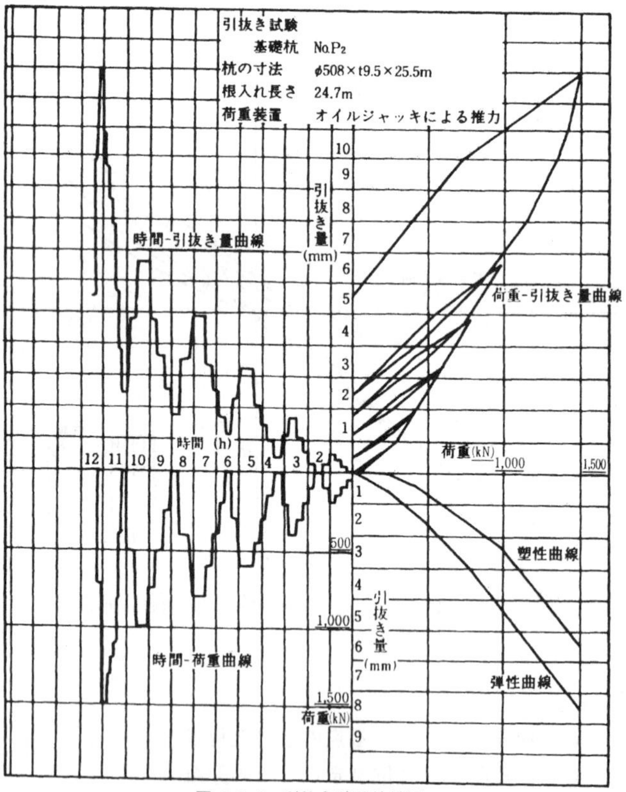

頁	従来単位系
	β ：$\sqrt[4]{k_H D / 4EI}$ cm^{-1} （cm^{-1}）
	D：杭径（cm）
	k_H：水平方向地盤反力係数（kgf/cm^3）
P121	**表-5.3.1 載荷方法（土質工学会）**
	荷重速度
	増加時：$\dfrac{\text{計画最大荷重}}{8\sim20}$ tf/分
	減加荷：$\dfrac{\text{計画最大荷重}}{4\sim10}$ tf/分
P123	**図-5.3.1 引抜き試験の装置例**
	100tfジャッキ
P126	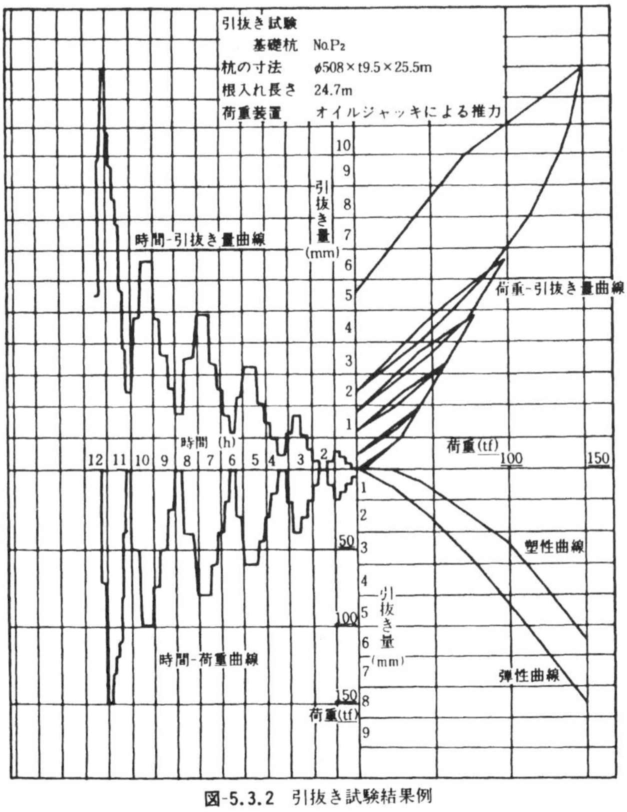 図-5.3.2 引抜き試験結果例

頁	SI 単位系

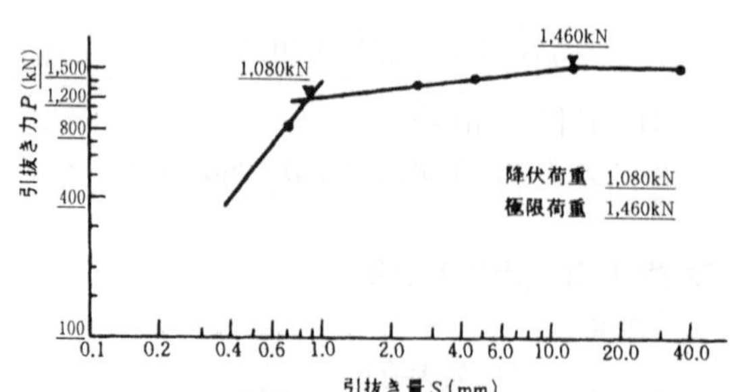

図-5.3.3 引抜き試験における log P ~ log S 曲線の例

P141

2-2-2 地盤調査結果による推定式

$$k_H = k_{H0}\left\{\frac{B_H}{\underline{0.3}}\right\}^{-3/4} \quad \cdots\cdots\cdots\cdots \quad (2.2.1)$$

ここに，k_H：水平方向地盤反力係数（$\underline{\mathrm{kN/m^3}}$）

k_{H0}：直径$\underline{0.3\mathrm{m}}$の剛体円板による平板載荷試験の値に相当する水平方向地盤反力係数（$\underline{\mathrm{kN/m^3}}$）で各種土圧試験・調査により求めた変形係数から推定する場合は，次式より求める。

$$k_{H0} = \frac{1}{\underline{0.3}}\alpha E_0 \quad \cdots\cdots\cdots\cdots \quad (2.2.2)$$

B_H：荷重作用方向に直交する基礎の換算載荷幅（$\underline{\mathrm{m}}$）で

$\sqrt{D/\beta}$　とする。

E_0：表-2.2.1に示す方法で測定または推定した，設計の対象とする位置での地盤の変形係数（$\underline{\mathrm{kN/m^2}}$）

α：地盤反力係数の推定に用いる係数で，表-2.2.1に示す。

D：荷重作用方向に直交する基礎の載荷幅（$\underline{\mathrm{m}}$）

$1/\beta$：水平方向に関与する地盤の深さ（$\underline{\mathrm{m}}$）

β：基礎の特性値 $\sqrt[4]{\frac{k_H D}{4EI}}$ $\underline{\mathrm{m^{-1}}}$（$\mathrm{m^{-1}}$）

EI：基礎の曲げ剛性（$\underline{\mathrm{kN \cdot m^2}}$）

P142

表-2.2.1 E_0とα

次の試験方法による変形係数E_0（$\underline{\mathrm{kN/m^2}}$）	α	
	常時	地震時
直径$\underline{0.3\mathrm{m}}$の剛体円板による平板載荷試験の繰り返し曲線から求めた変形係数の1/2	1	2
ボーリング孔内で測定した変形係数	4	8
供試体の一軸または三軸圧縮試験から求めた変形係数	4	8
標準貫入試験のN値よりE_0＝$\underline{2,800N}$で推定した変形係数	1	2

頁	従来単位系

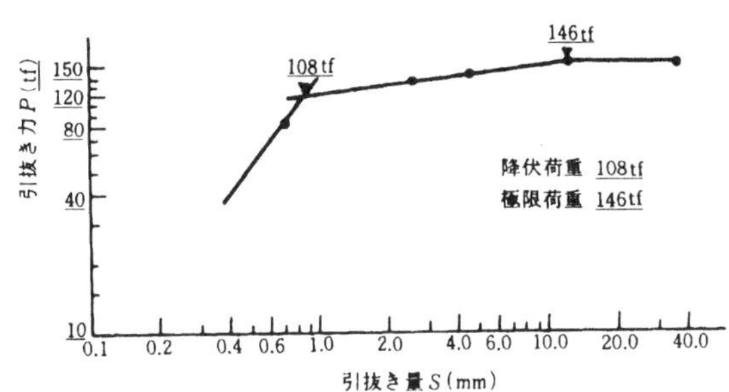

図-5.3.3 引抜き試験における log P ~ log S 曲線の例

P141

2-2-2 地盤調査結果による推定式

$$k_H = k_{H0}\left\{\frac{B_H}{\underline{30}}\right\}^{-3/4} \quad \cdots\cdots (2.2.1)$$

ここに，k_H：水平方向地盤反力係数（kgf/cm³）

k_{H0}：直径0.3mの剛体円板による平板載荷試験の値に相当する水平方向地盤反力係数（kgf/cm³）で各種土圧試験・調査により求めた変形係数から推定する場合は，次式より求める。

$$k_{H0} = \frac{1}{\underline{30}}\alpha E_0 \quad \cdots\cdots (2.2.2)$$

B_H：荷重作用方向に直交する基礎の換算載荷幅（cm）で

$\sqrt{D/\beta}$　とする。

E_0：表-2.2.1に示す方法で測定または推定した，設計の対象とする位置での地盤の変形係数（kgf/cm³）

α：地盤反力係数の推定に用いる係数で，表-2.2.1に示す。

D：荷重作用方向に直交する基礎の載荷幅（cm）

$1/\beta$：水平方向に関与する地盤の深さ（cm）

β：基礎の特性値 $\sqrt[4]{\dfrac{k_H D}{4EI}}$ m⁻¹　（cm⁻¹）

EI：基礎の曲げ剛性　（kgf·cm³）

P142

表-2.2.1 E_0とα

次の試験方法による変形係数E_0(kgf/cm²)	α	
	常時	地震時
直径30cmの剛体円板による平板載荷試験の繰り返し曲線から求めた変形係数の1/2	1	2
ボーリング孔内で測定した変形係数	4	8
供試体の一軸または三軸圧縮試験から求めた変形係数	4	8
標準貫入試験のN値よりE_0=28Nで推定した変形係数	1	2

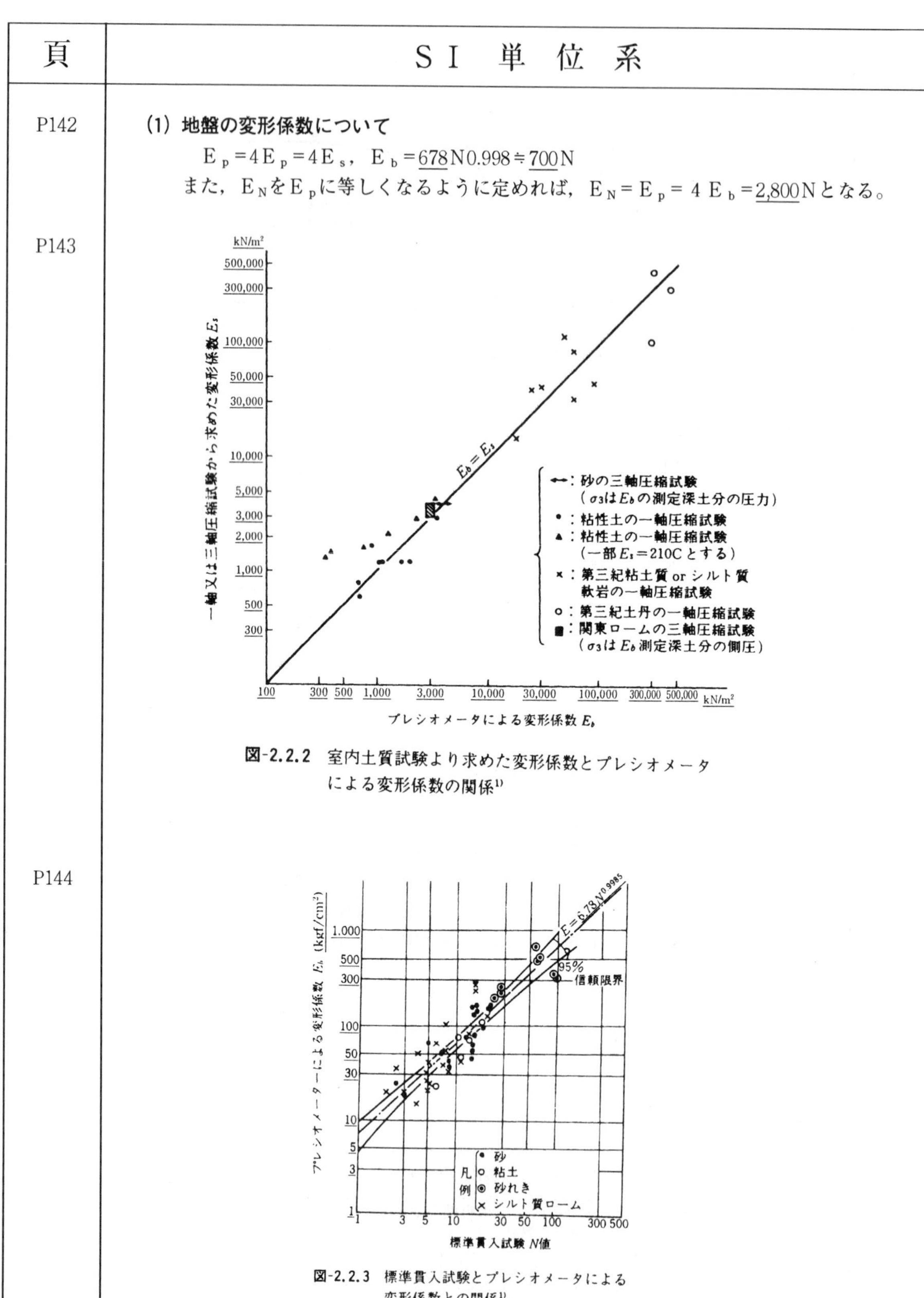

頁	S I 単 位 系
P142	**(1) 地盤の変形係数について** $E_p=4E_p=4E_s$, $E_b=\underline{678}N^{0.998}≒\underline{700}N$ また，E_NをE_pに等しくなるように定めれば，$E_N=E_p=4E_b=\underline{2{,}800}N$となる。
P143	図-2.2.2　室内土質試験より求めた変形係数とプレシオメータによる変形係数の関係[1]
P144	図-2.2.3　標準貫入試験とプレシオメータによる変形係数との関係[1]

頁	従来単位系
P142	**(1) 地盤の変形係数について** $E_p = 4E_p = 4E_s$，$E_b = \underline{6.78}N^{0.998} \fallingdotseq \underline{7}N$ また，E_NをE_pに等しくなるように定めれば，$E_N = E_p = 4E_b = \underline{28}N$となる。
P143	**図-2.2.2** 室内土質試験より求めた変形係数とプレシオメータによる変形係数の関係[1)
P144	**図-2.2.3** 標準貫入試験とプレシオメータによる変形係数との関係[1)

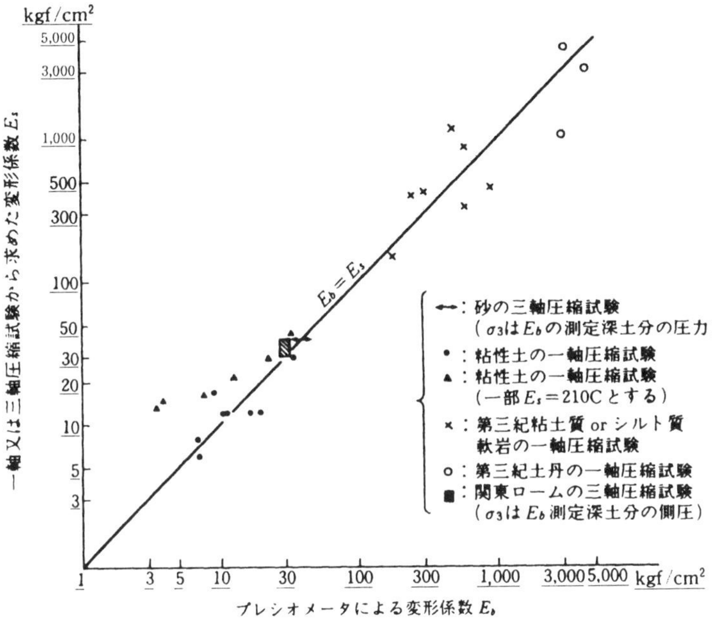

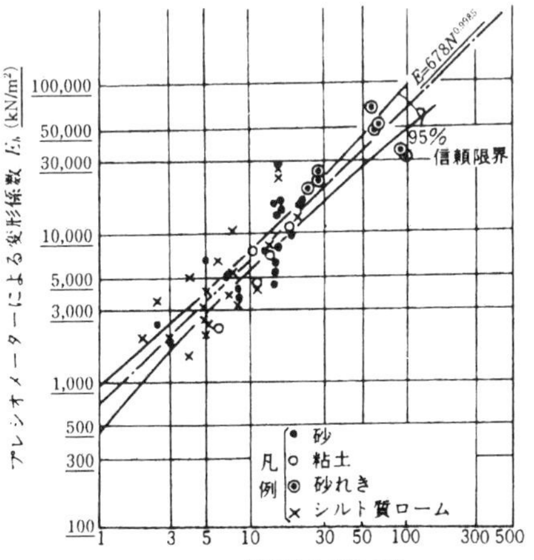

頁	S I 単 位 系

P146

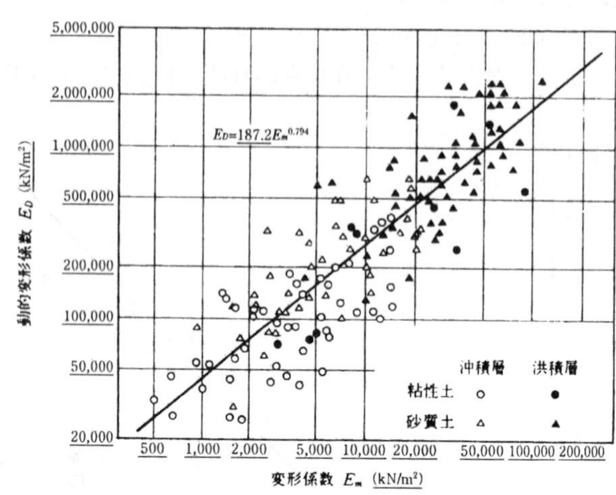

図-2.2.4 E_m と E_D との関係[3)]

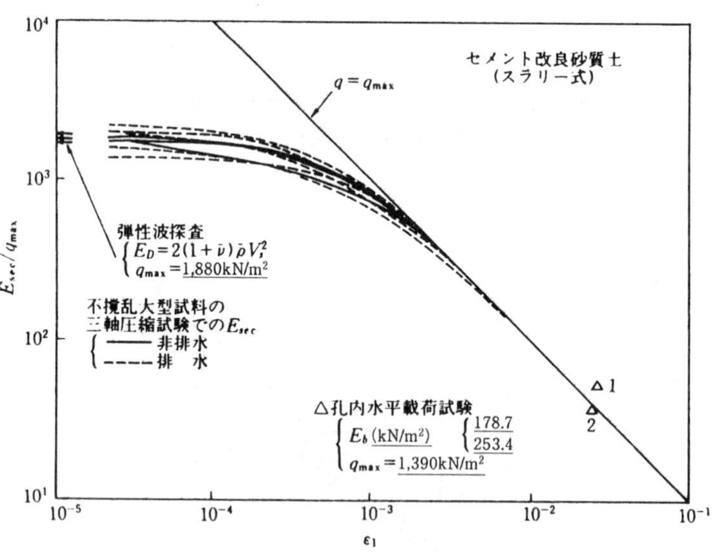

図-2.2.5 セメント改良砂質土の変形係数の歪レベル依存性を考慮した原位置弾性波探査，孔内水平方向載荷試験，三軸圧縮試験による変形係数の比較例[4)]

頁	従 来 単 位 系
P146	

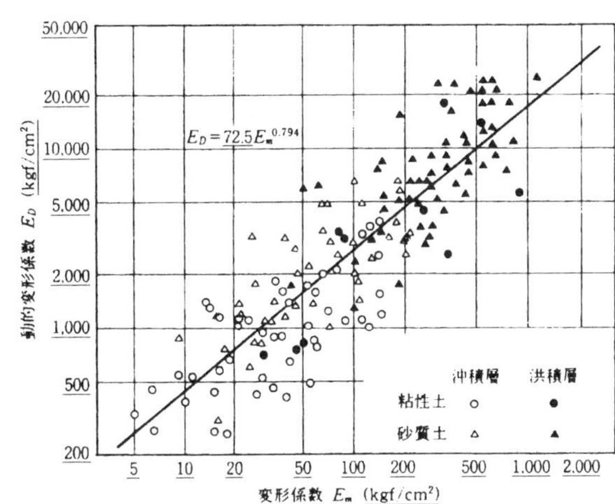

図-2.2.4 E_m と E_D との関係[3]

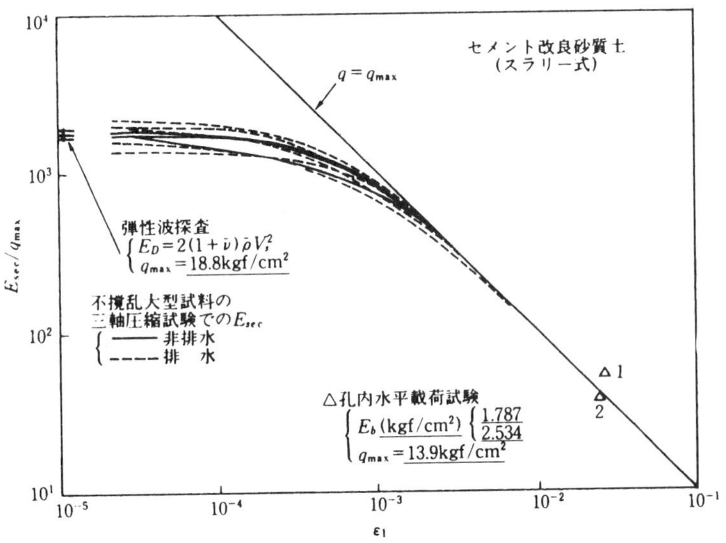

図-2.2.5 セメント改良砂質土の変形係数の歪レベル依存性を考慮した原位置弾性波探査，孔内水平方向載荷試験，三軸圧縮試験による変形係数の比較例[4]

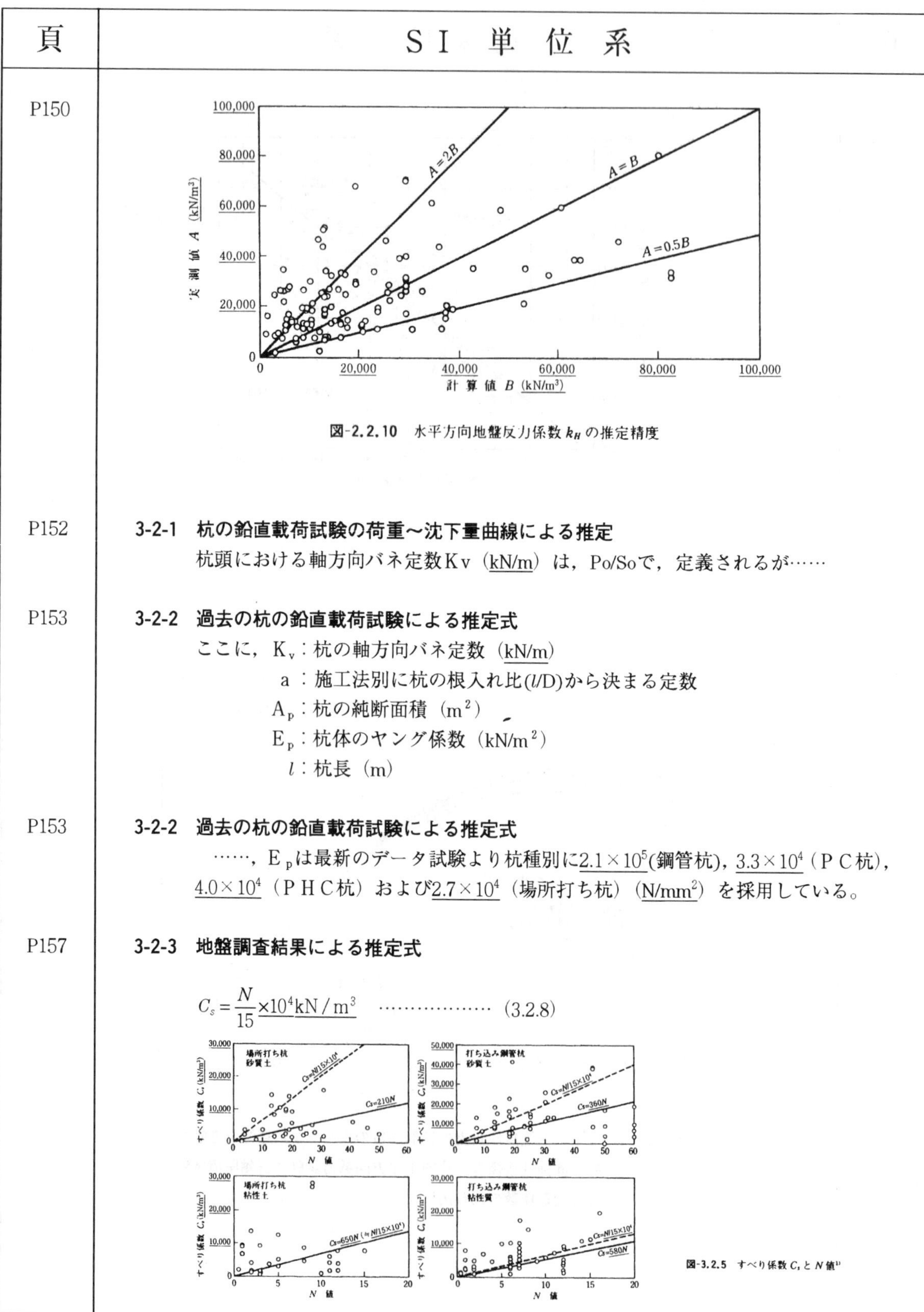

頁	S I 単 位 系
P150	図-2.2.10 水平方向地盤反力係数 k_H の推定精度
P152	**3-2-1 杭の鉛直載荷試験の荷重～沈下量曲線による推定** 杭頭における軸方向バネ定数Kv（kN/m）は，Po/Soで，定義されるが……
P153	**3-2-2 過去の杭の鉛直載荷試験による推定式** ここに，K_v：杭の軸方向バネ定数（kN/m） a：施工法別に杭の根入れ比(l/D)から決まる定数 A_p：杭の純断面積（m^2） E_p：杭体のヤング係数（kN/m^2） l：杭長（m）
P153	**3-2-2 過去の杭の鉛直載荷試験による推定式** ……，E_pは最新のデータ試験より杭種別に2.1×10^5(鋼管杭)，3.3×10^4（ＰＣ杭），4.0×10^4（ＰＨＣ杭）および2.7×10^4（場所打ち杭）（N/mm^2）を採用している。
P157	**3-2-3 地盤調査結果による推定式** $C_s=\frac{N}{15}\times10^4 kN/m^3$ ………………（3.2.8） 図-3.2.5 すべり係数 C_s と N 値[1)]

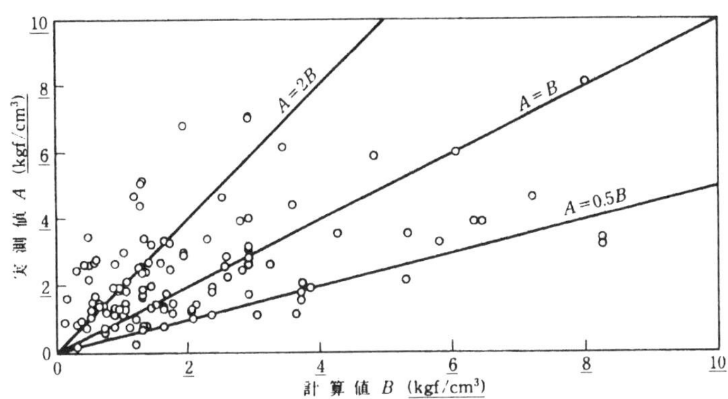

図-2.2.10　水平方向地盤反力係数 k_H の推定精度

3-2-1　杭の鉛直載荷試験の荷重～沈下量曲線による推定

杭頭における軸方向バネ定数 K_v（tf/m）は，Po/Soで，定義されるが……

3-2-2　過去の杭の鉛直載荷試験による推定式

ここに，Kv：杭の軸方向バネ定数（kgf/cm）

a：施工法別に杭の根入れ比（l/D）から決まる定数

A_p：杭の純断面積（cm^2）

E_p：杭体のヤング係数（kgf/cm^2）

l：杭長（cm）

3-2-2　過去の杭の鉛直載荷試験による推定式

……，E_pは最新のデータ試験より杭種別に2.1×106(鋼管杭)，3.3×105(ＰＣ杭)，4.0×10^5（ＰＨＣ杭）および2.7×10^5（場所打ち杭）（kgf/cm^2）を採用している。

3-2-3　地盤調査結果による推定式

$$C_s=\frac{N}{15}\mathrm{kgf/cm^3}\ \cdots\cdots\cdots\cdots\cdots\cdots\ (3.2.8)$$

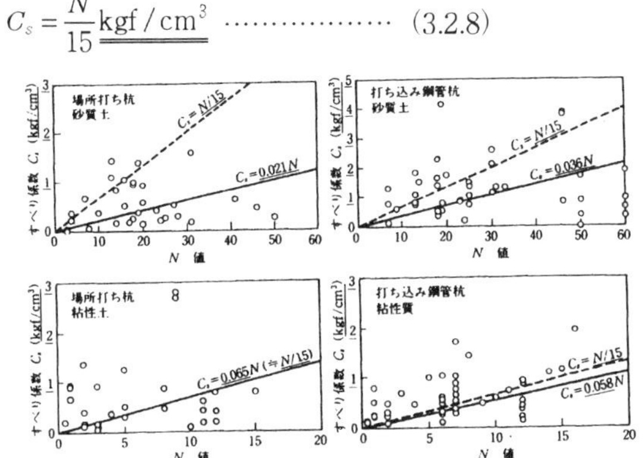

図-3.2.5　すべり係数 C_s と N 値[1)]

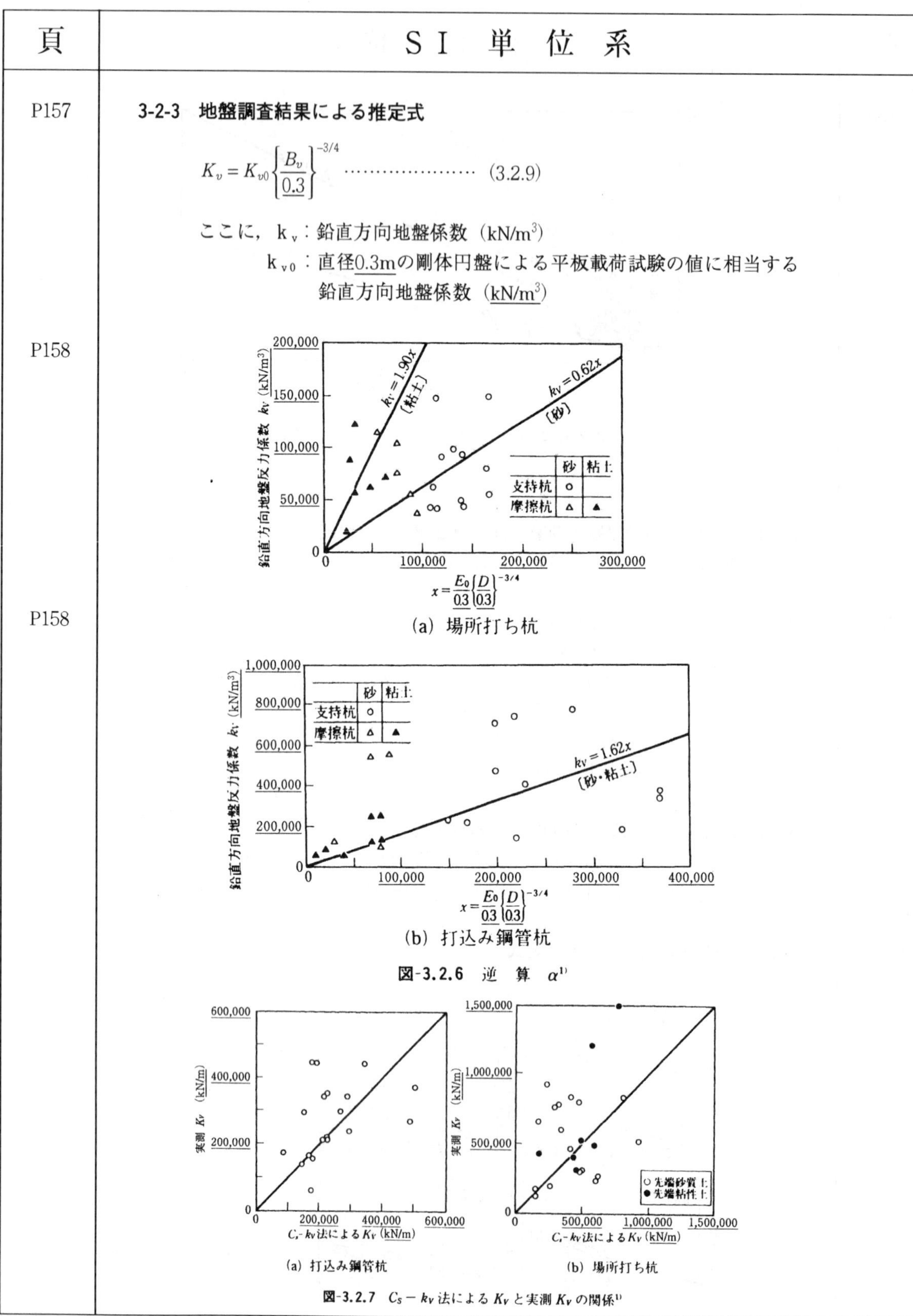

頁	SI 単位系
P157	**3-2-3　地盤調査結果による推定式**
	$K_v = K_{v0}\left\{\dfrac{B_v}{\underline{0.3}}\right\}^{-3/4}$ …………………… (3.2.9)
	ここに，k_v：鉛直方向地盤係数 (kN/m^3)
	k_{v0}：直径0.3mの剛体円盤による平板載荷試験の値に相当する鉛直方向地盤係数 (kN/m^3)
P158	(a) 場所打ち杭
P158	(b) 打込み鋼管杭
	図-3.2.6　逆　算　α[1]
	図-3.2.7　$C_s - k_v$ 法による K_v と実測 K_v の関係[1]

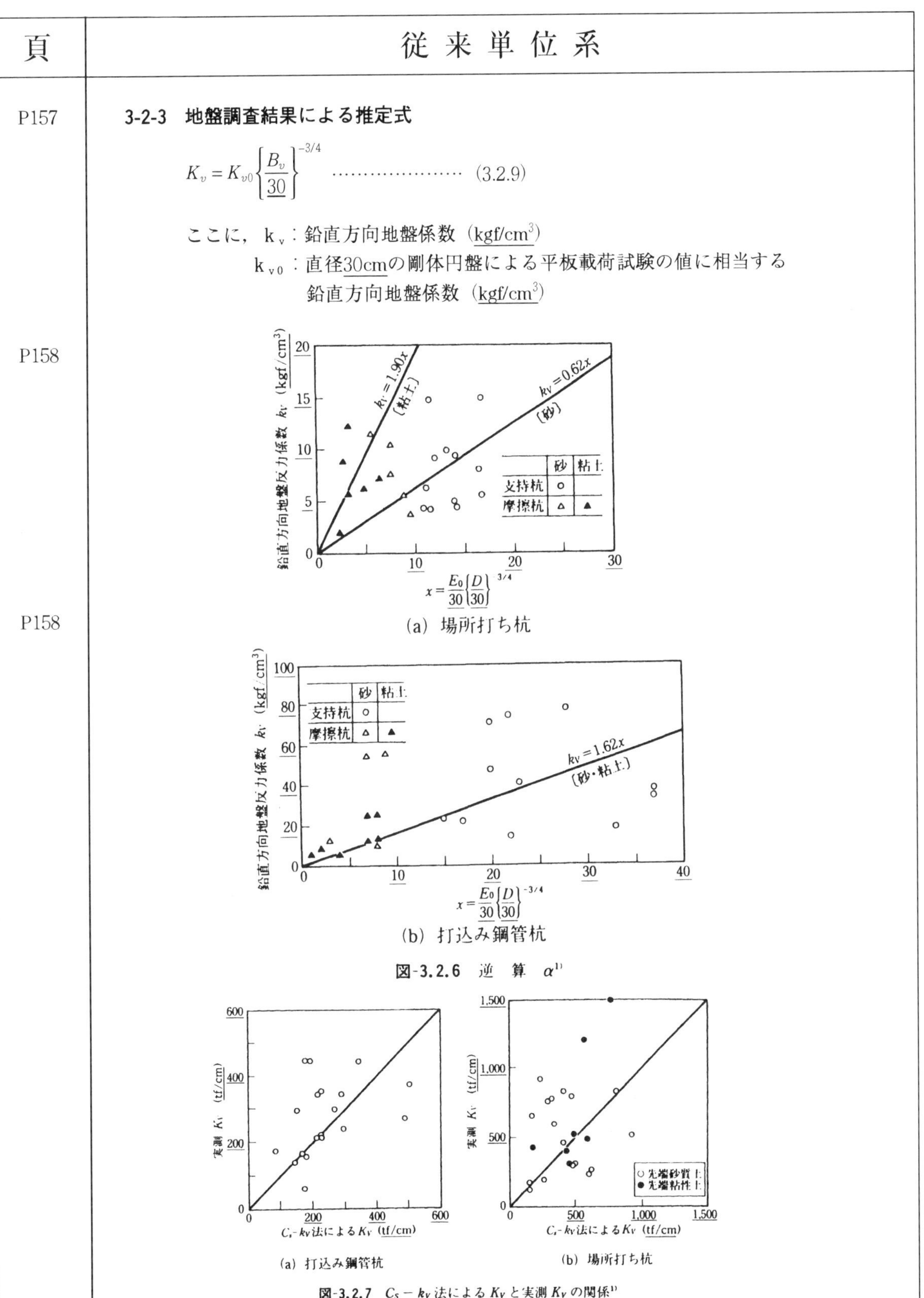

頁	従来単位系
P157	**3-2-3　地盤調査結果による推定式**

$$K_v = K_{v0}\left\{\frac{B_v}{\underline{30}}\right\}^{-3/4} \quad \cdots\cdots\cdots\cdots\cdots\cdots\cdots \ (3.2.9)$$

ここに，k_v：鉛直方向地盤係数（kgf/cm³）

k_{v0}：直径30cmの剛体円盤による平板載荷試験の値に相当する鉛直方向地盤係数（kgf/cm³）

P158

(a) 場所打ち杭

P158

(b) 打込み鋼管杭

図-3.2.6　逆　算　α[1]

(a) 打込み鋼管杭

(b) 場所打ち杭

図-3.2.7　C_S-k_V法によるK_Vと実測K_Vの関係[1]

頁	S I 単 位 系
P159	**3-2-3 地盤調査結果による推定式** $K_v = K_{v0}\left\{\frac{D}{0.3}\right\}^{-3/4} = \alpha\left\{\frac{E_0}{0.3}\right\}\left\{\frac{D}{0.3}\right\}^{-3/4}$ ………… (3.2.10) ここに，E_0 = 2,800N：杭先端地盤の変形係数
P159	図-3.2.8 C_s/l の関係[5)]
P159	**3-2-3 地盤調査結果による推定式** $C_s = 1.2\times10^6 l^{-1.5}$ (kN/m³) ……………………… (3.2.11) また，k_v = 10,000N（Nは杭先端から上方３mの平均N値という仮定と，… C_s = 3,000～10,000 (kN/m³) …………………… (3.2.12)
P160	図-3.2.9 実測値と推定値の比較（$\delta_0 = 10$ mm）[5)] 図-3.2.10 C_s の分布範囲[2)]

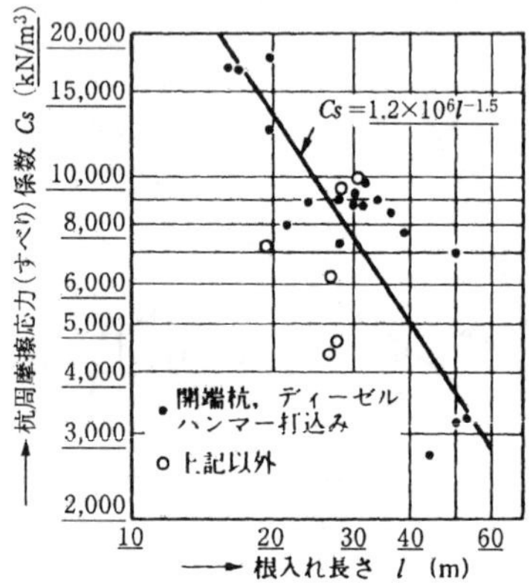

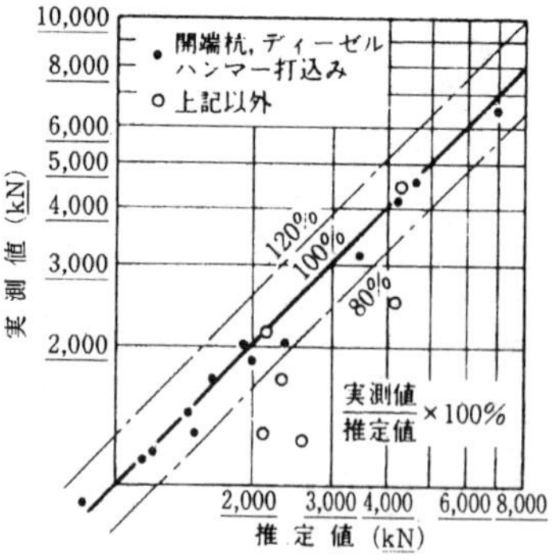

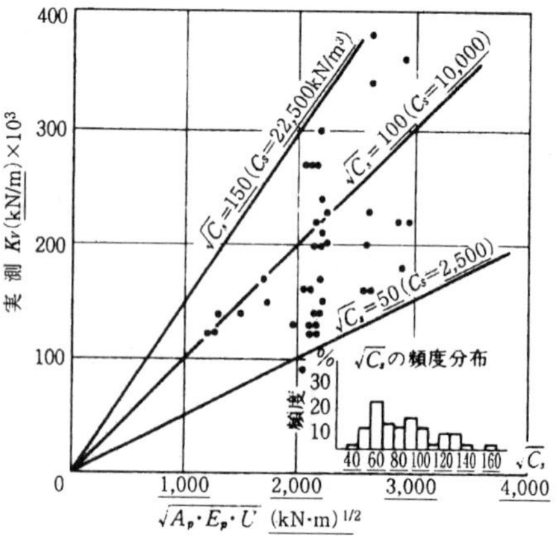

頁	従来単位系
P159	**3-2-3　地盤調査結果による推定式** $K_v = K_{v0}\left\{\frac{D}{30}\right\}^{-3/4} = \alpha\left\{\frac{E_0}{30}\right\}\left\{\frac{D}{30}\right\}^{-3/4}$ ……………… (3.2.10) ここに，$E_0 = \underline{28}N$：杭先端地盤の変形係数
P159	図-3.2.8　C_S/l の関係[5]
P159	**3-2-3　地盤調査結果による推定式** $C_s = \underline{1.2\times10^5 l^{-1.5}(kgf/cm^3)}$ ……………………… (3.2.11) また，$k_v = \underline{N}$（Nは杭先端から上方3mの平均N値という仮定と，… $C_s = \underline{0.3\sim1.0(kgf/cm^3)}$ ……………………… (3.2.12)
P160	図-3.2.9　実測値と推定値の比較（$\delta_0 = 10$ mm）[5]　　図-3.2.10　C_s の分布範囲[2]

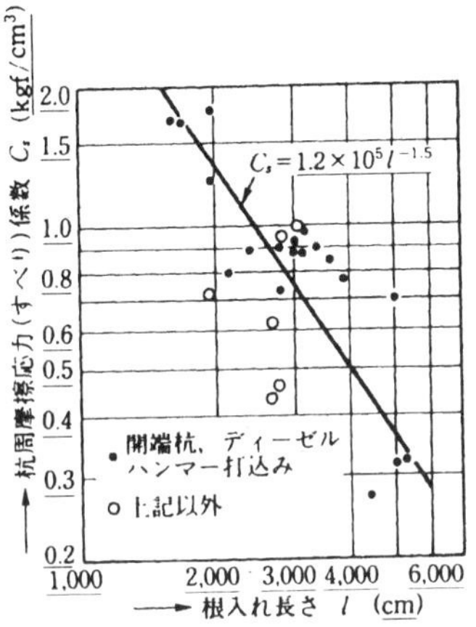

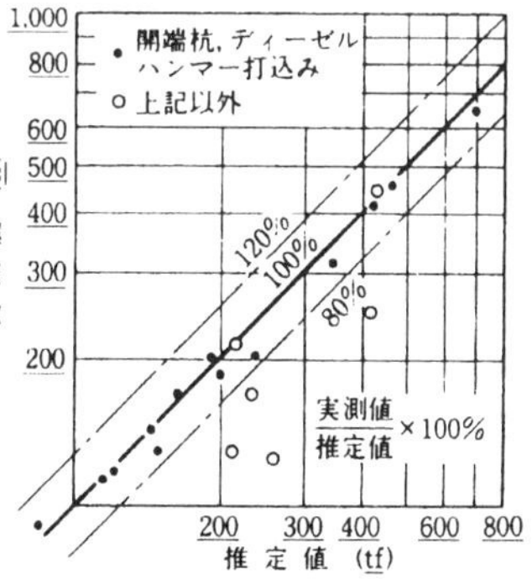

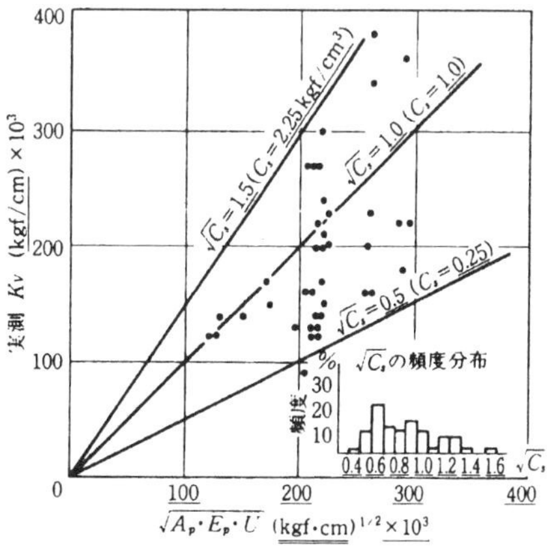

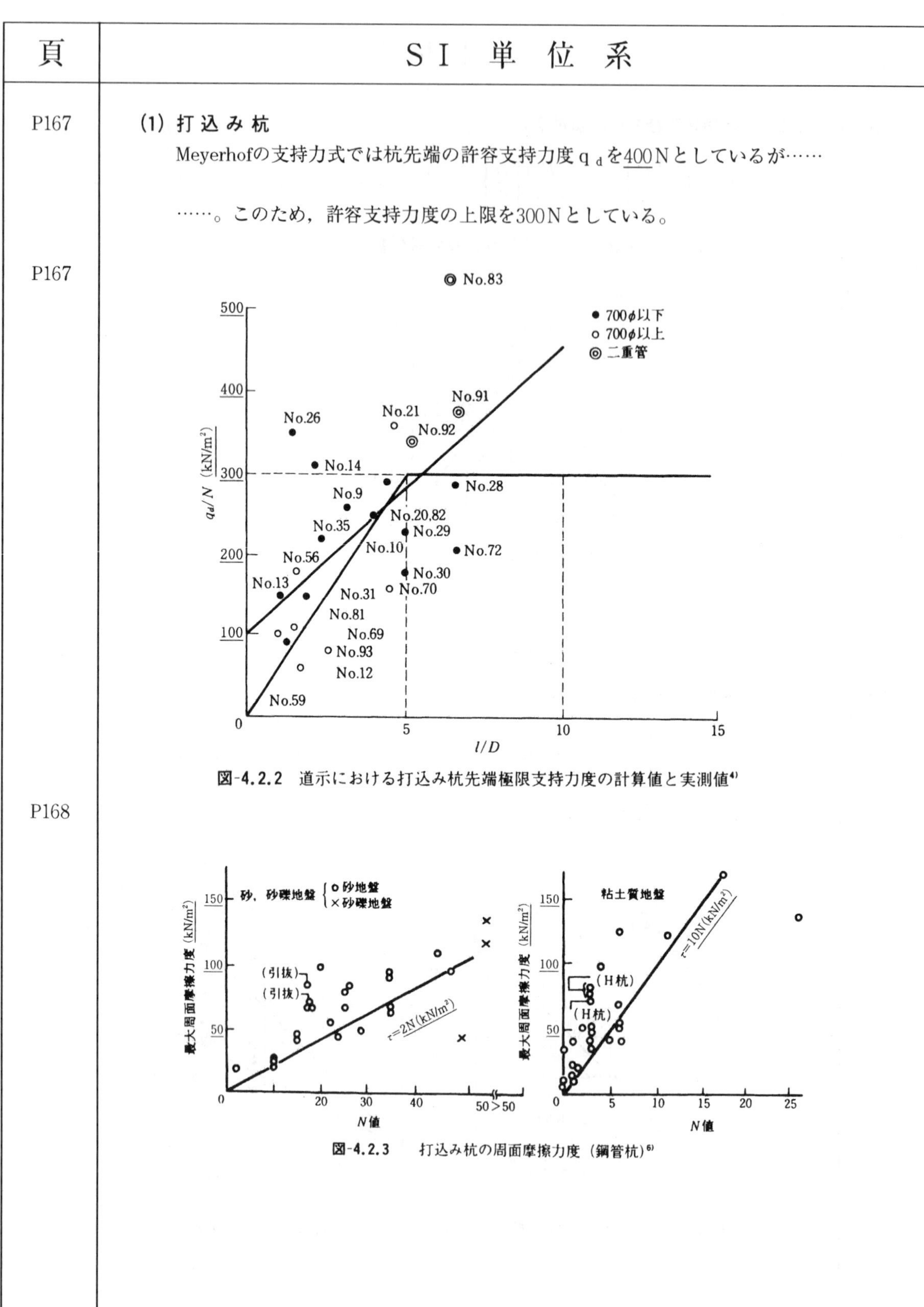

頁	SI 単 位 系
P167	**(1) 打込み杭** Meyerhofの支持力式では杭先端の許容支持力度 q_d を<u>400</u>Nとしているが…… ……。このため，許容支持力度の上限を300Nとしている。
P167	図-4.2.2　道示における打込み杭先端極限支持力度の計算値と実測値[4]
P168	図-4.2.3　打込み杭の周面摩擦力度（鋼管杭）[6]

図-4.2.2　道示における打込み杭先端極限支持力度の計算値と実測値[4]

図-4.2.3　打込み杭の周面摩擦力度（鋼管杭）[6]

頁	従来単位系
P167	**(1) 打込み杭** Meyerhofの支持力式では杭先端の許容支持力度q_dを40Nとしているが…… ……。このため，許容支持力度の上限を30Nとしている。
P167	図-4.2.2　道示における打込み杭先端極限支持力度の計算値と実測値[4]
P168	図-4.2.3　打込み杭の周面摩擦力度（鋼管杭）[6]

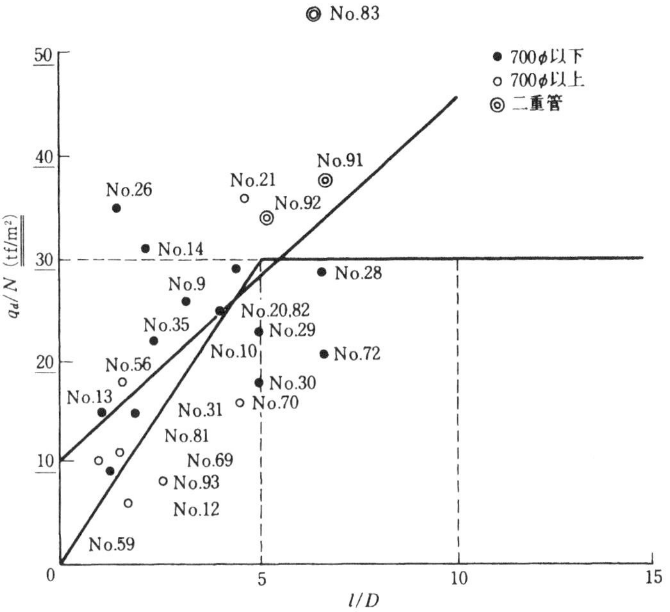

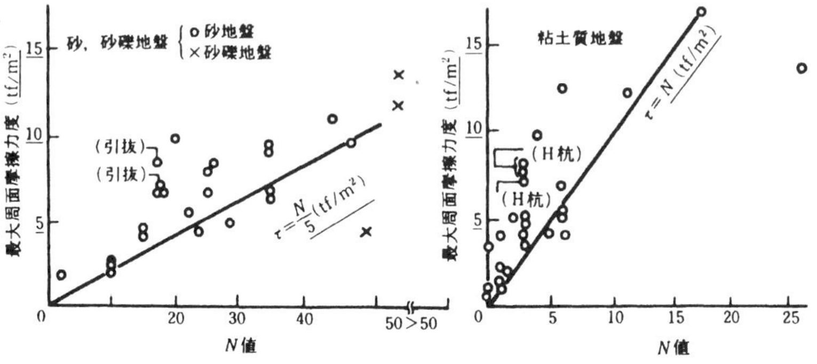

頁	S I 単 位 系
P168	**図-4.2.4　打込み杭の極限支持力の比較**
P169	**(2) 場所打ち杭** ……砂質地盤については地盤強度に関わらず<u>3,000kN/m²</u>に統一し……
P169	**図-4.2.5　場所打ち杭の応力測定結果**

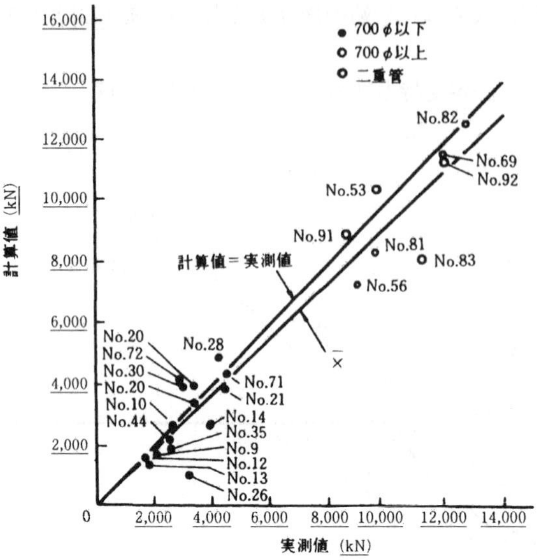

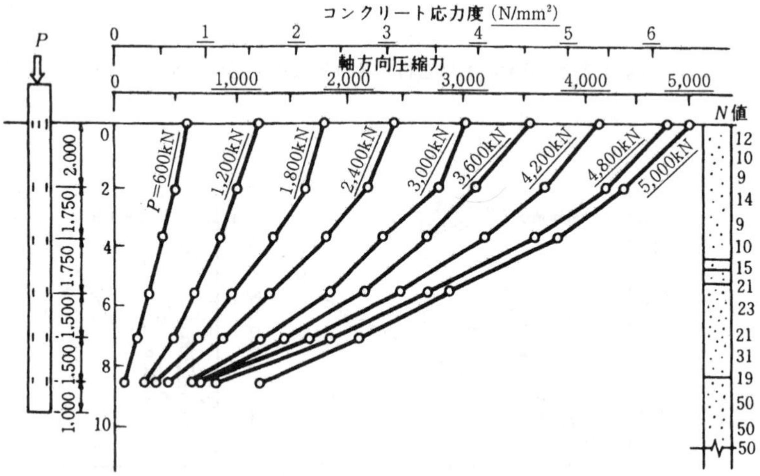

図-4.2.4　打込み杭の極限支持力の比較

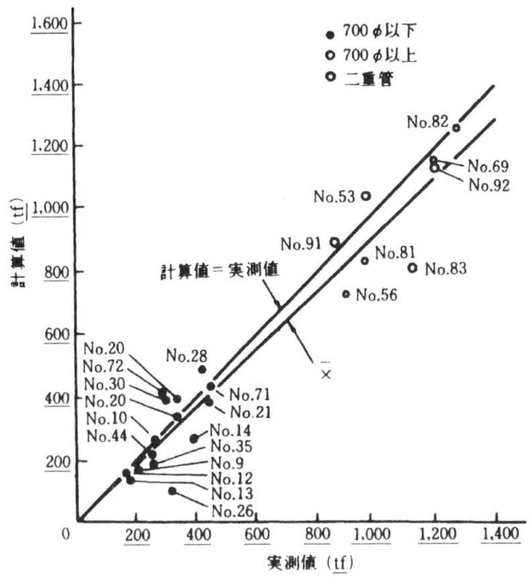

(2) 場所打ち杭

……砂質地盤については地盤強度に関わらず300tf/m²に統一し……

図-4.2.5　場所打ち杭の応力測定結果

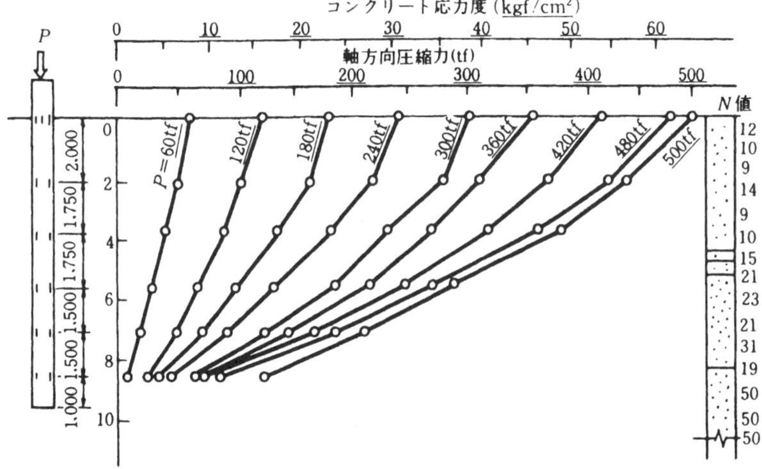

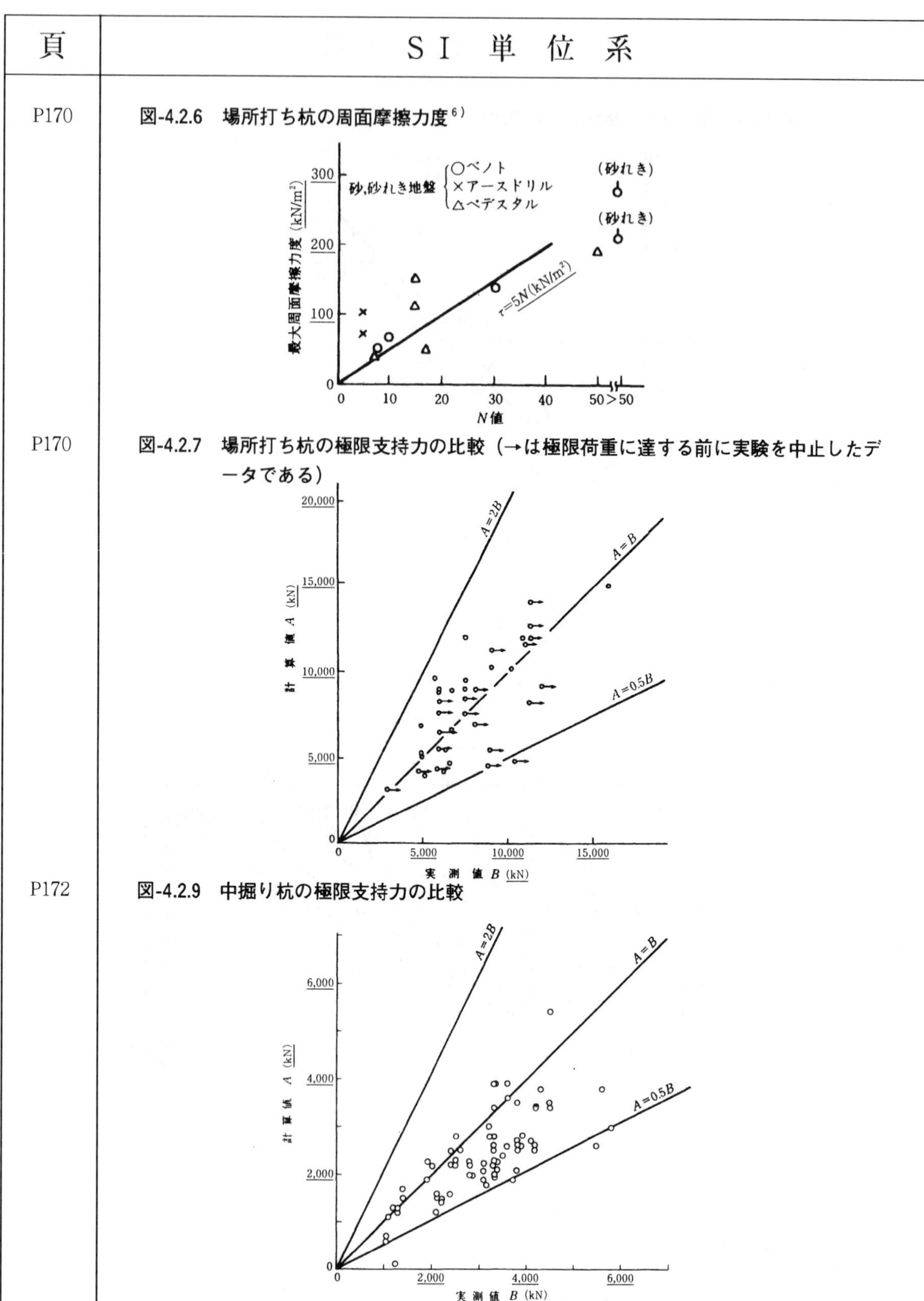

頁	SI 単位系
P170	図-4.2.6　場所打ち杭の周面摩擦力度[6)]
P170	図-4.2.7　場所打ち杭の極限支持力の比較（→は極限荷重に達する前に実験を中止したデータである）
P172	図-4.2.9　中掘り杭の極限支持力の比較

頁	従来単位系
P170	**図-4.2.6　場所打ち杭の周面摩擦力度** [6]
P170	**図-4.2.7　場所打ち杭の極限支持力の比較（→は極限荷重に達する前に実験を中止したデータである）**
P172	**図-4.2.9　中掘り杭の極限支持力の比較**

頁	S I 単 位 系
P175	**4-3-2 許容変位量の決定根拠** ただし，E_{50}は標準貫入試験のN値から$E_{50}=700N$として推定したものである。
P176	**図-4.3.5 S_t/DとE$_m$との相関関係** [8] 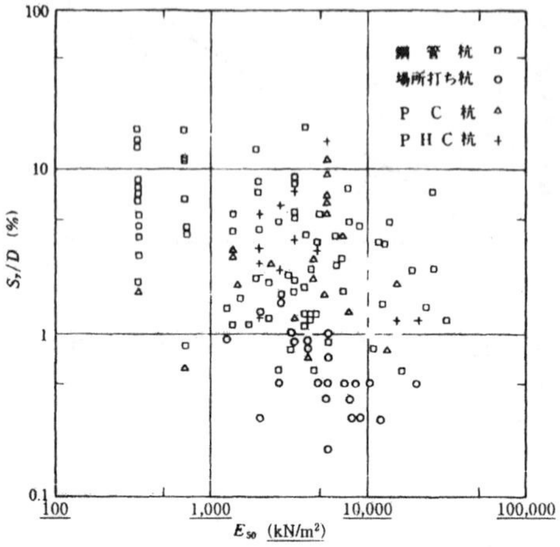
P184～ P186	**5-2 杭本数の決定** $$\left.\begin{aligned} k_H &= k_{H0}(B_H/0.3)^{-3/4} \\ k_{H0} &= 1/0.3\cdot\alpha\cdot E_0 \\ B_H &= \sqrt{D/\beta} \\ \beta &= (k_H\cdot D/4EI)^{1/4} \end{aligned}\right\} \cdots\cdots\cdots (5.2.1)$$ ここに，k_H ：水平方向地盤反力係数（kN/m³） k_{H0} ：直径0.3mの剛体円板による平板載荷試験の値に相当する水平方向地盤反力係数（kN/m³） α ：地盤反力係数の推定に用いる係数 E_0 ：設計の対象とする位置での地盤の変形係数(kN/m²) B_H ：基礎の換算載荷幅（m） D ：基礎の載荷幅（杭径）（m） β ：基礎の特性値（m^{-1}） EI ：基礎の曲げ剛性（kN·m²）
P186～ P187	**【算定例・設計条件】** 杭　　径　D＝1.2（m） 曲げ剛性　E I ＝2.545×10^6（kN·m²） 土質条件　**図-5.2.2**を参照のこと。$1/\beta$の区間の平均N値は＝5となる。 ①初期設定　$E_0=2{,}800\times5=14{,}000$(kN/m2) $B_{H1}=D=1.2$（m） 計算結果　$1/\beta=4.76$（m），$B_{H2}=2.39$（m） ②初期値の変更

頁	従来単位系

P175

4-3-2　許容変位量の決定根拠

ただし，E_{50}は標準貫入試験のN値から$E_{50}=\underline{7}N$として推定したものである。

P176

図-4.3.5　S_t/DとE_mとの相関関係[8)]

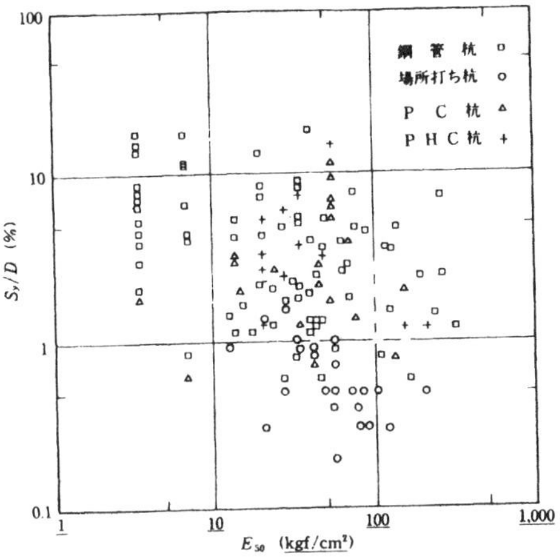

P184～P186

5-2　杭本数の決定

$$
\left.\begin{aligned}
k_H &= k_{H0}(B_H/\underline{30})^{-3/4}\\
k_{H0} &= 1/\underline{30}\cdot\alpha\cdot E_0\\
B_H &= \sqrt{D/\beta}\\
\beta &= (k_H\cdot D/4EI)^{1/4}
\end{aligned}\right\}\quad\cdots\cdots\cdots\cdots\cdots\cdots\cdots\cdots\cdots\cdots\ (5.2.1)
$$

ここに，k_H：水平方向地盤反力係数（$\underline{kgf/cm^3}$）

k_{H0}：直径$\underline{30cm}$の剛体円板による平板載荷試験の値に相当する水平方向地盤反力係数（$\underline{kgf/cm^3}$）

α：地盤反力係数の推定に用いる係数

E_0：設計の対象とする位置での地盤の変形係数（$\underline{kgf/cm^3}$）

B_H：基礎の換算載荷幅（$\underline{cm}$）

D：基礎の載荷幅（杭径）（$\underline{cm}$）

β：基礎の特性値（$\underline{cm^{-1}}$）

EI：基礎の曲げ剛性（$\underline{kgf\cdot cm^2}$）

P186～P187

【算定例・設計条件】

杭　　径　D＝$\underline{120\ (cm)}$

曲げ剛性　EI＝$\underline{2.545\times10^{12}}$（$\underline{kgf\cdot cm^2}$）

土質条件　**図-5.2.2**を参照のこと。$1/\beta$の区間の平均N値は＝5となる。

①　初期設定　$E_0=\underline{28}\times5=\underline{140(kgf/cm^2)}$

$B_{H1}=D=\underline{120\ (cm)}$

計算結果　$1/\beta=\underline{476\ (cm)}$，$B_{H2}=\underline{239\ (cm)}$

②　初期値の変更

頁	SI 単 位 系

$E_0 \rightarrow 1/\beta = 4.76\ (m)$ の区間で推定する

$B_{H1} = 2.39(m)$

計算結果　$1/\beta = 5.41\ (m)$，$BH2 = 2.55\ (m)$

③　同様にして$B_{H1} = B_{H2}$になるまでくり返し計算を行い，最終結果$BH = 2.57(m)$を得る。

P187　**【算定例・設計条件】**

$$B_H = \left\{ \frac{4EID^3}{(1/0.3)^{1/4} \alpha E_0} \right\}^{4/29} \quad \cdots\cdots\cdots\cdots\cdots\cdots \quad (5.2.2)$$

上式に計算例の諸数値を代入して計算すると$B_H = 2.567(m)$となってトライアル計算の結果と一致することがわかる。

P197　**5-3-2　弾性床上の梁部材の剛性マトリクス用いた計算法**

ただし，EI：杭の曲げ剛性（$kN \cdot m^2$）

β：杭の特性値　$\beta = \sqrt[4]{\frac{k_H D}{4EI}}\ m^{-1}$

l：第 i 部材の部材長（m）

k_H：第 i 部材の水平方向地盤反力係数（kN/m^3）

D：杭径（m）

P200　**5-3-2　弾性床上の梁部材の剛性マトリクス用いた計算法**

ただし，EI：杭の曲げ剛性（$kN \cdot m^2$）

β：杭の特性値　$\beta = \sqrt[4]{\frac{k_H D}{4EI}}\ m^{-1}$

l：第 i 部材の部材長（m）

k_H：第 i 部材の水平方向地盤反力係数（kN/m^3）

D：杭径（m）

P207　**1）梁部材の剛性マトリクス**

ただし，E I：梁の曲げ剛性($kN \cdot m^2$)

P209　**図-5.3.19**

縦軸の単位　削除【誤植】

P212　**(1) 移動の判定**

γ：盛土材料の単位重量(kN/m^3)

h：盛土高（m）

c：軟弱層の粘着力の平均値(kN/m^2)

$E_0 \rightarrow 1/\beta$ = 476（cm）の区間で推定する

B_{H1} = 239(cm)

計算結果　$1/\beta$ = 541（cm），BH2 = 255（cm）

③　同様にしてB_{H1} = B_{H2}になるまでくり返し計算を行い，最終結果BH = 257(cm)を得る。

【算定例・設計条件】

$$B_H = \left\{ \frac{4EID^3}{(1/0.3)^{1/4} \alpha E_0} \right\}^{4/29} \quad \cdots\cdots\cdots\cdots\cdots\cdots\cdots\cdots\cdots \text{(5.2.2)}$$

上式に計算例の諸数値を代入して計算するとB_H = 256.7（cm）となってトライアル計算の結果と一致することがわかる。

5-3-2　弾性床上の梁部材の剛性マトリクス用いた計算法

ただし，EI：杭の曲げ剛性（tf·m^2）

β：杭の特性値　$\beta = \sqrt[4]{\dfrac{k_H D}{4EI}}$ m^{-1}

l：第 i 部材の部材長（m）

k_H：第 i 部材の水平方向地盤反力係数（tf/m^3）

D：杭径（m）

5-3-2　弾性床上の梁部材の剛性マトリクス用いた計算法

ただし，EI：杭の曲げ剛性（tf·m^2）

β：杭の特性値　$\beta = \sqrt[4]{\dfrac{k_H D}{4EI}}$ m^{-1}

l：第 i 部材の部材長（m）

k_H：第 i 部材の水平方向地盤反力係数（tf/m^3）

D：杭径（m）

1）梁部材の剛性マトリクス

ただし，E I：梁の曲げ剛性（tf·m^2）

図-5.3.19

縦軸の単位　kgf/cm^3

(1) 移動の判定

γ：盛土材料の単位重量（tf/m^3）

h：盛土高（m）

c：軟弱層の粘着力の平均値（tf/m^2）

頁	SI 単位系

P216～P217

(3) 基礎体抵抗法の計算手順

ここで，γ：盛土材料の単位重量（kN/m^3）

h：盛土高さ（m）

c：軟弱層の粘着力の平均値（kN/m^2）

ここに，p_x：深さxにおける流動圧（kN/m）

k：k値（kN/m^3）

B：基礎幅（m）

δ_x：深さxにおける地盤の弾性的変位量（m）

P221

6-2-3　設　計　法

q_a：深礎杭底面の許容鉛直支持力度（kN/m^2）

q_{a0}：仮想水平地盤での深礎杭底面の許容鉛直支持力度（kN/m^2）

μ：斜面の影響による低減係数，**図-6.2.4**による。

q_{d0}：仮想水平地盤での深礎杭底面の地盤から決まる極限支持力度（kN/m^2）

n：安全率　常時3，地震時2

Df：有効根入れ長（m），**図-6.2.5**による。

γ_2：深礎杭底面より上にある地盤の単位体積重量（kN/m^3）

P224

6-2-3　設　計　法

ただし，c：深礎杭底面より下にある地盤の粘着力（kN/m^2）

γ_1：深礎杭底面より下にある地盤の単位体積重量（kN/m^3）

γ_2：深礎杭底面より上にある地盤の単位体積重量（kN/m^3）

P224～P225

(4) 地盤反力係数

$$k_v = k_{v0}\left(\frac{B_v}{0.3}\right)^{-3/4} \quad \cdots\cdots (6.2.4)$$

ここに，k_v：鉛直方向地盤反力係数（kN/m^3）

k_{v0}：直径0.3mの剛体円板による平板載荷試験の値に相当する鉛直方向地盤反力係数（kN/m^3）で,各種土質試験・調査により求めた変形係数から推定する場合は，次式より求める。

$$k_{v0} = \frac{1}{0.3}\alpha E_0 \quad \cdots\cdots (6.2.5)$$

B_v：基礎の換算載荷幅（m）で次式より求める。ただし，底面形状が円形の場合には直径とする。

$$B_v = \sqrt{A_v} \quad \cdots\cdots (6.2.6)$$

E_0：**表-6.2.1**に示す方法で測定または推定した，設計の対象とする位置での

頁	従来単位系
P216～ P217	**(3) 基礎体抵抗法の計算手順** ここで，γ ：盛土材料の単位重量（tf/m^3） h ：盛土高さ（m） c ：軟弱層の粘着力の平均値（tf/m^2） ここに，p_x：深さxにおける流動圧（kgf/cm） k ：k値（kgf/cm^3） B ：基礎幅（cm） δ_x：深さxにおける地盤の弾性的変位量（cm）
P221	**6-2-3 設　計　法** q_a：深礎杭底面の許容鉛直支持力度（tf/m^2） q_{a0}：仮想水平地盤での深礎杭底面の許容鉛直支持力度（tf/m^{22}） μ ：斜面の影響による低減係数，**図-6.2.4**による。 q_{d0}：仮想水平地盤での深礎杭底面の地盤から決まる極限支持力度（tf/m^2） n ：安全率　常時3，地震時2 Df：有効根入れ長（m），**図-6.2.5**による。 γ_2：深礎杭底面より上にある地盤の単位体積重量（tf/m^3）
P224	**6-2-3 設　計　法** ただし，c ：深礎杭底面より下にある地盤の粘着力（tf/m^2） γ_1：深礎杭底面より下にある地盤の単位体積重量（tf/m^3） γ_2：深礎杭底面より上にある地盤の単位体積重量（tf/m^3）
P224～ P225	**(4) 地盤反力係数** $k_v = k_{v0}\left(\frac{B_v}{30}\right)^{-3/4}$ ……………………………………… (6.2.4) ここに，k_v：鉛直方向地盤反力係数（kgf/cm^3） k_{v0}：直径30cmの剛体円板による平板載荷試験の値に相当する鉛直方向地盤反力係数（kgf/cm^3）で,各種土質試験・調査により求めた変形係数から推定する場合は，次式より求める。 $k_{v0} = \frac{1}{30}\alpha E_0$ ………………………… (6.2.5) B_v：基礎の換算載荷幅(cm)で次式より求める。ただし，底面形状が円形の場合には直径とする。 $B_v = \sqrt{A_v}$ ………………………… (6.2.6) E_0：**表-6.2.1**に示す方法で測定または推定した，設計の対象とする位置での

頁	SI 単位系

地盤の変形定数（kN/m²）

α：地盤反力係数の推定に用いる係数で，表-6.2.1に示す。

A_v：鉛直方向の載荷面積(m²)

P225

表ー6.2.1　E_0とα

次の試験方法による変形係数E_0(kN/m²)	α	
	常時	地震時
直径0.3mの剛体円板による平板載荷試験の繰り返し曲線から求めた変形係数の1/2	1	2
ボーリング孔内で測定した変形係数	4	8
供試体の一軸または三軸圧縮試験から求めた変形係数	4	8
標準貫入試験のN値よりE_0＝2,800Nで推定した変形係数	1	2

P225
～P226

2）水平地盤に関する水平方向地盤反力係数

$$k_0 = k_{H0}\left(\frac{B_H}{0.3}\right)^{-3/4} \quad \cdots\cdots (6.2.7)$$

ここに，k_0：水平地盤に関する水平方向地盤反力係数（kN/m³）

k_{H0}：直径0.3mの剛体円板による平板載荷試験のに相当する水平方向地盤反力係数(kN/m³)で，各種土質試験・調査により求めた変形係数から推定する場合は，次式より求める。

$$k_{H0} = \frac{1}{0.3}\alpha E_0 \quad \cdots\cdots (6.2.8)$$

B_H：荷重作用方向に直交する基礎の換算載荷幅（m）

$\sqrt{D/\beta}(\beta l \geqq 1)$　$\sqrt{A_H}(\beta l \leqq 1)$

E_0：**表-6.2.1**に示す方法で測定または推定した，設計の対象とする位置での地盤の変形係数（kN/m²）

α：地盤反力係数の推定に用いる係数で，表-6.2.1に示す。

A_H：荷重作用方向に直交する基礎の載荷面積（m²）

D：荷重作用方向に直交する基礎の載荷幅（m）

$1/\beta$：水平抵抗に関与する地盤の深さ（m）基礎の長さを以下とする。

β：基礎の特性値　$\sqrt[4]{\frac{k_H D}{4EI}}$ m^{-1}

EI：基礎の曲げ剛性（kN・m²）

P226

3）斜面の場合の水平方向地盤反力係数は水平地盤での値を次式で補正して求める。

k_H：斜面を考慮した水平方向地盤反力係数（kN/m³）

頁	従来単位系
	地盤の変形定数（kgf/cm²） α　：地盤反力係数の推定に用いる係数で，表-6.2.1に示す。 A_v：鉛直方向の載荷面積(cm²)
P225	**表−6.2.1　E_0とα**

次の試験方法による変形係数E_0（kgf/cm²）	α	
	常時	地震時
直径30cmの剛体円板による平板載荷試験の繰り返し曲線から求めた変形係数の1/2	1	2
ボーリング孔内で測定した変形係数	4	8
供試体の一軸または三軸圧縮試験から求めた変形係数	4	8
標準貫入試験のN値よりE_0＝28Nで推定した変形係数	1	2

P225～P226

2）水平地盤に関する水平方向地盤反力係数

$$k_0 = k_{H0}\left(\frac{B_H}{30}\right)^{-3/4} \quad \cdots\cdots (6.2.7)$$

ここに，k_0：水平地盤に関する水平方向地盤反力係数（kgf/cm³）

k_{H0}：直径0.3mの剛体円板による平板載荷試験のに相当する水平方向地盤反力係数（kgf/cm³）で，各種土質試験・調査により求めた変形係数から推定する場合は，次式より求める。

$$k_{H0} = \frac{1}{30}\alpha E_0 \quad \cdots\cdots (6.2.8)$$

B_H：荷重作用方向に直交する基礎の換算載荷幅（cm）

$\sqrt{D/\beta}(\beta l \geq 1)$　$\sqrt{A_H}(\beta l \leq 1)$

E_0：**表-6.2.1**に示す方法で測定または推定した，設計の対象とする位置での地盤の変形係数（kgf/cm²）

α：地盤反力係数の推定に用いる係数で，表-6.2.1に示す。

A_H：荷重作用方向に直交する基礎の載荷面積（cm²）

D：荷重作用方向に直交する基礎の載荷幅（cm）

$1/\beta$：水平抵抗に関与する地盤の深さ（cm）基礎の長さを以下とする。

β：基礎の特性値　$\sqrt[4]{\frac{k_H D}{4EI}}$ m⁻¹

EI：基礎の曲げ剛性（kgf/cm²）

P226

3）斜面の場合の水平方向地盤反力係数は水平地盤での値を次式で補正して求める。

k_H：斜面を考慮した水平方向地盤反力係数（kgf/cm³）

頁	S I 単 位 系
	λ ：斜面までの水平かぶりと杭径の比 k_0 ：水平地盤に関する水平方向地盤反力係数（kN/m³）
P226	**1）水平バネK_H** k_H ：斜面および群杭の影響を考慮した水平方向地盤反力係数（kN/m³） D ：杭径(m) ⊿L ：バネ間隔長さ(m)
P227	**2）底面鉛直バネK_V** k_V ：鉛直方向地盤反力係数（kN/m³） A ：基礎底面積 $\left(\frac{\pi}{4}D^2\right)m^2$
P227	**3）底面回転バネK_R** I ：基礎底面の断面2次モーメント $\left(\frac{\pi}{64}D^4\right)m^4$
P228	**4）底面せん断バネK_s** S_a ：基礎底面におけるせん断抵抗力の上限値(kN) c_B ：基礎底面と地盤との間の付着（kN/m²） ϕ_B ：基礎底面と地盤との間の摩擦角（°） A ：有効載荷面積（m²） N ：基礎底面に作用する鉛直力（kN） n ：安全率，常時３，地震時２
P229～ P230	**(6) 極限水平支持力R_qは，図-6.2.9に示す直線すべり面のせん断抵抗力の最小値として次式より求める。** R_q ：極限水平支持力（kN） W ：すべり面より上の地盤の重量（kN） A ：すべり面の面積（m²） ϕ ：地盤のせん断抵抗角（度） c ：地盤の粘着力（kN/m²） γ ：すべり面より上の地盤の単位体積重量（kN/m³）
P230	**1）複合地盤反力法による水平方向の安定度照査** ここに，R_{qak}:k段目のバネ位置での許容水平支持力（kN）
P230	**表-6.2.4　塑性化後のせん断定数** 粘着力 c_0（kN/m²）
P231	**1）複合地盤反力法による水平方向の安定度照査** $\sum_{i=j+1}^{k} R_i$ ：j+1段目からｋ段目までのバネ位置における杭反力の総和(弾性領域での反力の総和）（kN）

頁	従来単位系
	λ ：斜面までの水平かぶりと杭径の比 k_0 ：水平地盤に関する水平方向地盤反力係数（kgf/cm³）
P226	**1）水平バネK_H** k_H ：斜面および群杭の影響を考慮した水平方向地盤反力係数（kgf/cm³） D ：杭径（cm） ⊿L ：バネ間隔長さ（cm）
P227	**2）底面鉛直バネK_v** k_v ：鉛直方向地盤反力係数（kgf/cm³） A ：基礎底面積 $\left(\frac{\pi}{4}D^2\right)m^2$
P227	**3）底面回転バネK_R** I ：基礎底面の断面2次モーメント $\left(\frac{\pi}{64}D^4\right)m^4$
P228	**4）底面せん断バネK_s** S_a ：基礎底面におけるせん断抵抗力の上限値（tf） c_B ：基礎底面と地盤との間の付着（tf/m²） ϕ_B ：基礎底面と地盤との間の摩擦角（°） A ：有効載荷面積（(m²） N ：基礎底面に作用する鉛直力（tf） n ：安全率，常時3，地震時2
P229～ P230	**(6) 極限水平支持力R_qは，図-6.2.9に示す直線すべり面のせん断抵抗力の最小値として次式より求める。** R_q ：極限水平支持力（tf） W ：すべり面より上の地盤の重量（tf） A ：すべり面の面積（m²） ϕ ：地盤のせん断抵抗角（度） c ：地盤の粘着力（tf/m²） γ ：すべり面より上の地盤の単位体積重量（tf/m²）
P230	**1）複合地盤反力法による水平方向の安定度照査** ここに，R_{qak}:k段目のバネ位置での許容水平支持力（tf）
P230	**表-6.2.4 塑性化後のせん断定数** 粘着力c_0（tf/m²）
P231	**1）複合地盤反力法による水平方向の安定度照査** $\sum_{i=j+1}^{k} R_i$：j+1段目からk段目までのバネ位置における杭反力の総和(弾性領域での反力の総和)（tf）

頁	SI 単位系
P232	**1）水平バネに対する群杭の考慮** k_H：群杭効果を考慮した場合の水平方向地盤反力係数（kN/m³） k_0：単杭の場合の水平方向地盤反力係数（kN/m³） μ：水平方向地盤反力係数の低減係数 P_1, P_2：杭の中心間隔（m） D：杭径（m）
P233	**(1) 設計土圧** p：土圧強度（kN/m²） K0：土圧係数　土砂および風化した軟岩は0.5とする。 γm：各土層の平均単位体積重量（kN/m³） h：地表面からの深さ(m) w：上載荷重(kN/m²)
P233	**(2) 材質および許容応力度** 3）ライナー・プレートの許容応力度（施工時）は，以下に示すとおりとする。 SS330　180N/mm² SPHC　150N/mm² **5）補強リングの許容応力度は，210N/mm²（SS400）とする。**
P233～ P234	**(3) 設計計算** p_a：許容座屈荷重（kN/m²） E：鋼のヤング係数＝2.0×108（kN/m²） N：圧縮力（kN/m） q：等分布土圧（kN/m²） σ_C：ライナー・プレートの圧縮応力度（kN/m²） A：ライナー・プレートの単位深さあたりの断面積(m²/m)
P236	**表-6.2.5 地盤条件**

	単位体積重量 γt（kN/m³）	せん断抵抗角 φ（度）	粘着力 c（kN/m²）	変形係数 E_0（kN/m²）	せん断弾性波速度 (m/sec)
崖錐層	18	20°	15	――	――
軟岩D級	20	30°	110	70,000	500
軟岩CL級	21	35°	250	300,000	1,000

P236 **表-6.2.6 上部工反力**

名称		単位	常時		地震時	
			橋軸方向	橋軸直角方向	橋軸方向	橋軸直角方向
鉛直力	死荷重	kN	9,567	9,567	9,567	9,567
	活荷重	kN	3,793	3,793	――	――
	合計	kN	13,359	13,359	9,567	9,567
水平力	水平力	kN	――	――	5,310	1,913
	作用位置	m	――	――	0	2.00

頁	従来単位系

P232 **1）水平バネに対する群杭の考慮**

k_H：群杭効果を考慮した場合の水平方向地盤反力係数（kgf/cm^3）

k_0：単杭の場合の水平方向地盤反力係数（kgf/cm^3）

μ：水平方向地盤反力係数の低減係数

P_1, P_2：杭の中心間隔（cm）

D：杭径（cm）

P233 **(1) 設 計 土 圧**

p：土圧強度（tf/m^2）

K0：土圧係数　土砂および風化した軟岩は0.5とする。

γm：各土層の平均単位体積重量（tf/m^3）

h：地表面からの深さ(m)

w：上載荷重(tf/m^2)

P233 **(2) 材質および許容応力度**

3）ライナー・プレートの許容応力度（施工時）は，以下に示すとおりとする。

SS330　1,800kgf/cm^2

SPHC　1,500kgf/cm^2

5）補強リングの許容応力度は，210N/mm^2（SS400）とする。

P233～P234 **(3) 設 計 計 算**

p_a：許容座屈荷重（tf/m^2）

E：鋼のヤング係数=2.0×108（tf/m^2）

N：圧縮力（tf/m）

q：等分布土圧（tf/m^2）

σ_C：ライナー・プレートの圧縮応力度（tf/m^2）

A：ライナー・プレートの単位深さあたりの断面積(m^2/m)

P236 **表-6.2.5　地 盤 条 件**

	単位体積重量 γt（tf/m^3）	せん断抵抗角 ϕ（度）	粘　着　力 c（tf/m^2）	変形係数 E_0（kgf/m^2）	せん断弾性波速度 (m/sec)
崖錐層	1.8	20°	1.5	――	――
軟岩D級	2.0	30°	11	700	500
軟岩CL級	2.1	35°	25	3,000	1,000

P236 **表-6.2.6　上部工反力**

名称		単位	常時		地震時	
			橋軸方向	橋軸直角方向	橋軸方向	橋軸直角方向
鉛直力	死荷重	tf	976.2	976.2	976.2	976.2
	活荷重	tf	387.0	387.0	――	――
	合　計	tf	1,363.2	1,363.2	976.2	976.2
水平力	水平力	tf	――	――	541.8	195.2
	作用位置	m	――	――	0	2.00

頁	SI 単位系
P236～ P237	① **常　時** $k_H = k_{H0}\left(\dfrac{B_H}{0.3}\right)^{-3/4}$ $B_H = \sqrt{\dfrac{D}{\beta}}$ ここで，(1／β) 1 =6.0mと仮定し，繰り返し計算により，換算載荷幅B_Hを算定し，常時の水平地盤反力k_0を求める。 $\sqrt[4]{\dfrac{D}{4EI}} = \sqrt[4]{\dfrac{3.00}{4\times 2.5\times 10^7\times\dfrac{\pi}{64}\times 3.00^4}} = 0.00932$ $k_{H0} = \dfrac{1}{0.3}\cdot\alpha\cdot E_0 = \dfrac{1}{0.3}\times 4\times 70{,}000 = 933{,}000\mathrm{kN/m^3}$ （孔内水平載荷試験： α ＝ 4 ， E0＝70,000kN/m2） $(B_H)_1 = \sqrt{6.0\times 3.0} = 4.24\mathrm{m}$ $(k_0)_1 = 933{,}000\times\left(\dfrac{4.24}{0.3}\right)^{-3/4} = 128{,}000\mathrm{kN/m^3}$ $(1/\beta)_2 = 1/(\sqrt[4]{128{,}000}\times 0.00932) = 5.67\mathrm{m}$ $(B_H)_2 = \sqrt{5.67\times 3.00} = 4.12\mathrm{m}$ $(k_0)_2 = 933{,}000\times\left(\dfrac{4.12}{0.3}\right)^{-3/4} = 131{,}000\mathrm{kN/m^3}$
P237	$(1/\beta)_3 = 1/(\sqrt[4]{131{,}000}\times 0.00932) = 5.64\mathrm{m}$ $(B_H)_3 = \sqrt{5.64\times 3.00} = 4.11\mathrm{m}$
P237	**図-6.2.15　地 盤 条 件** 軟岩D種 $E_0 = 70{,}000\mathrm{kN/m^2}$
P238	① **常　時** $(B_H)_2 \fallingdotseq (B_H)_3$であることから，最終的に常時の水平地盤反力係数は２回目の繰り返し計算値とする。 $k_0 = 131{,}000\mathrm{kN/m^3}$ ② **地　震　時：k_0＝ 2 ・ k_0＝2×131,000＝262,000kN/m³** ③ **隣接基礎の影響** (a) 常　時： $k_0 = \mu\cdot k_0 = 0.583\times 131{,}000 = 76{,}000\mathrm{kN/m^3}$ (b) 地震時： $k_0 = \mu\cdot k_0 = 0.583\times 262{,}000 = 153{,}000\mathrm{kN/m^3}$

頁	従来単位系
P236～ P237	**① 常　時** $k_0 = k_{H0}\left(\frac{B_H}{30}\right)^{-3/4}$ $B_H = \sqrt{\frac{D}{\beta}}$ ここで，(1／β) 1 =600cmと仮定し，繰り返し計算により，換算載荷幅B_Hを算定し，常時の水平地盤反力k_0を求める。 $\sqrt[4]{\frac{D}{4EI}} = \sqrt[4]{\frac{300}{4\times\underline{250,000}\times\frac{\pi}{64}\times\underline{300}^4}} = \underline{0.000932}$ $k_{H0} = \frac{1}{30}\cdot\alpha\cdot E_0 = \frac{1}{30}\times 4\times\underline{700} = \underline{93.3\mathrm{kgf/cm^3}}$ (孔内水平載荷試験：α = 4， E0=700kgf/cm2) $(B_H)_1 = \sqrt{\underline{600}\times\underline{300}} = \underline{424\mathrm{cm}}$ $(k_0)_1 = \underline{93.3}\times\left(\frac{\underline{424}}{30}\right)^{-3/4} = \underline{12.8\mathrm{kgf/cm^3}}$ $(1/\beta)_2 = 1/(\sqrt[4]{\underline{12.8}}\times\underline{0.000932}) = \underline{567\mathrm{cm}}$ $(B_H)_2 = \sqrt{\underline{567}\times\underline{300}} = \underline{412\mathrm{cm}}$ $(k_0)_2 = \underline{93.3}\times\left(\frac{\underline{412}}{30}\right)^{-3/4} = \underline{13.1\mathrm{kgf/cm^3}}$
P237	$(1/\beta)_3 = 1/(\sqrt[4]{\underline{13.1}}\times\underline{0.000932}) = \underline{564\mathrm{cm}}$ $(B_H)_3 = \sqrt{\underline{564}\times\underline{300}} = \underline{411\mathrm{cm}}$
P237	**図-6.2.15 地 盤 条 件** 軟岩D種 $E_0 = \underline{700\mathrm{kgf/cm^2}}$
P238	**① 常　時** $(B_H)_2 \fallingdotseq (B_H)_3$であることから，最終的に常時の水平地盤反力係数は2回目の繰り返し計算値とする。 $k_0 = \underline{13.1\mathrm{kgf/cm^3}}$ **② 地　震　時：k_0＝2．k_0=2×13.1=$\underline{26.2\mathrm{kgf/cm^3}}$** **③ 隣接基礎の影響** (a) 常　時：$k_0 = \mu\cdot k_0 = 0.583\times 13.1 = \underline{7.6\mathrm{kgf/cm^3}}$ (b) 地震時：$k_0 = \mu\cdot k_0 = 0.583\times 26.2 = \underline{15.3\mathrm{kgf/cm^3}}$

頁	SI　単　位　系
P238	**2）鉛直方向地盤反力係数（深礎底面）** ① 常　時：$k_v = k_{v0}\left(\dfrac{B_v}{0.3}\right)^{-3/4} = \underline{933{,}000} \times \left(\dfrac{\underline{3.00}}{0.3}\right)^{-3/4} = \underline{166{,}000\mathrm{kN/m^3}}$ $k_{v0} = \dfrac{1}{\underline{0.3}} \cdot \alpha \cdot E_0 = \dfrac{1}{\underline{0.3}} \times 4 \times \underline{70{,}000} = \underline{933{,}000\mathrm{kN/m^3}}$ $B_v = D = \underline{3.00\mathrm{m}}$ ② 地震時：$k_v = 2 \times \underline{166{,}000} = \underline{332{,}000\mathrm{kN/m^3}}$
P238	**① 仮想水平地盤での地盤から決まる極限鉛直支持力度** $q_{do} = 1.3c \cdot N_c + 0.3\gamma_1 \cdot D \cdot N_\gamma + \gamma_2 \cdot D_f \cdot N_q$ $= 1.3 \times \underline{110} \times 30 + 0.3 \times \underline{20} \times 3.0 + \underline{20} \times 10.0 \times 18$ $= \underline{8{,}160\mathrm{kN/m^2}}$ ここで， $c = \underline{110\mathrm{kN/m^2}}$，$N_c = 30(\phi' = 30^\circ)$，$\gamma_1 = \underline{20\mathrm{kN/m^2}}$ $N_\gamma = 15$（$\phi = 30^\circ$），$\gamma_2 = \underline{20\mathrm{kN/m^2}}$
P239	**② 地盤から決まる極限鉛直支持力度** 常　時：$q_{ao} = \dfrac{1}{3} \times (\underline{8{,}160} - \underline{20} \times 10.0) + \underline{20} \times 10.0 = \underline{2{,}850\mathrm{kN/m^2}}$ 地震時：$q_{ao} = \dfrac{1}{2} \times (\underline{8{,}160} - \underline{20} \times 10.0) + \underline{20} \times 10.0 = \underline{4{,}180\mathrm{kN/}}$
P239	**表-6.2.7　許容鉛直支持力度q_a（$\mathrm{kN/m^2}$）** <table><tr><td></td><td>qa0</td><td>α</td><td>qa</td></tr><tr><td>常　時</td><td>2,850</td><td>0.73</td><td>2,080</td></tr><tr><td>地震時</td><td>4,180</td><td>0.73</td><td>3,051</td></tr></table>
P239	**2）地盤の許容水平支持力** $R_q = \cdots$ $= \dfrac{W \times (\cos 75 + \sin 75 \times \tan 30) + \underline{110} \times A}{\sin 75 - \cos 75 \times \tan 30}$ $= \dfrac{1}{0.8165} \times (0.8165 \times W + \underline{110} \times A)$

頁	従来単位系
P238	**2）鉛直方向地盤反力係数（深礎底面）** ① 常時：$k_v = k_{v0}\left(\frac{B_v}{30}\right)^{-3/4} = \underline{93.3}\times\left(\frac{\underline{300}}{30}\right)^{-3/4} = \underline{16.6\mathrm{kgf/cm^3}}$ $k_{v0} = \frac{1}{\underline{30}}\cdot\alpha\cdot E_0 = \frac{1}{\underline{30}}\times 4\times\underline{700} = \underline{93.3\mathrm{kgf/cm^3}}$ $B_v = D = \underline{300\mathrm{cm}}$ ② 地震時：k v＝2×16.6＝33.2kgf/cm3
P238	**① 仮想水平地盤での地盤から決まる極限鉛直支持力度** $q_{do} = 1.3c\cdot N_c + 0.3\gamma_1\cdot D\cdot N_\gamma + \gamma_2\cdot D_f\cdot N_q$ $= 1.3\times\underline{11}\times 30 + 0.3\times\underline{2.0}\times 3.0 + \underline{2.0}\times 10.0\times 18$ $= \underline{816\mathrm{tf/m^2}}$ ここで， $c = \underline{11\mathrm{tf/m^2}}$，$N_c = 30(\phi' = 30°)$，$\gamma_1 = \underline{2.0\ \mathrm{tf/m^2}}$ $N_\gamma = 15$（$\phi = 30°$），$\gamma_2 = \underline{2.0\mathrm{tf/m^2}}$
P239	**② 地盤から決まる極限鉛直支持力度** 常　時：$q_{ao} = \frac{1}{3}\times(\underline{816} - \underline{2.0}\times 10.0) + \underline{2.0}\times 10.0 = \underline{285\mathrm{tf/m^2}}$ 地震時：$q_{ao} = \frac{1}{2}\times(\underline{816} - \underline{2.0}\times 10.0) + \underline{2.0}\times 10.0 = \underline{418\mathrm{tf/m^2}}$
P239	**表-6.2.7　許容鉛直支持力度q_a（$\mathrm{tf/m^2}$）**

	q a 0	α	q a
常　時	285	0.73	208
地震時	418	0.73	305

P239	**2）地盤の許容水平支持力**

$$R_q = \cdots$$

$$= \frac{W\times(\cos 75 + \sin 75\times\tan 30) + \underline{11.0}\times A}{\sin 75 - \cos 75\times\tan 30}$$

$$= \frac{1}{0.8165}\times(0.8165\times W + \underline{11.0}\times A)$$

頁	SI 単位系

P240

2）地盤の許容水平支持力

$W = \cdots$

$$= \underline{20} \times \left\{ \frac{3.0}{2} + \frac{\sin 60 \times \tan 40}{\sin(60+75)} \times \frac{1.0}{3} \right\} \times \frac{\sin 60 \times \sin 75}{\sin(60+75)} \times 1.0^2 = \underline{43.6\text{kN}}$$

$$R_q = \frac{1}{0.81650} \times (0.81650 \times \underline{43.6} + \underline{110} \times 4.933) = \underline{708\text{kN}}$$

常　時：$R_{qa} = \frac{1}{3} \times \underline{708} = \underline{236\text{kN}}$

地震時：$R_{qa} = \frac{1}{2} \times \underline{708} = \underline{354\text{kN}}$

P241

表-6.2.5　地盤の許容水平支持力（橋軸方向）

深さ (m)	W (kN)	A (m^2)	Rq (kN)	許容水平支持力Rqa (kN)	
				常時	地震時
0.0	0.00	0.000	0	0	0
0.5	15.41	2.839	759	253	380
1.0	71.34	9.356	1,907	636	954
1.5	182.31	16.532	3,471	1,157	1,736
2.0	362.87	25.426	5,476	1,825	2,738
2.5	627.54	35.977	7,946	2,649	3,973
3.0	990.36	48.208	10,908	3,636	5,454
3.5	1,467.37	62.116	14,385	4,795	7,193
4.0	2,071.59	77.702	18,403	6,134	9,022
4.5	2,818.06	94.967	22,989	7,663	11,495
5.0	3,721.31	113.910	28,165	9,388	14,083
5.5	4,795.88	134.531	33,959	11,320	16,980
6.0	6,056.30	156.830	40,394	13,465	20,197
6.5	5,717.11	180.808	47,497	15,832	23,749
7.0	9,192.83	206.454	55,293	18,431	27,647
7.5	11,098.00	233.797	63,805	21,638	31,903
8.0	13,247.16	626.810	73,061	24,354	35,531
8.5	15,654.84	293.500	83,085	27,695	41,543
9.0	18,335.57	325.868	93,901	31,300	46,591
9.5	21,203.89	359.951	105,536	35,179	52,768
10.0	24,574.33	395.640	118,015	39,328	59,008

頁	従 来 単 位 系

P240

2）地盤の許容水平支持力

$W = \cdots$

$$= \underline{2.0} \times \left\{ \frac{3.0}{2} + \frac{\sin 60 \times \tan 40}{\sin(60+75)} \times \frac{1.0}{3} \right\} \times \frac{\sin 60 \times \sin 75}{\sin(60+75)} \times 1.0^2 = \underline{4.360\text{tf}}$$

$$R_q = \frac{1}{0.81650} \times (0.81650 \times \underline{4.360} + \underline{11.0} \times 4.933) = \underline{70.8\text{tf}}$$

常　時：$R_{qa} = \frac{1}{3} \times \underline{70.8} = \underline{23.6\text{tf}}$

地震時：$R_{qa} = \frac{1}{2} \times \underline{70.8} = \underline{35.4\text{tf}}$

P241

表-6.2.5　地盤の許容水平支持力（橋軸方向）

深さ (m)	W (tf)	A (m²)	Rq (tf)	許容水平支持力Rqa (tf)	
				常時	地震時
0.0	0.00	0.000	0.0	0.0	0
0.5	1.541	2.839	75.9	25.3	38.0
1.0	7.134	9.356	190.7	63.6	95.4
1.5	18.231	16.532	347.1	115.7	173.6
2.0	36.287	25.426	547.6	182.5	273.8
2.5	62.754	35.977	794.6	264.9	397.3
3.0	99.036	48.208	1,090.8	363.6	545.4
3.5	146.737	62.116	1,438.5	479.5	719.3
4.0	207.159	77.702	1,840.3	613.4	902.2
4.5	281.806	94.967	2,298.9	766.3	1,149.5
5.0	372.131	113.910	2,816.5	938.8	1,408.3
5.5	479.588	134.531	3,395.9	1,132.0	1,698.0
6.0	605.630	156.830	4,039.4	1,346.5	2,019.7
6.5	571.711	180.808	4,749.7	1,583.2	2,374.9
7.0	919.283	206.454	5,529.3	1,843.1	2,764.7
7.5	1,109.800	233.797	6,380.5	2,163.8	3,190.3
8.0	1,324.716	626.810	7,306.1	2,435.4	3,553.1
8.5	1,565.484	293.500	8,308.5	2,769.5	4,154.3
9.0	1,833.557	325.868	9,390.1	3,130.0	4,659.1
9.5	2,120.389	359.951	10,553.6	3,517.9	5,276.8
10.0	2,457.433	395.640	11,801.5	3,932.8	5,900.8

頁	SI 単 位 系
P236	**表-6.2.6 地盤の許容水平支持力（橋軸方向）**

深さ (m)	W (kN)	A (m^2)	Rq (kN)	許容水平支持力Rqa (kN)	
				常時	地震時
0.0	0.00	0.000	0	0	0
0.5	9.89	2.152	300	100	150
1.0	43.60	4.933	708	236	355
1.5	101.21	8.343	1,232	411	616
2.0	206.80	12.383	1,876	625	938
2.5	348.46	17.052	2,647	882	1,324
3.0	538.25	22.351	3,551	1,184	1,776
3.5	782.26	28.278	4,594	1,531	2,297
4.0	1,086.57	34.835	5,782	1,927	2,891
4.5	1,457.26	42.022	7,122	2,374	3,561
5.0	1,900.39	49.837	8,619	2,873	4,310
5.5	2,422.07	58.282	10,279	3,426	5,140
6.0	3,028.35	67.357	12,108	4,036	6,054
6.5	3,725.33	77.060	14,113	4,704	7,057
7.0	4,519.07	87.393	16,300	5,433	8,150
7.5	5,415.66	98.356	18,674	6,225	9,337
8.0	6,421.19	109.947	21,422	7,081	10,621
8.5	7,541.71	122.168	24,010	8,003	12,005
9.0	8,783.32	135.019	26,984	8,995	13,492
9.5	10,152.10	148.498	30,170	10,057	15,085
10.0	11,654.12	162.607	35,574	11,191	15,787

P242

3）底版地盤のせん断抵抗力の上限値

ここに， $c=0\underline{\mathrm{kN/m^2}}$， $A'=\frac{\pi}{4}\cdot D^4=7.069\mathrm{m}^2$， $\tan\phi_B=0.6$

P242

表-6.2.10 深礎底面の水平方向作用力と線断抵抗力の上限値

	橋軸方向		橋軸直角方向	
	左側	右側	山側	谷側
深礎底面の鉛直方向作用力N (kN)	2,977	17,970	5,391	15,630
深礎底面の水平方向作用力S (kN)	706	706	567	489
せん断抵抗力の上限値Sa (kN)	893	5,391	1,595	4,689

P242

表-6.2.11 フーチングに作用する土圧力の集計（橋軸直角方向）

名 称	常 時		地震時	
	単位幅 (kN/m)	全 幅 (kN)	単位幅 (kN/m)	全 幅 (kN)
土圧合力P	143	1,645	169	1,938
水平分力P_H	141	1,623	169	1,938
垂直分力P_V	25	282	0	0

頁	従来単位系

P236

表-6.2.6　地盤の許容水平支持力（橋軸方向）

深さ (m)	W (tf)	A (m^2)	Rq (tf)	許容水平支持力Rqa (tf)	
				常時	地震時
0.0	0.00	0.000	0.0	0	0
0.5	0.989	2.152	30.0	10.0	15.0
1.0	4.360	4.933	70.8	23.6	35.5
1.5	10.121	8.343	123.2	41.1	61.6
2.0	20.680	12.383	187.6	62.5	93.8
2.5	34.846	17.052	264.7	88.2	132.4
3.0	53.825	22.351	355.1	118.4	177.6
3.5	78.226	28.278	459.4	153.1	229.7
4.0	108.657	34.835	578.2	192.7	289.1
4.5	145.726	42.022	712.2	237.4	356.1
5.0	190.039	49.837	861.9	287.3	431.0
5.5	242.207	58.282	1,027.9	342.6	514.0
6.0	302.835	67.357	1,210.8	403.6	605.4
6.5	372.533	77.060	1,411.3	470.4	705.7
7.0	451.907	87.393	1,630.0	543.3	815.0
7.5	541.566	98.356	1,867.4	622.5	933.7
8.0	642.119	109.947	2,142.2	708.1	1,062.1
8.5	754.171	122.168	2,401.0	800.3	1,200.5
9.0	878.332	135.019	2,698.4	899.5	1,349.2
9.5	1,015.210	148.498	3,017.0	1,005.7	1,508.5
10.0	1,165.412	162.607	3,557.4	1,119.1	1,578.7

P242

3）　底版地盤のせん f抵抗力の上限値

ここに，$c = 0\mathrm{tf/m^2}$,　$A' = \dfrac{\pi}{4} \cdot D^4 = 7.069\mathrm{m^2}$,　$\tan\phi_B = 0.6$

P242

表-6.2.10　深礎底面の水平方向作用力と線断抵抗力の上限値

	橋軸方向		橋軸直角方向	
	左側	右側	山側	谷側
深礎底面の鉛直方向作用力N (tf)	303.8	1,833.7	542.7	1,594.3
深礎底面の水平方向作用力S (tf)	72.0	72.0	57.9	49.9
せん断抵抗力の上限値Sa (tf)	91.1	550.1	162.8	478.5

P242

表-6.2.11　フーチングに作用する土圧力の集計（橋軸直角方向）

名　称	常　時		地震時	
	単位幅 (tf/m)	全　幅 (tf)	単位幅 (tf/m)	全　幅 (tf)
土圧合力P	14.6	167.9	17.2	197.8
水平分力P_H	14.4	165.6	17.2	197.8
垂直分力P_V	2.5	28.8	0.0	0.0

頁	SI 単位系

P243

表-6.2.12　壁基部断面力

方向		単位	上部工反力	躯体自重	計
橋軸方向	N	kN	9,567	9,767	19.334
	S	kN	5,310	1,953	7,263
	M	kN・m	84,954	16,250	101,205
橋軸直角方向	N	kN	9,567	9,767	19,333
	S	kN	1,913	1,953	3,866
	M	kN・m	34,433	16.250	50,684

P243

表-6.2.13　フーチング底面杭図心での作用力の集計（橋軸方向）

名称	鉛直力 V(kN)	距離 x(m)	V・x (kN・m)	水平力 H(kN)	高さ y(m)	H・y (kN・m)
壁基部断面	19,334	0	0			101,205
壁基部断面	—	—	—	7,263	5.000	36,314
基礎自重	15,338	0	0	3,067	2.236	6,859
土圧力	0	0	0	0	0	0
上載土砂	297	0	0	0	5.433	0
計	34,969		0	10,330		144,378

P244

図-6.2.18　フーチング形状（橋軸方向）

フーチング断面杭図心での作用力

鉛　直　力　$V_0 = 34{,}969\text{kN}$

水　平　力　$H_0 = 10{,}330\text{kN}$

モーメント　$M_0 = 144{,}378\text{kN}\cdot\text{m}$

P244

表-6.2.14　フーチング底面杭図心での作用力の集計（橋軸直角方向）

名称	鉛直力 V(kN)	距離 x(m)	V・x (kN・m)	水平力 H(kN)	高さ y(m)	H・y (kN・m)
壁基部断面	19,333	0	0	—	—	50,684
壁基部断面	—	—	—	3,866	5.000	19,331
基礎自重	15,338	0.592	9,080	3,067	2.236	6,859
土圧力	0	0	0	1,938	2.915	5,651
上載土砂	297	−5,000	−1,485	0	5.433	0
計	34,968	0.0	7,595	8,8720	0.0	82,524

フーチング底面杭図心での作用力　　鉛直力　$V_0 = 34{,}968\text{kN}$

水平力　$H_0 = 8{,}872\text{kN}$

モーメント　$M_0 = \Sigma V \cdot X + \Sigma H \cdot y = 7{,}595 + 82{,}524 = 90{,}119\text{kN}\cdot\text{m}$

頁	従来単位系

P243

表-6.2.12　壁基部断面力

方向		単位	上部工反力	躯体自重	計
橋軸方向	N	tf	976.2	996.6	1,972.8
	S	tf	541.8	199.3	741.1
	M	tf・m	8,668.8	1,658.2	10,327.0
橋軸直角方向	N	tf	976.2	996.6	1,972.8
	S	tf	195.2	199.3	394.5
	M	tf・m	3,513.6	1,658.2	5,171.8

P243

表-6.2.13　フーチング底面杭図心での作用力の集計（橋軸方向）

名称	鉛直力 V(tf)	距離 x(m)	V・x (tf·m)	水平力 H(tf)	高さ y(m)	H・y (tf·m)
壁基部断面	1,972.8	0	0			10,327.0
壁基部断面	―	―	―	741.1	5.000	3,705.5
基礎自重	1,565.1	0	0	313.0	2.236	699.9
土圧力	0	0	0	0	0	0
上載土砂	30.3	0	0	0	5.433	0
計	3,568.2		0	1,054.1		14,732.4

P244

図-6.2.18　フーチング形状（橋軸方向）

フーチング底面杭図心での作用力

鉛　直　力　V_0 = 3,568.2tf

水　平　力　H_0 = 1,054.1tf

モーメント　M_0 = 14,732.4tf·m

P244

表-6.2.14　フーチング底面杭図心での作用力の集計（橋軸直角方向）

名称	鉛直力 V(tf)	距離 x(m)	V・x (tf・m)	水平力 H(tf)	高さ y(m)	H・y (tf・m)
壁基部断面	1,972.8	0	0	―	―	5,171.8
壁基部断面	―	―	―	394.5	5.000	1,972.5
基礎自重	1,565.1	0.592	926.5	313.0	2.236	699.9
土圧力	0	0	0	197.8	2.915	576.6
上載土砂	30.3	−5,000	−151.1	0	5.433	0
計	3,568.2	0.0	775.0	905.3		8,420.8

フーチング底面杭図心での作用力　　鉛直力　V_0 = 3,568.2tf

水平力　H_0 = 905.3tf

モーメント　$M_0 = \Sigma V \cdot X + \Sigma H \cdot y = 775.0 + 8{,}420.8 = 9{,}195.8$tf·m

頁	SI 単 位 系

P245

表-6.2.15　フーチング底面杭図心での作用力の集計

断面力	断面力	地震時	
		橋軸方向	橋軸直角方向
鉛　直　力　Vo	kN	34,969	34,968
水　平　力　Ho	kN	10,330	8,872
モーメント　Mo	kN・m	144,378	90,119

P246～P247

b）水平方向バネの算出

水平方向バネは，杭軸方向に0.5mピッチに配置された集中バネとし，次式により算出する。

ここに，K_H：水平方向の集中バネ（kN/m）

k_H：斜面および隣接基礎の影響を考えた水平方向地盤反力係数（kN/m^3）

D：深礎径（m）

⊿L：バネ間隔長さ（m）→0.5m

P247

表-6.2.16　水平方向集中バネの算出結果（橋軸方向）

深さ：Z (m)	ko 値 (kN/m^3)	水平かぶり λ	斜面補正k_H (kN/m^3)	バネ間隔 ⊿L(m)	集中バネk_H（kN/m）	
					常時	地震時
0.0	76,000	10.00	76,000	0.25	57,000	114,000
0.5	76,000	10.00	76,000	0.50	114,000	228,000
1.0	76,000	10.00	76,000	0.50	114,000	228,000
1.5	76,000	10.00	76,000	0.50	114,000	228,000
2.0	76,000	10.00	76,000	0.50	114,000	228,000
2.5	76,000	10.00	76,000	0.50	114,000	228,000
3.0	76,000	10.00	76,000	0.50	114,000	228,000
3.5	76,000	10.00	76,000	0.50	114,000	228,000
4.0	76,000	10.00	76,000	0.50	114,000	228,000
4.5	76,000	10.00	76,000	0.50	114,000	228,000
5.0	76,000	10.00	76,000	0.50	114,000	228,000
5.5	76,000	10.00	76,000	0.50	114,000	228,000
6.0	76,000	10.00	76,000	0.50	114,000	228,000
6.5	76,000	10.00	76,000	0.50	114,000	228,000
7.0	76,000	10.00	76,000	0.50	114,000	228,000
7.5	76,000	10.00	76,000	0.50	114,000	228,000
8.0	76,000	10.00	76,000	0.50	114,000	228,000
8.5	76,000	10.00	76,000	0.50	114,000	228,000
9.0	76,000	10.00	76,000	0.50	114,000	228,000
9.5	76,000	10.00	76,000	0.50	114,000	228,000
10.0	76,000	10.00	76,000	0.25	57,000	114,000

頁	従来単位系

P245

表-6.2.15　フーチング底面杭図心での作用力の集計

断面力	断面力	地震時	
		橋軸方向	橋軸直角方向
鉛　直　力　Vo	tf	3,568.2	3,568.2
水　平　力　Ho	tf	1,054.1	905.3
モーメント　Mo	tf・m	14,732.4	9,195.8

P246～P247

b）水平方向バネの算出

平方向バネは，杭軸方向に50cmピッチに配置された集中バネとし，次式により算出する。

ここに，KH：水平方向の集中バネ（kgf/cm）

kH：斜面および隣接基礎の影響を考えた水平方向地盤反力係数（kgf/cm^3）

D：深礎径（cm）

⊿L：バネ間隔長さ（cm）→50cm

P247

表-6.2.16　水平方向集中バネの算出結果（橋軸方向）

深さ：2 (m)	ko 値 (kgf/cm^3)	水平かぶり λ	斜面補正k_H (kgf/cm^3)	バネ間隔 ⊿L (cm)	集中バネk_H（kgf/cm）	
					常時	地震時
0.0	7.6	10.00	7.600	25	57,000	114,000
0.5	7.6	10.00	7.600	50	114,000	228,000
1.0	7.6	10.00	7.600	50	114,000	228,000
1.5	7.6	10.00	7.600	50	114,000	228,000
2.0	7.6	10.00	7.600	50	114,000	228,000
2.5	7.6	10.00	7.600	50	114,000	228,000
3.0	7.6	10.00	7.600	50	114,000	228,000
3.5	7.6	10.00	7.600	50	114,000	228,000
4.0	7.6	10.00	7.600	50	114,000	228,000
4.5	7.6	10.00	7.600	50	114,000	228,000
5.0	7.6	10.00	7.600	50	114,000	228,000
5.5	7.6	10.00	7.600	50	114,000	228,000
6.0	7.6	10.00	7.600	50	114,000	228,000
6.5	7.6	10.00	7.600	50	114,000	228,000
7.0	7.6	10.00	7.600	50	114,000	228,000
7.5	7.6	10.00	7.600	50	114,000	228,000
8.0	7.6	10.00	7.600	50	114,000	228,000
8.5	7.6	10.00	7.600	50	114,000	228,000
9.0	7.6	10.00	7.600	50	114,000	228,000
9.5	7.6	10.00	7.600	50	114,000	228,000
10.0	7.6	10.00	7.600	25	57,000	114,000

頁	S I 単 位 系

P248 **表-6.2.17　水平方向集中バネの算出結果（橋軸方向）**

深さ：Z (m)	ko 値 (kN/m^3)	水平かぶり λ	斜面補正kH (kN/m^3)	バネ間隔 ⊿L (m)	集中バネkH (kN/m)	
					常時	地震時
0.0	76,000	0.00	0	0.25	0	0
0.5	76,000	0.29	0	0.50	0	0
1.0	76,000	0.58	47,810	0.50	71,715	143,430
1.5	76,000	0.87	51,820	0.50	77,730	155,460
2.0	76,000	1.15	57,580	0.50	81,870	163,740
2.5	76,000	1.44	56,810	0.50	85,215	170,430
3.0	76,000	1.73	58,630	0.50	87,945	175,890
3.5	76,000	2.02	60,160	0.50	90,240	180,480
4.0	76,000	2.31	61,490	0.50	92,235	184,470
4.5	76,000	2.60	62,660	0.50	93,990	187,980
5.0	76,000	2.89	63,710	0.50	95,565	191,130
5.5	76,000	3.18	64,660	0.50	96,990	193,980
6.0	76,000	3.46	65,490	0.50	98,235	196,470
6.5	76,000	3.75	66,290	0.50	99,435	198,870
7.0	76,000	4.04	67,030	0.50	100,545	201,090
7.5	76,000	4.33	67,710	0.50	101,565	203,130
8.0	76,000	4.62	68,350	0.50	102,525	205,050
8.5	76,000	4.91	68,960	0.50	103,440	206,880
9.0	76,000	5.20	69,520	0.50	104,280	208,560
9.5	76,000	5.48	70,040	0.50	105,060	210,120
10.0	76,000	5.77	70,550	0.25	52,913	105,825

P248 (b) 底面鉛直バネ（K_v）

$K_v = k_v \cdot A = 1,173,500$（kN/m）（常時）

$K_v = k_v \cdot A = 2,346,900$（kN/m）（地震時）

ここに，k_v：鉛直方向地盤反力係数＝166,000（kN/m^3）

＝332,000（kN/m^3）

A：基礎底面積(m^2)＝7.069（m^2）

(c) 底面回転バネ（K_R）

$K_R = k_v \cdot I = 660,000$（kN·m）（常時）

$K_R = k_v \cdot I = 1,320,000$（kN·m）（地震時）

ここに，I：基礎底面の断面２次モーメント＝3.976（m^4）

(d) 底面せん断バネ（K_S）

P248～P249 **$K_s = k_s \cdot A = 293,400$（kN/m）（常時）**

$K_s = k_s \cdot A = 586,700$（kN/m）（地震時）

ここに，k_s：水平方向せん断地盤反力係数

＝41,500（$k_s = k_v/4$：kN/m^3）（常時）

＝83,000（$k_s = k_v/4$：kN/m^3）（地震時）

頁	従来単位系

P248

表-6.2.17　水平方向集中バネの算出結果（橋軸方向）

深さ：Z (m)	ko 値 (kgf/cm^3)	水平かぶり λ	斜面補正k_H (kgf/cm^3)	バネ間隔 ⊿L (cm)	集中バネk_H (kgf/m)	
					常時	地震時
0.0	7.6	0.00	0.000	0.25	0	0
0.5	7.6	0.29	0.000	0.50	0	0
1.0	7.6	0.58	4.781	0.50	71,715	143,430
1.5	7.6	0.87	5.182	0.50	77,730	155,460
2.0	7.6	1.15	5.458	0.50	81,870	163,740
2.5	7.6	1.44	5.681	0.50	85,215	170,430
3.0	7.6	1.73	5.863	0.50	87,945	175,890
3.5	7.6	2.02	6.016	0.50	90,240	180,480
4.0	7.6	2.31	6.149	0.50	92,235	184,470
4.5	7.6	2.60	6.266	0.50	93,990	187,980
5.0	7.6	2.89	6.371	0.50	95,565	191,130
5.5	7.6	3.18	6.466	0.50	96,990	193,980
6.0	7.6	3.46	6.549	0.50	98,235	196,470
6.5	7.6	3.75	6.629	0.50	99,435	198,870
7.0	7.6	4.04	6.703	0.50	100,545	201,090
7.5	7.6	4.33	6.771	0.50	101,565	203,130
8.0	7.6	4.62	6.835	0.50	102,525	205,050
8.5	7.6	4.91	6.896	0.50	103,440	206,880
9.0	7.6	5.20	6.952	0.50	104,280	208,560
9.5	7.6	5.48	7.004	0.50	105,060	210,120
10.0	7.6	5.77	7.055	0.25	52,913	105,825

P248

(b) 底面鉛直バネ（K_v）

$K_v = k_v \cdot A =$ 1,173,500（kgf/cm）＝117,350（tf/m）（常時）

$K_v = k_v \cdot A =$ 2,346,900（kgf/cm）＝234,690（tf/m）（地震時）

ここに，k_v：鉛直方向地盤反力係数＝16.6（kgf/cm^3）

＝33.2（kgf/cm^3）

A：基礎底面積(cm^2)＝70,690（cm^2）

(c) 底面回転バネ（K R）

$K_R = k_v \cdot I =$ 6.6×109（kgf·cm）＝66.000（tf·m）（常時）

$K_R = k_v \cdot I =$ 1.32×1010（kgf·cm）＝132,000（tf·m）（地震時）

ここに，I：基礎底面の断面2次モーメント＝397,600,000（cm^4）

(d) 底面せん断バネ（K_S）

P248～P249

$K_s = k_s \cdot A =$ 293,400（kgf/cm）＝29,340（tf/m）（常時）

$K_s = k_s \cdot A =$ 586,700（kgf/cm）＝58,670（tf/m）（地震時）

ここに，k_s：水平方向せん断地盤反力係数

＝4.15（$k_s = k_v/4$：kgf/cm^3）（常時）

＝8.30（$k_s = k_v/4$：kgf/cm^3）（地震時）

頁	SI 単 位 系
P250	図-6.2.24 弾性計算による曲げモーメント分布図（橋軸方向）

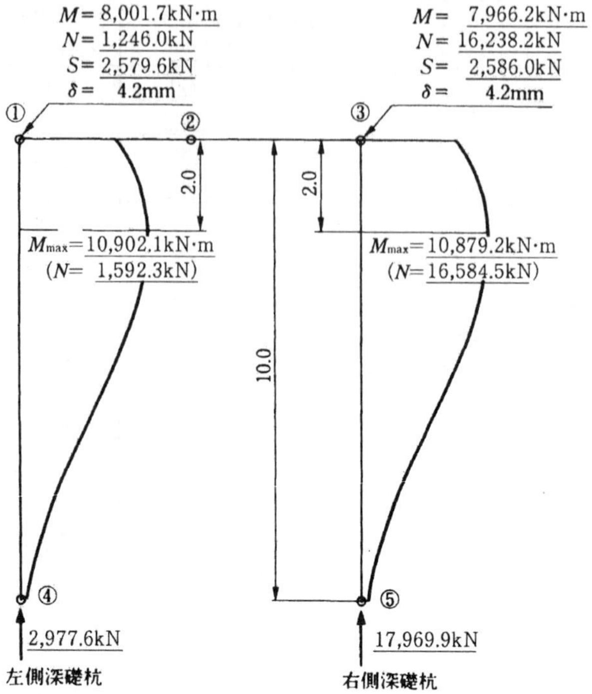

P251

表-6.2.19 弾性計算による部材の断面力（橋軸方向）

着目部材	着目位置 X(m)	軸　　力 N(kN)	せん断力 S(kN)	曲げモーメント M(kN·m)
1〜2 (フーチング)	0.000	−2,579.6	1,246.0	−8,001.7
	3.750	−2,579.6	1,246.0	−3,329.3
2〜3 (フーチング)	0.000	2,586.0	−16,238.2	68,859.5
	3.750	2,586,0	−16,238.2	7,966.2
1〜4 (左側深礎杭)	0.000	1,246,0	2,579.6	8,001.7
	0.500	1,332.6	2,169.5	9,291.5
	1.000	1,419.1	1,400.5	10,171.2
	1.500	1,505.8	731.0	10,692.0
	2.000	1,592.3	154.8	10,902.1
	2.500	1,678.9	−333.9	10,846.8
	3.000	1,765.5	−741.6	10,568.2
	3.500	1,852.1	−1,074.4	10,105.3
	4.000	1,938.6	−1,338.0	9,493.8
	4.500	2,025.3	−1,538.2	8,767.3
	5.000	2,111.8	−1,680.2	7,955.6
	5.500	2,198.4	−1,768.8	7,087.0
	6.000	2,285.0	−1,808.2	6,186.8
	6.500	2,371.6	−1,802.3	5,278.8

図-6.2.24　弾性計算による曲げモーメント分布図（橋軸方向）

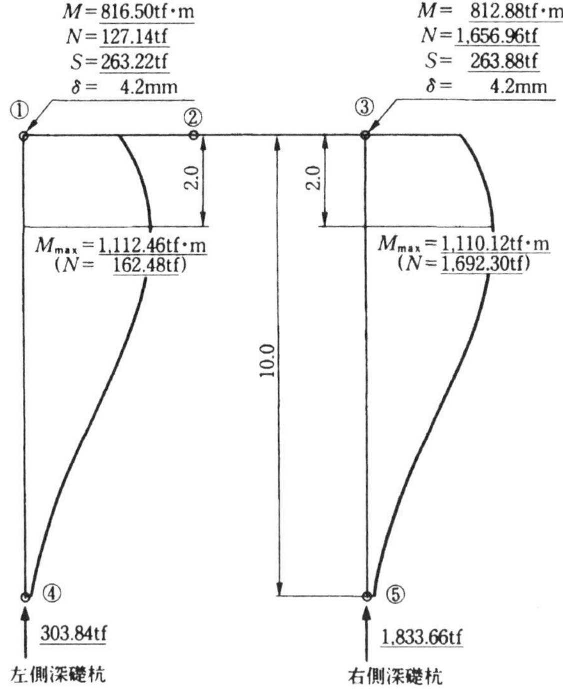

表-6.2.19　弾性計算による部材の断面力（橋軸方向）

着目部材	着目位置 X(m)	軸　　力 N(tf)	せん断力 S(tf)	曲げモーメント M(tf・m)
1～2 (フーチング)	0.000	−263.22	127.14	−816.50
	3.750	−263.22	127.14	−339.72
2～3 (フーチング)	0.000	263.88	−1,656.96	7,026.48
	3.750	263.88	−1,656.96	812.88
1～4 (左側深礎杭)	0.000	127.14	263.22	816.50
	0.500	135.98	221.38	948.11
	1.000	144.81	142.91	1,037.88
	1.500	153.65	74.59	1,091.02
	2.000	162.48	15.00	1,112.46
	2.500	171.32	−34.07	1,106.82
	3.000	180.15	−75.67	1,078.39
	3.500	188.99	−109.63	1,031.15
	4.000	197.82	−136.53	968.75
	4.500	206.66	−156.96	894.62
	5.000	215.49	−171.45	811.80
	5.500	224.33	−180.49	723.16
	6.000	233.16	−184.51	631.31
	6.500	242.00	−183.91	538.65

頁	SI 単位系

	7.000	2,458.1	− 1,754.4	4,384.5
	7.500	2.544.8	− 1,667.3	3,524.3
	8.000	2.631.3	− 1,543.1	2,717.2
	8.500	2.717.9	− 1,383.7	1,981.3
	9.000	2.804.5	− 1,190.5	1.333.6
	9.500	2,891.1	− 964.4	790.8
	10.000	2,977.6	− 706.0	369.2
3 ～ 5（右側深礎杭）	0.000	16.238.2	2,586.0	7.966.2
	0.500	16,324.7	2,175.9	9,259.2
	1.000	16,411.4	1,406.8	10,142.1
	1.500	16,497.9	737.1	10,666.0
	2.000	16,584.5	160.6	10,879.2
	2.500	16,671.1	− 328.5	10,826.7
	3.000	16,757.7	− 736.5	10,550.8
	3.500	18,804.2	− 1,069.7	10,090.2
	4.000	16,930.9	− 1,333.7	9,481.1
	4.500	17,017.4	− 1,534.3	8.756.5
	5.000	17,104.0	− 1,676.7	7,946.8
	5.500	17,190.6	− 1,765.7	7,079.8
	6.000	17,277.2	− 1,805.5	6,181.2
	6.500	17,363.7	− 1,800.0	5,274.4
	7.000	17,450.4	− 1,752.3	4,381.2
	7.500	17,536.9	− 1,665.5	3,521.9
	8.000	17,623.5	− 1,541.6	2,715.7
	8.500	17,710.1	− 1,382.5	1,980.4
	9.000	17,796.7	− 1,189.5	1,333.2
	9.500	17,883.2	− 963.7	790.8
	10.000	17,969.9	− 705.5	369.5

P252

ii）鉛直支持力

左側深礎杭：N＝2,978kN＜Qa＝21,568kN　OK

右側深礎杭：N＝17,970kN＜Qa＝21,568kN　OK

許容支持力：$Q_a = q_a \cdot A = 3{,}051 \times 7.069 = 21{,}568$kN

頁	従来単位系

	7.000	250.83	−179.02	447.40
	7.500	259.67	−170.13	359.62
	8.000	268.50	−157.46	277.27
	8.500	277.34	−141.19	202.17
	9.000	286.17	−121.48	136.08
	9.500	295.01	−98.41	80.69
	10.000	303.84	−72.04	37.67
3～5（右側深礎杭）	0.000	1,656.96	263.88	812.88
	0.500	1,665.79	222.03	944.82
	1.000	1,674.63	143.55	1,034.91
	1.500	1,683.46	75.21	1,088.37
	2.000	1.692.30	16.39	1,110.12
	2.500	1,701.13	−33.52	1,104.77
	3.000	1,709.97	−75.15	1,076.61
	3.500	1,918.80	−109.15	1,029.61
	4.000	1,727.64	−136.09	967.46
	4.500	1,736.47	−156.56	893.52
	5.000	1,745.31	−171.09	810.90
	5.500	1,754.14	−180.17	722.43
	6.000	1,762.98	−184.23	630.73
	6.500	1,771.81	−183.67	538.20
	7.000	1,780.65	−178.81	447.06
	7.500	1,789.48	−169.95	359.38
	8.000	1,798.32	−157.31	277.11
	8.500	1,807.15	−141.07	202.08
	9.000	1,815.99	−121.38	136.04
	9.500	1,824.82	−98.34	80.69
	10.000	1,833.06	−71.99	37.70

P252 **ii）鉛直支持力**

左側深礎杭：$N = 303.8tf < Q_a = 2{,}156tf$　ＯＫ

右側深礎杭：$N = 1{,}833.7tf < Q_a = 2{,}156tf$　ＯＫ

許容支持力：$Q_a = q_a \cdot A = 305 \times 7.069 = 2{,}156tf$

頁	SI 単位系
P253	表-6.2.21 弾性計算による部材の断面力（橋軸直角方向）

着目部材	着目位置 X(m)	軸 力 N(kN)	せん断力 S(kN)	曲げモーメント M(kN·m)
1～2 (フーチング)	0.000	−4,873.1	1,913.4	4,970.8
	4.093	−4,873.1	1,913.4	12,098.6
2～3 (フーチング)	0.000	5,739.6	−12,672.6	57,758.1
	4.039	5,739.6	−12,672.6	6,574.9
1～4 (左側深礎杭)	0.000	3,586.3	3,813.9	−4,970.8
	0.500	3,672.9	3,813.9	−3,063.8
	1.000	3,759.5	3,520.1	−1,156.8
	1.500	3,846.1	2,934.8	456.3
	2.000	3,932.6	2,364.8	1,778.0
	2.500	4,019.3	1,825.7	2,821.1
	3.000	4,105.8	1,325.5	3.603.7
	3.500	4,192.4	869.8	4,146.7
	4.000	4,279.0	461.8	4,473.5
	4.500	4,365.6	103.3	4,608.5
	5.000	4,452.1	−204.9	4,576.8
	5.500	4,538.8	−462.6	4,403.5
	6.000	4,625.3	−669.7	4,114.2
	6.500	4,711.9	−826.8	3,733.8
	7.000	4,798.5	−934.5	3,287.3
	7.500	4,885.1	−993.4	2,799.3
	8.000	4,971.6	−1,003.8	2,293.9
	8.500	5,058.3	−966.3	1,795.5
	9.000	5,144.8	−880.9	1,327.7
	9.500	5,231.4	−747.9	914.5
	10.000	5,318.0	−567.2	579.3
3～5 (右側深礎杭)	0.000	13,897.9	622.6	6,574.9
	0.500	13,984.4	622.6	6,886.3
	1.000	14,071.0	467.7	7,197.5
	1.500	14,157.6	167.1	7,353.8
	2.000	14,244.2	−109.8	7,364.6
	2.500	14,330.7	−356.3	7,244.1
	3.000	14,417.4	−570.1	7,008.4
	3.500	14,503.9	−750.3	6,674.0
	4.000	14,590.5	−897.2	6,258.1
	4.500	14,677.1	−1,011.7	5.776.9
	5.000	14.763.7	−1,095.0	5,246.4
	5.500	14,850.2	−1,148.6	4,681.9
	6.000	14,936.9	−1,173.8	4,097.9
	6.500	15,023.4	−1,172.2	3,508.0
	7.000	15,110.0	−1,144.8	2,925.7
	7.500	15,196.6	−1,092.9	2,363.2
	8.000	15,283.2	−1,017.3	1,832.7
	8.500	15,369.7	−918.7	1,345.9
	9.000	15,456.4	−797.5	1,894.0
	9.500	15,542.9	−654.2	548.3
	10.000	15,629.5	−488.9	259.8

頁	従来単位系

P253

表-6.2.21　弾性計算による部材の断面力（橋軸直角方向）

着目部材	着目位置 X(m)	軸　力 N(tf)	せん断力 S(tf)	曲げモーメント M(tf·m)
1～2（フーチング）	0.000	−497.25	195.24	507.22
	4.093	−497.25	195.24	1,295.78
2～3（フーチング）	0.000	585.67	−1,293.12	5,893.68
	4.039	585.67	−1293.12	670.91
1～4（左側深礎杭）	0.000	365.95	389.17	−507.22
	0.500	374.79	389.17	−312.63
	1.000	383.62	359.19	−118.04
	1.500	392.46	299.47	46.56
	2.000	401.29	241.31	181.43
	2.500	410.13	186.30	287.87
	3.000	418.96	135.26	367.72
	3.500	427.80	88.76	423.13
	4.000	436.63	47.12	456.48
	4.500	445.47	10.54	470.26
	5.000	454.30	−20.91	467.02
	5.500	463.14	−47.20	449.34
	6.000	471.97	−68.34	419.82
	6.500	480.81	−84.37	381.00
	7.000	489.64	−95.36	335.44
	7.500	498.48	−101.37	265.64
	8.000	507.31	−102.43	234.07
	8.500	516.15	−98.60	183.21
	9.000	524.98	−89.89	135.48
	9.500	533.82	−76.32	93.32
	10.000	542.65	−57.88	59.16
3～5（右側深礎杭）	0.000	1,418.15	63.53	670.91
	0.500	1,426.98	63.53	702.68
	1.000	1,435.82	47.72	734.44
	1.500	1,444.65	17.05	750.39
	2.000	1,453.49	−11.20	751.49
	2.500	1,462.32	−36.36	739.19
	3.000	1,471.16	−58.17	715.14
	3.500	1,479.99	−76.56	681.02
	4.000	1,488.83	−91.55	638.58
	4.500	1,497.66	−103.23	589.48
	5.000	1,506.50	−111.73	535.35
	5.500	1,515.33	−117.20	477.74
	6.000	1,524.17	−119.78	418.15
	6.500	1,533.00	−119.61	357.96
	7.000	1,541.84	−116.82	298.54
	7.500	1,550.67	−111.52	241.14
	8.000	1,559.51	−103.81	187.01
	8.500	1,568.34	−93.74	137.34
	9.000	1,577.18	−81.38	193.27
	9.500	1,586.01	−66.76	55.95
	10.000	1,594.85	−48.89	26.51

頁	SI 単位系
P254	**図-6.2.25 弾性計算による曲げモーメント分布図（橋軸直角方向）**

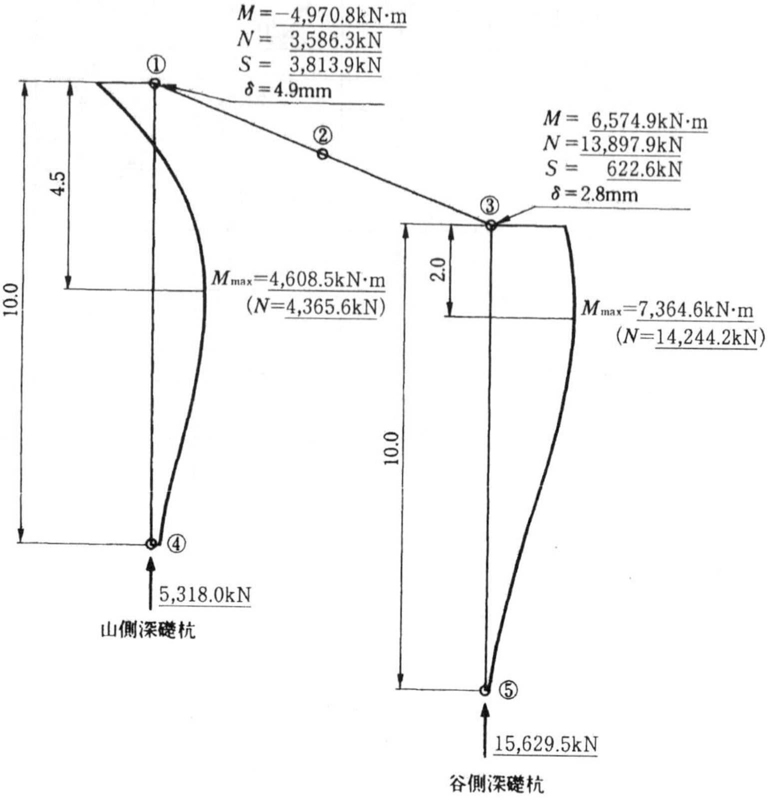

P254

ii）鉛直支持力

左側深礎杭：N =5,318kN＜ Q_a =21,568kN　O K

右側深礎杭：N =15,630kN＜ Q_a =21,568kN　O K

許容支持力：Q_a = q_a・A =3,051×7.069=21,568kN

頁	従 来 単 位 系
P254	**図-6.2.25 弾性計算による曲げモーメント分布図（橋軸直角方向）**

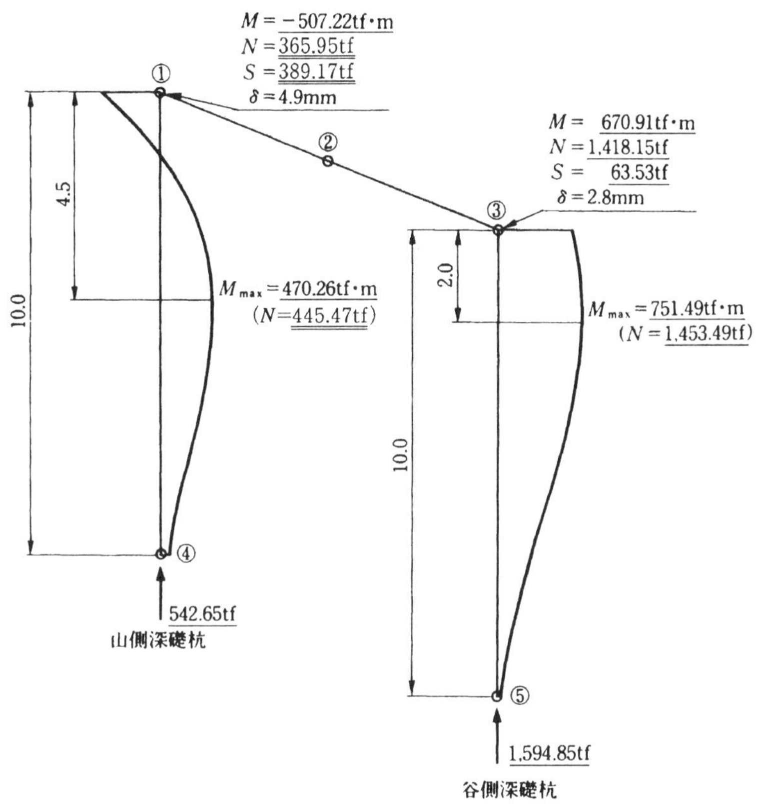

P254

ii）鉛直支持力

左側深礎杭：N = 542.7tf < Q_a = 2,156tf　O K

右側深礎杭：N = 1,594.9tf < Q_a = 2,156tf　O K

許容支持力：Q_a = q_a・A = 305 × 7.069 = 2,156tf

頁	ＳＩ 単 位 系

P256

表-6.2.22　弾塑性計算による計算結果：左側深礎杭（1－4部材）

I	N (kN)	S (kN)	M (kN・m)	Ri (kN)	Ro/n＋ΣRi (kN)	Rqa (kN)
0	1,246.0	2,579.6	8,001.7			
3				Ro/n＝ 1,700.0		
4	1,592.3	503.3	11,537.1	752.5	2,452.5	2,736.4
5	1,678.9	－191.4	11,600.6	636.7	3,089.3	3,970.8
6	1,765.5	－773.5	11,345.7	527.5	3,616.9	5.430.6
7	1,852.1	－1,249.7	10,827.0	424.8	4,041.7	7,188.2
8	1,938.6	－1,626.3	10,096.0	328.4	4.370.1	9,196.3
9	2,025.3	－1,909.3	9,200.6	237.7	4,607.7	11,487.5
10	2,111.8	－2,104.3	8,186.6	152.2	4,759.9	14,074.3
11	2,198.4	－2,216.0	7,096.5	71.3	4,831.2	16,969.4
12	2,285.0	－2,249.0	5.970.6	－5.7	4,831.2	20,185.3
13	2,371.6	－2,207.0	4,847.4	－78.7	4,831.2	23.734.6
14	2,458.1	－2,093.1	3,763.6	－149.2	4,831.2	27.629.9
15	2,545.1	－1,909.8	2,754.3	－217.5	4,831.2	31,883.8
16	2,631.3	－1,658.9	1,853.8	－284.3	4,831.2	36,508.8
17	2,717.9	－1,341.8	1,095.4	－350.0	4,831.2	41,517.6
18	2,804.5	－959.3	512.1	－414.9	4,831.2	46,922.8
19	2,891.1	－512.1	136.1	－479.7	4,831.2	52,736.9
20	2,977.6	0.0	0.0	－272.1	4,831.2	58,972.5

頁	従 来 単 位 系
P256	表-6.2.22　弾塑性計算による計算結果：左側深礎杭（1ー4部材）

I	N (tf)	S (tf)	M (tf・m)	Ri (tf)	Ro/n＋ΣRi (tf)	Rqa (tf)
0	127.14	263.22	816.50			
3				Ro/n＝ 1,73.47		
4	162.48	51.36	1,177.25	76.79	250.26	273.64
5	171.32	－19.53	1,183.73	64.97	315.23	397.08
6	180.15	－78.93	1,157.72	53.83	369.07	543.06
7	188.99	－127.52	1,104.80	43.35	412.42	718.82
8	197.82	－165.95	1,030.20	33.51	445.93	919.63
9	206.66	－194.83	938.84	24.25	470.17	1,148.75
10	215.49	－214.72	835.37	15.53	485.70	1,407.43
11	224.33	－226.12	724.13	7.28	492.98	1,696.94
12	233.16	－229.49	609.24	－0.58	492.98	2,018.53
13	242.00	－225.20	494.63	－8.03	492.98	2,373.46
14	250.83	－213.58	384.04	－15.22	492.98	2,762.99
15	259.74	－194.88	281.05	－22.19	492.98	3,188.38
16	268.50	－136.92	189.16	－29.01	492.98	3,650.88
17	277.34	－97.89	111.78	－35.71	492.98	4,151.76
18	286.17	－52.25	52.25	－42.34	492.98	4,692.28
19	295.01	－52.25	13.89	－48.95	492.98	5,273.69
20	303.84	0.00	0.00	－27.77	492.98	5,897.25

頁	S I 単 位 系

P257

表-**6.2.23**　弾塑性計算による計算結果：右側深礎杭（3－5部材）

I	N (kN)	S (kN)	M (kN・m)	Ri (kN)	Ro/n＋ΣRi (kN)	Rqa (kN)
0	16,238.2	2,586.0	7,966.2			
3				Ro/n＝ 1,700.0		
4	16,584.5	509.6	11,514.5	752.0	2,452.9	2,736.4
5	16,671.1	－185.5	11,581.1	637.2	3,090.1	3,970.8
6	16,757.7	－768.1	11,329.0	528.0	3,618.2	5.450.6
7	16,844.2	－1,244.8	10,812.9	425.3	4,043.5	7,188.2
8	16,930.9	－1,621.9	10,084.2	328.8	4,372.4	9,196.3
9	17,017.4	－1,905.4	9,,191.0	238.1	4,610.4	11,487.5
10	17,104.0	－2,100.7	8,178.8	152.6	4,763.1	14,074.3
11	17,190.6	－2,212.9	7,090.3	71.8	4,834.8	16,969.4
12	17,277.2	－2,246.4	5.965.8	－4.9	4,834.8	20,185.3
13	17,363.7	－2,204.8	4,843.9	－78.2	4,834.8	23.734.6
14	17,450.4	－2,091.63	3,761.1	－148.8	4,834.8	27.629.9
15	17,536.9	－1,908.4	2,752.6	－217.2	4,834.8	31,883.8
16	17,623.5	－1,657.8	1,852.8	－283.9	4,834.8	36,508.8
17	17,710.1	－1,341.0	1,094.9	－349.7	4,834.8	41,517.6
18	17,796.7	－958.8	511.8	－414.7	4,834.8	46,922.8
19	17,833.2	－511.8	136.0	－479.4	4,834.8	52,736.9
20	17,969.9	0.0	0.0	－272.0	4,834.8	58,972.5

ここで，I　：計算節点番号

R_i：バネ支点反力（kN）

R0/n：塑性化領域の抵抗力（kN）（地震時：n ＝ 2）

ΣR_i：弾性領域の反力の総和（kN）

R_{qa}：許容水平支持力（kN）

P258

表-6.2.24　弾塑性計算による計算結果：山側深礎杭（1－4部材）

I	N (kN)	S (kN)	M (kN・m)	Ri (kN)	Ro/n＋ΣRi (kN)	Rqa (kN)
0	3,586.3	9,693.9	0.0			
13				Ro/n＝ 6,912.5		
14	4,798.5	－3,595.9	10,501.1	994.5	7,907.0	8,146.5
15	4,885.1	－4,329.6	8,454.6	473.0	8,380.1	9,333.3
16	4,971.6	－4,538.9	6,171.5	54.7	8,380.1	10,616.9
17	5,058.3	－4,217.0	3,915.8	588.9	8,380.1	12,000.4
18	5,144.8	－3,357.8	1,954.4	－1,129.6	8,380.1	13,486.8
19	5,231.4	－1,954.4	557.9	－1,677.1	8,380.1	15,079.2
20	5,318.0	0.0	0.0	－1,115.9	8,380.1	16,780.6

頁	従 来 単 位 系

P257

表-6.2.23　弾塑性計算による計算結果：右側深礎杭（3−5部材）

I	N (tf)	S (tf)	M (tf・m)	Ri (tf)	Ro/n + ΣRi (tf)	Rqa (tf)
0	16,56.96	263.88	812.88			
3				Ro/n = 1,700.0		
4	1,692.30	52.00	1,174.95	76.83	250.30	273.64
5	1,701.13	−18.93	1,181.74	65.02	315.32	397.08
6	1,709.97	−78.38	1,156.02	53.88	369.20	545.06
7	1,718.80	−127.02	1,103.36	43.40	412.60	718.82
8	1,727.64	−165.50	1,029.00	33.55	446.16	919.63
9	1,736.47	−194.43	937.86	24.30	470.45	1,148.75
10	1,745.31	−214.36	834.57	15.57	486.03	1,407.43
11	1,754.14	−225.81	723.50	7.33	493.35	1,696.94
12	1,762.98	−229.22	608.76	−0.50	493.35	2,018.53
13	1,771.81	−224.98	494.28	−7.98	493.35	2,373.46
14	1,780.65	−213.40	383.79	−15.18	493.35	2,762.99
15	1,789.48	−194.73	280.88	−22.16	493.35	3,188.38
16	1,798.32	−169.16	189.06	−28.97	493.35	3,650.88
17	1,807.15	−136.84	111.72	−35.68	493.35	4,151.76
18	1,815.99	−97.84	52.22	−42.32	493.35	4,692.28
19	1,824.82	−52.22	13.88	−48.92	493.35	5.273.69
20	1,833.66	0.0	0.00	−27.76	493.35	5,897.25

ここで，I　：計算節点番号

R_i：バネ支点反力(tf)

R0/n：塑性化領域の抵抗力(tf)（地震時：n = 2）

ΣR_i：弾性領域の反力の総和(tf)

R_{qa}：許容水平支持力(tf)

P258

表-6.2.24　弾塑性計算による計算結果：山側深礎杭（1−4部材）

I	N (tf)	S (tf)	M (tf・m)	Ri (tf)	Ro/n + ΣRi (tf)	Rqa (tf)
0	365.95	989.17	0.00			
13				Ro/n = 6,912.5		
14	489.64	−366.93	1,071.54	101.48	806.84	814.65
15	498.48	−441.80	862.71	48.27	855.11	933.33
16	507.31	−463.15	629.74	5.58	855.11	1,061.69
17	516.15	−430.31	399.57	−60.09	855.11	1,200.04
18	524.98	−342.63	199.43	−115.27	855.11	1,348.68
19	533.82	−199.43	56.93	−171.13	855.11	1,507.92
20	542.65	0.00	0.00	−113.87	855.11	1,678.06

頁	SI 単位系

表-6.2.25　弾塑性計算による計算結果：谷側深礎杭（3−5部材）

I	N (kN)	S (kN)	M (kN・m)	Ri (kN)	Ro/n + ΣRi (kN)	Rqa (kN)
0	13,897.9	622.6	6,574.9			
3				Ro/n = 603.3		
4	14,244.2	135.6	7,236.0	309.7	913.0	937.5
5	14,330.7	425.9	7,090.8	271.1	1,184.0	1,322.9
6	14,417.4	676.5	6,810.0	230.0	1,414.0	1,774.7
7	14,503.9	885.4	6,414.3	188.0	1,602.0	2,296.0
8	14,590.5	1,052.4	5,924.6	146.0	1,748.0	2,889.9
9	14,677.1	1,177.8	5,361.9	104.7	1,852.7	3,559.3
10	14,763.7	1,262.2	4,746.8	64.1	1,916.8	4,307.3
11	14,850.2	1,306.4	4,099.6	24.4	1,941.2	5,137.0
12	14,936.9	1,311.4	3,440.4	14.4	1,941.2	6,051.5
13	15,023.4	1,277.9	2,788.3	52.5	1,941.2	7,053.6
14	15,110.0	1,206.7	2,162.4	90.0	1,941.2	8,146.5
15	15,196.6	1,098.2	1,581.5	127.1	1,941.2	9,333.3
16	15,283.2	952.6	1,064.3	164.0	1,941.2	10616.9
17	15,369.7	770.2	629.0	200.9	1,941.2	12,000.4
18	15,456.4	550.7	294.1	237.9	1,941.2	13,486.8
19	15,542.9	294.1	78.1	275.3	1,941.2	15,079.2
20	15,629.5	0.0	0.0	156.5	1,941.2	16,780.6

ここで，I　：計算節点番号

R_i：バネ支点反力（kN）

R0/n：塑性化領域の抵抗力（kN）（地震時：n = 2）

ΣR_i：弾性領域の反力の総和（kN）

R_{qa}：許容水平支持力（kN）

P259

表-6.2.26　杭体の最大断面力の集計

			計算結果		常時換算値	
			N (kN)	M (kN・m)	N (kN)	M (kN・m)
橋軸方向	地震時	左側	1,592	10902	1,061	7,268
		右側	16,585	10879	11,056	7,253
橋軸直角方向	常時	山側	9,072	1,330	9,072	1,330
		谷側	10,895	1,106	10,895	1,106
	地震時	山側	3,554	5,062	2,370	3,374
		谷側	13,931	1,657	9,287	1,105

頁	従来単位系
P259	

表-6.2.25　弾塑性計算による計算結果：谷側深礎杭（3—5部材）

I	N (tf)	S (tf)	M (tf・m)	Ri (tf)	Ro/n＋ΣRi (tf)	Rqa (tf)
0	1,418.15	63.53	670.91			
3				Ro/n＝ 61.56		
4	1,453.49	−13.84	738.37	31.60	93.16	93.75
5	1,462.32	−43.46	723.55	27.66	120.82	132.29
6	1,471.16	−69.03	694.90	23.47	144.29	177.47
7	1,479.99	−90.35	654.52	19.18	163.47	229.60
8	1,488.83	−107.39	604.55	14.90	178.37	288.99
9	1,497.66	−120.18	547.13	10.68	189.05	355.93
10	1,506.50	−128.80	484.37	6.54	195.59	430.73
11	1,515.33	−133.31	418.33	2.49	198.08	513.70
12	1,524.17	−133.82	351.06	1.47	198.08	605.15
13	1,533.00	−130.40	284.52	5.36	198.08	705.36
14	1,541.84	−123.13	220.65	9.18	198.08	814.65
15	1,550.67	−112.06	161.38	12.97	198.08	933.33
16	1,559.51	−97.20	108.60	16.73	198.08	1,061.69
17	1,568.34	−78.59	64.18	20.50	198.08	1,200.04
18	1,577.18	−56.19	30.01	24.28	198.08	1,348.68
19	1,586.01	−30.01	7.98	28.09	198.08	1,507.92
20	1,594.85	−0.00	0.00	15.97	198.08	1,678.06

ここで，I ：計算節点番号
R_i：バネ支点反力(tf)
R0/n：塑性化領域の抵抗力(tf)（地震時：n＝2）
ΣR_i：弾性領域の反力の総和(tf)
R_{qa}：許容水平支持力(tf)

表-6.2.26　杭体の最大断面力の集計

			計算結果		常時換算値	
			N (tf)	M (tf・m)	N (tf)	M (tf・m)
橋軸方向	地震時	左側	162.5	1,112.5	108.3	741.7
		右側	1,692.3	1,110.1	1,128.2	740.1
橋軸直角方向	常時	山側	925.7	135.7	925.7	135.7
		谷側	1,111.7	112.9	1,111.7	112.9
	地震時	山側	362.7	516.5	241.8	344.3
		谷側	1,421.5	169.1	947.7	112.7

頁	S I 単 位 系

P260

図-6.2.2 曲げモーメント分布（橋軸方向：地震時）

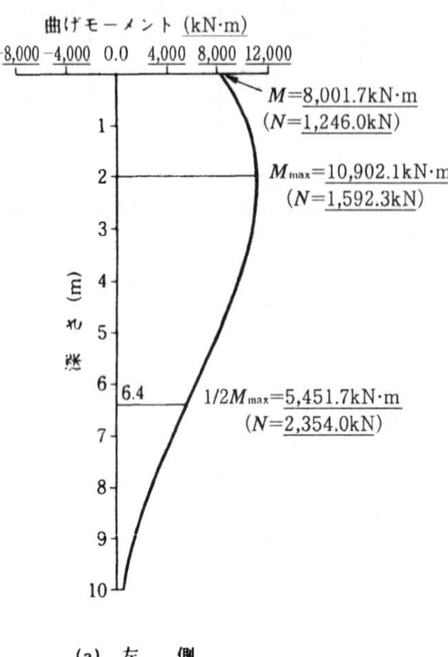

(a) 左 側

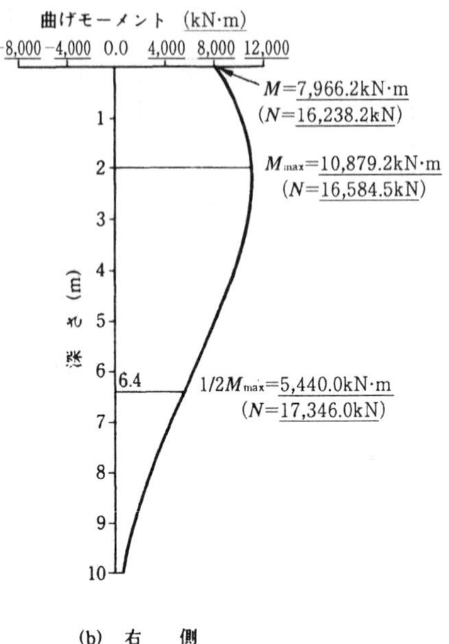

(b) 右 側

P261

表-6.2.27 曲げ応力度照査結果［抜粋］

断 面 No.	1 第一断面(Nmin)	2 第一断面(Nman)	3 第二断面(Nmin)	4 第二断面(Nman)
M (kN・m) N (kN)	10,902.1 1,592.3	10,879.2 16,584.5	5,451.7 2,354.0	5,440.0 17,346.0
R (m) Rs (m)	1.475 1.375	1.475 1.375	1.475 1.375	1.475 1.375
M'=MNR (kN・m)	13,251.4	35,341.3	8,923.8	31,025.3
σ_c (N/mm²) σ_s (N/mm²)	7.2 243.2	6.2 26.8	4.7 153.6	4.4 0.0
σ_{ca} (N/mm²) σ_{sa} (N/mm²)	10.8 300.0	10.8 300.0	10.8 300.0	10.8 300.0

P261

2）せん断応力度の照査

$$\tau_m = \frac{S}{A} = \frac{2{,}967\times10^3}{\frac{\pi}{4}\times2{,}950^2} = 0.43\mathrm{N/mm^2} \leqq 0.53\mathrm{N/mm^2} = 0.39\times1.5\times0.9$$

頁	従来単位系

P260 **図-6.2.2　曲げモーメント分布（橋軸方向：地震時）**

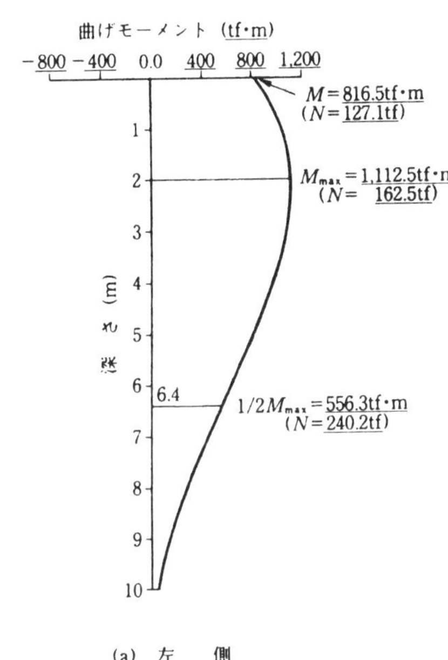

(a) 左　側

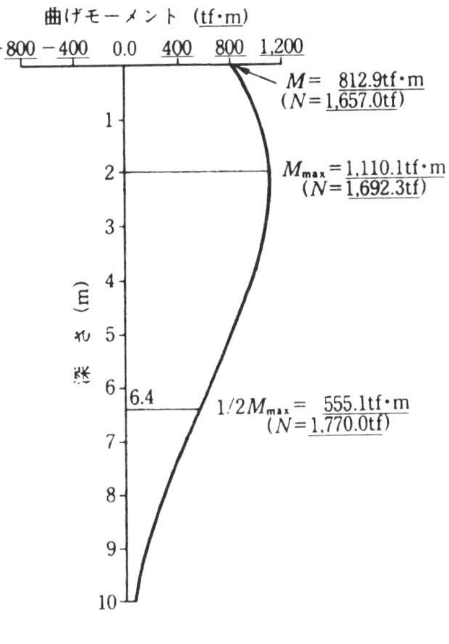

(b) 右　側

P261 **表-6.2.27　曲げ応力度照査結果［抜粋］**

断　面　No.	1 第一断面(Nmin)	2 第一断面(Nmax)	3 第二断面(Nmin)	4 第二断面(Nmax)
M（tf・m） N（tf）	1,112.50 162.50	1,110.10 1,692.30	556.30 240.20	555.10 1,770.00
R（cm） Rs（cm）	147.50 137.50	147.50 137.50	147.50 137.50	147.50 137.50
M'＝MNR（tf・m）	1,352.19	3,606.24	910.60	3,165.85
σ_c（kgf/cm²） σ_s（kgf/cm²）	73.1 2,481.2	63.0 273.3	47.9 1,567.2	46.7 0.0
σ_{ca}（kgf/cm²） σ_{sa}（kgf/cm²）	108.0 3,000.0	108.0 3,000.0	108.0 3,000.0	108.0 3,000.0

P261 **2）せん断応力度の照査**

$$\tau_m = \frac{S}{A} = \frac{302.8}{\frac{\pi}{4} \times \underline{2.95}^2} \times \frac{1}{\underline{10}} = \underline{4.4\mathrm{kgf/cm^2}} \leqq \underline{5.26}\mathrm{kgf/cm^2} = \underline{3.9} \times 1.5 \times 0.9$$

頁	SI 単位系
P264	**図-6.3.1(b) 支持杭と同じ安全率を採用できる地盤の例**[3)]
P265	図-**6.3.3** p_{0i}：有効土被り応力（kN/m²） p_{ci}：圧密降伏応力（kN/m²） $\Delta\sigma_z$：厚さH/2における増加応力（kN/m²）
P266	(**2**) 杭頭バネ定数 バネ定数は，杭頭鉛直バネ定数（K_v:kN/m）と水平方向地盤反力係数（k_H:kN/m³）によって決定される。
P266	**図-6.3.4 最大荷重と杭頭沈下量の関係**[5)]

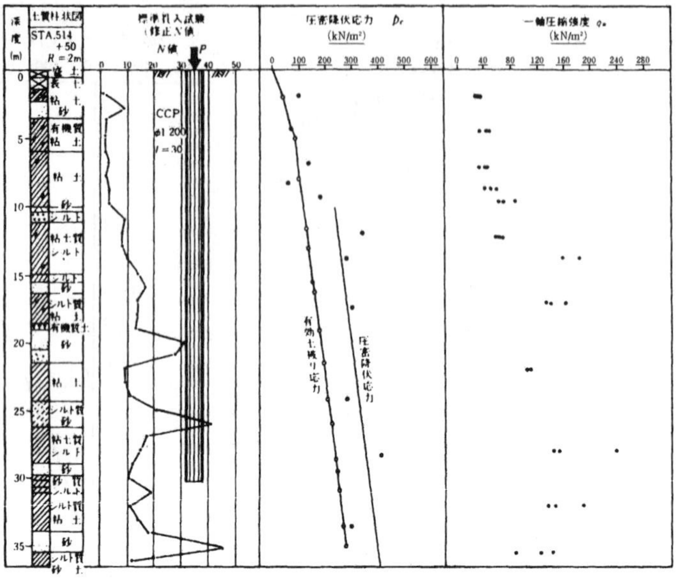

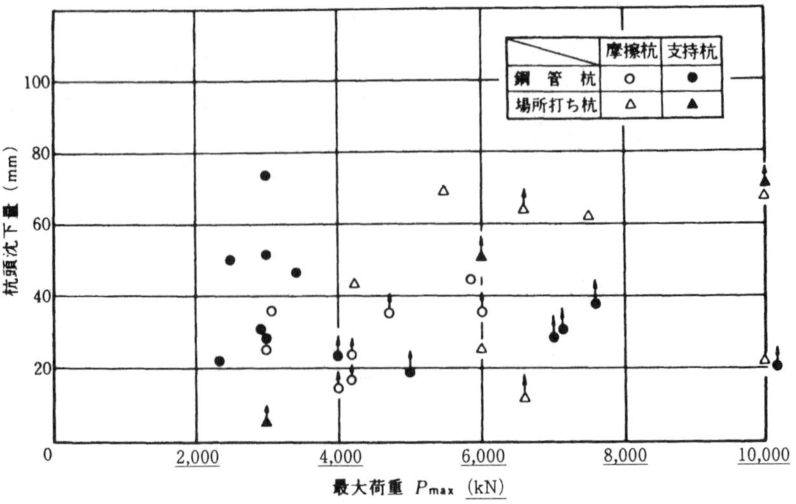

頁	従来単位系
P264	**図-6.3.1(b)　支持杭と同じ安全率を採用できる地盤の例**[3)]
P265	**図-6.3.3** p_{0i}　：有効土被り応力（kgf/cm²） p_{ci}　：圧密降伏応力（kgf/cm²） $\angle \sigma_z$：厚さH/2における増加応力（kgf/cm²）
P266	**(2) 杭頭バネ定数** バネ定数は，杭頭鉛直バネ定数(K v :tf/m)と水平方向地盤反力係数（k H:kgf/cm³）によって決定される。
P266	**図-6.3.4　最大荷重と杭頭沈下量の関係**[5)]

頁	SI 単位系

P270

(2) フーチングの剛性評価

E　：フーチングのヤング係数（kN/m²）

KV：1本の杭の軸方向バネ定数（kN/m）

P272

(3) βλによるフーチングの剛性評価方法

直接基礎の場合 k_V：鉛直方向地盤反力係数（kN/m³）

杭基礎の場合 k_p：換算地盤反力係数（kN/m³）

kV：1本の杭の軸方向バネ定数（kN/m）

E　：フーチングのヤング係数（kN/m²）

P278

1）壁フーチングの場合

基礎杭として鋼管杭（φ800，l=40m程度）を想定し，1本の杭の軸方向バネ定数をKV=200,000kN/mとする。

$$k = k_p = K_V \frac{n \cdot m}{L \cdot B} = 200{,}000 \times \frac{5 \times 5}{10 \times 10} = 50{,}000\mathrm{kN/m^3}$$

$$E = 2.35 \times 10^4 \mathrm{N/mm^2} = 2.35 \times 10^7 \mathrm{kN/m^2}$$

$$\therefore \beta = \sqrt[4]{\frac{3k}{Eh^3}} = \sqrt[4]{\frac{3 \times 50{,}000}{2.35 \times 10^7 \times 1.5^3}} = 0.209\mathrm{m^{-1}}$$

$$\therefore h \geqq \sqrt[3]{\frac{3k\lambda^4}{E}} = \sqrt[3]{\frac{3 \times 50{,}000 \times 3.75^4}{2.35 \times 10^7}} = 1.1\mathrm{m}$$

2）連続フーチングの場合

基礎杭として場所打ち杭（φ1,200，l=40m程度）を想定し，K_V=600,000kN/mとする。

$$k = k_p = K_V \frac{n \cdot m}{L \cdot B} = 600{,}000 \times \frac{3 \times 2}{8.0 \times 5.0} = 90{,}000\mathrm{kN/m^3}$$

$$E = 2.35 \times 10^7 \mathrm{kN/m^2}$$

P279

(2) 連続フーチングの場合

$$\therefore h \geqq \sqrt[3]{\frac{3k\lambda^4}{E}} = \sqrt[3]{\frac{3 \times 90{,}000 \times 2.16^4}{2.35 \times 10^7}} \fallingdotseq 0.7\mathrm{m}$$

P282

(2) せん断力の計算

ここに，S：部材断面に作用するせん断力（N）

M：部材断面に作用する曲げモーメント（N・mm）

d：照査断面の有効高（mm）

頁	従来単位系
P270	**(2) フーチングの剛性評価** E　：フーチングのヤング係数（tf/m^2） K_V：1本の杭の軸方向バネ定数（tf/m）
P272	**(3) βλによるフーチングの剛性評価方法** 直接基礎の場合 k_V：鉛直方向地盤反力係数（tf/m^3） 杭基礎の場合 k_p：換算地盤反力係数（tf/m^3） kV：1本の杭の軸方向バネ定数（tf/m） E　：フーチングのヤング係数（tf/m^2）
P278	**1）壁フーチングの場合** 基礎杭として鋼管杭（ϕ800，l=40m程度）を想定し，1本の杭の軸方向バネ定数を K_V=20,000tf/mとする。 $k = k_p = K_V \dfrac{n \cdot m}{L \cdot B} = 20{,}000 \times \dfrac{5 \times 5}{10 \times 10} = 5{,}000\mathrm{tf/m^3}$ $E = 235{,}000\mathrm{kgf/cm^2} = 2{,}350{,}000\mathrm{tf/m^2}$ $\therefore \beta = \sqrt[4]{\dfrac{3k}{Eh^3}} = \sqrt[4]{\dfrac{3 \times 5{,}000}{2{,}350{,}000 \times 1.5^3}} = 0.209\mathrm{m^{-1}}$ $\therefore h \geqq \sqrt[3]{\dfrac{3k\lambda^4}{E}} = \sqrt[3]{\dfrac{3 \times 5{,}000 \times 3.75^4}{2{,}350{,}000}} = 1.1\mathrm{m}$ **2）連続フーチングの場合** 基礎杭として場所打ち杭（ϕ1,200，l=40m程度）を想定し，K_V=60,000tf/mとする。 $k = k_p = K_V \dfrac{n \cdot m}{L \cdot B} = 60{,}000 \times \dfrac{3 \times 2}{8.0 \times 5.0} = 9{,}000\mathrm{tf/m^3}$ $E = 2{,}350{,}000\mathrm{tf/m^2}$
P279	**(2) 連続フーチングの場合** $\therefore h \geqq \sqrt[3]{\dfrac{3k\lambda^4}{E}} = \sqrt[3]{\dfrac{3 \times 9{,}000 \times 2.16^4}{2{,}350{,}000}} \fallingdotseq 0.7\mathrm{m}$
P282	**(2) せん断力の計算** ここに，S：部材断面に作用するせん断力（kgf） M：部材断面に作用する曲げモーメント（kgf·cm） d：照査断面の有効高（cm）

頁	ＳＩ　単　位　系

282

表-7.4.1　許容せん断応力度

コンクリートの設計基準強度 σ_{ck}	21	24	27	30
コンクリートのみでせん断力を負担する場合（τ_{a1}）	0.36	0.39	0.42	0.46
斜引張鉄筋と協同して負担する場合（τ_{a2}）	1.6	1.7	1.8	1.9
押抜きせん断応力度（τ_{a3}）	0.85	0.9	0.95	1.00

P284～P285

１）杭反力の集計

$V_1 = 1{,}960 \times 5 = 9{,}800\text{kN}$

$V_2 = 1{,}372 \times 5 = 6{,}860\text{kN}$

$V_3 = 784 \times 5 = 3{,}920\text{kN}$

$V_4 = 196 \times 5 = 980\text{kN}$

$V_5 = -392 \times 5 = -1{,}960\text{kN}$

$H_1 = H_2 = H_3 = H_4 = H_5 = 294\text{kN}$

２）フーチングの断面力の計算

a～a 断面

自重　$W_1 = 1/2 \times 3.75 \times 0.5 \times 10.0 \times 24.5 = 229.7\text{kN}$

$W_2 = 3.75 \times 1.5 \times 10.0 \times 24.5 = 1{,}378.1\text{kN}$

$$S_a = \sum_{i=1}^{2} V_i - \sum_{i=1}^{2} W_i$$

$$= (9{,}800 + 6{,}800) - (229.7 + 1{,}378.1) = 15{,}052.2\text{kN}$$

P285

２）フーチングの断面力の計算

$$M_a = \sum_{i=1}^{2} V_i \cdot X_i - \sum_{i=1}^{2} W_i \cdot X_i$$

$$= (9{,}800 \times 2.75 + 6{,}800 \times 0.75)$$

$$- (229.7 \times 3.75 \times 1/3 + 1{,}378.1 \times 3.75 \times 1/2)$$

$$= 32{,}095.0 - 2{,}871.1 = 29{,}223.9\text{kN}\cdot\text{m}$$

b～b 断面

自重　$W_1 = 1/2 \times 1.0 \times 0.13 \times 10.0 \times 24.5 = 15.9\text{kN}$

$W_2 = 1.0 \times 1.5 \times 10.0 \times 24.5 = 367.5\text{kN}$

$S_b = V - \Sigma W_i$

$= 9{,}800 - (15.9 + 367.5) = 9{,}416.6\text{kN}$

$M_b \fallingdotseq 0\text{kN}\cdot\text{m}$

c～c 断面

自重　$W_1 = 1/2 \times 2.75 \times 0.37 \times 10.0 \times 24.5 = 124.6\text{kN}$

$W_2 = 2.75 \times 1.5 \times 10.0 \times 24.5 = 1{,}010.6\text{kN}$

$S_c = \Sigma V_i - \Sigma W_i$

$= 9{,}800 - (124.6 + 1{,}010.6) = 8{,}664.8\text{kN}$

頁	従来単位系

P282

表-7.4.1　許容せん断応力度

コンクリートの設計基準強度 σ_{ck}	210	240	270	300
コンクリートのみでせん断力を負担する場合（τ_{a1}）	3.6	3.9	4.2	4.5
斜引張鉄筋と協同して負担する場合（τ_{a2}）	16	17	18	19
押抜きせん断応力度（τ_{a3}）	8.5	9	9.5	10

P284～P285

1）杭反力の集計

$V_1 = 200 \times 5 = 1{,}000\mathrm{tf}$

$V_2 = 140 \times 5 = 700\mathrm{tf}$

$V_3 = 80 \times 5 = 400\mathrm{tf}$

$V_4 = 20 \times 5 = 100\mathrm{tf}$

$V_5 = -40 \times 5 = -200\mathrm{tf}$

$H_1 = H_2 = H_3 = H_4 = H_5 = 30\mathrm{tf}$

2）フーチングの断面力の計算

a ～ a 断面

自重　$W_1 = 1/2 \times 3.75 \times 0.5 \times 10.0 \times 2.5 = 23.44\mathrm{tf}$

$W_2 = 3.75 \times 1.5 \times 10.0 \times 2.5 = 140.63\mathrm{tf}$

$$S_a = \sum_{i=1}^{2} V_i - \sum_{i=1}^{2} W_i$$

$$= (1{,}000 + 700) - (23.44 + 140.63) = 1{,}535.93\mathrm{tf}$$

P285

2）フーチングの断面力の計算

$$M_a = \sum_{i=1}^{2} V_i \cdot X_i - \sum_{i=1}^{2} W_i \cdot X_i$$

$$= (1{,}000 \times 2.75 + 700 \times 0.75)$$

$$-(23.44 \times 3.75 \times 1/3 + 140.63 \times 3.75 \times 1/2)$$

$$= 3{,}275.00 - 292.98 = 2{,}982.02\mathrm{tf \cdot m}$$

b ～ b 断面

自重　$W_1 = 1/2 \times 1.0 \times 0.13 \times 10.0 \times 2.5 = 1.67\mathrm{tf}$

$W_2 = 1.0 \times 1.5 \times 10.0 \times 2.5 = 37.50\mathrm{tf}$

$S_b = V - \Sigma W i$

$= 1{,}000 - (1.67 + 37.50) = 960.83\mathrm{tf}$

$M_b \fallingdotseq 0\mathrm{tf \cdot m}$

c ～ c 断面

自重　$W_1 = 1/2 \times 2.75 \times 0.37 \times 10.0 \times 2.5 = 12.72\mathrm{tf}$

$W_2 = 2.75 \times 1.5 \times 10.0 \times 2.5 = 103.13\mathrm{tf}$

$S c = \Sigma V_i - \Sigma W_i$

$= 1{,}000 - (12.72 + 103.13) = 884.15\mathrm{tf}$

頁	ＳＩ 単 位 系
	$M_c = \Sigma V_i \cdot x_i - \Sigma W_i \cdot x_i$ $= \underline{9,800} \times 1.75 - (\underline{124.6} \times 0.92 + \underline{1,010.6} \times 1.38)$ $= \underline{15,640.7\text{kN}\cdot\text{m}}$ d～d断面 $S_d =$（$\underline{980\text{-}1,960}$）-（$\underline{229.7} + \underline{1,378.1}$）$= \underline{-2,587.8\text{kN}}$ $M_d =$（$\underline{980} \times 0.75\text{-}\underline{1,960} \times 2.75$）$- \underline{2,871.1} = \underline{-7,526.1\text{kN}\cdot\text{m}}$
P286	**3）応力度計算** a～a断面（フーチング下面の鉄筋量の計算） $b = \underline{8,700\text{mm}}$，$h = \underline{2,000\text{mm}}$，$d = \underline{1,850\text{mm}}$，$d' = \underline{150\text{mm}}$ $M = M_A = \underline{29,223.9\text{kN}\cdot\text{m}}$ $f = M/N + u = \infty$，$M' = M + N \cdot u = \underline{29,223.9\text{kN}\cdot\text{m}}$ $A_s = 88 - D32 = \underline{69,890\text{mm}^2}$（ctc$\underline{100\text{mm}}$） $f/d = \infty$，$M'/bd^2 = \underline{29,223.9 \times 10^6/8,700 \times 1,850^2} = \underline{0.98\text{N/mm}^2}$ $\sigma_c = M'/bd^2 \cdot C = \underline{7.3\text{N/mm}^2} < 1.5 \times \underline{7.0} = \underline{10.5\text{N/mm}^2}$ $\sigma_s = M'/bd^2 \cdot S \cdot n = \underline{253\text{N/mm}^2} < 1.5 \times \underline{180} = \underline{270\text{N/mm}^2}$
P286	**3）応力度計算** b～b断面（せん断応力度の照査） $S = S_b = \underline{9,416.6\text{kN}}$ $M = M_b \fallingdotseq 0\underline{\text{kN}\cdot\text{m}}$ $b = \underline{10,000\text{mm}}$，$h = \underline{1,630\text{mm}}$，$d = \underline{1,480\text{mm}}$，$d' = \underline{150\text{mm}}$ $\tau_m = \dfrac{S}{bd} = \dfrac{\underline{9,416.6 \times 10^3}}{\underline{10,000} \times \underline{1,480}} = \underline{0.64\text{N}/\text{mm}^2} < \alpha_1 \cdot \alpha_2 \cdot \tau_{a1}$ $= 1.5 \times 1.38 \times \underline{0.36} = \underline{0.75\text{N}/\text{mm}^2}$
P286～ P287	**3）応力度計算** c～c断面（せん断応力度の照査） $S = S_c = \underline{8,664.8\text{kN}}$ $M = M_c \fallingdotseq \underline{15,640.7\text{kN}\cdot\text{m}}$ $h = \underline{1,860\text{mm}}$，$d = \underline{1,710\text{mm}}$，$d' = \underline{150\text{mm}}$ $S_h = S - M/d \cdot \tan\theta$ $= \underline{8,664.8} - \dfrac{\underline{15,640.7}}{1.71} \times 0.133 = \underline{7,448.3\text{kN}}$ $\tau_m = \dfrac{S_h}{bd} = \dfrac{\underline{7,448.3 \times 10^3}}{\underline{10,000} \times \underline{1,710}} = \underline{0.44\text{N}/\text{mm}^2} < \alpha_1 \cdot \alpha_2 \cdot \tau_{a1}$ $= 1.5 \times 1.38 \times \underline{0.36} = \underline{0.75\text{N}/\text{mm}^2}$

頁	従来単位系

$$M_c = \Sigma V_i \cdot x_i - \Sigma W_i \cdot x_i$$
$$= \underline{1{,}000} \times 1.75 - (\underline{12.72} \times 0.92 + \underline{103.13} \times 1.38)$$
$$= \underline{1{,}595.98\text{tf}\cdot\text{m}}$$

d ～ d 断面

$$S_d = (\underline{100} - \underline{200}) - (\underline{23.44} + \underline{140.63}) = \underline{-264.07\text{tf}}$$
$$M_d = (\underline{100} \times 0.75 - \underline{200} \times 2.75) - \underline{292.98} = \underline{-767.98\text{tf}\cdot\text{m}}$$

P286 **3）応力度計算**

a ～ a 断面（フーチング下面の鉄筋量の計算）

$b = \underline{870\text{cm}}$, $h = \underline{200\text{cm}}$, $d = \underline{185\text{cm}}$, $d' = \underline{15\text{cm}}$

$M = M_A = 2{,}982.02\text{tf}\cdot\text{m}$

$f = M/N + u = \infty$, $M' = M + N \cdot u = \underline{2{,}982.02\text{tf}\cdot\text{m}}$

$A_s = 88 - D32 = \underline{698.9\text{cm}^2}$（ctc$\underline{10\text{cm}}$）

$f/d = \infty$, $M'/bd^2 = \underline{2{,}982.02 \times 10^5}/\underline{870 \times 185^2} = \underline{10.01\text{kgf/cm}^2}$

$\sigma_c = M'/bd^2 \cdot C = \underline{74\text{kgf/cm}^2} < 1.5 \times \underline{70} = \underline{105\text{kgf/cm}^2}$

$\sigma_s = M'/bd^2 \cdot S \cdot n = \underline{2{,}580\text{kgf/cm}^2} < 1.5 \times \underline{1{,}800} = \underline{2{,}700\text{kg/cm}^2}$

P286 **3）応力度計算**

b ～ b 断面（せん断応力度の照査）

$S = S_b = \underline{960.83\text{tf}}$

$M = M_b \fallingdotseq 0\underline{\text{tf}\cdot\text{m}}$

$b = \underline{1{,}000\text{cm}}$, $h = \underline{163\text{cm}}$, $d = \underline{148\text{cm}}$, $d' = \underline{15\text{cm}}$

$$\tau_m = \frac{S}{bd} = \frac{\underline{960.83 \times 10^3}}{\underline{1{,}000} \times \underline{148}} = \underline{6.5\text{kgf/cm}^2} < \alpha_1 \cdot \alpha_2 \cdot \tau_{a1}$$
$$= 1.5 \times 1.38 \times \underline{3.6} = \underline{7.5\text{kgf/cm}^2}$$

P286～P287 **3）応力度計算**

c ～ c 断面（せん断応力度の照査）

$S = S_c = \underline{884.15\text{tf}}$

$M = M_c \fallingdotseq \underline{1{,}595.98\text{tf}\cdot\text{m}}$

$h = \underline{186\text{cm}}$, $d = \underline{171\text{cm}}$, $d' = \underline{15\text{cm}}$

$$S_h = S - M/d \cdot \tan\theta$$
$$= \underline{884.15} - \frac{\underline{1{,}595.98}}{1.71} \times 0.133 = \underline{760.02\text{tf}}$$
$$\tau_m = \frac{S_h}{bd} = \frac{\underline{760.02 \times 10^3}}{\underline{1{,}000} \times \underline{171}} = \underline{4.4\text{kgf/cm}^2} < \alpha_1 \cdot \alpha_2 \cdot \tau_{a1}$$
$$= 1.5 \times 1.38 \times \underline{3.6} = \underline{7.5\text{kgf/cm}^2}$$

頁	SI 単 位 系

P287

3）応力度計算

d～d 断面（フーチング上面の鉄筋量の計算）

$b\ =\underline{5{,}000}\mathrm{mm},\quad h=\underline{2{,}000}\mathrm{mm},\quad d=\underline{1{,}900}\mathrm{mm},\quad d'=\underline{100\mathrm{mm}}$

$M\ =M_d=\underline{7{,}526.1\mathrm{kN\cdot m}}$

$M'=M+N\cdot u=\underline{7{,}526.1\mathrm{kN\cdot m}},\quad A_s=25-D32=\underline{19{,}855\mathrm{mm}^2}$

(ctc$\underline{200\mathrm{mm}}$)

$$p\ =\frac{\underline{19{,}855}}{\underline{5{,}000}\times\underline{1{,}900}}=0.0021,\quad np=0.031$$

$$f/d=\infty,\quad M'/bd^2=\frac{\underline{7{,}526.1\times10^6}}{\underline{5{,}000}\times\underline{1{,}900^2}}=\underline{0.42\mathrm{N/mm^2}}$$

P287

3）応力度計算

d～d 断面（フーチング上面の鉄筋量の計算）

$$\sigma_c=\frac{M'}{bd^2}\cdot C=\underline{4.1\mathrm{N/mm^2}}<1.5\times\underline{7.0}=\underline{10.5\mathrm{N/mm^2}}$$

$$\sigma_s=\frac{M'}{bd^2}\cdot S\cdot n=\underline{227\mathrm{N/mm^2}}<1.5\times\underline{180}=\underline{270\mathrm{N/mm^2}}$$

P289

表-7.4.2 常　　時

	i	2	1
Ni	kN	4,655.0	4,655.0
Mi	kN･m	852.6	－852.6
w	kN/m	247.5	
m	kN･m/m	0.0	

表-7.4.3 地 震 時

	i	2	1
Ni	kN	2,107.0	4.380.6
Mi	kN･m	4,204.2	2,048.2
w	kN/m	247.5	
m	kN･m/m	39.2	

P289

表-7.4.4 常　　時

i	q_{vi}	q_{mi}
	kN/列	kN･m/列
1	3,763.2	0
2	3,763.2	0
3	3,763.2	0

表-7.4.5 地 震 時

i	q_{vi}	q_{mi}
	kN/列	kN･m/列
1	5,348.2	－968.2
2	2,822.4	－968.2
3	296.6	－968.2

頁	従 来 単 位 系
P287	3）応力度計算 d～d 断面（フーチング上面の鉄筋量の計算） $b\ = \underline{500\text{cm}},\quad h = \underline{200\text{cm}},\quad d = \underline{190\text{cm}},\quad d' = \underline{10\text{cm}}$ $M\ = M_d = \underline{767.98\text{tf}\cdot\text{m}}$ $M' = M + N\cdot u = \underline{767.98\text{tf}\cdot\text{m}},\quad A_s = 25-D32 = \underline{198.55\text{cm}^2}$ $(\text{ctc}\underline{20\text{cm}})$ $p\ = \dfrac{\underline{198.55}}{\underline{500}\times\underline{190}} = 0.0021,\quad np = 0.031$ $f/d = \infty,\quad M'/bd^2 = \dfrac{\underline{767.98\times10^5}}{\underline{500}\times\underline{190^2}} = \underline{4.25\text{kgf}/\text{cm}^2}$
P287	3）応力度計算 d～d 断面（フーチング上面の鉄筋量の計算） $\sigma_c = \dfrac{M'}{bd^2}\cdot C = \underline{41\text{kgf}/\text{cm}^2} < 1.5\times\underline{70} = \underline{105\text{kgf}/\text{cm}^2}$ $\sigma_s = \dfrac{M'}{bd^2}\cdot S\cdot n = \underline{2{,}300\text{kgf}/\text{cm}^2} < 1.5\times\underline{1{,}800} = \underline{2{,}700\text{kgf}/\text{cm}^2}$
P289	表-7.4.2 常　　時 / 表-7.4.3 地　震　時
P289	表-7.4.4 常　　時 / 表-7.4.5 地　震　時

表-7.4.2 常　　時

	i	2	1
Ni	tf	475.00	475.00
Mi	tf·m	87.00	−87.00
w	tf/m	25.25	
m	tf ·m/m	0.00	

表-7.4.3 地　震　時

	i	2	1
Ni	tf	215.00	447.00
Mi	tf·m	429.00	209.00
w	tf/m	25.25	
m	tf ·m/m	4.00	

表-7.4.4 常　　時

i	q_{vi} tf/列	q_{mi} tf ·m/列
1	384.00	0
2	384.00	0
3	384.00	0

表-7.4.5 地　震　時

i	q_{vi} tf/列	q_{mi} tf·m/列
1	545.732	−98.800
2	288.000	−98.800
3	30.267	−98.800

頁	SI 単 位 系

P289

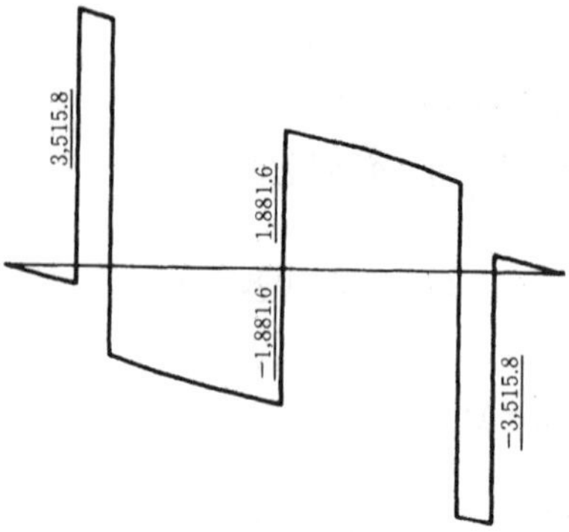

図-7.4.12　せん断力図 (kN)

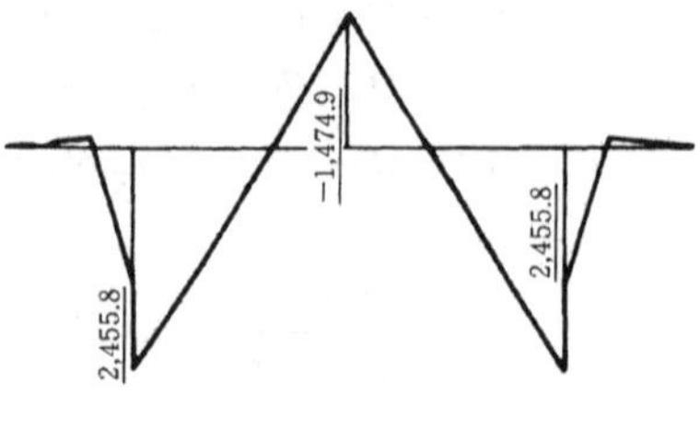

図-7.4.13　曲げモーメント図 (kN·m)

P290

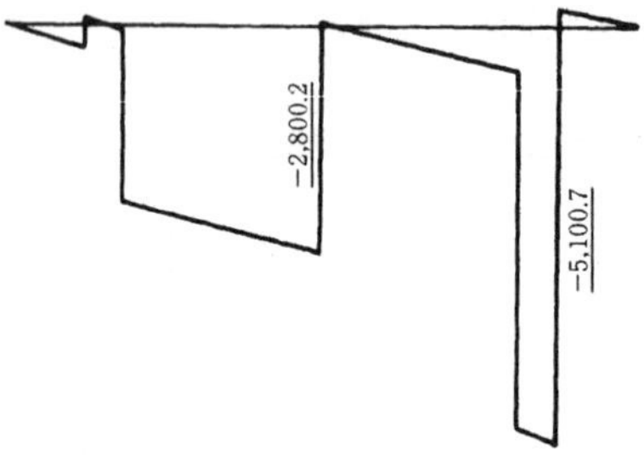

図-7.4.14　せん断力図 (kN)

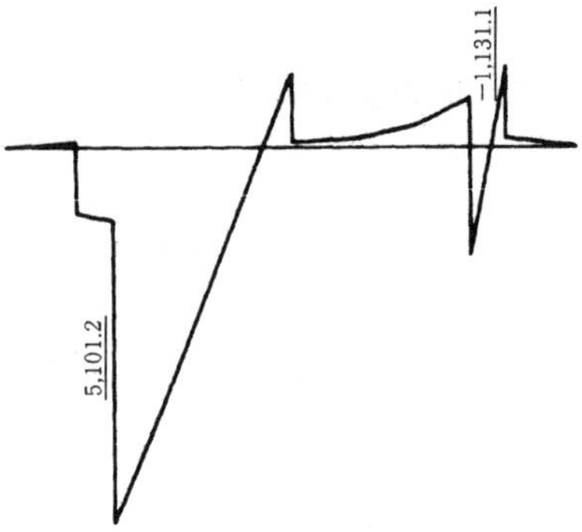

図-7.4.15　曲げモーメント図 (kN·m)

P290～P291

②下側の計算

$$M = \underline{2,455.8} \times \frac{\sigma_{sa}{}'}{\sigma_{sa}} = \underline{2,455.8} \times \frac{\underline{270}}{\underline{160}} = \underline{4,144.2\mathrm{kN \cdot m}} < \underline{5,101.2\mathrm{kN \cdot m}}$$

$$b = \underline{5,000\mathrm{mm}},\quad h = \underline{1,700\mathrm{mm}},\quad d = \underline{1,550\mathrm{mm}},\quad d' = \underline{150\mathrm{mm}}$$

$$M = \underline{5,101.2\mathrm{kN \cdot m}}$$

$$A_s = 39 - D22 = \underline{15,097\mathrm{mm}^2}(\mathrm{ctc}\underline{125\mathrm{mm}})$$

$$f = \infty,\quad M' = M = \underline{5,101.2\mathrm{kN \cdot m}},\quad f/d = \infty$$

$$M'/bd^2 = \underline{5,101.2 \times 10^6} / \underline{5,000} \times \underline{1,550}^2 = \underline{0.425\mathrm{N/mm^2}}$$

$$\sigma_c = M'/bd^2 \cdot C = \underline{4.3\mathrm{N/mm^2}} < \underline{10.5\mathrm{N/mm^2}}$$

$$\sigma_s = M'/bd^2 \cdot S \cdot n = \underline{236\mathrm{N/mm^2}} < \underline{270\mathrm{N/mm^2}}$$

P291

②下側の計算

ひび割れモーメント　$M_c = \dfrac{bh^2}{6}\left(\underline{0.42}\sigma_{ck}{}^{2/3} + \dfrac{N_d}{bh}\right)$

$$= \frac{\underline{5,000} \times \underline{1,700}^2}{6}(\underline{0.42} \times \underline{21}^{2/3} + 0)$$

$$= \underline{7,699.2 \times 10^6\mathrm{N \cdot mm}} = \underline{7,699.2\mathrm{kN \cdot m}}$$

頁	従来単位系

P289

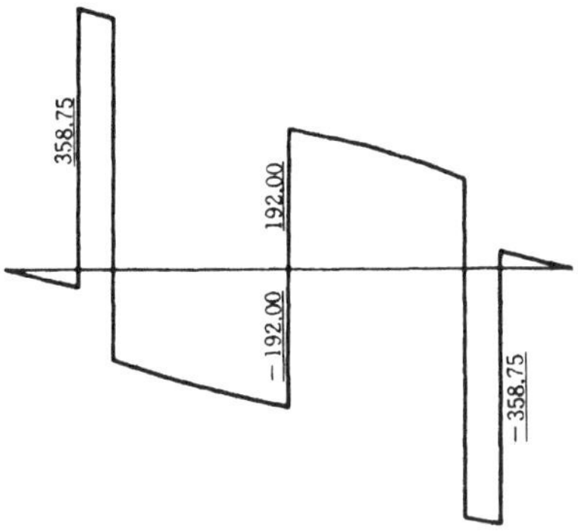

図-7.4.12　せん断力図（tf） 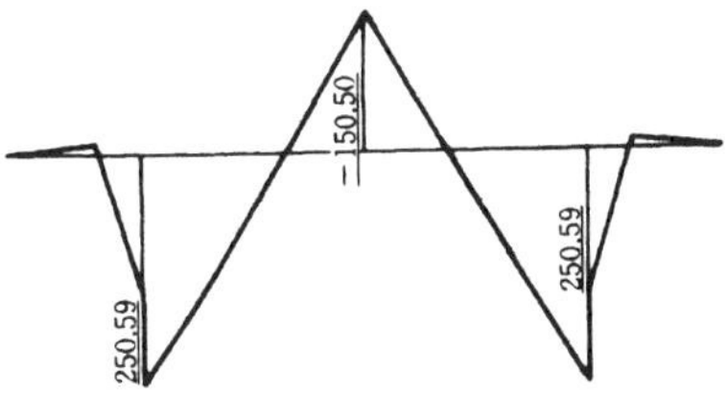　　図-7.4.13　曲げモーメント図（tf・m）

P290

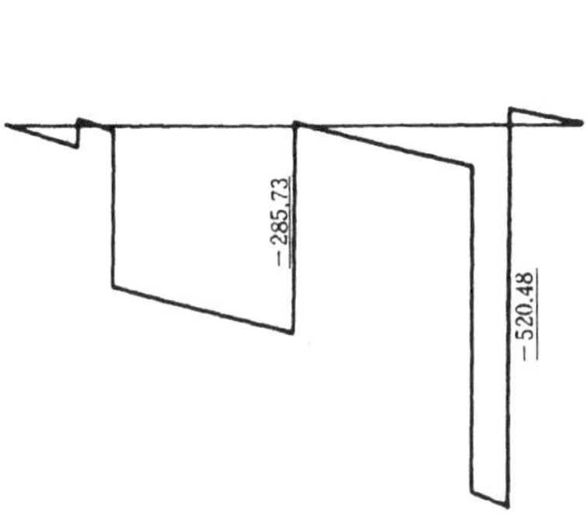

図-7.4.14　せん断力図（tf） 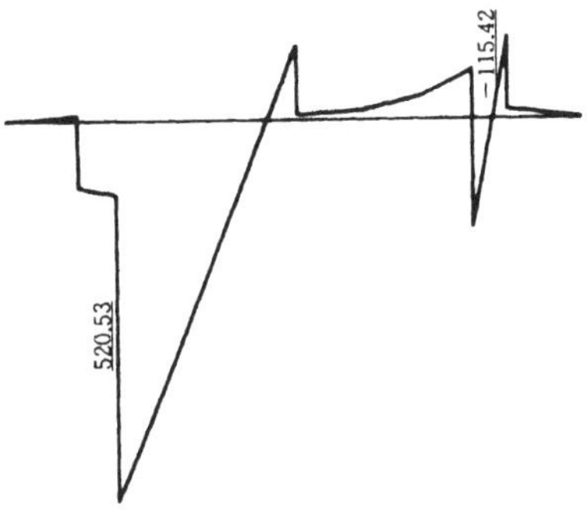　　図-7.4.15　曲げモーメント図（tf・m）

P290～P291

②下側の計算

$$M = \underline{250.59} \times \frac{\sigma_{sa}{}'}{\sigma_{sa}} = \underline{250.59} \times \frac{\underline{2,700}}{\underline{1,600}} = \underline{422.87\text{tf}\cdot\text{m}} < \underline{520.53\text{tf}\cdot\text{m}}$$

$$b = \underline{500\text{cm}},\quad h = \underline{170\text{cm}},\quad d = \underline{155\text{cm}},\quad d' = \underline{15\text{cm}}$$

$$M = \underline{520.53\text{tf}\cdot\text{m}}$$

$$A_s = 39 - D22 = \underline{150.97\text{cm}^2}(\text{ctc}\underline{12.5\text{cm}})$$

$$f = \infty,\quad M' = M = \underline{520.53\text{tf}\cdot\text{m}},\quad f/d = \infty$$

$$M'/bd^2 = \underline{520.53 \times 10^5}/\underline{500} \times \underline{155^2} = \underline{4.33\text{kgf}/\text{cm}^2}$$

$$\sigma_c = M'/bd^2 \cdot C = \underline{43\text{kgf}/\text{cm}^2} < \underline{105\text{kgf}/\text{cm}^2}$$

$$\sigma_s = M'/bd^2 \cdot S \cdot n = \underline{2,400\text{kgf}/\text{cm}^2} < \underline{2,700\text{kgf}/\text{cm}^2}$$

P291

②下側の計算

ひび割れモーメント　$M_c = \frac{bh^2}{6}\left(\underline{0.9}\sigma_{ck}{}^{2/3} + \frac{N_d}{bh}\right)$

$$= \frac{\underline{500} \times \underline{170}^2}{6}(\underline{0.9} \times \underline{210}^{2/3} + 0)$$

$$= \underline{765.78 \times 10^5\text{kgf}\cdot\text{cm}} = \underline{765.78\text{tf}\cdot\text{m}}$$

<table>
<tr><th>頁</th><th>ＳＩ　単　位　系</th></tr>
<tr><td></td><td>設計曲げモーメント　Ｍｄ＝5,101.2kN·m
$\frac{4}{3}M_d = \underline{6,801.6\text{kN}\cdot\text{m}} < M_c = \underline{7,699.2\text{kN}\cdot\text{m}}$</td></tr>
<tr><td>P291～
P292</td><td>③上面側の計算
$M = \underline{1,474.9} \times \frac{\sigma_{sa}}{\sigma_{sa}} = \underline{1,474.9} \times \frac{\underline{270}}{\underline{160}} = \underline{2,488.9\text{kN}\cdot\text{m}} < \underline{1,131.1\text{kN}\cdot\text{m}}$
$b = b_c = \underline{2,000\text{mm}},\quad h = \underline{1,700\text{mm}},\quad d = \underline{1,600\text{mm}},\quad d' = \underline{100\text{mm}}$
$M = \underline{1,474.9\text{kN}\cdot\text{m}}$
$A_s = 16 - D25 = \underline{8,107\text{mm}^2}(\text{ctc}\underline{125\text{mm}})$
$f = \infty,\quad M' = M = \underline{1,474.9\text{kN}\cdot\text{m}},\quad f/d = \infty$
$M'/bd^2 = \underline{1,474.9 \times 10^6} / \underline{2,000} \times \underline{1,600^2} = \underline{0.288\text{N/mm}^2}$
$\sigma_c = \underline{2.6\text{N/mm}^2} < \underline{7.0\text{N/mm}^2}$
$\sigma_s = \underline{121\text{N/mm}^2} < \underline{160\text{N/mm}^2}$

④せん断の照査
$S\ = \underline{1,881.6\text{kN}}$
$b\ = \underline{5,000\text{mm}},\quad h = \underline{1,700\text{mm}},\quad d = \underline{1,550\text{mm}},\quad d' = \underline{150\text{mm}}$
$\tau_m = \frac{S}{bd} = \frac{\underline{1,881.6 \times 10^3}}{\underline{5,000} \times \underline{1,550}} = \underline{0.24\text{N/mm}^2} < \underline{0.36\text{N/mm}^2}$</td></tr>
<tr><td>P297～
P298</td><td>３）水平力およびモーメントに対する照査
ここに，σ_{cv}：垂直支圧応力度（$\underline{\text{N/mm}^2}$）
σ_{ch}：水平支圧応力度（$\underline{\text{N/mm}^2}$）
σ_{ca}：コンクリートの許容支圧応力度（$\underline{\text{N/mm}^2}$）
τ_v：垂直方向の押抜きせん断応力度（$\underline{\text{N/mm}^2}$）
τ_{vt}：垂直方向の引抜きせん断応力度（$\underline{\text{N/mm}^2}$）
τ_h：水平方向の押抜きせん断応力度（$\underline{\text{N/mm}^2}$）
τ_a：コンクリートの許容押抜きせん断応力度（$\underline{\text{N/mm}^2}$）
τ_{at}：コンクリートの許容引抜きせん断応力度（N/mm^2）
Ｐ：軸方向押込み力（$\underline{\text{N}}$）
P_t：軸方向引抜き力（$\underline{\text{N}}$）
Ｈ：軸直角方向力（$\underline{\text{N}}$）
Ｍ：モーメント（$\underline{\text{N}\cdot\text{mm}}$）
ｌ：杭の押込み長（$\underline{\text{mm}}$）
Ｄ：杭の外径（$\underline{\text{mm}}$）
ｈ：垂直方向の押抜きせん断力に抵抗するフーチングの有効厚さ（$\underline{\text{mm}}$）
ｈ'：水平方向の押抜きせん断力に抵抗するフーチングの有効厚さ（$\underline{\text{mm}}$）
h_t：引抜きせん断力に抵抗するフーチングの有効厚さ（$\underline{\text{mm}}$）</td></tr>
</table>

頁	従来単位系
	設計曲げモーメント　Ｍｄ＝520.53tf·m $\frac{4}{3}M_d = \underline{694.04\text{tf}\cdot\text{m}} < M_c = \underline{765.78\text{tf}\cdot\text{m}}$
P291～ P292	**③上面側の計算** $M = \underline{150.50} \times \frac{\sigma_{sa}}{\sigma_{sa}} = \underline{150.50} \times \frac{\underline{2,700}}{\underline{1,600}} = \underline{253.97\text{tf}\cdot\text{m}} < \underline{115.42\text{tf}\cdot\text{m}}$ $b = b_c = \underline{200\text{cm}},\quad h = \underline{170\text{cm}},\quad d = \underline{160\text{cm}},\quad d' = \underline{10\text{cm}}$ $M = \underline{150.50\text{tf}\cdot\text{m}}$ $A_s = 16 - D25 = \underline{81.07\text{cm}^2}(\text{ctc}\underline{12.5\text{cm}})$ $f = \infty,\quad M' = M = \underline{150.50\text{tf}\cdot\text{m}},\quad f/d = \infty$ $M'/bd^2 = \underline{150.50 \times 10^5} / \underline{200} \times \underline{160^2} = \underline{2.94\text{kgf}/\text{cm}^2}$ $\sigma_c = \underline{26\text{kgf}/\text{cm}^2} < \underline{70\text{kgf}/\text{cm}^2}$ $\sigma_s = \underline{1,230\text{kgf}/\text{cm}^2} < \underline{1,600\text{kgf}/\text{cm}^2}$ **④せん断の照査** $S = \underline{192.00\text{tf}}$ $b = \underline{500\text{cm}},\quad h = \underline{170\text{cm}},\quad d = \underline{155\text{cm}},\quad d' = \underline{15\text{cm}}$ $\tau_m = \frac{S}{bd} = \frac{\underline{192.00 \times 10^3}}{\underline{500} \times \underline{155}} = \underline{2.5\text{kgf}/\text{cm}^2} < \underline{3.6\text{kgf}/\text{cm}^2}$
P297～ P298	**3）水平力およびモーメントに対する照査** ここに，σ_{cv}：垂直支圧応力度（kgf/cm²） σ_{ch}：水平支圧応力度（kgf/cm²） σ_{ca}：コンクリートの許容支圧応力度（kgf/cm²） τ_v：垂直方向の押抜きせん断応力度（kgf/cm²） τ_{vt}：垂直方向の引抜きせん断応力度（kgf/cm²） τ_h：水平方向の押抜きせん断応力度（kgf/cm²） τ_a：コンクリートの許容押抜きせん断応力度（kgf/cm²） τ_{at}：コンクリートの許容引抜きせん断応力度（kgf/cm²） P：軸方向押込み力（kgf） P_t：軸方向引抜き力（kgf） H：軸直角方向力（kgf） M：モーメント（kgf·cm） l：杭の押込み長（cm） D：杭の外径（cm） h：垂直方向の押抜きせん断力に抵抗するフーチングの有効厚さ（cm） h'：水平方向の押抜きせん断力に抵抗するフーチングの有効厚さ（cm） h_t：引抜きせん断力に抵抗するフーチングの有効厚さ（cm）

頁	SI 単 位 系

P299

図-8.3.5 「コンクリート標準示方書」による計算値と実験値の比較 [2)]

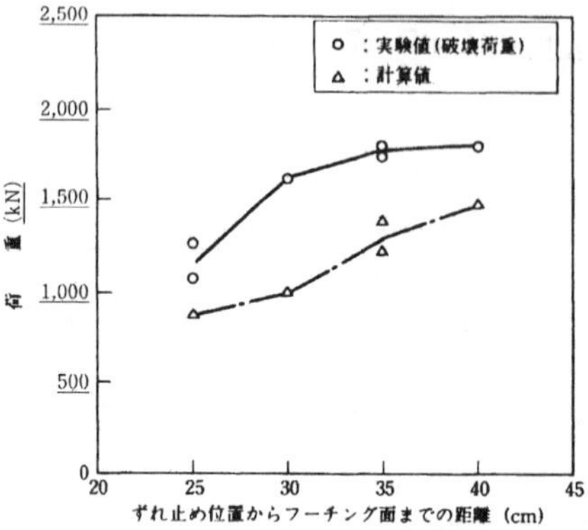

P300

2）引抜き力に対する照査

τ_c ：PHC杭の外周におけるせん断応力度（N/mm^2）

τ_{ac}：PHC杭とコンクリートの許容付着応力度（N/mm^2）

τ_{ac}=0.14N/mm^{2}とする。

P300

3）水平力およびモーメントに対する照査

……は，実験による最大付着強度が0.7～0.9N/mm^{2}であるが付着強度が杭周面の表面の状態に影響されるため，安全を考慮してτ_{ac}=0.14 N/mm^{2}としている。

d．鉄筋の定着

σ_{sa}：鉄筋の許容引張応力度（N/mm^2）

τ_{0a}：鉄筋とコンクリートの許容付着応力度（N/mm^2）

A_{st}：鉄筋の断面積（mm^2）

d ：鉄筋径（mm）

u ：鉄筋の周長（mm）

L 0 ：鉄筋の必要定着長（mm）

P301

(a) 杭 種

場所打ち杭 φ1,200 @3.0m σ_{ck}=24N/mm^2

(b) 荷 重

	鋼管杭	PHC杭	場所打ち杭
軸方向押込み力P	2,270kN	1,280kN	5,000kN
軸方向引抜き力P_t	−470kN	−180kN	−500kN
水平力H	260kN	110kN	500kN
モーメントM	410kN·m	80kN·m	1,000kN·m

頁	従来単位系

P299

図-8.3.5 「コンクリート標準示方書」による計算値と実験値の比較[2)]

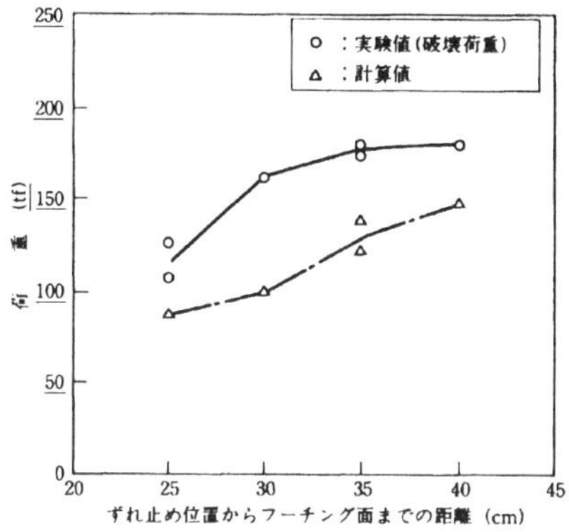

P300

2）引抜き力に対する照査

τ_c ：ＰＨＣ杭の外周におけるせん断応力度（kgf/cm^2）

τ_{ac}：ＰＨＣ杭とコンクリートの許容付着応力度（kgf/cm^2）

τ_{ac} = 1.4kgf/cm^{2}とする。

P300

3）水平力およびモーメントに対する照査

……は，実験による最大付着強度が7～9kgf/cm^{2}であるが付着強度が杭周面の表面の状態に影響されるため，安全を考慮してτ_{ac} = 1.4 kgf/cm^{2}としている。

ｄ．鉄筋の定着

σ_{sa}：鉄筋の許容引張応力度（kgf/cm^2）

τ_{0a}：鉄筋とコンクリートの許容付着応力度（kgf/cm^2）

A_{st}：鉄筋の断面積（cm^2）

d　：鉄筋径（cm）

u　：鉄筋の周長（cm）

L_0 ：鉄筋の必要定着長（cm）

P301

(a) 杭　種

場所打ち杭　φ1,200　@3.0m　　σ_{ck} = 240kgf/cm^2

(b) 荷　重

	鋼管杭	ＰＨＣ杭	場所打ち杭
軸方向押込み力Ｐ	227tf	128tf	500tf
軸方向引抜き力P_t	－47tf	－18tf	－50ft
水平力Ｈ	26tf	11ft	50ft
モーメントＭ	41tf･m	8tf･m	100tf･m

頁	ＳＩ 単 位 系
P314	(i) コンクリート（σ_{ck}=21N/mm²）

応力度の種類		許容応力度 (N/mm²)
圧縮応力度 σ_{ca}	曲げ圧縮応力度	7.0
	軸圧縮応力度	5.5
せん断応力度	コンクリートのみでせん断力を負担する場合（τ_{a1}）	0.36
	押抜きせん断応力度（τ_{a3}）	0.85
支圧応力度 σ_{ba}		(0.25＋0.05Ac/Ab) σ_{ck} ≦0.5 σ_{ck}
付着応力度 τ_{0a}		1.4

(ii) 鉄 筋（SD-295）

応力度の種類	許容応力度 (N/mm²)
引張応力度 σ_{sa}	180

P314

(i) 方 法 A

① 押込み力に対する照査

ⓐフーチングコンクリートの垂直支圧応力度

$$\sigma_{cv}=\frac{P}{\pi D^2/4}=\frac{2,270\times 10^3}{\pi\times 800^2/4}$$
$$=4.5\mathrm{N/mm^2}\leqq\sigma_{ba}=1.5\times 0.5\sigma_{ck}=15.7\mathrm{N/mm^2}{}_{//OK}$$

ⓑフーチングコンクリートの押抜きせん断応力度

$$\tau_v=\frac{P}{\pi(D+h)h}=\frac{2,270\times 10^3}{\pi\times(800+700)\times 700}$$
$$=0.69\mathrm{N/mm^2}\leqq\tau_{a3}=0.85\mathrm{N/mm^2}{}_{//OK}$$

P315

② 引抜き力に対する照査

ⓐフーチングコンクリートの引抜きせん断応力度

$$\tau_{vt}=\frac{P_t}{\pi(D+h_t)h_t}=\frac{470\times 10^3}{\pi\times(800+375)\times 375}$$
$$=0.34\mathrm{N/mm^2}\leqq\tau_{a3}=0.85\mathrm{N/mm^2}{}_{//OK}$$

③ 水平力に対する照査

ⓐフーチングコンクリートの水平支圧応力度

$$\sigma_{ch}=\frac{H}{Dl}+\frac{6M}{Dl^2}=\frac{260\times 10^3}{800\times 800}+\frac{6\times 410\times 10^6}{800\times 800^2}$$
$$=0.4+4.8=5.2\mathrm{N/mm^2}\leqq\sigma_{ba}=1.5\times 0.3\sigma_{ck}$$
$$=9.4\mathrm{N/mm^2}{}_{//OK}$$

頁	従来単位系

P314 (i) コンクリート（σ_{ck}=210kgf/cm²）

応力度の種類		許容応力度 (kgf/cm²)
圧縮応力度 σ_{ca}	曲げ圧縮応力度	70
	軸圧縮応力度	55
せん断応力度	コンクリートのみでせん断力を負担する場合（τ_{a1}）	3.6
	押抜きせん断応力度（τ_{a3}）	8.5
支圧応力度 σ_{ba}		(0.25＋0.05Ac/Ab) σ_{ck} ≦0.5 σ_{ck}
付着応力度 τ_{0a}		14

(ii) 鉄　筋（SD-295）

応力度の種類	許容応力度（kgf/cm²）
引張応力度 σ_{sa}	1,800

P314 (i) 方　法　A

① 押込み力に対する照査

ⓐフーチングコンクリートの垂直支圧応力度

$$\sigma_{cv}=\frac{P}{\pi D^2/4}=\frac{227\times10^3}{\pi\times80^2/4}$$
$$=45\mathrm{kgf/cm^2}\leqq\sigma_{ba}=1.5\times0.5\sigma_{ck}=157\mathrm{kgf/cm^2}{}_{//OK}$$

ⓑフーチングコンクリートの押抜きせん断応力度

$$\tau_v=\frac{P}{\pi(D+h)h}=\frac{227\times10^3}{\pi\times(80+70)\times70}$$
$$=6.9\mathrm{kgf/cm^2}\leqq\tau_{a3}=8.5\mathrm{kgf/cm^2}{}_{//OK}$$

P315 ② 引抜き力に対する照査

ⓐフーチングコンクリートの垂直支圧応力度

$$\tau_{vt}=\frac{P_t}{\pi(D+h_t)h_t}=\frac{47\times10^3}{\pi\times(80+37.5)\times37.5}$$
$$=3.4\mathrm{kgf/cm^2}\leqq\tau_{a3}=8.5\mathrm{kgf/cm^2}{}_{//OK}$$

③ 水平力に対する照査

ⓐフーチングコンクリートの水平支圧応力度

$$\sigma_{ch}=\frac{H}{Dl}+\frac{6M}{Dl^2}=\frac{26\times10^3}{80\times80}+\frac{6\times41\times10^5}{80\times80^2}$$
$$=4.1+48.0=52\mathrm{kgf/cm^2}\leqq\sigma_{ba}=1.5\times0.3\sigma_{ck}$$
$$=94.5\mathrm{kgf/cm^2}{}_{//OK}$$

P315	ⓑフーチングコンクリートの水平押抜きせん断応力度 $h' = \underline{600\text{mm}}$ $\tau_h = \dfrac{H}{h'(2l + D + 2h')} = \dfrac{260 \times 10^3}{\underline{600} \times (2 \times \underline{800} + \underline{800} + 2 \times \underline{600})}$ $= \underline{0.12\text{N/mm}^2} \leqq \tau_{a3} = \underline{0.85\text{N/mm}^2}_{//OK}$

	(ii) 方　法　B
	① 押込み力に対する照査
	ⓐフーチングコンクリートの垂直支圧応力度
	$\sigma_{cv} = \dfrac{P}{\pi D^2/4} = \dfrac{2{,}270 \times 10^3}{\pi \times \underline{800}^2/4}$
	$= \underline{4.5\text{N/mm}^2} \leqq \sigma_{ba} = 1.5 \times 0.5\sigma_{ck} = \underline{15.7\text{N/mm}^2}_{//OK}$
	ⓑフーチングコンクリートの押抜きせん断応力度
	$\tau_v = \dfrac{P}{\pi(D+h)h} = \dfrac{2{,}270 \times 10^3}{\pi \times (\underline{800} + \underline{1{,}400}) \times \underline{1{,}400}}$
	$= \underline{0.23\text{N/mm}^2} \leqq \tau_{a3} = \underline{0.85\text{N/mm}^2}_{//OK}$

P315～
P316
	② 水平力に対する照査
	ⓐフーチングコンクリートの水平支圧応力度
	$\sigma_{ch} = \dfrac{H}{Dl} = \dfrac{260 \times 10^3}{\underline{800} \times \underline{100}}$
	$= \underline{3.3\text{N/mm}^2} \leqq \sigma_{ba} = 1.5 \times 0.3\sigma_{ck} = \underline{9.4\text{N/mm}^2}_{//OK}$
	ⓑフーチングコンクリートの水平押抜きせん断応力度
	$h' = \underline{600\text{mm}}$
	$\tau_h = \dfrac{H}{h'(2l + D + 2h')} = \dfrac{260 \times 10^3}{\underline{600} \times (2 \times \underline{100} + \underline{800} + 2 \times \underline{600})}$
	$= \underline{0.20\text{N/mm}^2} \leqq \tau_{a3} = \underline{0.85\text{N/mm}^2}_{//OK}$

P316	③ 仮想鉄筋コンクリート断面の照査 ⓐ断面力　モーメント　M＝<u>410kN·m</u>，軸力　P_t＝－<u>470kN</u> ⓑ応力度計算 r＝D/2＝<u>500mm</u>，d’＝<u>160mm</u>，r_s＝<u>340mm</u>， r_s/r＝0.680，e＝M/P_t＝－<u>0.872m</u>，e/r＝-1.74， M’＝<u>410</u>+（<u>-470</u>×0.5）＝<u>175kN·m</u>，M’/r^3＝<u>1.40N/mm²</u> 配筋　12-D32　A_s＝<u>9,530mm²</u>， np＝15.0×<u>9,530</u>/（π×<u>500²</u>）＝0.182 σ_c＝5.0×<u>1.40</u>＝<u>7.0N/mm²</u>＜σca＝<u>10.5N/mm²</u>//ＯＫ σ_s＝12.0×<u>1.40</u>×15.0＝<u>252N/mm²</u>＜σsa＝<u>270N/mm²</u>//$_{OK}$

頁	従来単位系

P315 ⓑフーチングコンクリートの水平押抜きせん断応力度

$h' = \underline{60}\text{cm}$

$$\tau_h = \frac{H}{h'(2l+D+2h')} = \frac{26\times10^3}{\underline{60}\times(2\times\underline{80}+\underline{80}+2\times\underline{60})}$$

$$= \underline{1.2\text{kgf/cm}^2} \leqq \tau_{a3} = \underline{8.5\text{kgf/cm}^2}_{//OK}$$

(ii) 方　法　B

① 押込み力に対する照査

ⓐフーチングコンクリートの垂直支圧応力度

$$\sigma_{cv} = \frac{P}{\pi D^2/4} = \frac{\underline{227\times10^3}}{\pi\times\underline{80}^2/4}$$

$$= \underline{45\text{kgf/cm}^2} \leqq \sigma_{ba} = 1.5\times0.5\sigma_{ck} = \underline{157\text{kgf/cm}^2}_{//OK}$$

ⓑフーチングコンクリートの押抜きせん断応力度

$$\tau_v = \frac{P}{\pi(D+h)h} = \frac{\underline{227\times10^3}}{\pi\times(\underline{80}+\underline{140})\times\underline{140}}$$

$$= \underline{2.4\text{kgf/cm}^2} \leqq \tau_{a3} = \underline{8.5\text{kgf/cm}^2}_{//OK}$$

P315～P316 **② 水平力に対する照査**

ⓐフーチングコンクリートの水平支圧応力度

$$\sigma_{ch} = \frac{H}{Dl} = \frac{\underline{26\times10^3}}{\underline{80}\times\underline{10}}$$

$$= \underline{32\text{kgf/cm}^2} \leqq \sigma_{ba} = 1.5\times0.3\sigma_{ck} = \underline{94.5\text{kgf/cm}^2}_{//OK}$$

ⓑフーチングコンクリートの水平押抜きせん断応力度

$h' = \underline{60}\text{cm}$

$$\tau_h = \frac{H}{h'(2l+D+2h')} = \frac{26\times10^3}{\underline{60}\times(2\times\underline{10}+\underline{80}+2\times\underline{60})}$$

$$= \underline{2.0\text{kgf/cm}^2} \leqq \tau_{a3} = \underline{8.5\text{kgf/cm}^2}_{//OK}$$

P316 **③ 仮想鉄筋コンクリート断面の照査**

ⓐ断面力　モーメント　M＝$\underline{410\text{kN·m}}$，軸力　$P_t = -\underline{470\text{kN}}$

ⓑ応力度計算

$r = D/2 = 50\text{cm}$，$d' = 16\text{cm}$，$r_s = 34\text{cm}$，

$r_s/r = 0.680$，$e = M/P_t = \underline{-87.2}\text{cm}$，$e/r = \underline{-1.74}$，

$M' = 41.0 + (\underline{-47.0}\times0.5) = \underline{17.5\text{tf·m}}$，$M'/r^3 = \underline{14.0\text{kgf/cm}^2}$

配筋　12-D32　$A_s = \underline{95.3\text{cm}^2}$，

$n_p = 15.0\times\underline{95.3}/(\pi\times\underline{50}^2) = 0.182$

$\sigma_c = 5.0\times\underline{14.0} = \underline{70\text{kgf/cm}^2} < \sigma_{ca} = \underline{105\text{kgf/cm}^2}_{//OK}$

$\sigma_s = 12.0\times\underline{14.0}\times15.0 = \underline{2{,}520\text{kgf/cm}^2} < \sigma_{sa} = \underline{2{,}700\text{kgf/cm}^2}_{//OK}$

頁	S I 単 位 系

P316

(i) 方 法 A

① 押込み力に対する照査

ⓐフーチングコンクリートの垂直支圧応力度

$$\sigma_{cv}=\frac{P}{\pi D^2/4}=\frac{\underline{\underline{1,280\times10^3}}}{\pi\times\underline{600}^2/4}$$

$$=\underline{4.5\mathrm{N/mm^2}}\leqq\sigma_{ba}=1.5\times0.5\sigma_{ck}=\underline{15.7\mathrm{N/mm^2}}_{//OK}$$

ⓑフーチングコンクリートの押抜きせん断応力度

$$\tau_v=\frac{P}{\pi(D+h)h}=\frac{\underline{1,280\times10^3}}{\pi\times(\underline{600}+\underline{600})\times\underline{600}}$$

$$=\underline{0.57\mathrm{N/mm^2}}\leqq\tau_{a3}=\underline{0.85\mathrm{N/mm^2}}_{//OK}$$

P317

② 引抜き力に対する照査

杭外周とフーチングコンクリートのせん断応力度

$$\tau_c=\frac{P_t}{\pi Dl}=\frac{\underline{180\times10^3}}{\pi\times\underline{600}\times\underline{600}}$$

$$=\underline{0.16\mathrm{N/mm^2}}\leqq\tau_{ac}=1.5\times\underline{0.14}=\underline{0.21\mathrm{N/mm^2}}_{//OK}$$

③ 水平力に対する照査

ⓐフーチングコンクリートの水平支圧応力度

$$\sigma_{ch}=\frac{H}{Dl}+\frac{6M}{Dl^2}=\frac{\underline{110\times10^3}}{\underline{600}\times\underline{600}}+\frac{6\times\underline{80\times10^6}}{\underline{600}\times\underline{600}^2}$$

$$=\underline{0.3}+\underline{2.2}=\underline{2.5\mathrm{N/mm^2}}\leqq\sigma_{ba}=1.5\times0.3\sigma_{ck}$$

$$=\underline{9.4\mathrm{N/mm^2}}_{//OK}$$

ⓑフーチングコンクリートの水平押抜きせん断応力度

$$h'=\underline{450\mathrm{mm}}$$

$$\tau_h=\frac{H}{h'(2l+D+2h')}=\frac{\underline{110\times10^3}}{\underline{450}\times(2\times\underline{600}+\underline{600}+2\times\underline{450})}$$

$$=\underline{0.09\mathrm{N/mm^2}}\leqq\tau_{a3}=\underline{0.85\mathrm{N/mm^2}}_{//OK}$$

P317

(ii) 方 法 B

① 押込み力に対する照査

ⓐフーチングコンクリートの垂直支圧応力度

$$\sigma_{cv}=\frac{P}{\pi D^2/4}=\frac{\underline{\underline{1,280\times10^3}}}{\pi\times\underline{600}^2/4}$$

$$=\underline{4.5\mathrm{N/mm^2}}\leqq\sigma_{ba}=1.5\times0.5\sigma_{ck}=\underline{15.7\mathrm{N/mm^2}}_{//OK}$$

頁	従来単位系

P316 ((i) 方　法　A

① 押込み力に対する照査

ⓐフーチングコンクリートの垂直支圧応力度

$$\sigma_{cv}=\frac{P}{\pi D^2/4}=\frac{\underline{128\times10^3}}{\pi\times\underline{60}^2/4}$$

$$=\underline{45\text{kgf}/\text{cm}^2}\leqq\sigma_{ba}=1.5\times0.5\sigma_{ck}=\underline{157\text{kgf}/\text{cm}^2}_{//OK}$$

ⓑフーチングコンクリートの押抜きせん断応力度

$$\tau_v=\frac{P}{\pi(D+h)h}=\frac{\underline{128\times10^3}}{\pi\times(\underline{60}+\underline{60})\times\underline{60}}$$

$$=\underline{5.7\text{kgf}/\text{cm}^2}\leqq\tau_{a3}=\underline{8.5\text{kgf}/\text{cm}^2}_{//OK}$$

P317 ② 引抜き力に対する照査

杭外周とフーチングコンクリートのせん断応力度

$$\tau_c=\frac{P_t}{\pi Dl}=\frac{\underline{18\times10^3}}{\pi\times\underline{60}\times\underline{60}}$$

$$=\underline{1.6\text{kgf}/\text{cm}^2}\leqq\tau_{ac}=1.5\times\underline{1.4}=\underline{2.1\text{kgf}/\text{cm}^2}_{//OK}$$

③ 水平力に対する照査

ⓐフーチングコンクリートの水平支圧応力度

$$\sigma_{ch}=\frac{H}{Dl}+\frac{6M}{Dl^2}=\frac{\underline{11\times10^3}}{\underline{60}\times\underline{60}}+\frac{6\times\underline{8\times10^5}}{\underline{60}\times\underline{60}^2}$$

$$=\underline{3.1}+\underline{22.2}=\underline{25\text{kgf}/\text{cm}^2}\leqq\sigma_{ba}=1.5\times0.3\sigma_{ck}$$

$$=\underline{94.5\text{kgf}/\text{cm}^2}_{//OK}$$

ⓑフーチングコンクリートの水平押抜きせん断応力度

$$h'=\underline{45\text{cm}}$$

$$\tau_h=\frac{H}{h'(2l+D+2h')}=\frac{\underline{11\times10^3}}{\underline{45}\times(2\times\underline{60}+\underline{60}+2\times\underline{45})}$$

$$=\underline{0.9\text{kgf}/\text{cm}^2}\leqq\tau_{a3}=\underline{8.5\text{kgf}/\text{cm}^2}_{//OK}$$

P317 (ii) 方　法　B

① 押込み力に対する照査

ⓐフーチングコンクリートの垂直支圧応力度

$$\sigma_{cv}=\frac{P}{\pi D^2/4}=\frac{\underline{128\times10^3}}{\pi\times\underline{60}^2/4}$$

$$=\underline{45\text{kgf}/\text{cm}^2}\leqq\sigma_{ba}=1.5\times0.5\sigma_{ck}=\underline{157\text{kgf}/\text{cm}^2}_{//OK}$$

頁	SI 単位系
	ⓑフーチングコンクリートの押抜きせん断応力度 $\tau_v=\dfrac{P}{\pi(D+h)h}=\dfrac{\underline{1,280}\times10^3}{\pi\times(\underline{600}+\underline{1,100})\times\underline{1,100}}$ $=\underline{0.22\mathrm{N/mm^2}}\leqq\tau_{a3}=\underline{0.85\mathrm{N/mm^2}}_{//OK}$

P317～
P318
	② **水平力に対する照査**
	ⓐフーチングコンクリートの水平支圧応力度
	$\sigma_{ch}=\dfrac{H}{Dl}=\dfrac{\underline{110}\times10^3}{\underline{600}\times\underline{100}}$
	$=\underline{1.8\mathrm{N/mm^2}}\leqq\sigma_{ba}=1.5\times0.3\sigma_{ck}=\underline{9.4\mathrm{N/mm^2}}_{//OK}$
	ⓑフーチングコンクリートの水平押抜きせん断応力度
	$h'=\underline{450}\mathrm{mm}$
	$\tau_h=\dfrac{H}{h'(2l+D+2h')}=\dfrac{110\times10^3}{\underline{450}\times(2\times\underline{100}+\underline{600}+2\times\underline{450})}$
	$=\underline{0.14\mathrm{N/mm^2}}\leqq\tau_{a3}=\underline{0.85\mathrm{N/mm^2}}_{//OK}$

P318	③ **仮想鉄筋コンクリート断面の照査**
	ⓐ断面力　モーメント　$M=\underline{80\mathrm{kN\cdot m}}$，軸力　$P_t=\underline{-180\mathrm{kN}}$
	ⓑ応力度計算
	$r=D/2=\underline{400\mathrm{mm}}$，$d'=\underline{145\mathrm{mm}}$，$r_s=\underline{255\mathrm{mm}}$，$r_s/r=0.638$，
	$e=M/P_t=\underline{-0.444}\mathrm{m}$，$e/r=-1.11$，$M'=80+(\underline{-180}\times0.4)$
	$=\underline{8.0\mathrm{kN\cdot m}}$，$M'/r^3=\underline{0.125\mathrm{N/mm^2}}$
	配筋　10-D19（杭体内補強鉄筋）　$A_s=\underline{2{,}870\mathrm{mm^2}}$，
	$np=15.0\times\underline{2{,}870}/(\pi\times\underline{400^2})=0.0856$
	
	$\sigma_c=34.95\times\underline{0.125}=\underline{4.4\mathrm{N/mm^2}}<\sigma_{ca}=\underline{10.5\mathrm{N/mm^2}}//_{OK}$
	$\sigma_s=113.87\times\underline{0.125}\times15.0=\underline{214\mathrm{N/mm^2}}<\sigma_{sa}=\underline{270\mathrm{N/mm^2}}//_{OK}$

P318	① **押込み力に対する照査**
	ⓐフーチングコンクリートの垂直支圧応力度
	$\sigma_{cv}=\dfrac{P}{\pi D^2/4}=\dfrac{\underline{5,000}\times10^3}{\pi\times\underline{1,200}^2/4}$
	$=\underline{4.4\mathrm{N/mm^2}}\leqq\sigma_{ba}=1.5\times0.5\sigma_{ck}=\underline{15.7\mathrm{N/mm^2}}_{//OK}$
	ⓑフーチングコンクリートの押抜きせん断応力度
	$\tau_v=\dfrac{P}{\pi(D+h)h}=\dfrac{\underline{5,000}\times10^3}{\pi\times(\underline{1,200}+\underline{1,400})\times\underline{1,400}}$
	$=\underline{0.44\mathrm{N/mm^2}}\leqq\tau_{a3}=\underline{0.85\mathrm{N/mm^2}}_{//OK}$

頁	従来単位系

ⓑフーチングコンクリートの押抜きせん断応力度

$$\tau_v=\frac{P}{\pi(D+h)h}=\frac{\underline{128}\times10^3}{\pi\times(\underline{60}+\underline{110})\times\underline{110}}$$

$$=\underline{2.2\mathrm{kgf/cm^2}}\leqq\tau_{a3}=\underline{8.5\mathrm{kgf/cm^2}}_{//OK}$$

P317～
P318 ② **水平力に対する照査**

ⓐフーチングコンクリートの水平支圧応力度

$$\sigma_{ch}=\frac{H}{Dl}=\frac{\underline{11}\times10^3}{\underline{60}\times\underline{10}}$$

$$=\underline{18\mathrm{kgf/cm^2}}\leqq\sigma_{ba}=1.5\times0.3\sigma_{ck}=\underline{94.5\mathrm{kgf/cm^2}}_{//OK}$$

ⓑフーチングコンクリートの水平押抜きせん断応力度

$h'=\underline{45\mathrm{cm}}$

$$\tau_h=\frac{H}{h'(2l+D+2h')}=\frac{\underline{11}\times10^3}{\underline{45}\times(2\times\underline{10}+\underline{60}+2\times\underline{45})}$$

$$=\underline{1.4\mathrm{kgf/cm^2}}\leqq\tau_{a3}=\underline{8.5\mathrm{kgf/cm^2}}_{//OK}$$

P318 ③ **仮想鉄筋コンクリート断面の照査**

ⓐ断面力　モーメント　M＝$\underline{80\mathrm{kN\cdot m}}$，軸力　P_t＝$\underline{-180\mathrm{kN}}$

ⓑ応力度計算

r＝D/2＝$\underline{40\mathrm{cm}}$，d’＝$\underline{14.5\mathrm{cm}}$，rs＝$\underline{25.5\mathrm{cm}}$，$r_s$/r＝0.638，

e＝M/P_t＝-44.4cm，e/r＝-1.11，M’＝$\underline{8.0}$+（$\underline{-18.0}$×0.4）

＝$\underline{0.8\mathrm{tf\cdot m}}$，M’/$r^3$＝$\underline{1.25\mathrm{kgf/cm^2}}$

配筋　10-D19（杭体内補強鉄筋）　A_s＝$\underline{28.7\mathrm{cm^2}}$，

n_p＝15.0×28.7/（π×402）＝0.0856

σ_c＝34.95×$\underline{1.25}$＝$\underline{44\mathrm{kgf/cm^2}}$＜$\sigma_{ca}$＝$\underline{105\mathrm{kgf/cm^2}}$//OK

σ_s＝113.87×$\underline{1.25}$×15.0＝$\underline{2{,}140\mathrm{kgf/cm^2}}$＜$\sigma_{sa}$＝$\underline{2{,}700\mathrm{kgf/cm^2}}$//OK

P318

① **押込み力に対する照査**

ⓐフーチングコンクリートの垂直支圧応力度

$$\sigma_{cv}=\frac{P}{\pi D^2/4}=\frac{\underline{500}\times10^3}{\pi\times\underline{120}^2/4}$$

$$=\underline{44\mathrm{kgf/cm^2}}\leqq\sigma_{ba}=1.5\times0.5\sigma_{ck}=\underline{157\mathrm{kgf/cm^2}}_{//OK}$$

ⓑフーチングコンクリートの押抜きせん断応力度

$$\tau_v=\frac{P}{\pi(D+h)h}=\frac{\underline{500}\times10^3}{\pi\times(\underline{120}+\underline{140})\times\underline{140}}$$

$$=\underline{4.4\mathrm{kgf/cm^2}}\leqq\tau_{a3}=\underline{8.5\mathrm{kgf/cm^2}}_{//OK}$$

頁	SI 単位系

P319

② 水平力に対する照査

ⓐフーチングコンクリートの水平支圧応力度

$$\sigma_{ch}=\frac{H}{Dl}=\frac{\underline{500\times10^3}}{\underline{1,200}\times\underline{100}}$$

$$=\underline{4.2\mathrm{N/mm^2}}\leqq\sigma_{ba}=1.5\times0.3\sigma_{ck}=\underline{9.4\mathrm{N/mm^2}}_{//OK}$$

ⓑフーチングコンクリートの水平押抜きせん断応力度

$h'=\underline{600\mathrm{mm}}$

$$\tau_h=\frac{H}{h'(2l+D+2h')}=\frac{\underline{500\times10^3}}{\underline{600}\times(2\times\underline{100}+\underline{1,200}+2\times\underline{600})}$$

$$=\underline{0.32\mathrm{N/mm^2}}\leqq\tau_{a3}=\underline{0.85\mathrm{N/mm^2}}_{//OK}$$

③ 仮想鉄筋コンクリート断面の照査

ⓐ断面力　モーメント　M＝1,000kN·m，軸力　Ｐｔ＝-500kN

ⓑ応力度計算

ｒ＝D/2＝700mm，ｄ’＝250mm，ｒｓ＝450mm，

$r_s/r=0.64$，$e=M/P_t=-2.00$m，$e/r=-2.86$，

M’＝1,000+（-500×0.7）＝650kN·m，M’／r3＝1.895N/mm^2

$\sigma_c=3.2\times1.895=6.1\mathrm{N/mm^2}<\sigma_{ca}=10.5\mathrm{N/mm^2}$//ＯＫ

$\sigma_s=5.5\times1.895\times15.0=156\mathrm{N/mm^2}<\sigma_{sa}=270\mathrm{N/mm^2}$//ＯＫ

P322

1）設 計 条 件

・杭軸直角方向力；H＝300kN

・水平方向地盤反力係数；k_H＝1,000kN/m^3，5,000kN/m^3，10,000kN/m^3

2）計算方法の決定

$$\beta=\sqrt[4]{\frac{k_HD}{4EI}}=\sqrt[4]{\frac{\underline{1,000}\times\underline{0.796}}{4\times\underline{2.0\times10^8}\times\underline{1.9\times10^{-3}}}}=\underline{0.151\mathrm{m^{-1}}}$$

$\beta l=\underline{0.151}\times\underline{30}=\underline{4.53}>3$

頁	従来単位系

P319	② **水平力に対する照査**
	ⓐフーチングコンクリートの水平支圧応力度
	$\sigma_{ch}=\dfrac{H}{Dl}=\dfrac{\underline{50}\times10^{3}}{\underline{120}\times\underline{10}}$
	$=\underline{42\text{kgf/cm}^2}\leqq\sigma_{ba}=1.5\times0.3\sigma_{ck}=\underline{94.5\text{kgf/cm}^2}_{//OK}$
	ⓑフーチングコンクリートの水平押抜きせん断応力度
	$h'=\underline{60\text{cm}}$
	$\tau_h=\dfrac{H}{h'(2l+D+2h')}=\dfrac{\underline{50}\times10^{3}}{\underline{60}\times(2\times\underline{10}+\underline{120}+2\times\underline{60})}$
	$=\underline{3.2\text{kgf/cm}^2}\leqq\tau_{a3}=\underline{8.5\text{kgf/cm}^2}_{//OK}$
	
	③ **仮想鉄筋コンクリート断面の照査**
	ⓐ断面力　モーメント　M＝1,000kN･m，軸力　P t ＝-500kN
	ⓑ応力度計算
	r ＝D／2＝70cm，d ’ ＝25cm，r $_s$ ＝45cm，
	r $_s$／r ＝0.64，e ＝M／P t ＝-200cm，e ／ r ＝-2.86，
	M’＝100+（-50.0×0.7）＝65.0tf･m，M’／r ^{3}＝18.95kgf/cm
	
	σ_c ＝3.2×18.95＝61kgf/cm2＜ σ_{sa}＝2,700kgf/cm^2//$_{OK}$
	σ_s ＝5.5×18.95×15.0=1,560kgf/cm^2＜ σ_{sa}＝2,700kgf/cm2//$_{OK}$

P322	**1）設計条件** ・杭軸直角方向力；H＝30.0tf ・水平方向地盤反力係数；k $_H$＝0.1kgf/cm^3，0.5kgf/cm^3，1.0kgf/cm^3 **2）計算方法の決定** $\beta=\sqrt[4]{\dfrac{k_HD}{4EI}}=\sqrt[4]{\dfrac{\underline{0.1}\times\underline{79.6}}{4\times\underline{2.1\times10^{6}}\times\underline{190\times10^{3}}}}=\underline{0.149\times10^{-2}\text{cm}^{-1}}$ $\beta l=\underline{0.149\times10^{-2}}\times\underline{30\times10^{2}}=\underline{4.47}>3$

P323

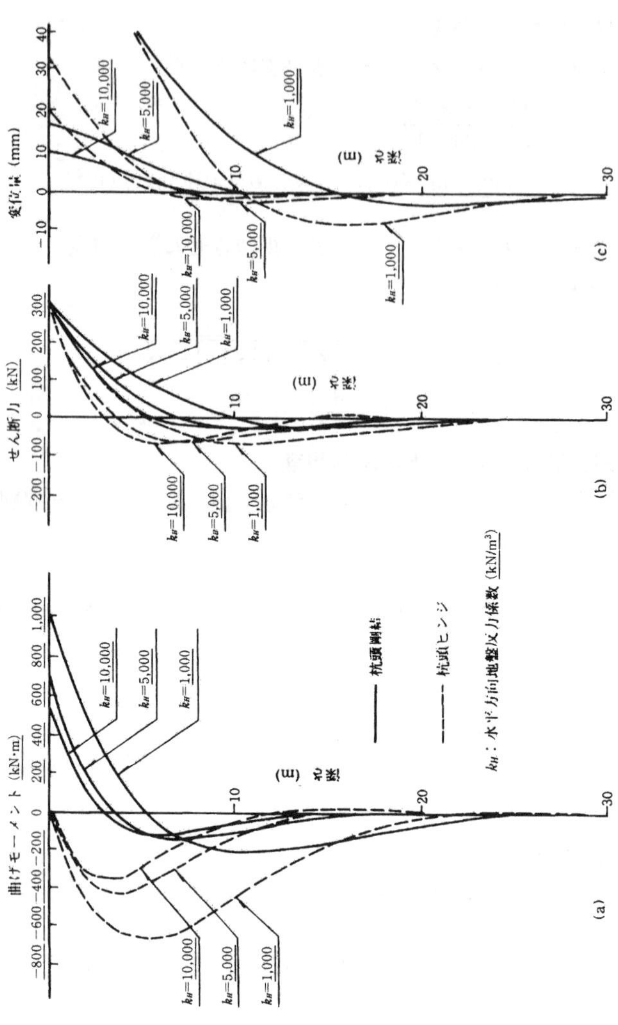

図-1.1.2 断面力および水平変位量の計算結果

P324 **(1) 曲げ応力度**

ここに，σ：杭体に生じる曲げ応力度（N/mm²）

N：杭の軸力（N）

A：杭の有効断面積（mm²）

M：曲げモーメント（N·mm）

Z：杭の有効断面係数（mm³）

鋼管杭の質量および断面性能の計算式は，次のとおりである。なお，質量はJIS Z 8401のまるめ方によった。

質　量　　W＝0.02466 t（D－t）(kg/m) …………… (1.1.2)

頁	従 来 単 位 系

P323

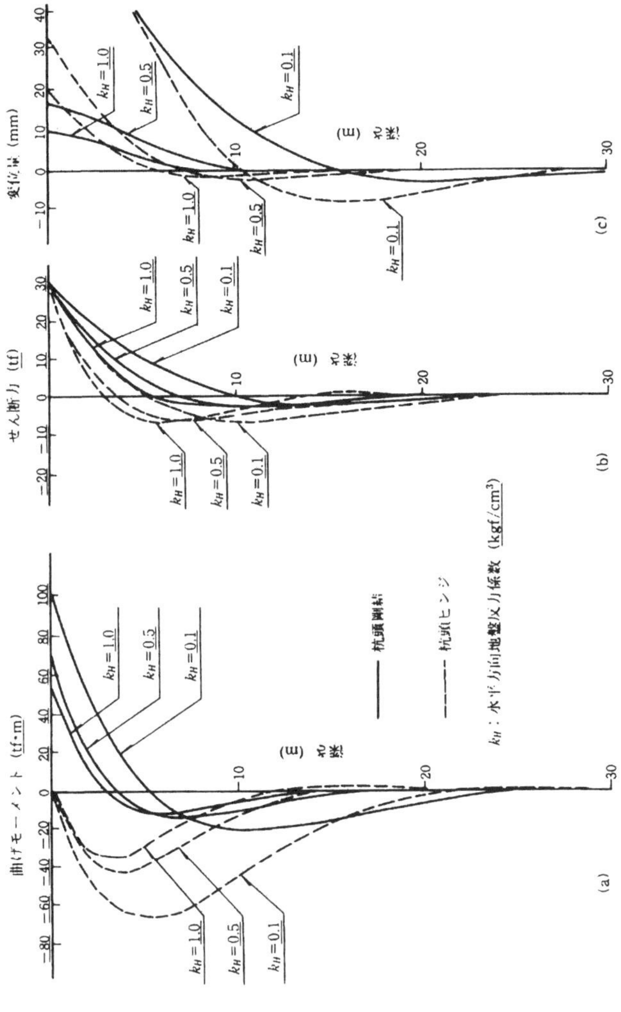

図-1.1.2　断面力および水平変位量の計算結果

P324

(1) 曲げ応力度

ここに，σ：杭体に生じる曲げ応力度（kgf/cm²）

N：杭の軸力（kgf）

A：杭の有効断面積（cm²）

M：曲げモーメント（kgf･cm）

Z：杭の有効断面係数（cm³）

鋼管杭の重量および断面性能の計算式は，次のとおりである。なお，重量はJIS Z 8401のまるめ方によった。

重　量　　$W = 0.02466\, t\ (D - t)$（kgf/m）……………（1.1.2）

頁	SI 単 位 系

P325

表-1.1.1 鋼 管 杭

比 重	7.85
ヤング係数 E	2.0×10^{5}N/mm²
ポアソン比 μ	0.30

P325

(2) せん断応力度

ここに，τ：せん断応力度（N/mm2）

Q：せん断力（N）

A：断面積（mm2）

τ_{max}：最大せん断応力度（N/mm2）

D：外径（mm）

d：内径（mm）

P326

表-1.1.2 鋼管杭の許容応力度

(N/mm²)

<table>
<tr><th colspan="3" rowspan="2">区 分</th><th rowspan="2">応力度の種類</th><th colspan="2">常時</th><th colspan="2">地震時</th></tr>
<tr><th>SKK400</th><th>SKK490</th><th>SKK400</th><th>SKK490</th></tr>
<tr><td colspan="3" rowspan="3">母材部</td><td>引 張</td><td>140</td><td>185</td><td>210</td><td>277</td></tr>
<tr><td>圧 縮</td><td>140</td><td>185</td><td>210</td><td>277</td></tr>
<tr><td>せん断</td><td>80</td><td>105</td><td>120</td><td>157</td></tr>
<tr><td rowspan="7">溶接部</td><td rowspan="4">工場溶接</td><td rowspan="3">グルーブ溶接</td><td>引 張</td><td>140</td><td>185</td><td>210</td><td>277</td></tr>
<tr><td>圧 縮</td><td>140</td><td>185</td><td>210</td><td>277</td></tr>
<tr><td>せん断</td><td>80</td><td>105</td><td>120</td><td>157</td></tr>
<tr><td>すみ肉溶接</td><td>せん断</td><td>80</td><td>105</td><td>120</td><td>157</td></tr>
<tr><td colspan="2" rowspan="3">現場溶接</td><td>引 張</td><td colspan="4" rowspan="3">各応力度について工場溶接部の90%とする</td></tr>
<tr><td>圧 縮</td></tr>
<tr><td>せん断</td></tr>
</table>

P327

1-1-4 鋼管杭のインタラクションカーブ

σ_{sa}＝140N/mm²（常時），210N/mm²（地震時），腐食代；2mm

P327

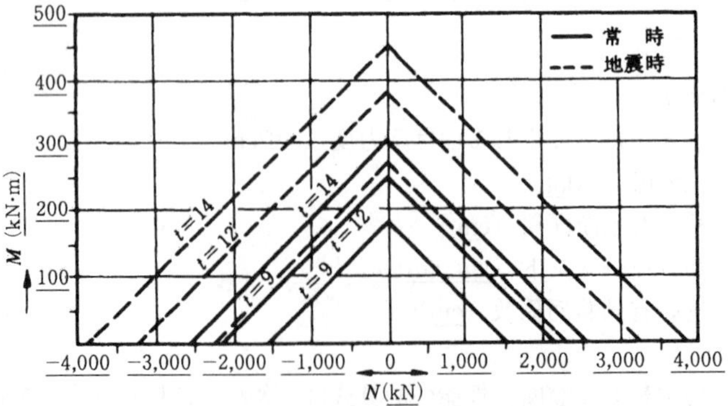

(a) D＝500mmの場合

図-1.1.4(a) 鋼管杭のインタラクションカーブ

頁	従来単位系
P325	**表-1.1.1　鋼　管　杭**

比　　重	7.85
ヤング係数　E	2.1×10^6kgf/cm^2
ポアソン比　μ	0.30

P325　**(2) せん断応力度**

ここに，τ：せん断応力度（kgf/cm^2）

Q：せん断力（kgf）

A：断面積（cm^2）

τ_{max}：最大せん断応力度（kgf/cm^2）

D：外径（cm）

d：内径（cm）

P326　**表-1.1.2　鋼管杭の許容応力度**

（kgf/cm^2）

区分			応力度の種類	常時 SKK400	常時 SKK490	地震時 SKK400	地震時 SKK490
母材部			引　張	1,400	1,900	2,100	2,850
			圧　縮	1,400	1,900	2,100	2,850
			せん断	800	1,100	1,200	1,650
溶接部	工場溶接	グルーブ溶接	引　張	1,400	1,900	2,100	2,850
			圧　縮	1,400	1,900	2,100	2,850
			せん断	800	1,100	1,200	1,650
		すみ肉溶接	せん断	800	1,100	1,200	1,650
	現場溶接		引　張 圧　縮 せん断	各応力度について工場溶接部の90%とする			

P327　**1-1-4　鋼管杭のインタラクションカーブ**

σ_{sa}＝1,400kgf/cm^2（常時），2,100kgf/cm^2（地震時），腐食代；2mm

P327

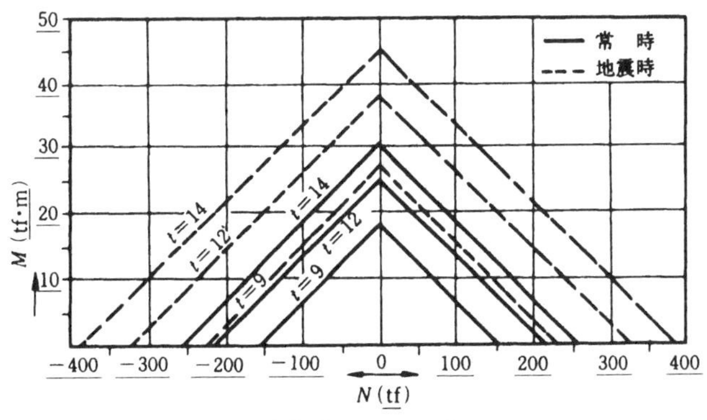

（a）D＝500mmの場合

図-1.1.4 (a)　鋼管杭のインタラクションカーブ

頁	SI 単位系
P328	

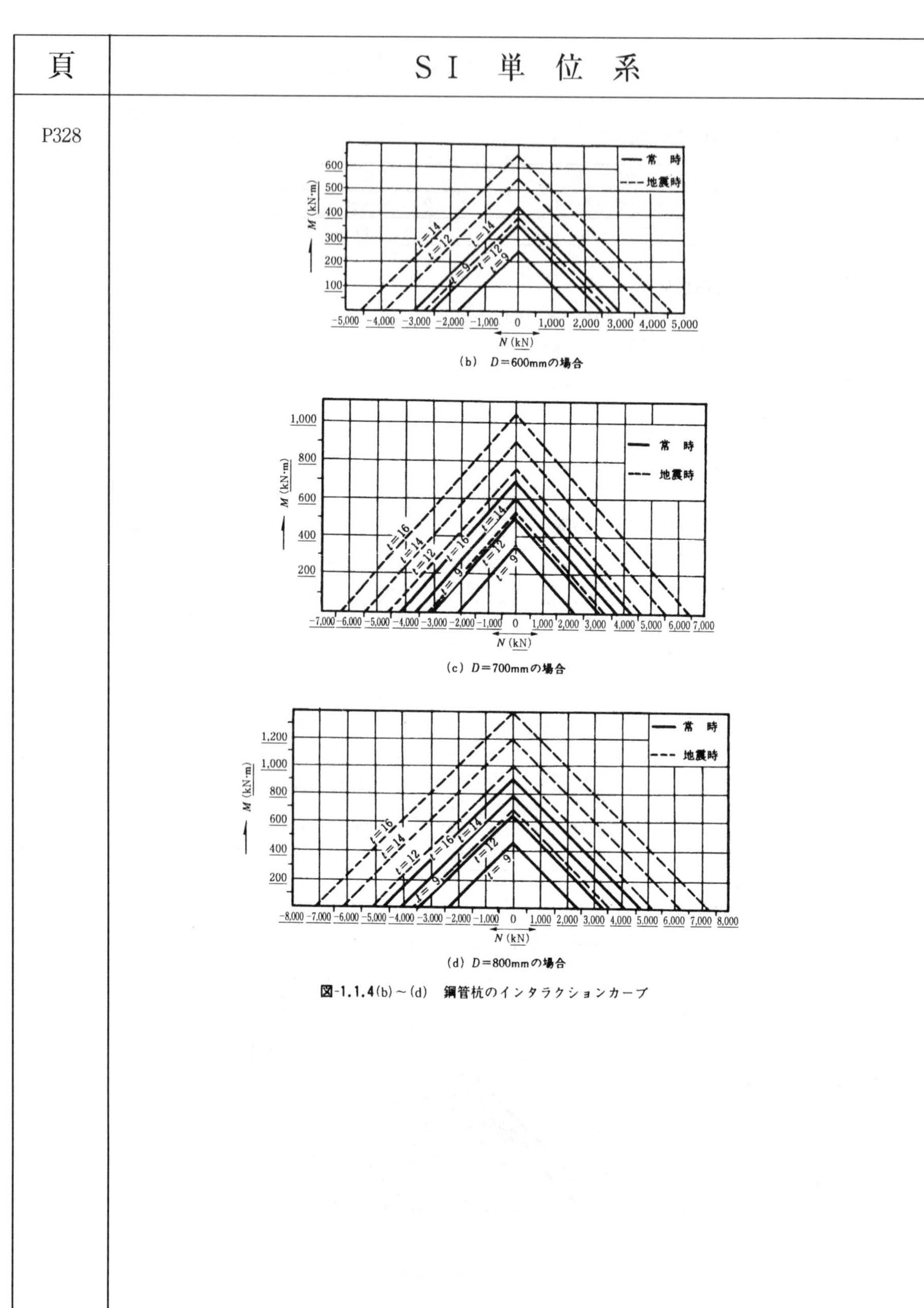

(b) D=600mmの場合

(c) D=700mmの場合

(d) D=800mmの場合

図-1.1.4(b)～(d) 鋼管杭のインタラクションカーブ

頁	従来単位系
P328	

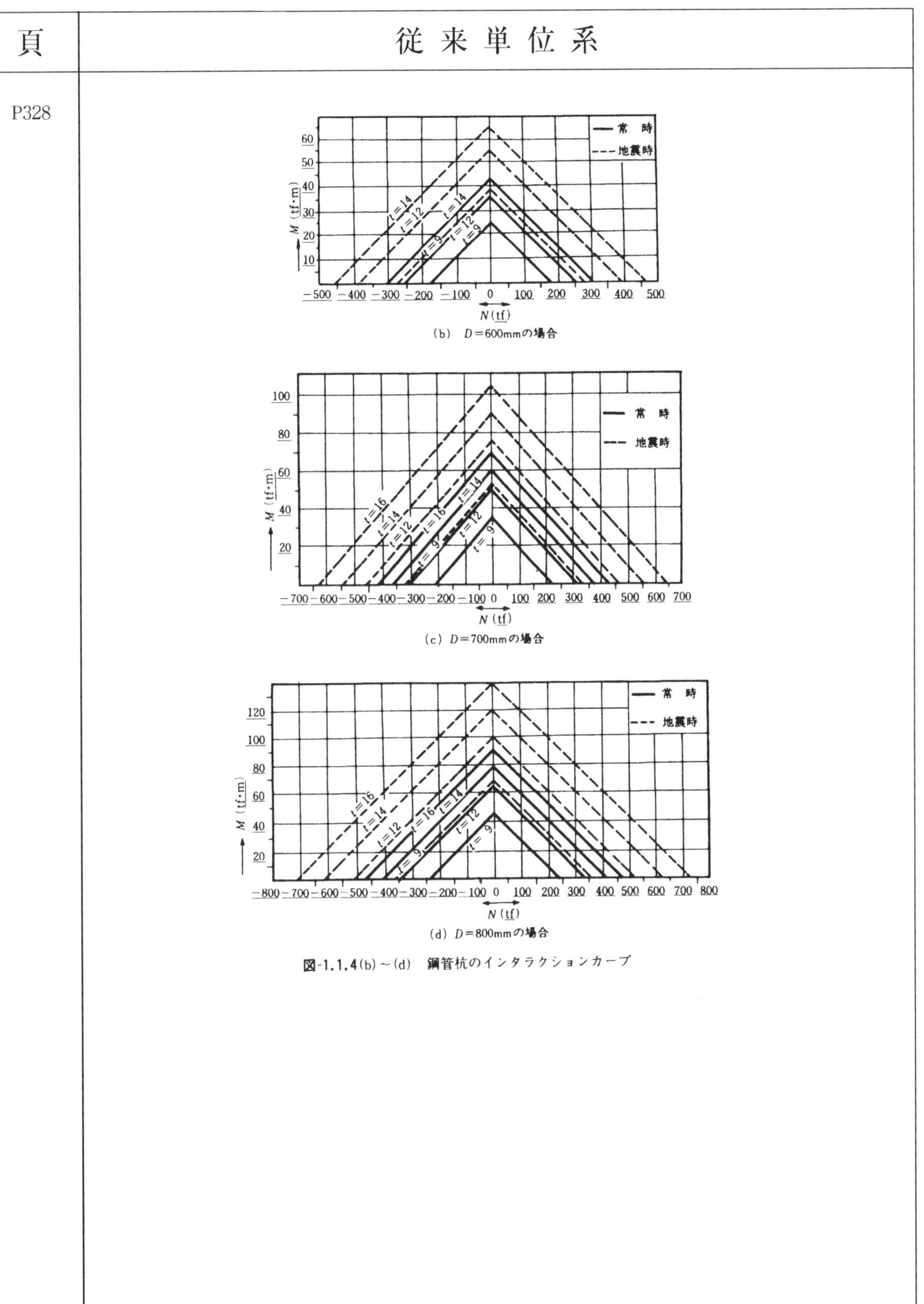

(b) D=600mmの場合

(c) D=700mmの場合

(d) D=800mmの場合

図-1.1.4(b)～(d) 鋼管杭のインタラクションカーブ

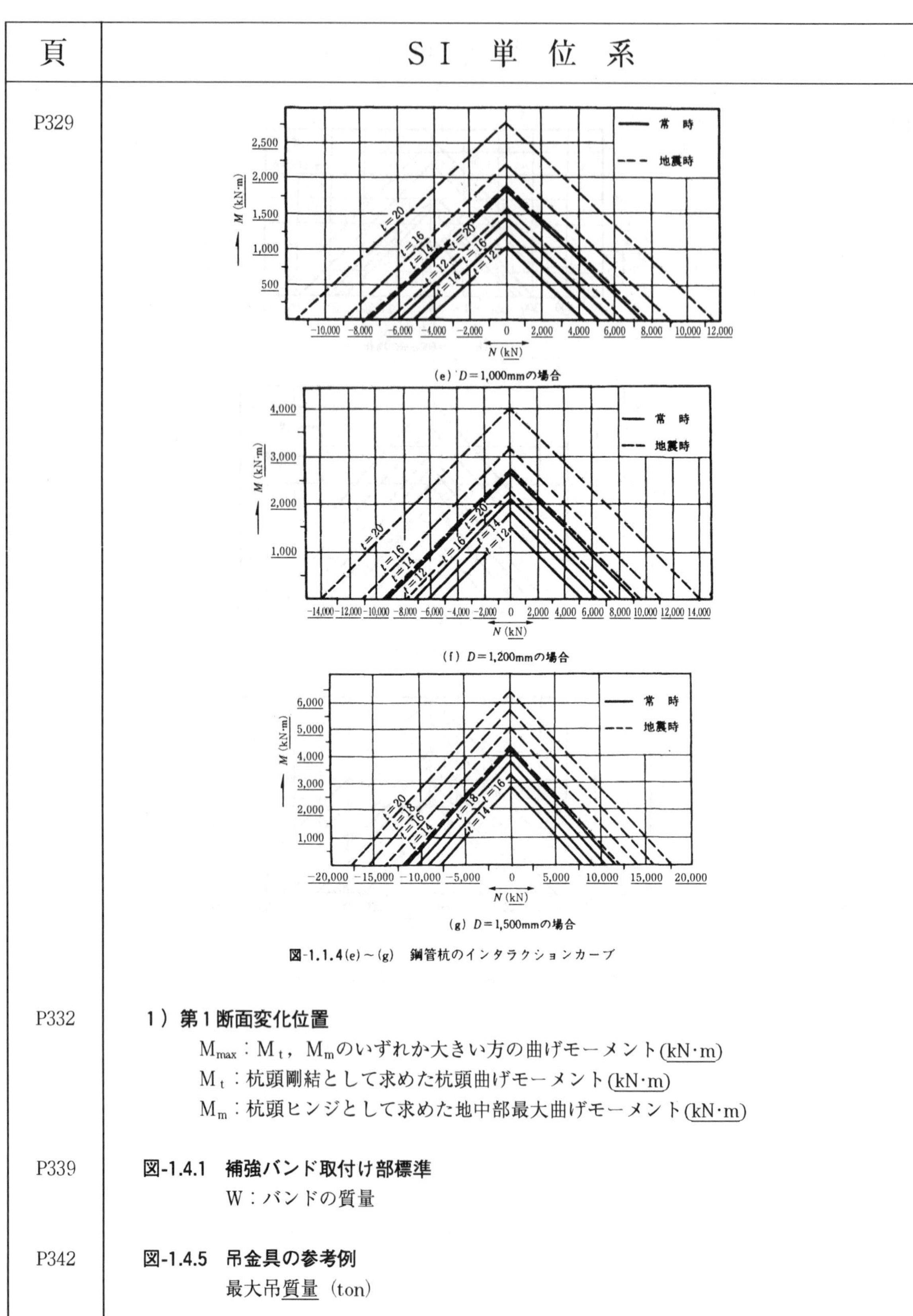

頁	SI 単 位 系
P329	(figure: 図-1.1.4(e)～(g))
P332	**1）第1断面変化位置** M_{max}：M_t，M_mのいずれか大きい方の曲げモーメント(kN･m) M_t：杭頭剛結として求めた杭頭曲げモーメント(kN･m) M_m：杭頭ヒンジとして求めた地中部最大曲げモーメント(kN･m)
P339	**図-1.4.1　補強バンド取付け部標準** W：バンドの質量
P342	**図-1.4.5　吊金具の参考例** 最大吊質量（ton）

図-1.1.4(e)～(g)　鋼管杭のインタラクションカーブ

頁	従来単位系
P329	(e) D＝1,000mmの場合 (f) D＝1,200mmの場合 (g) D＝1,500mmの場合 図-1.1.4(e)～(g)　鋼管杭のインタラクションカーブ
P332	**1）第1断面変化位置** M_{max}：M_t，M_mのいずれか大きい方の曲げモーメント(tf·m) M_t：杭頭剛結として求めた杭頭曲げモーメント(tf·m) M_m：杭頭ヒンジとして求めた地中部最大曲げモーメント(tf·m)
P339	**図-1.4.1　補強バンド取付け部標準** W：バンドの重量
P342	**図-1.4.5　吊金具の参考例** 最大吊荷重（ton）

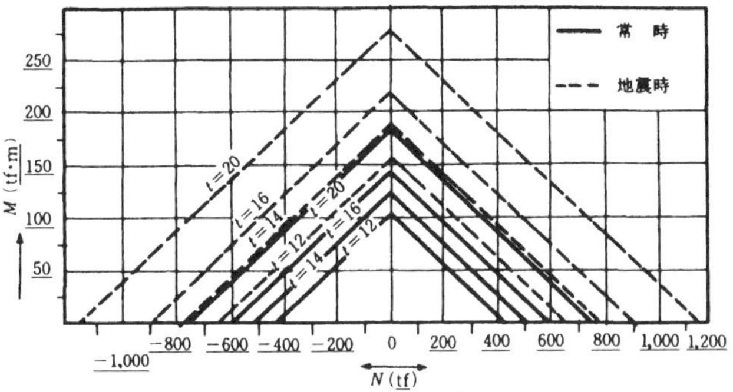

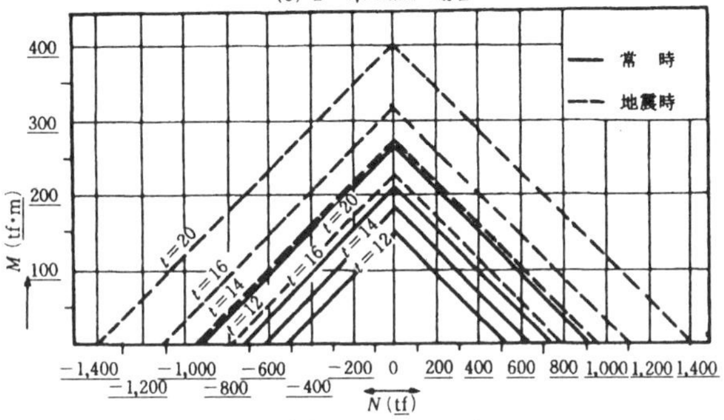

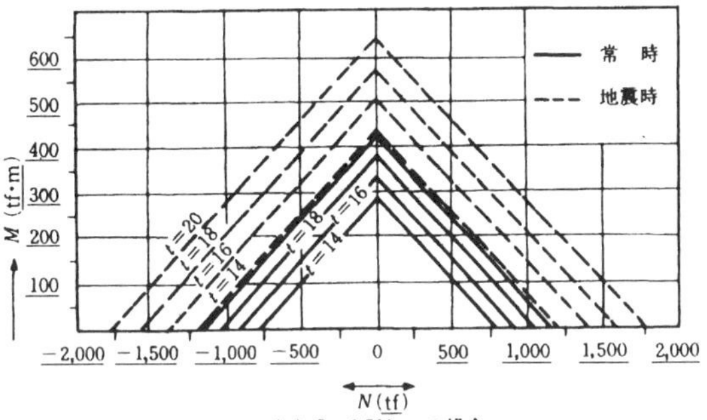

頁	S I 単 位 系
P343	**2-1 一 般** ……，ＰＨＣ杭はＰＣ杭のコンクリートの圧縮強度50N/mm2を80N/mm2とし，より高い　性能としたものである。
P344	**2-2-1 杭体に生じる断面力** Ｒ　Ｃ杭　3.1×104N/mm^2 ＰＨＣ杭　4.0×104N/mm^2
P344	**① 軸力および曲げモーメントによる応力度** ここに，σ_c：コンクリートの圧縮縁応力度（N/mm^2） σ_c'：コンクリートの引張縁応力度（N/mm^2） σ_{ca}：コンクリートの 容曲げ圧縮応力度（N/mm^2） σ_{ca}'：コンクリートの許容曲げ引張応力度（N/mm^2） σ_{ce}：有効プレストレス（N/mm^2） M：部材断面に作用する曲げモーメント（N·mm） N：部材断面に作用する軸力（N） Z_e：換算 f面係数（mm^3） A_e：換算断面積（mm^2） **② せん断応力度** ここに，τ_a：許容せん断応力度（N/mm^2） H：せん断力（N） A_c：部材断面積（mm^2）
P345	**② せん断応力度** ここに，τ_{a1}'：軸方向圧縮力により割増しされた許容せん断応力（N/mm^2） τ_{a1}：コンクリートのみでせん断力を負担する場合の許容せん断応力度（N/mm^2） α：軸方向圧縮力による割増し係数 M_0：軸方向圧縮力によりコンクリートの応力度が部材引張縁で零となる曲げモーメント（N·mm） M：部材断面に作用する曲げモーメント（N·mm） N：部材断面に作用する軸方向圧縮力（N） I_c：部材断面の図心軸に関する断面二次モーメント（mm^4） A_c：部材断面積（mm^2） y：部材断面の図心より部材引張縁までの距離(mm) σ_{ce}：有効プレストレス（N/mm^2） (1)　ＰＨＣ杭

頁	従来単位系
P343	**2-1　一　般** ……，ＰＨＣ杭はＰＣ杭のコンクリートの圧縮強度500kgf/cm^{2}を800kgf/cm^{2}とし，より高い性能としたものである。
P344	**2-2-1　杭体に生じる断面力** Ｒ　Ｃ杭　3.1×105kgf/cm^2 ＰＨＣ杭　4.0×105kgf/cm^2
P344	**①　軸力および曲げモーメントによる応力度** ここに，　σ_c：コンクリートの圧縮縁応力度（kgf/cm^2） σ_c'：コンクリートの引張縁応力度（kgf/cm^2） σ_{ca}：コンクリートの許容曲げ圧縮応力度（kgf/cm^2） σ_{ca}'：コンクリートの許容曲げ引張応力度（kgf/cm^2） σ_{ce}：有効プレストレス（kgf/cm^2） M：部材断面に作用する曲げモーメント（kgf･cm） N：部材断面に作用する軸力（kgf） Z_e：換算断面係数（cm^3） A_e：換算断面積（cm^2） **②　せん断応力度** ここに，　τ_a：許容せん断応力度（kgf/cm^2） H：せん断力（kgf） A_c：部材断面積（cm^2）
P345	**②　せん断応力度** ここに，τ_{a1}'：軸方向圧縮力により割増しされた許容せん断応力度（kgf/cm^2） τ_{a1}：コンクリートのみでせん断力を負担する場合の許容せん断応力度（kgf/cm^2） α：軸方向圧縮力による割増し係数 M_0：軸方向圧縮力によりコンクリートの応力度が部材引張縁で零となる曲げモーメント（kgf･cm） M：部材断面に作用する曲げモーメント（kgf･cm） N：部材断面に作用する軸方向圧縮力（kgf） I_c：部材断面の図心軸に関する断面二次モーメント（cm^4） A_c：部材断面積（cm^2） y：部材断面の図心より部材引張縁までの距離(cm) σ_{ce}：有効プレストレス（kgf/cm^2）

頁	SI 単 位 系

P346

(1) ＰＨＣ杭

②せん断応力度

Ｅｐ：ＰＣ鋼材のヤング係数（N/mm²）

Ｅｃ：コンクリートのヤング係数（N/mm²）

P348

(1) コンクリートの許容応力度

表-2.2.2 PC，PHC杭のコンクリートの許容応力度

(N/mm²)

応力度の種類＼杭種	RC杭	PHC杭
設計基準強度	40.0	80.0
曲げ圧縮応力度	13.5	27.0
軸圧縮応力度	11.5	23.0
曲げ引張応力度	－	0
せん断応力度（※）	0.55	－

（※）許容せん断応力度は，コンクリートのみでせん断力を負担させる場合の値を示す。ただし，杭に作用する軸方向圧縮力および有効プレストレス量に応じて算出される割増し係数を乗じた値とする。

コンクリートの設計基準強度が80N/mm²のＰＨＣ杭に対する許容せん断応力度は道示では規定されていない。なお，「国鉄建造物設計標準解説（土木学会）」[2)]ではσ_{ck}=80N/mm²のコンクリートが負担するせん断力の値として0.85N/mm²が示されている。

P348

表-2.2.3 PC鋼材の許容引張応力度

応力度の状態	許容引張応力度	備考
(1)プレストレッシング中	0.80σ_{pu}あるいは0.90σ_{py}のうち小さい方の値	σ_{pu}：PC鋼材の引張強さ(N/mm²)
(2)プレストレッシング直後	0.70σ_{pu}あるいは0.85σ_{py}のうち小さい方の値	
(3)設計荷重作用時	0.60σ_{pu}あるいは0.75σ_{py}のうち小さい方の値	σ_{py}：PC鋼材の伏点(N/mm²)

P349

表-2.2.4 PC鋼材の許容引張応力度

(N/mm²)

PC鋼材の種類＼許容引張応力度				プレストレッシング中	プレストレッシング直後	設計荷重作用時
鋼線	SWPR1およびSWPD1		5mm	1,260	1,120	960
			7mm	1,170	1,050	900
			8mm	1,125	1,015	870
			9mm	1,080	980	840
鋼棒	異形棒D種	1号	SBPD1275/1420	1,136	994	852

(1) ＰＨＣ杭

②せん断応力度

Ｅｐ：ＰＣ鋼材のヤング係数（kgf/cm²）

Ｅｃ：コンクリートのヤング係数（kgf/cm²）

(1) コンクリートの許容応力度

表-2.2.2 PC，PHC杭のコンクリートの許容応力度

（kgf/cm²）

杭種 ＼ 応力度の種類	RC杭	PHC杭
設計基準強度	400	800
曲げ圧縮応力度	135	270
軸圧縮応力度	115	230
曲げ引張応力度	–	0
せん断応力度（※）	5.5	–

(※) 許容せん断応力度は，コンクリートのみでせん断力を負担させる場合の値を示す。ただし，杭に作用する軸方向圧縮力および有効プレストレス量に応じて算出される割増し係数を乗じた値とする。

コンクリートの設計基準強度が800kgf/cm²のＰＨＣ杭に対する許容せん断応力度は道示では規定されていない。なお，「国鉄建造物設計標準解説（土木学会）」[2)]では σ_{ck}＝800kgf/cm²のコンクリートが負担するせん断力の値として8.5kgf/cm²が示されている。

表-2.2.3 PC鋼材の許容引張応力度

応力度の状態	許容引張応力度	備考
(1)プレストレッシング中	0.80 σ_{pu}あるいは0.90 σ_{py}のうち小さい方の値	σ_{pu}：PC鋼材の引張強さ(kgf/mm²) σ_{py}：PC鋼材の伏点(kgf/mm²)
(2)プレストレッシング直後	0.70 σ_{pu}あるいは0.85 σ_{py}のうち小さい方の値	
(3)設計荷重作用時	0.60 σ_{pu}あるいは0.75 σ_{py}のうち小さい方の値	

表-2.2.4 PC鋼材の許容引張応力度

（kgf/mm²）

PC鋼材の種類 ＼ 許容引張応力度				プレストレッシング中	プレストレッシング直後	設計荷重作用時
鋼線	SWPR1 および SWPD1		5mm	130.5	115.5	99.0
			7mm	121.5	108.5	93.0
			8mm	117.0	105.0	90.0
			9mm	112.5	101.5	87.0
鋼棒	異形棒 D種	1号	SBPD1275/1420	116.0	101.5	87.0

頁	ＳＩ 単 位 系

P350

表-2.2.5 鉄筋の許容引張応力度

(N/mm^2)

<table>
<tr><th colspan="3">応力度・部材の種類 ＼ 鉄筋の種類</th><th>SR235</th><th>SD295A
SD295B</th><th>SD345</th></tr>
<tr><td rowspan="4">引張応力度</td><td rowspan="2">荷重の組み合わせに衝突荷重あるいは地震の影響を含まない場合</td><td>1）一般の部材</td><td>140</td><td>180</td><td>180</td></tr>
<tr><td>2）水中あるいは地下水位以下に設ける部材</td><td>140</td><td>160</td><td>160</td></tr>
<tr><td colspan="2">3）荷重の組合わせに衝突荷重あるいは地震の影響を含む場合の許容応力度の基本値</td><td>140</td><td>180</td><td>200</td></tr>
<tr><td colspan="2">4）鉄筋の重ね継手長あるいは定着長を算出する場合</td><td>140</td><td>180</td><td>200</td></tr>
<tr><td colspan="3">5）圧 縮 応 力 度</td><td>140</td><td>180</td><td>200</td></tr>
</table>

表-2.2.6 地震の影響を考慮する時のPHC杭のコンクリートの許容曲げ引張応力度

(N/mm^2)

有効プレストレスσ_{ce} (N/mm^2)	$4.0 \leqq \sigma_{ce} < 7.0$	$7.0 \leqq \sigma_{ce}$
曲げ引張応力度	3.0	5.0

P353

(3) 断面変化位置の設計

1）第１断面変化位置

M_{max}：M_t，M_mのいずれか大きい方の曲げモーメント（kN･m）

M_t　：杭頭剛結として求めた杭頭曲げモーメント(kN･m)

M_m　：杭頭ヒンジとして求めた地中部最大曲げモーメント（kN･m）

P357

(2) せん断力に対する照査

ただし，τ_{cp}：杭体コンクリートの許容せん断応力度（N/mm^2）

τ_{cc}：中詰め部コンクリートの許容せん断応力度（N/mm^2）

A_{c1}：杭体の断面積（mm^2）

A_{c2}：中詰め部の断面積（mm^2）

P357～P358

(3) 計 算 例

1）計 算 条 件

(a) 杭種および断面諸元

ＰＨＣ杭，Ｂ種，σ_{ck}＝80N/mm^2

杭径Ｄ＝500mm，杭厚さ ｔ＝80mm

杭体断面積A_{c1}＝105,500mm^2

中詰め部コンクリートσ_{ck}＝21N/mm^2

中詰め部の断面積（外径：ｄ＝340mm）A_{c2}＝90,800mm^2

配筋仕様

杭体部分

頁	従来単位系

P350

表-2.2.5　鉄筋の許容引張応力度

(kgf/cm^2)

応力度・部材の種類 ＼ 鉄筋の種類			SR235	SD295A SD295B	SD345
引張応力度	荷重の組み合わせに衝突荷重あるいは地震の影響を含まない場合	1）一般の部材	1,400	1,800	1,800
		2）水中あるいは地下水位以下に設ける部材	1,400	1,600	1,600
	3）荷重の組合わせに衝突荷重あるいは地震の影響を含む場合の許容応力度の基本値		1,400	1,800	2,000
	4）鉄筋の重ね継手長あるいは定着長を算出する場合		1,400	1,800	2,000
5）圧　縮　応　力　度			1,400	1,800	2,000

表-2.2.6　地震の影響を考慮する時のPHC杭のコンクリートの許容曲げ引張応力度

(kgf/cm^2)

有効プレストレス σ_{ce} (kgf/mm^2)	$40 \leqq \sigma_{ce} < 70$	$70 \leqq \sigma_{ce}$
曲げ引張応力度	30	50

P353

(3)　断面変化位置の設計

1）第１断面変化位置

M_{max}：Mｔ，Mmのいずれか大きい方の曲げモーメント（tf·m）

M_t：杭頭剛結として求めた杭頭曲げモーメント(tf·m)

M_m：杭頭ヒンジとして求めた地中部最大曲げモーメント（tf·m）

P357

(2)　せん断力に対する照査

ただし，τ_{cp}：杭体コンクリートの許容せん断応力度（kgf/cm^2）

τ_{cc}：中詰め部コンクリートの許容せん断応力度（kgf/cm^2）

A_{c1}：杭体の断面積（cm^2）

A_{c2}：中詰め部の断面積（cm^2）

P357～
P358

(3)　計　算　例

1）計算条件

(a)　杭種および断面諸元

ＰＨＣ杭，Ｂ種，$\sigma_{ck}=800kgf/cm^2$

杭径Ｄ＝50cm，杭厚さｔ＝8cm

杭体断面積$A_{c1}=1,055cm^2$

中詰め部コンクリート$\sigma_{ck}=210kgf/cm^2$

中詰め部の断面積（外径：ｄ＝34cm）$A_{c2}=908cm^2$

配筋仕様

杭体部分

頁	

杭体内補強鉄筋（SD295A）

$A_{sp} = 9 - D19 \quad = \underline{2{,}578.5\text{mm}^2}, r_{sp} = \underline{210\text{mm}}$

ＰＣ鋼材　$A_p = 0.010A_{c1} = \underline{1{,}055.0\text{mm}^2}, r_p = \underline{210\text{mm}}$

$\Sigma A_{s1} = \underline{3{,}633.5\text{mm}^2}, r_{s1} = \underline{210\text{mm}}$

中詰め部分

補強鉄筋（SD295A）

A_{s2}＝6－D19＝$\underline{1{,}719.0\text{mm}^2}$，　r_{s2}＝$\underline{120\text{mm}}$

(b) 杭体作用力

軸方向押込み力　N_{max}＝$\underline{1{,}200\text{kN}}$/本

軸方向引抜き力　N_{min}＝$\underline{-200\text{kN}}$/本

水　平　力　H＝$\underline{100\text{kN}}$/本

モ ー メ ン ト　M＝$\underline{110\text{kN}\cdot\text{m}}$/本

(3) 計　算　例

(c) 許容応力度（地震時）

杭体部コンクリート

曲げ圧縮応力度　σ_{ca}＝$\underline{40\text{N/mm}^2}$（27×1.5）

せん断応力度　τ_{cp}＝$\underline{1.27\text{N/mm}^2}$（0.85×1.5）

中詰め部コンクリート

曲げ圧縮応力度　σ_{ca}＝$\underline{10.5\text{N/mm}^2}$（7.0×1.5）

せん断応力度　τ_{cc}＝$\underline{0.54\text{N/mm}^2}$（0.36×1.5）

鉄筋（ＰＣ鋼材も同一とする）

引張(圧縮)応力度　σ_{sa}＝$\underline{270\text{N/mm}^2}$（180×1.5）

２）杭断面の照査

①杭体部分の許容曲げモーメント（Ma1）

r＝D/2＝$\underline{250\text{mm}}$，　r_i＝D/2－ t ＝$\underline{170\text{mm}}$

配筋　A_s＝$\underline{3{,}633.5\text{mm}^2}$，　r_s＝$\underline{210\text{mm}}$

σ_{ca}＝$\underline{40\text{N/mm}^2}$，　σ_{sa}＝$\underline{270\text{N/mm}^2}$

軸力　N_{max}＝$\underline{1{,}200\text{kN}}$，　N_{min}＝$\underline{-200\text{kN}}$

N_{max}＝$\underline{1{,}200\text{kN}}$時　M_a＝$\underline{282.0\text{kN}\cdot\text{m}}$（$\sigma_c$＝$\underline{30.4\text{N/mm}^2}$，　σ_s＝$\underline{270\text{N/mm}^2}$）

N_{min}＝$\underline{-200\text{kN}}$時　M a ＝ $\underline{94.3\text{kN}\cdot\text{m}}$（$\sigma_c$＝$\underline{8.0\text{N/mm}^2}$，　σ_s＝$\underline{270\text{N/mm}^2}$）

ゆえに　M_{a1}＝$\underline{94.3\text{kN}\cdot\text{m}}$

②中詰め部分の許容抵抗曲げモーメント（M_{a2}）

r ＝$\underline{170\text{mm}}$

配筋　A_s＝$\underline{1{,}719\text{mm}^2}$，　r_s＝$\underline{120\text{mm}}$

σ_{ca}＝$\underline{10.5\text{N/mm}^2}$，　σ_{sa}＝$\underline{270\text{N/mm}^2}$

軸力　N＝$\underline{0\text{kN}}$

M_{a2}＝$\underline{31.3\text{kN}\cdot\text{m}}$（$\sigma_c$＝$\underline{10.5\text{N/mm}^2}$，　σ_s＝$\underline{231.4\text{N/mm}^2}$）

頁	従来単位系
	杭体内補強鉄筋（SD295A） $A_{sp}=9-D19\ =\underline{25.785\text{cm}^2}, r_{sp}\ =\underline{21\text{cm}}$ ＰＣ鋼材　$A_p\ =0.010A_{c1}\ =\underline{10.550\text{cm}^2}, r_p\ =\underline{21\text{cm}}$ $\sum A_{s1}=\underline{36.335\text{cm}^2}, r_{s1}=\underline{21\text{cm}}$ 中詰め部分 補強鉄筋（SD295A） $A_{s2}=6-D19=\underline{17.190\text{cm}^2}$，$r_{s2}=\underline{12\text{cm}}$ (b) 杭体作用力 軸方向押込み力　$N_{max}=\underline{120\text{tf}}$/本 軸方向引抜き力　$N_{min}=\underline{-20\text{tf}}$/本 水　平　力　$H=\underline{10\text{tf}}$/本 モーメント　$M=\underline{11\text{tf}\cdot\text{m}}$/本
P358～ P359	**(3) 計　算　例** **(c) 許容応力度（地震時）** 杭体部コンクリート 曲げ圧縮応力度　$\sigma_{ca}=\underline{400\text{kgf/cm}^2}$（270×1.5） せん断応力度　$\tau_{cp}=\underline{12.7\text{kgf/cm}^2}$（8.5×1.5） 中詰め部コンクリート 曲げ圧縮応力度　$\sigma_{ca}=\underline{105\text{kgf/cm}^2}$（70×1.5） せん断応力度　$\tau_{cc}=\underline{5.4\text{kgf/cm}^2}$（3.6×1.5） 鉄筋（ＰＣ鋼材も同一とする） 引張(圧縮)応力度　$\sigma_{sa}=\underline{2{,}700\text{kgf/cm}^2}$（1,800×1.5）
P359	**2）杭断面の照査** ①杭体部分の許容曲げモーメント（M_{a1}） $r=D/2=\underline{25\text{cm}}$，$r_i=D/2-t=\underline{17\text{cm}}$ 配筋　$A_s=\underline{36.335\text{cm2}}$，$r_s=\underline{21\text{cm}}$ $\sigma_{ca}=\underline{400\text{kgf/cm}^2}$，$\sigma sa=\underline{2{,}700\text{kgf/cm}^2}$ 軸力　$N_{max}=\underline{120\text{tf}}$，$N_{min}=\underline{-20\text{tf}}$ $N_{max}=\underline{120\text{tf}}$時　$M_a=\underline{28.20\text{tf}\cdot\text{m}}$（$\sigma_c=\underline{304\text{kgf/cm}^2}$，$\sigma_s=\underline{2{,}700\text{kgf/cm}^2}$） $N_{min}=\underline{-20\text{tf}}$時　$M_a=\underline{9.43\text{tf}\cdot\text{m}}$（$\sigma_c=\underline{80\text{kgf/cm}^2}$，$\sigma_s=\underline{2{,}700\text{kgf/cm}^2}$） ゆえに　$M_{a1}=\underline{9.43\text{tf}\cdot\text{m}}$ ②中詰め部分の許容抵抗曲げモーメント（M_{a2}） $r=\underline{17\text{cm}}$ 配筋　$A_s=\underline{17.190\text{cm}^2}$，$r_s=\underline{12\text{cm}}$ $\sigma_{ca}=\underline{105\text{kgf/cm}^2}$，$\sigma_{sa}=\underline{2{,}700\text{kgf/cm}^2}$ 軸力　$N=0\text{tf}$ $M_{a2}=3.13\text{tf}\cdot\text{m}$（$\sigma_c=\underline{105\text{kgf/cm}^2}$，$\sigma_s=\underline{2{,}314\text{kgf/cm}^2}$）

頁	S I 単 位 系

$M_a = M_{a1} + M_{a2} = 125.6\text{kN}\cdot\text{m} > M = 110\text{kN}\cdot\text{m}$（ＯＫ）

(b) せん断力に対する照査

①杭体部分の許容せん断力（H_{a1}）

$H_{a1} = \tau_{cp}\cdot A_{c1} = 1.27 \times 105{,}500 = 134.0 \times 10^3\text{N} = 134.0\text{kN}$

②中詰め部分の許容せん断力（H_{a2}）

$H_{a2} = \tau cc\cdot Ac2 = 0.54 \times 90{,}800 = 49.0 \times 10^3\text{N} = 49.0\text{kN}$

$H_a = H_{a1} + H_{a2} = 183.0\text{kN} > H = 100\text{kN}$（ＯＫ）

P360

3-1　許容応力度

…。ただし，コンクリートの配合は，単位セメント量350kg/m³以上，水セメント比55%　以下，スランプ15～21cmを原則とする。

P360

表-3.1.1　水中で施行する場所打ち杭のコンクリートの許容応力度

(N/mm²)

コンクリートの呼び強度		30	35	40
水中コンクリートの設計基準強度		24	27	30
圧縮応力度	曲げ圧縮応力度	8	9	10
	軸圧縮応力度	6.5	7.5	8.5
せん断応力度	コンクリートのみでせん断力を負担する場合	0.39	0.42	0.45
	斜引張鉄筋と協同して負担する場合	1.7	1.8	1.9
付着応力度（異形棒鋼）		1.2	1.3	1.4

表-3.1.2　鉄筋の許容応力度

(N/mm²)

応力度・部材の種類 ＼ 鉄筋の種類			SR235	SD295A SD295B	SD345
引張応力度	荷重の組み合わせに衝突荷重あるいは地震の影響を含まない場合	1) 一般の部材	140	180	180
		2) 水中あるいは地下水位以下に設ける部材	140	160	160
	3) 荷重の組合わせに衝突荷重あるいは地震の影響を含む場合の許容応力度の基本値		140	180	200
	4) 鉄筋の重ね継手長あるいは定着長を算出する場合		140	180	200
5) 圧　縮　応　力　度			140	180	200

P361

3-1　許容応力度

一般にはコンクリートの呼び強度（JIS A 5308で保証される圧縮強度）が30N/mm²のコンクリートを用いるのがよい。

P365～P366

3-2-2 帯鉄筋の設計

ここに，Ａw：必要帯鉄筋量（mm²）

　　　　　S　：作用せん断力（N）

頁	従来単位系
	$M_a = M_{a1} + M_{a2} = \underline{12.56tf \cdot m} > M = \underline{11tf \cdot m}$（ＯＫ） (b) せん断力に対する照査 ①杭体部分の許容せん断力（H_{a1}） $H_{a1} = \tau_{cp} \cdot A_{c1} = \underline{12.7} \times \underline{1,055} = \underline{13.40} \times 10^3 \underline{kgf} = \underline{13.40tf}$ ②中詰め部分の許容せん断力（H_{a2}） $H_{a2} = \tau_{cc} \cdot A_{c2} = \underline{5.4} \times \underline{908} = \underline{4.90} \times \underline{103kgf} = \underline{4.90tf}$ $H_a = H_{a1} + H_{a2} = \underline{18.30tf} > H = \underline{10tf}$（ＯＫ）
P360	**3-1　許容応力度** …。ただし，コンクリートの配合は，単位セメント量350kgf/m³以上，水セメント比55%以下，スランプ15～21cmを原則とする。・・・
P360	**表-3.1.1　水中で施行する場所打ち杭のコンクリートの許容応力度**　(kgf/cm²)

コンクリートの呼び強度		300	350	400
水中コンクリートの設計基準強度		240	270	300
圧縮応力度	曲げ圧縮応力度	80	90	100
	軸圧縮応力度	65	75	85
せん断応力度	コンクリートのみでせん断力を負担する場合	3.9	4.2	4.5
	斜引張鉄筋と協同して負担する場合	17	18	19
付着応力度（異形棒鋼）		12	13	14

表-3.1.2　鉄筋の許容応力度　(kgf/cm²)

応力度・部材の種類 ＼ 鉄筋の種類			SR235	SR235	SR235
引張応力度	荷重の組み合わせに衝突荷重あるいは地震の影響を含まない場合	1) 一般の部材	1,400	1,800	1,800
		2) 水中あるいは地下水位以下に設ける部材	1,400	1,600	1,600
	3) 荷重の組合わせに衝突荷重あるいは地震の影響を含む場合の許容応力度の基本値		1,400	1,800	2,000
	4) 鉄筋の重ね継手長あるいは定着長を算出する場合		1,400	1,800	2,000
5) 圧　縮　応　力　度			1,400	1,800	2,000

頁	従来単位系
P361	**3-1　許容応力度** 一般にはコンクリートの呼び強度（JIS　A　5308で保証される圧縮強度）が300kgf/cm²のコンクリートを用いるのがよい。
P365～P366	**3-2-2　帯鉄筋の設計** ここに，A_w：必要帯鉄筋量（cm²） S　：作用せん断力（kgf）

a　：帯鉄筋の間隔（mm）
S_c：コンクリートが負担するせん断力（N）
τ_{a1}：コンクリートのみでせん断力を負担する場合の許容せん断応力度（N/mm^2）

P366 **(1) 設計杭頭荷重（地震時）**

種　別		単位	数値
軸　　力	Nmax	kN	6,680
	Nmin	kN	−350
杭頭モーメント	M	kN・m	1,790
水　平　力	H	kN	900

P367 **(2) 杭頭付近の断面算定**

・M_{max}＝2,090kN・m，N_{min}＝-350kNに対し鉄筋量As1を決定する。

この際，第１断面変化で鉄筋本数を半分にすることを考慮して偶数分割配筋とし，D29を36本使用のA_{s1}＝23,126.4mm2となる。

・応力度の照査

M_{max}に対してN_{max}，およびN_{min}のいすれの場合についても照査する必要がある。ここではN_{min}に対する応力度の照査結果のみを示す。

コンクリートの応力度　$\sigma_c = 8.6N/mm^2 < \sigma ca = 12N/mm^2$

鉄筋（SD 295）の応力度　$\sigma_s = 256.1N/mm^2 < \sigma sa = 270N/mm^2$

P368 **図-3.2.4**

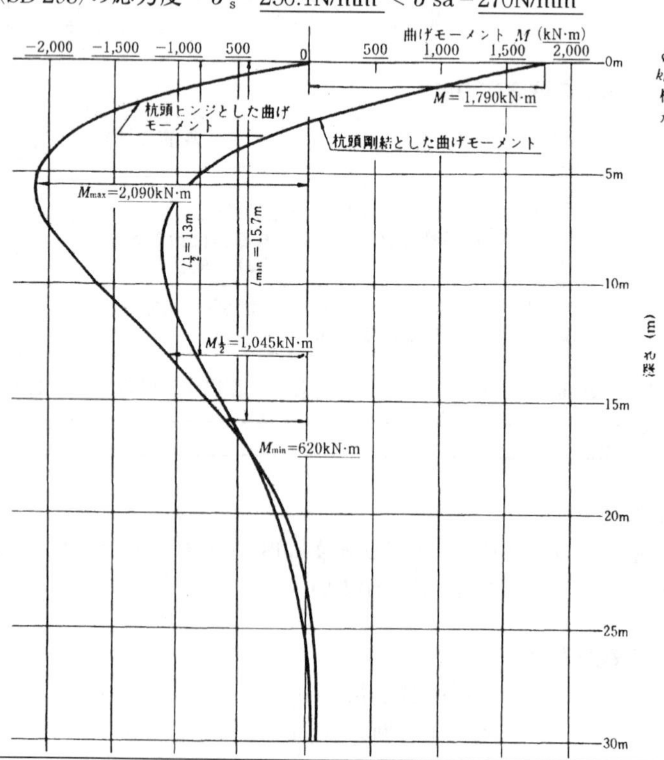

頁	従来単位系

a　：帯鉄筋の間隔（cm）
S_c：コンクリートが負担するせん断力（kgf）
τ_{a1}：コンクリートのみでせん断力を負担する場合の許容せん断応力度（kgf/cm^2）

P366

(1) 設計杭頭荷重（地震時）

種　　別		単位	数値
軸　　力	Nmax	tf	668
	Nmin	tf	−35
杭頭モーメント	M	tf・m	179
水　平　力	H	tf	90

P367

(2) 杭頭付近の断面算定

・M_{max} = 209tf・m，N_{min} = -35tfに対し鉄筋量As1を決定する。
この際，第1断面変化で鉄筋本数を半分にすることを考慮して偶数分割配筋とし，D29を36本使用の A_{s1} = 231.264cm^2となる。
・応力度の照査
M_{max}に対してN_{max}，およびN_{min}のいすれの場合についても照査する必要がある。ここではN_{min}に対する応力度の照査結果のみを示す。
コンクリートの応力度　σ_c = 86kgf/cm^2 < σ_{ca} = 120kgf/cm^2
鉄筋(SD295)の応力度　σ_s = 2,561kgf/cm^2 < σ_{sa} = 2,700kgf/cm^2

P368

図-3.2.4

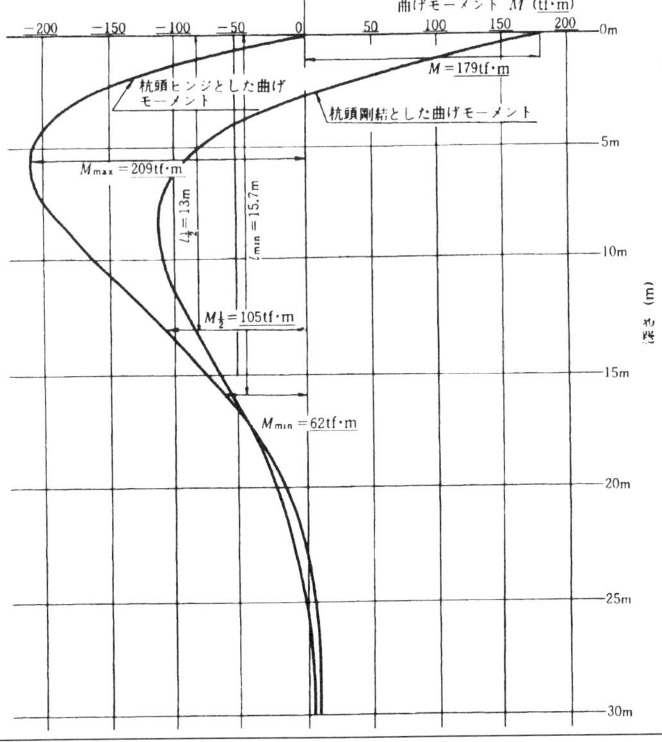

頁	S I 単 位 系

P369

(3) 第 1 断面変化位置付近

・曲げモーメント図から，M1/2 = M_{max}/2 = 1,045kN·mとなる位置$l_{1/2}$ = 13mを決定する。

(3) 第 1 断面変化位置付近

$M_{1/2}$ = 1,045kN·m，N_{min} = -350kNに対し，A_{si}の鉄筋本数を半分にしたD29-18本配筋のAs1/2 = 11,563.2mm^{2}についての応力度照査結果のみを示す。

コンクリートの応力度　σ_c=6.3N/mm^2< σ_{ca}=12N/mm^2

σ_s = 261N/mm^2< σ sa = 270N/mm^2

(4) 第 2 断面変化位置付近

・N_{min} = -350kN，最小鉄筋量 A_{smin} = 7,068.4mm^{2}に対する抵抗モーメントを算出する。**図-3.2.5**に示すインタラクションカーブからD = 1.5m，N = -350kNに対する抵抗曲げモーメントM_{min} = 620kN·mを得る。

・曲げモーメント図から，M_{min} = 620kN·mとなる位置l_{min} = 15.7mを決定する。

・実際に配筋する鉄筋量は，鉄筋本数をＡｓ1/2と同じにし鉄筋径を調整してD25-18本配筋のＡ$_s$ = 9,120.6mm^{2}とする。

図-3.2.5　場所打ち杭の最小鉄筋量0.4%に対するインタラクションカーブ

（SD295地震時）　σ_{ca} = 12N/mm^2　　σ_{sa} = 270N/mm^2

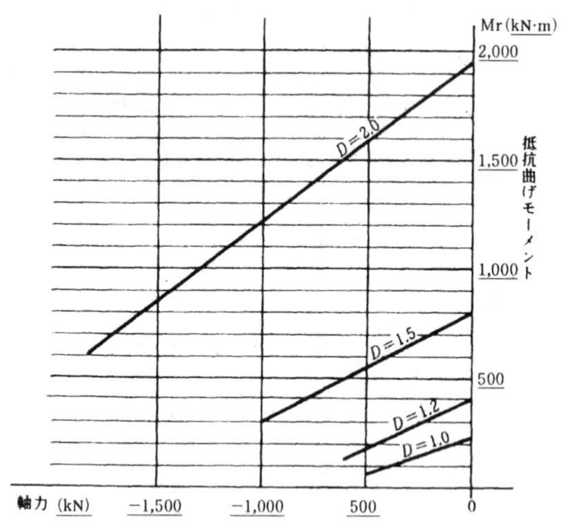

頁	従来単位系
P369	**(3) 第1断面変化位置付近** ・曲げモーメント図から，M1/2＝M_{max}/2＝105tf･mとなる位置$l_{1/2}$＝13mを決定する。 **(3) 第1断面変化位置付近** $M_{1/2}$＝105tf･m，N_{min}＝-35tfに対し，A_{si}の鉄筋本数を半分にした D29-18本配筋の$A_{s1/2}$＝115.632cm^{2}についての応力度照査結果のみを示す。 コンクリートの応力度　σ_c=63kgf/cm^2＜σ_{ca}=120kgf/cm^2 σ_s＝2,608kgf/cm^2＜σ_{sa}＝2,700kgf/cm^2 **(4) 第2断面変化位置付近** ・N_{min}＝-35tf，最小鉄筋量A_{smin}＝70.684cm^{2}に対する抵抗モーメントを算出する。 **図-3.2.5**に示すインタラクションカーブからD＝1.5m，N＝-35tfに対する抵抗曲げモーメントM_{min}＝62tf･mを得る。 ・曲げモーメント図から，M_{min}＝62tf･mとなる位置l_{min}＝15.7mを決定する。 ・実際に配筋する鉄筋量は，鉄筋本数を$A_{s1/2}$と同じにし鉄筋径を調整してD25-18本配筋のA_s＝91.206cm^{2}とする。 **図-3.2.5　場所打ち杭の最小鉄筋量0.4％に対するインタラクションカーブ** （SD295地震時）　σ_{ca}＝120kgf/cm^2　　σ_{sa}＝2,700kgf/cm^2 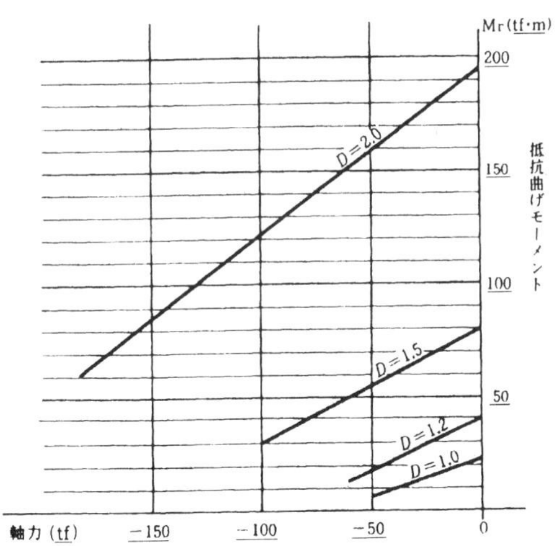

頁	S I 単 位 系
P372	図-3.2.7(a) 場所打ち杭のインタラクションカーブ（杭径D=100cm） 抵抗曲げモーメント M_r (kN·m) 地震時許容応力度 σ_{ca} = 12N/mm² σ_{sa} = 270N/mm² — r = 50cm r_s = 35cm 1,500 1,000 500 A_s = 300cm² A_s = 250cm² A_s = 200cm² A_s = 150cm² A_s = 100cm² A_s = 50cm² A_s = 325cm² A_s = 275cm² A_s = 225cm² A_s = 175cm² A_s = 125cm² A_s = 75cm² −2,000 −1,000 0 1,000 2,000 3,000 4,000 軸力N (kN)
P373	図-3.2.7(b) 場所打ち杭のインタラクションカーブ（杭径D=120cm） 抵抗曲げモーメント M_r (kN·m) 地震時許容応力度 σ_{ca} = 12N/mm² σ_{sa} = 270N/mm² — r = 60cm r_s = 45cm 3,000 2,000 1,000 A_s = 450cm² A_s = 350cm² A_s = 250cm² A_s = 150cm² A_s = 400cm² A_s = 300cm² A_s = 200cm² A_s = 100cm² A_s = 50cm² −4,000 −2,000 0 2,000 4,000 6,000 8,000 軸力N (kN)

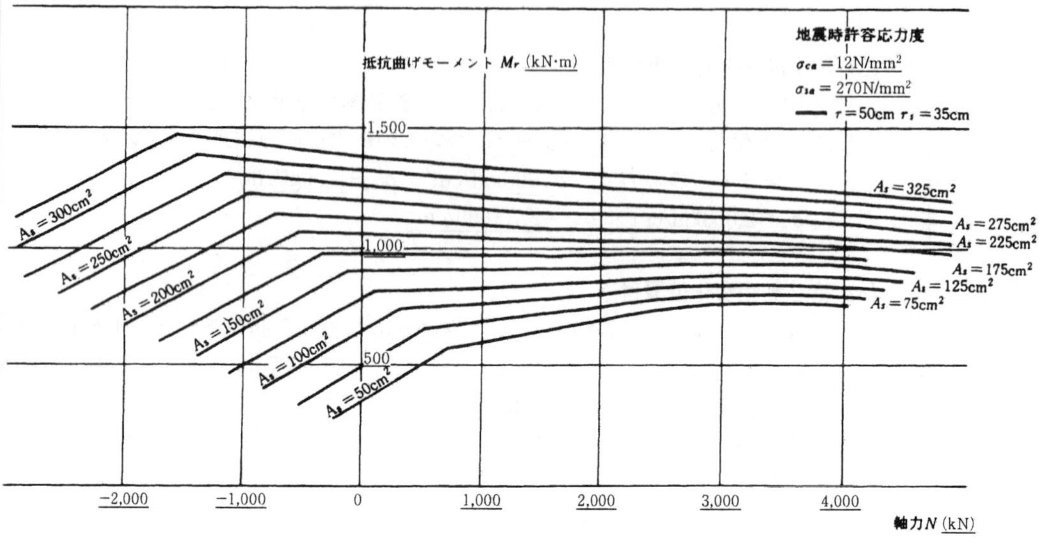

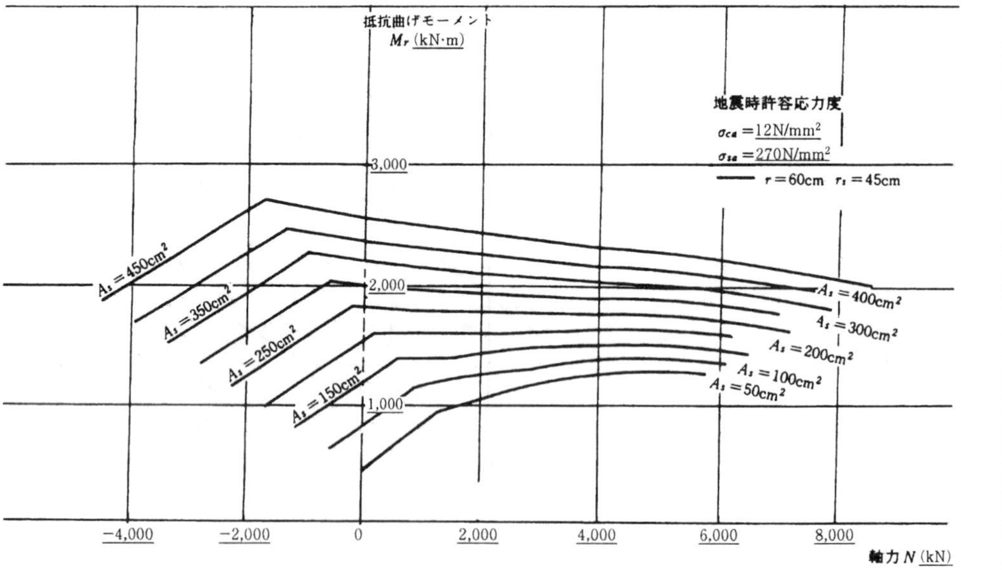

頁	従来単位系
P372	図-3.2.7(a) 場所打ち杭のインタラクションカーブ（杭径D=100cm）
P373	図-3.2.7(b) 場所打ち杭のインタラクションカーブ（杭径D=120cm）

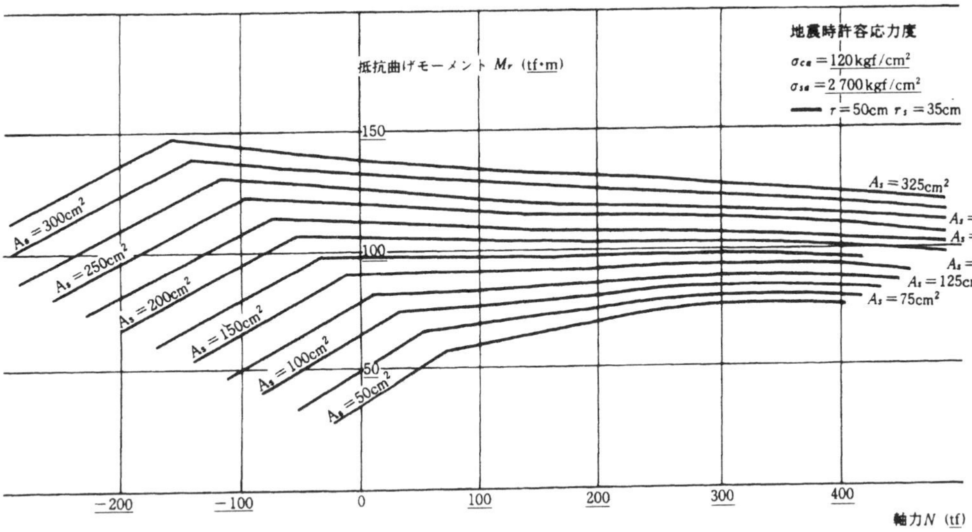

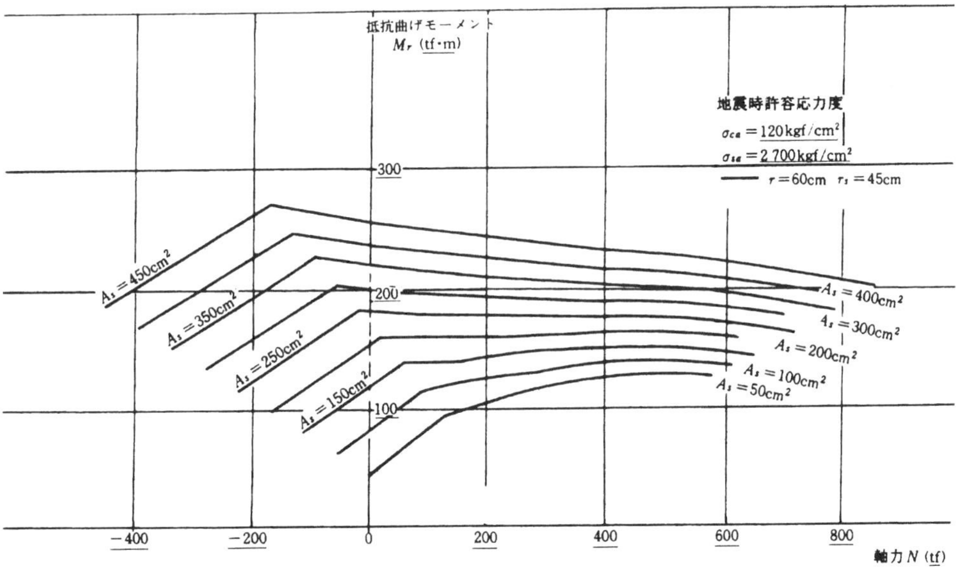

頁	SI 単位系
P374	図-3.2.7(c) 場所打ち杭のインタラクションカーブ（杭径D=150cm）
P376	図-4.1.2 各種杭の曲げ試験結果例（φ400の場合）

頁	従来単位系
P374	図-3.2.7(c) 場所打ち杭のインタラクションカーブ（杭径D=150cm）
P376	図-4.1.2 各種杭の曲げ試験結果例（φ400の場合）

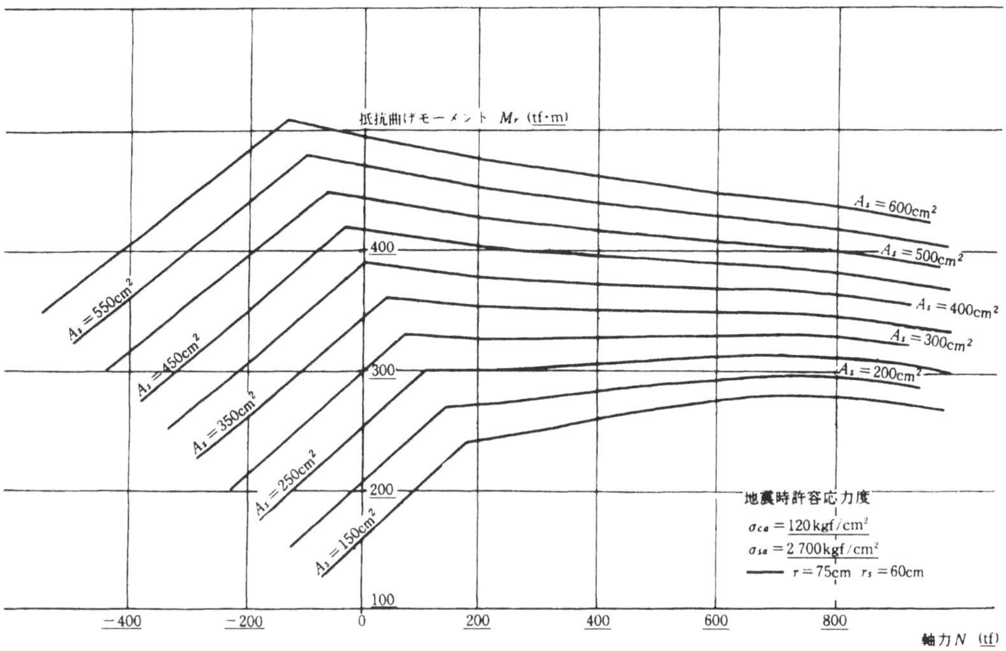

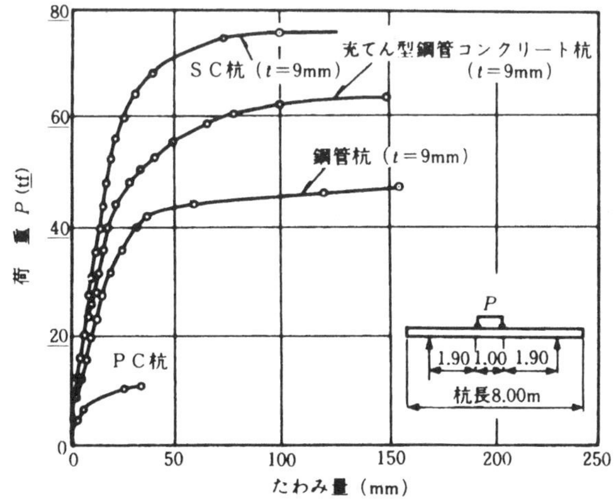

頁	SI 単 位 系

図-4.1.3　場所打ち杭のインタラクションカーブ（杭径D＝150c

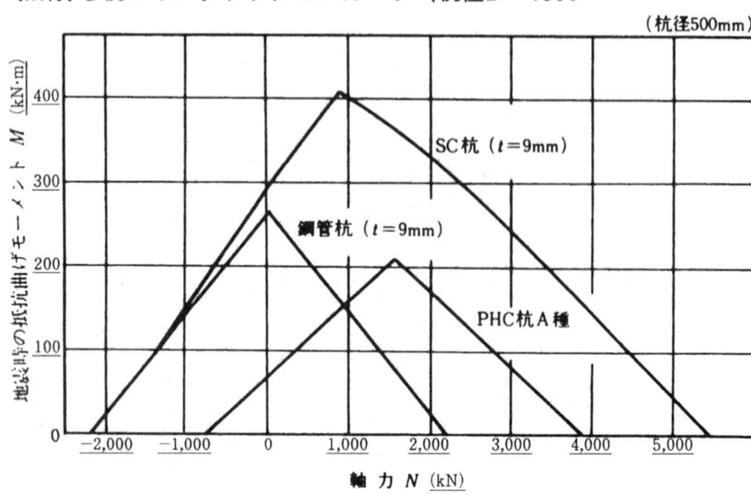

P379 **(1) 製 造 方 法**

また，コンクリートの圧縮強度を80N/mm²以上とする方法として下記の二種がある。

②混和材等を使用する方法

この方法はオートクレーブ養生を行うことなく常圧蒸気養生の繰返しのみで80N/mm²以上の圧縮強度を得る方法であり･･･

P380 **表-4.1.2　コンクリートの設計基準値**

	記号	単位	常　時	地震時
圧縮強度	σ_{ck}	N/mm²	80	
許容軸圧縮応力度	σ_{ca}	〃	23	34.5
許容曲げ圧縮応力度	σ_{ca}	〃	27	40
ヤング係数	E_c	〃	3.5×10^4	
ヤング係数比	n		6	

表-4.1.3　鋼管の設計基準値

	記号	単位	SKK400		SKK490	
			常　時	地震時	常　時	地震時
降伏点応力	σ_{sy}	N/mm²	235		215	
引張強さ	σ_{su}	〃	400		490	
許容曲げ引張応力度	σ_{sa}	〃	140	210	185	275
許容曲げ圧縮応力度	σ'_{sa}	〃	140	210	185	275
許容せん断応力度	τ_{sa}	〃	80	120	105	155
ヤング係数	E_c	〃	2.1×10^5		2.1×10^5	

頁	従来単位系

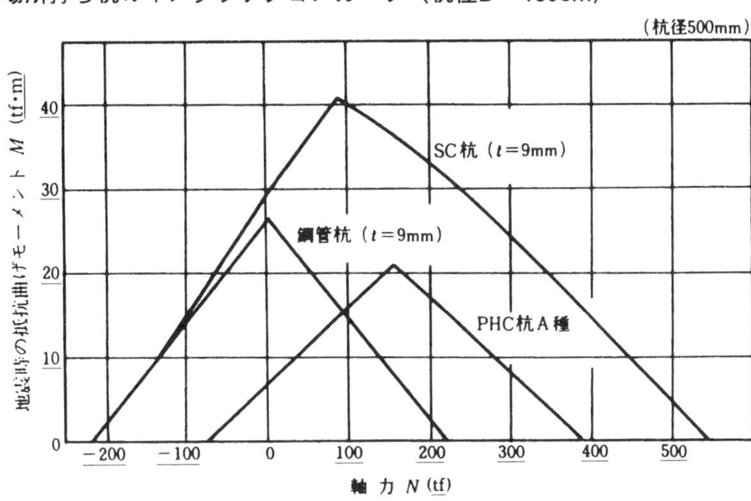

図-4.1.3　場所打ち杭のインタラクションカーブ（杭径D=150cm）

P379 (1) 製造方法

また，コンクリートの圧縮強度を800kgf/cm²以上とする方法として下記の二種がある。

②混和材等を使用する方法

この方法はオートクレーブ養生を行うことなく常圧蒸気養生の繰返しのみで800kgf/cm²以上の圧縮強度を得る方法であり･･･

P380 表-4.1.2　コンクリートの設計基準値

	記号	単位	常　時	地震時
圧縮強度	σ_{ck}	kgf/cm²	800	
許容軸圧縮応力度	σ_{ca}	〃	230	345
許容曲げ圧縮応力度	σ_{ca}	〃	270	400
ヤング係数	E_c	〃	3.5×10^5	
ヤング係数比	n		6	

表-4.1.3　鋼管の設計基準値

	記号	単位	SKK400		SKK490	
			常　時	地震時	常　時	地震時
降伏点応力	σ_{sy}	kgf/cm²	2,400		3,200	
引張強さ	σ_{su}	〃	4,100		5,000	
許容曲げ引張応力度	σ_{sa}	〃	1,400	2,100	1,900	2,850
許容曲げ圧縮応力度	σ'_{sa}	〃	1,400	2,100	1,900	2,850
許容せん断応力度	τ_{sa}	〃	800	1,200	1,100	1,650
ヤング係数	E_c	〃	2.1×10^6		2.1×10^6	

頁	S I 単 位 系

P384

(4) ＳＣ杭のＲＧを使用した計算例

1）杭諸元

外径D＝600mm，厚さｔ＝90mm，鋼管板厚ｔｓ＝12mm，腐食代2mm，換算断面二次モーメントI_e＝8,620×106mm^4，鋼管材質はSKK400とする。

r_s＝293mm，r_O＝288mm，r_t＝210mm，r_i/r_0＝0.7，

r_s/r_0＝1.017

2）杭体に生じる断面力（地震時）

曲げモーメントM＝483kN･m

軸力N_{max}＝1,500kN，N_{min}＝-100kN

①N_{min}の場合

N＝-100kN，M＝483kN･m，

e＝M/N＝483/-100＝-4.83m

M'＝M＋N・r_0＝483－100×0.288＝454kN･m

M'／r_0^3＝454×10^6/2883＝19.0N/mm^2

σ_c＝M'／r_0^3・C＝19.0×0.93＝17.7N/mm^2＜40N/mm^2

σ_s＝M'／r_0^3・S・n＝19.0×1.6×6＝182N/mm^2＜210N/mm^2

②Nmaxの場合

N＝1,500kN，M＝483kN･m

e＝M/N＝483/1,500＝0.322

M'＝M＋N・r_0＝483＋1,500×0.288＝915kN･m

M'／r_0^3＝915×10^6/288^3＝38.3kN/mm^2

σ_c＝M'/r_0^3・C＝38.3×0.60＝23.0N/mm^2＜40N/mm^2

σ_s＝M'/r_0^3・S・n＝38.3×0.36×6＝82.7N/mm^2＜210N/mm^2

P395

表-4.2.1 単体ブロックの規格と寸法

単体ブロック仕様				PC鋼棒仕様			有効プレストレス (N/mm^2)		ブロック単体の長さ (m)	参考質量	
外径 D (mm)	壁厚 t (cm)	断面積 Ac (cm^2)	断面二次モーメント I (cm)	系列	径×本数 mm×本	断面積 Ap (cm^2)	PC鋼棒 C種1号 SBPR 1080/1230 σ_{ce}	PC鋼棒 B種2号 SBPR 930/1180 σ_{ce}		ブロック単体 (t)	1.0m あたり (t)
1,600	170	7,637	19,797,600	Ⅰ	23φ×9	37.395	3.6	3.4	2.5	4.79	1.92
					23φ×18	74.790	6.7	6.3		4.91	1.96
				Ⅱ	26φ×9	47.781	4.4	4.1		4.84	1.94
					26φ×18	95.562	8.2	7.7		4.99	2.00
2,000	210	11,809	47,948,000	Ⅰ	26φ×9	47.781	2.0	2.7	2.5	7.39	2.96
					26φ×18	95.562	5.6	5.2		7.54	3.02
				Ⅱ	32φ×6	48.252	3.0	2.8		7.37	2.97
					32φ×18	144.756	8.1	7.7		7.64	3.06
				Ⅲ	32φ×9	72.756	4.3	4.1		7.43	2.97
					32φ×18	144.756	8.1	7.7		7.64	3.06

頁	従来単位系

P384

(4) ＳＣ杭のＲＧを使用した計算例

1）杭諸元

外径D＝60cm，厚さｔ＝9cm，鋼管板厚 t_s＝12mm，腐食代2mm，換算断面二次モーメント I_e＝862,000cm^4，鋼管材質はSKK400とする。

r_s＝29.3cm，r_O＝28.8cm，r_t＝21.0cm，r_i/r_0＝0.7，

r_s/r_0＝1.017

2）杭体に生じる断面力（地震時）

曲げモーメントM＝48.3tf·m

軸力 N_{max}＝150.0tf，N_{min}＝-10.0tf

①N_{min}の場合

N＝-10.0tf，M＝48.3tf·m，

e＝M/N＝48.3/-10.0＝-4.83m

$M'=M+N\cdot r_0$＝48.3－10.0×0.288＝45.4tf·m

M'/r_0^3＝45.4×105/28.83＝190.1kgf/cm^2

$\sigma_c=M'/r_0^3\cdot C$＝190.1×0.93＝177kgf/cm^2＜400kgf/cm^2

$\sigma_s=M'/r_0^3\cdot S\cdot n$＝190.1×1.6×6＝1,830kgf/cm^2＜2,100kgf/cm^2

②N_{max}の場合

N＝150.0tf，M＝48.3tf·m

e＝M/N＝48.3/150.0＝0.322

$M'=M+N\cdot r_0$＝48.3＋150.0×0.288＝91.5tf·m

M'/r_0^3＝91.5×10^5/28.8^3＝383.0kgf/cm^2

σ_c＝M'/r 03·C＝383.0×0.60＝230kgf/cm^2＜400kgf/cm^2

$\sigma_s=M'/r_0^3\cdot S\cdot n$＝383.0×0.36×6＝830kgf/cm^2＜2,100kgf/cm^2

P395

表-4.2.1　単体ブロックの規格と寸法

単体ブロック仕様				PC鋼棒仕様			有効プレストレス（N/mm^2）		ブロック単体の長さ（m）	参考質量	
外径 D（mm）	壁厚 t（cm）	断面積 Ac（cm^2）	断面二次モーメント I（cm^2）	系列	径×本数 mm×本	断面積 Ap（cm^2）	PC鋼棒 C種1号 SBPR 1080/1230 σ_{ce}	PC鋼棒 B種2号 SBPR 930/1180 σ_{ce}		ブロック単体（tf）	1.0m あたり（tf）
1,600	170	7,637	19,797,600	Ⅰ	23φ×9	37.395	36.3	34.2	2.5	4.79	1.92
					23φ×18	74.790	68.6	34.6		4.91	1.96
				Ⅱ	26φ×9	47.781	44.9	42.2		4.84	1.94
					26φ×18	95.562	83.7	78.7		4.99	2.00
2,000	210	11,809	47,948,000	Ⅰ	26φ×9	47.781	29.8	28.0	2.5	7.39	2.96
					26φ×18	95.562	56.8	53.5		7.54	3.02
				Ⅱ	32φ×6	48.252	30.2	28.8		7.37	2.97
					32φ×18	144.756	82.6	78.8		7.64	3.06
				Ⅲ	32φ×9	72.756	44.3	42.2		7.43	2.97
					32φ×18	144.756	82.6	78.8		7.64	3.06

頁	SI 単位系

2,500	250	17,672	113,208,000	Ⅱ	32φ×9	72.378	3.0	2.8	2.5	11.02	4.41
					32φ×18	144.756	5.7	5.4		11.23	4.49
				Ⅲ	32φ×6	48.252	2.0	1.9		10.95	4.38
					32φ×12	96.504	3.8	3.7		11.09	4.44
					32φ×24	193.008	7.2	8.9		11.36	4.54
3,000	300	25,447	234,748,000	Ⅱ	32φ×12	96.504	2.8	2.6	2.5	15.86	6.34
					32φ×24	193.008	5.3	5.0		16.13	6.45
				Ⅲ	32φ×9	72.378	2.1	2.0		15.79	6.32
					32φ×18	144.756	4.0	3.8		16.00	6.40
					32φ×36	289.512	7.5	7.1		16.40	6.56
3,500	350	34,636	434,900,000	Ⅱ	32φ×9	72.378	1.5	1.5	2.5	21.41	8.56
					32φ×18	144.758	3.0	2.8		21.62	8.65
					32φ×36	289.512	5.7	5.4		22.02	8.81
				Ⅲ	32φ×12	96.504	2.0	1.9		21.48	8.59
					32φ×24	193.008	3.9	3.7		21.75	8.70
					32φ×48	386.016	7.3	7.0		22.28	8.91

(注) 1) コンクリートのヤング数　$Ec = 3.3 \times 10^4 N/mm^2$
2) ブロック単体の質量は，PC鋼材の質量を含んだ値を示す。
3) 有効プレストレス$\sigma_{ce} \leqq 0 N/mm^2$のタイプは，先端部附近で断面変化を考慮す場合に使用する。

P397

表-4.2.2　コンクリートの設計基準値

		記号	単位	常時	地震時
設計基準強度		σ_{ck}	N/mm²	50	
許容軸圧縮応力度		σ_{ca}	〃	13.5	20.0
許容曲げ圧縮応力度		σ_{ca}	〃	17.0	25.0
許容せん断応力度		σ_{ca}	〃	0.65	0.98
許容曲げ引張応力度	$4.0 \leqq \sigma_{ce} < 7.0$	σ'_{ca}	〃	0	3.0
	$7.0 \leqq \sigma_{ce}$	σ'_{ca}	〃	0	5.0
ヤング係数		Ec	〃	3.3×10^4	
ヤング係数比（Ep/Ec）		n		6	
クリープ係数		ψ		2.0	
乾燥収縮度		ε_s		15×10^{-5}	

P398

表-4.2.3　PC鋼棒の設計基準値

		記号	単位	丸棒B種2号 SBPR 930/1180	丸棒C種1号 SBPR 1080/1230
引張強さ		σ_{pu}	N/mm²	1,180	1,230
降伏点		σ_{py}	〃	930	1,080
許容応力度	設計荷重作用時	σ_{pa}	〃	697	738
	プレストレッシング中	〃	〃	837	972
	プレストレス直後	〃	〃	790	861
ヤング係数		Ep	〃	2×10^5	
リラクセーション値		γ	%	3.0	

頁	従来単位系

2,500	250	17,672	113,208,000	Ⅱ	32φ×9	72.378	30.3	28.9	2.5	11.02	4.41
					32φ×18	144.756	57.8	55.1		11.23	4.49
				Ⅲ	32φ×6	48.252	20.2	19.3		10.95	4.38
					32φ×12	96.504	39.2	37.3		11.09	4.44
					32φ×24	193.008	73.6	70.1		11.36	4.54
3,000	300	25,447	234,748,000	Ⅱ	32φ×12	96.504	28.2	26.6	2.5	15.86	6.34
					32φ×24	193.008	53.9	51.0		16.13	6.45
				Ⅲ	32φ×9	72.378	21.0	20.0		15.79	6.32
					32φ×18	144.756	40.7	38.8		16.00	6.40
					32φ×36	289.512	76.3	72.7		16.40	6.56
3,500	350	34,636	434,900,000	Ⅱ	32φ×9	72.378	15.6	14.9	2.5	21.41	8.56
					32φ×18	144.758	30.4	29.0		21.62	8.65
					32φ×36	289.512	58.0	55.2		22.02	8.81
				Ⅲ	32φ×12	96.504	20.6	19.7		21.48	8.59
					32φ×24	193.008	39.9	38.0		21.75	8.70
					32φ×48	386.016	74.9	71.3		22.28	8.91

(注) 1) コンクリートのヤング数　$Ec = 3.3\times10^4 N/mm^2$

2) ブロック単体の質量は，PC鋼材の質量を含んだ値を示す。

3) 有効プレストレス$\sigma ce \leqq 0 N/mm^2$のタイプは，先端部附近で断面変化を考慮する場合に使用する。

P397 **表-4.2.2　コンクリートの設計基準値**

		記号	単位	常時	地震時
設計基準強度		σ_{ck}	kgf/cm^2	500	
許容軸圧縮応力度		σ_{ca}	〃	135	200
許容曲げ圧縮応力度		σ_{ca}	〃	170	250
許容せん断応力度		σ_{ca}	〃	6.5	9.8
許容曲げ引張応力度	$4.0\leqq\sigma_{ce}<7.0$	σ'_{ca}	〃	0	30
	$7.0\leqq\sigma_{ce}$	σ'_{ca}	〃	0	50
ヤング係数		E_c	〃	3.3×10^6	
ヤング係数比（Ep/Ec）		n		6	
クリープ係数		ψ		2.0	
乾燥収縮度		ε_s		15×10^{-5}	

P398 **表-4.2.3　PC鋼棒の設計基準値**

		記号	単位	丸棒B種2号	丸棒C種1号
				SBPR 930/1180	SBPR 1080/1230
引張強さ		σ_{pu}	kgf/cm^2	12,000	12,500
降伏点		σ_{py}	〃	9,500	11,000
許容応力度	設計荷重作用時	σ_{pa}	〃	7,125	7,500
	プレストレッシング中	〃	〃	8,550	9,900
	プレストレス直後	〃	〃	8,075	8,750
ヤング係数		E_p	〃	2×10^6	
リラクセーション値		γ	%	3.0	

頁	S I 単 位 系

P403　**(2) 杭頭回転バネを考慮した場合の杭軸直角バネ定数**

M_t：杭頭に作用する曲げモーメント（kN·m）

P404　**図-1.1　回転バネ定数と変位，曲げモーメントの関係[1]**

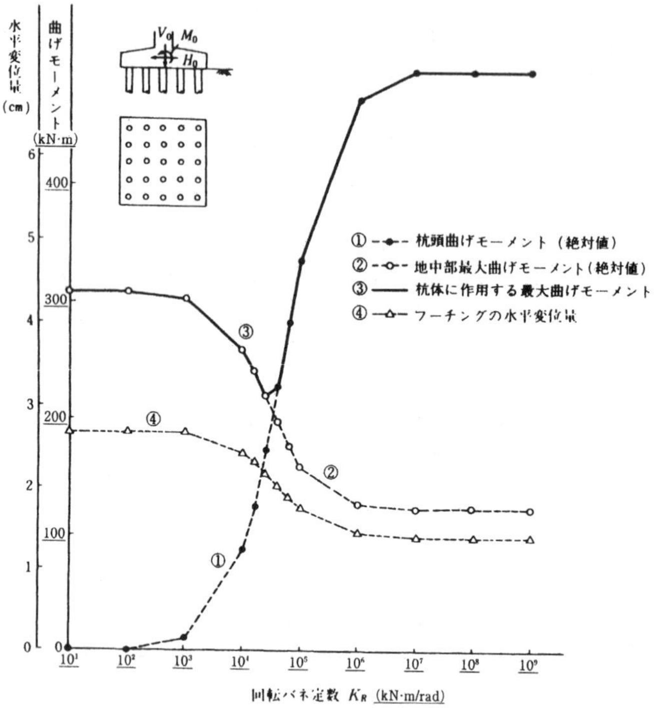

P405～P406　**(2) 杭頭回転バネを考慮した場合の杭軸直角バネ定数**

曲線①はKRを10kN·m/rad（≒杭頭ヒンジ）から109kN·m/rad（≒∞杭頭剛結）まで変化させたときの杭頭曲げモーメントの値を表している。

曲線②，④はそれぞれ地中部における杭の最大曲げモーメント，フーチングの水平変位の変化を表している。これらの曲線からKR＝103～106kN·m/radの範囲で，曲げモーメントおよび水平変位が大きく変化することが分かる。

①コンクリート杭の計算例

$$k_v=\frac{E}{D(1-v^2)I_p}\,\mathrm{kN/m^3}$$

$$K_R=k_v\cdot I\,\mathrm{kN\cdot m/rad}$$

フーチングの弾性係数E＝2.5×107kN/m²（σ_{ck}＝24N/mm²）

$$k_v=\frac{2.5\times10^7}{1.0\times(1-0.167^2)\times0.79}=3.26\times10^7\,\mathrm{kN/m^3}$$

$$\therefore K_R=3.26\times10^7\times4.91\times10^{-2}=1.60\times10^6\,\mathrm{kN\cdot m/rad}$$

頁	従来単位系

P403 **(2) 杭頭回転バネを考慮した場合の杭軸直角バネ定数**

M_t：杭頭に作用する曲げモーメント（tf·m）

P404 **図-1.1　回転バネ定数と変位，曲げモーメントの関係**[1)]

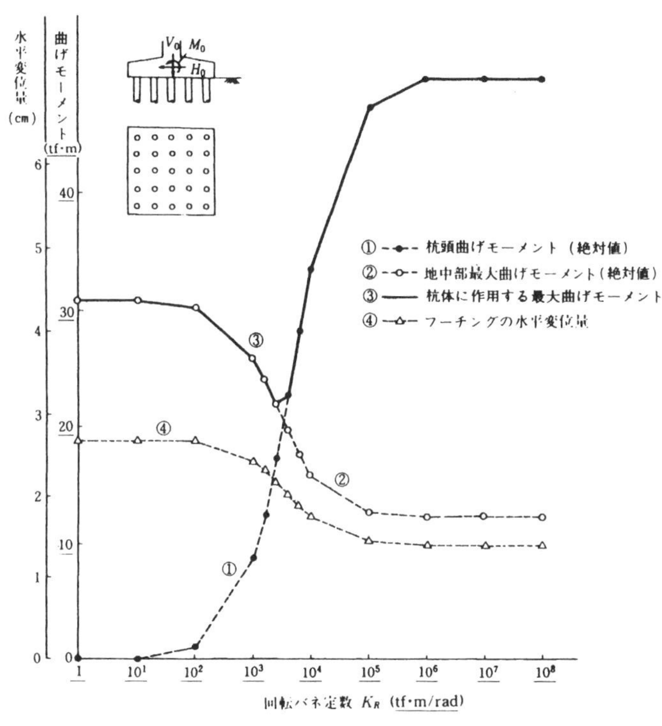

P405～P406 **(2) 杭頭回転バネを考慮した場合の杭軸直角バネ定数**

曲線①はKRを1tf·m/rad（≒杭頭ヒンジ）から108tf·m/rad（≒∞杭頭剛結）まで変化させたときの杭頭曲げモーメントの値を表している。

曲線②，④はそれぞれ地中部における杭の最大曲げモーメント，フーチングの水平変位の変化を表している。これらの曲線からKR＝102～105tf·m/radの範囲で，曲げモーメントおよび水平変位が大きく変化することが分かる。

①コンクリート杭の計算例

$$k_v=\frac{E}{D(1-v^2)I_p}\,\mathrm{tf/m^3}$$

$$K_R=k_v\cdot I\,\mathrm{tf\cdot m/rad}$$

フーチングの弾性係数E＝2.5×106tf/m²（σ_{ck}＝240kgf/cm²）

$$k_v=\frac{2.5\times10^6}{1.0\times(1-0.167^2)\times0.79}=3.26\times10^6\,\mathrm{tf/m^3}$$

$$\therefore K_R=3.26\times10^6\times4.91\times10^{-2}=1.60\times10^5\,\mathrm{tf\cdot m/rad}$$

頁	S I 単 位 系

②鋼管杭の計算例

フーチングの弾性係数E＝2.5×107kN/m^2

$$k_v = \frac{E}{t(1-\nu^2)} = \frac{2.5\times10^7}{0.009\times(1-0.167^2)} = 2.857\times10^9\,\mathrm{kN/m^3}$$

$$\therefore K_R = k_v\cdot I = 2.857\times10^9\times17.485\times10^{-4} = 5.0\times10^6\,\mathrm{kN\cdot m/rad}$$

P406

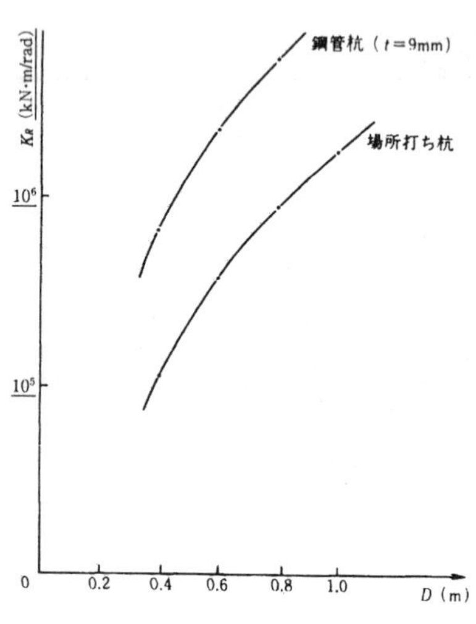

図-1.2 杭径DとK_Rの関係

P407

表-1.2 試 験 体

上記供試体のひび割れは，A，B，C，DいずれもP＝123kNのときに発生した。なお，その位置は中詰めコンクリートの端部付近であるが，ひび割れの生じた点ではM＝784kN·mとなる。

P408

表-1.3 回転角および回転バネ

供試体		A	B	C	D	摘要
引張側	回転角（×10^{-3}rad）	3.26	7.94	7.54	0.49	M＝784kN·m
	回転バネ（×10^{5}kN·m/rad）	2.40	0.99	1.04	0.99	
圧縮側	回転角（×10^{-3}rad）	1.84	3.57	3.31	1.00	〃
	回転バネ（×10^{5}kN·m/rad）	4.26	2.20	2.37	7.84	

P409

(1) 設 計 条 件

ＳＬ塗布部の周面摩擦力度　2.0kN/m^2＊

死荷重による杭頭荷重　1,350kN/本

(3) 許容支持力の検討

A_p＝17,350mm^2

σ_{sa}＝140×0.9＝126N/mm^2

頁	従来単位系

②鋼管杭の計算例

フーチングの弾性係数E＝$2.5\times 106 \mathrm{tf/m^2}$

$$k_v=\frac{E}{t(1-v^2)}=\frac{2.5\times10^6}{0.009\times(1-0.167^2)}=2.857\times10^8\,\mathrm{tf/m^3}$$

$$\therefore K_R=k_v\cdot I=2.857\times10^8\times17.485\times10^{-4}=5.0\times10^5\,\mathrm{tf\cdot m/rad}$$

P406

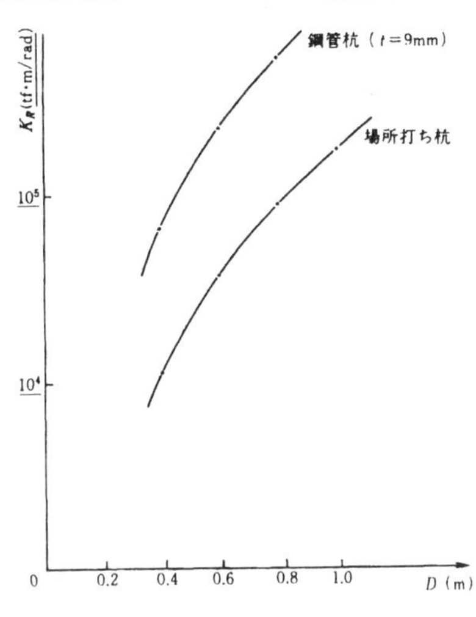

図-1.2 杭径 D と K_R の関係

P407 **表-1.2 試 験 体**

上記供試体のひび割れは，A，B，C，Dいずれも P＝12.5tfのときに発生した。なお，その位置は中詰めコンクリートの端部付近であるが，ひび割れの生じた点ではM＝80.0tf·mとなる。

P408 **表-1.3 回転角および回転バネ**

供試体		A	B	C	D	摘要
引張側	回転角（$\times10^{-3}$rad）	3.26	7.94	7.54	0.49	M＝80tf·m
	回転バネ（$\times10^5$tf·m/rad）	2.45	1.01	1.06	1.00	
圧縮側	回転角（$\times10^{-3}$rad）	1.84	3.57	3.31	1.00	〃
	回転バネ（$\times10^5$tf·m/rad）	4.35	2.24	2.42	8.00	

P409 **(1) 設 計 条 件**

ＳＬ塗布部の周面摩擦力度　0.2tf/m2＊

死荷重による杭頭荷重　135tf/本

(3) 許容支持力の検討

$A_p=173.5\mathrm{cm^2}$

$\sigma_{sa}=1400\times0.9=1260\mathrm{kgf/cm^2}$

頁	S I 単 位 系

P410

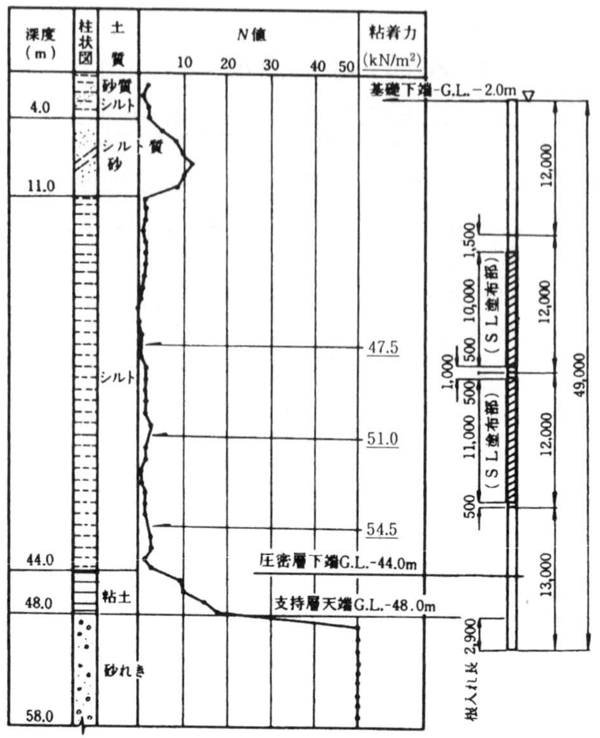

図-2.1 土 質 柱 状 図

常時の許容支持力

$R_{a1} = \sigma_{sa} \cdot A_p = \underline{126 \times 10^{-3}} \times \underline{17,350} = \underline{2,186}$kN/本

表-2.1 周面摩擦力

深度 (m)	層厚 l (m)	平均N値	f (kN/m²)	U・l・f (kN)
44.0～48.0	4.0	13	130 (10N)	1,305
48.0～50.9	2.9	50	100 (2N)	728
U: 杭周長 (2.51m)				UΣ lf = 2,033

P411

2) 地盤条件より定まる許容支持力

先端の極限支持力度

$q_d = 60 \times 3.625 \times 40 = \underline{8,700}$ k N/m²

極限支持力

$R_u = q_d \cdot A + U\Sigma l_i \cdot f_i = \underline{8,700} \times 0.503 + \underline{2,033} = \underline{6,409}$kN/本

常時の許容支持力

$$R_{a2} = \frac{1}{3} \cdot R_u = \frac{6,409}{3} = \underline{2,136}\text{kN/本}$$

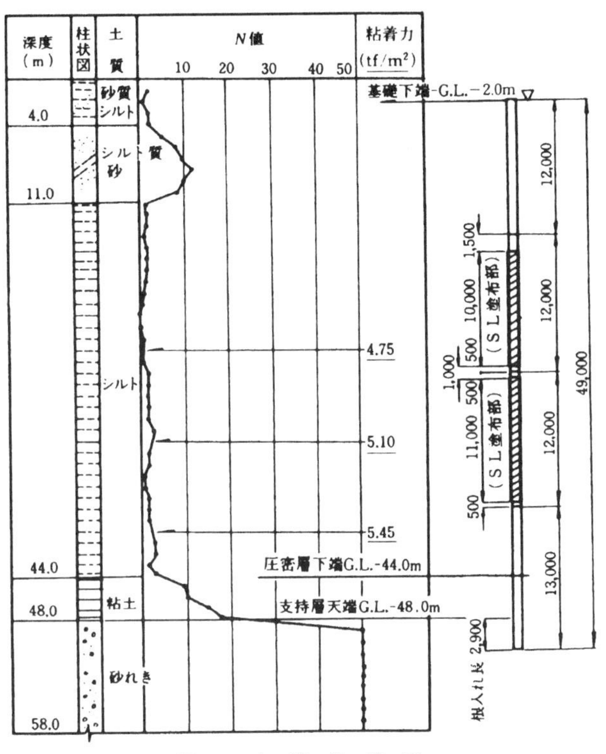

図-2.1 土質柱状図

常時の許容支持力

$R_{a1}=\sigma_{sa}\cdot A_p=1{,}260\times\underline{10^{-3}}\times\underline{173.5}=\underline{219}$tf/本

表-2.1 周面摩擦力

深度 (m)	層厚 l (m)	平均N値	f (tf/m²)	U・l・f (tf)
44.0～48.0	4.0	13	13.0(N)	130.5
48.0～50.9	2.9	50	10.0(N/5)	72.8
				UΣ lf = 203.3

U: 杭周長 (2.51m)

2) 地盤条件より定まる許容支持力

先端の極限支持力度

$q_d=6\times3.625\times\underline{40}=\underline{870}$tf/m²

極限支持力

$R_u=q_d\cdot A+U\Sigma l_i\cdot f_i=870\times0.503+\underline{203.3}=\underline{641}$tf/本

常時の許容支持力

$$R_{a2}=\frac{1}{3}\cdot R_u=\frac{641}{3}=\underline{214\text{tf/本}}$$

頁	SI 単位系

P411

図-2.2 先端の極限支持力度算定図

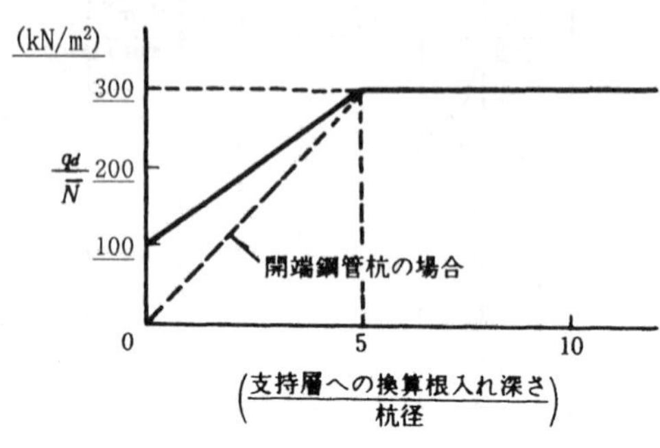

3）許容支持力

R_{a1}＝2,186kN/本＞R_{a2}＝2,136kN/本より

常　時

R_a ＝2,136kN/本

地震時

R_u ＝2,136×1.5＝3,204kN/本

P412

表-2.2 負の周面摩擦力

深度（m）	層厚 l（m）	平均N値	f（kN/m²）	$U \cdot l \cdot f$（kN）
2.0～4.0	2.0	2	20（10N）	100
4.0～11.0	7.0	9	18（2N）	316
11.0～15.4	4.4	－	51	563
15.4～25.4	10.0	SL部	2	50
25.4～26.4	1.0	現場円周溶接部	51	128
26.4～37.4	11.0	SL部	2	55
37.4～44.0	6.6	－	51	845
				Rn_f ＝2,057kN/本

① 鉛直支持力の検討（道示式解-9.4.2）

$$R'_a = \frac{1}{1.5} \cdot R'_u - R_{nf}$$

$$= \frac{1}{1.5} \times 6,409 - 2,057 = 2,216\text{kN/本} > 2,136\text{kN/本}\ \text{OK}$$

② 杭体応力度の検討（道示式解-9.4.3）

$$1.2 \times (P_0 + R_{nf}) = 1.2 \times (1,350 + 2,057)$$

$$= 4,088\text{kN/本} < \sigma_y \cdot A_p = 240 \times 10^{-3} \times 17,350 = 4,164\text{kN/本}$$

OK

頁	従来単位系

P411

図-2.2　先端の極限支持力度算定図

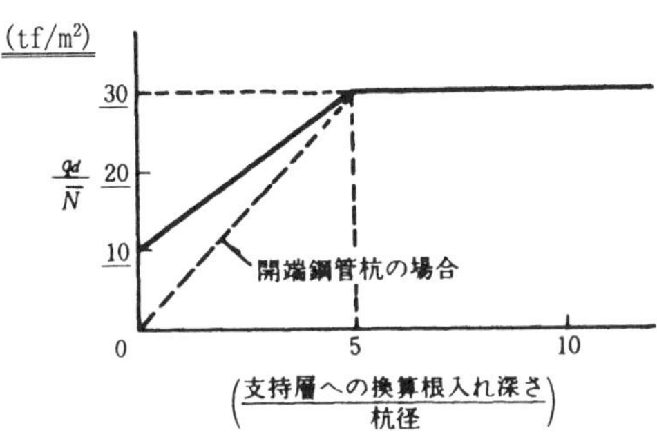

3）許容支持力

R_{a1} = 219tf/本＞R_{a2} = 214tf/本より

常　時

R_a = 214tf/本

地震時

R_u = 214×1.5 = 321tf/本

P412

表-2.2　負の周面摩擦力

深度（m）	層厚 l（m）	平均N値	f（tf/m²）	U・l・f（tf）
2.0～4.0	2.0	2	2.0（10N）	10.0
4.0～11.0	7.0	9	1.8（N/5）	31.6
11.0～15.4	4.4	−	5.1	56.3
15.4～25.4	10.0	SL部	0.2	5.0
25.4～26.4	1.0	現場円周溶接部	5.1	12.8
26.4～37.4	11.0	SL部	0.2	5.5
37.4～44.0	6.6	−	5.1	84.5
				Rn_f = 206tf/本

①鉛直支持力の検討（道示式解-9.4.2）

$$R'_a = \frac{1}{1.5}\cdot R'_u - R_{nf}$$

$$= \frac{1}{1.5}\times 641 - 206 = 221\text{tf/本} > 214\text{tf/本 OK}$$

②杭体応力度の検討（道示式解-9.4.3）

$$1.2\times(P_0 + R_{nf}) = 1.2\times(135 + 206)$$

$$= 409.2\text{tf/本} < \sigma_y \cdot A_p = 2.4\times 173.5 = 416.4\text{tf/本}$$

OK

頁	SI 単位系

P417

図-3.2　橋台に対する杭基礎自動設計プログラムの機能と入力条件

（外力条件）

・橋軸方向に対して単位長さ当りの反力(kN/m)と作用位置を入力

上部工反力　(kN/m)

P424

表-4.1　設計鋼管の一例[1)]

逆Ｔ式橋台（杭基礎）断面力内訳表

1．フーチング中心外力

	項目	浮力無視			浮力考慮		
		鉛直力 N(kN)	水平力 H(kN)	モーメント M(kN・m)	鉛直力 N(kN)	水平力 H(kN)	モーメント M(kN・m)
常時	く体及び土砂	18,503.36	0.00	−	18,503.36	0.00	−
	土圧	2,280.39	3,949.75	−	2,655.45	4,599.38	−
	上部工	3,500.00	0.00	−	3,500.00	0.00	−
	地表面載荷重	486.40	0.00	−	0.00	0.00	−
	浮力	−	−	−	−4,096.00	0.00	−
	合計	24,770.15	3,949.75	−2,934.53	20,562.81	4,599.38	−2,547.17
地震時	く体及び土砂	18,503.36	3,539.79	−	18,503.36	3,539.79	−
	土圧	1,630.81	6,086.27	−	1,630.81	6,086.27	−
	上部工	2,400.00	360.00	−	2,400.00	360.00	−
	浮力	−	−	−	−4,096.00	0.00	−
	合計	22,534.17	9,986.06	26,283.57	18,438.17	9,986.06	26,283.57

2．胸壁断面力計算結果

項目	踏掛版受けのある場合				踏掛版受けのない場合	
	前面（常時）		背面（地震時）		常時	
	N(kN)	M(kN・m)	N(kN)	M(kN・m)	N(kN)	M(kN・m)
踏掛版死荷重反力	−	−	−	−	−	−
踏掛版活荷重反力	−	−	−	−	−	−
土圧	−	−	−	−	17.78	15.11
輪荷重	−	−	−	−	47.04	83.60
自重	−	−	−	−	−	−
合計	−	−	−	−	64.82	98.71

3．たて壁基部断面力計算結果

項目	常時			地震時		
	N(kN)	S(kN)	M(kN・m)	N(kN)	S(kN)	M(kN・m)
く体自重	306.00	0.00	−19.13	306.00	76.50	263.45
上部工	273.44	0.00	27.34	187.50	28.13	205.78
土圧	0.00	248.80	787.40	0.00	345.01	1,035.03
合計	579.44	248.80	795.62	493.50	449.64	1,504.26

頁	従来単位系

P417

図-3.2　橋台に対する杭基礎自動設計プログラムの機能と入力条件

（外力条件）

橋軸方向に対して単位長さ当りの反力(t/m)と作用位置を入力

上部工反力 (t/m)

P424

表-4.1　設計鋼管の一例[1)]

逆T式橋台（杭基礎）断面力内訳表

1．フーチング中心外力

項目		浮力無視			浮力考慮		
		鉛直力 N(tf)	水平力 H(tf)	モーメント M(tf・m)	鉛直力 N(tf)	水平力 H(tf)	モーメント M(tf・m)
常時	く体及び土砂	1,850.336	0.000	－	1,850.336	0.000	－
	土圧	228.039	394.975	－	265.545	459.938	－
	上部工	350.000	0.000	－	350.000	0.000	－
	地表面載荷重	48.640	0.000	－	0.000	0.000	－
	浮力	－	－	－	－409.600	0.000	－
	合計	2,477.015	394.975	－293.453	2,056.281	459.938	－254.717
地震時	く体及び土砂	1,850.336	353.979	－	1,850.336	353.979	－
	土圧	163.081	608.627	－	163.031	608.627	－
	上部工	240.000	36.000	－	240.000	36.000	－
	浮力			－	409.600	0.000	－
	合計	2,253.417	998.606	2,628.357	－1,843.817	998.606	2,628.357

2．胸壁断面力計算結果

項目	踏掛版受けのある場合				踏掛版受けのない場合	
	前面（常時）		背面（地震時）		常時	
	N(tf)	M(tf・m)	N(tf)	M(tf・m)	N(tf)	M(tf・m)
踏掛版死荷重反力	－	－	－	－	－	－
踏掛版活荷重反力	－	－	－	－	－	－
土圧	－	－	－	－	1.778	1.511
輪荷重	－	－	－	－	4.704	8.360
自重	－	－	－	－	－	－
合計	－	－	－	－	6.482	9.871

3．たて壁基部断面力計算結果

項目	常時			地震時		
	N(tf)	S(tf)	M(tf・m)	N(tf)	S(tf)	M(tf・m)
く体自重	30.600	0.000	－1.913	30.600	7.650	26.345
上部工	27.344	0.000	2.734	18.750	2.813	20.578
土圧	0.000	24.880	78.740	0.000	34.501	103.503
合計	57.944	24.880	79.562	49.350	44.964	150.426

頁	SI 単 位 系
P424	4．前フーチング断面力集計結果

項目	浮力無視				浮力考慮			
	常時		地震時		常時		地震時	
	S(kN)	M(kN・m)	S(kN)	M(kN・m)	S(kN)	M(kN・m)	S(kN)	M(kN・m)
合計	677.42	1,268.11	1,114.99	2,055.74	638.29	1,178.16	1,051.13	1,921.28

5．後フーチング断面力集計結果

項目	浮力無視				浮力考慮			
	常時		地震時		常時		地震時	
	S(kN)	M(kN・m)	S(kN)	M(kN・m)	S(kN)	M(kN・m)	S(kN)	M(kN・m)
自重、土砂、載荷重、浮力	726.83	1,196.09	693.83	1,141.64	594.83	978.29	561.83	923.84
土圧鉛直力	134.81	296.57	95.03	209.06	134.81	296.57	95.03	209.06
地盤反力又は杭反力	−598.72	−1,257.32	−34.11	−71.62	451.31	−947.74	82.26	172.74
合計	262.91	235.34	753.75	1,279.07	278.32	327.11	739.11	1,305.64

P425

表-4.1（続　き）

逆T式橋台（杭基礎）チェックリスト

1．安全計算の照査

項目		浮力無視		浮力考慮		判定
		常時	地震時	常時	地震時	
杭押込み力 (kN/本)	設計値	2,588	3,988	2,295	3,616	
	照査値	2,588	3,988	2,295	3,616	
	許容値	3,000	4,500	3,000	4,500	
杭引抜き力 (kN/本)	設計値	0	0	0	263	
	照査値	−	−	−	263	
	許容値	950	1,900	950	1,900	
水平変位 (cm)	設計値	0.77	1.37	0.90	1.37	
	照査値	0.77	1.37	0.90	1.37	
	許容値	1.5	1.5	1.5	1.5	

頁	従来単位系

P424

4. 前フーチング断面力集計結果

項目	浮力無視				浮力考慮			
	常時		地震時		常時		地震時	
	S(tf)	M(tf・m)	S(tf)	M(tf・m)	S(tf)	M(tf・m)	S(tf)	M(tf・m)
合計	67.742	126.811	111.499	205.574	63.829	117.816	105.113	192.128

5. 後フーチング断面力集計結果

項目	浮力無視				浮力考慮			
	常時		地震時		常時		地震時	
	S(tf)	M(tf・m)	S(tf)	M(tf・m)	S(tf)	M(tf・m)	S(tf)	M(tf・m)
自重、土砂、載荷重、浮力	72.683	119.609	69.383	114.164	59.483	97.829	56.183	92.384
土圧鉛直力	13.481	29.657	9.503	20.906	13.481	29.657	9.503	20.906
地盤反力又は杭反力	−69.872	−125.732	−3.411	−7.162	45.131	−94.774	8.226	17.274
合計	26.291	23.534	75.375	127.907	27.832	32.711	73.911	130.564

P425

表-4.1（続　き）

逆T式橋台（杭基礎）チェックリスト

1. 安全計算の照査

項目		浮力無視		浮力考慮		判定
		常時	地震時	常時	地震時	
杭押込み力(tf/本)	設計値	258.8	398.8	229.5	361.6	
	照査値	258.8	398.8	229.5	361.6	
	許容値	300.0	450.0	300.0	450.0	
杭引抜き力(tf/本)	設計値	0.0	0.0	0.0	26.3	
	照査値	−	−	−	26.3	
	許容値	950	1,900	950	190.0	
水平変位(cm)	設計値	0.77	1.37	0.90	1.37	
	照査値	0.77	1.37	0.90	1.37	
	許容値	1.5	1.5	1.5	1.5	

頁	SI 単 位 系
P425	

2. 部材曲げ応力度の照査

			断面力の比較		応力度の比較(N/mm²)				判定
			M(kN·m)	N(kN)	σc	σca	σs	σsa	
①－① 胸壁	常時	設計値	99	－	4.12	－	121.31	－	
		照査値	99	－	4.12	7.0	121.31	160.0	
	地震時	設計値	－	－	－	－	－	－	
		照査値	－	－	－	－	－	－	
②－② たて壁	地震時	設計値	1,505	494	5.77	－	253.31	－	
		照査値	1,504	494	5.77	10.5	253.24	270.0	
③－③ フーチング	常時	設計値	1,268	－	3.23	－	145.51	－	
		照査値	1,268	－	3.23	7.0	145.51	160.0	
④－④ フーチング	地震時	設計値	1,306	－	3.91	－	237.58	－	
		照査値	1,306	－	3.91	10.5	237.58	270.0	
⑤－⑤ 杭本体	常時	設計値	1,097	0	7.69	－	174.49	－	
		照査値	1,097	1,444	7.79	8.0	105.31	160.0	
⑥－⑥ 杭頭	地震時	設計値	－1,560	－263	9.45	－	229.74	－	
		照査値	－1,560	－263	9.45	10.5	229.74	270.0	

3. 部材せん断応力度の照査

			断面力の比較	応力度の比較(N/mm²)		判定
			S(kN)	τ	τa	
①－① 胸壁	常時	設計値	65	0.16	－	
		照査値	65	0.16	0.72	
	地震時	設計値	－	－	－	
		照査値	－	－	－	
②－② たて壁	地震時	設計値	450	0.28	－	
		照査値	450	0.28	0.57	
③－③ フーチング	地震時	設計値	1,195	0.77	－	
		照査値	1,195	0.77	0.96	
④－④ フーチング	地震時	設計値	502	0.29	－	
		照査値	502	0.29	0.96	

たて壁中間鉄筋定着位置の照査結果

		単位	照査値	許容値	判定
鉄筋定着位置	σs	N/mm²	109.18	135.0	
定着長分下がった位置	σc		3.15	10.5	
	σs		160.78	270.0	
	τm		0.15	0.39	

頁	従来単位系
P425	

2．部材曲げ応力度の照査

			断面力の比較		応力度の比較(kgf/cm^2)				判定
			M(tf·m)	N(tf)	σc	σca	σs	σsa	
①－①胸壁	常時	設計値	9.9	－	41.2	－	1,213.1	－	
		照査値	9.9	－	41.2	70.0	1,213.1	1,600.0	
	地震時	設計値	－	－	－	－	－	－	
		照査値	－	－	－	－	－	－	
②－②たて壁	地震時	設計値	150.5	49.4	57.7	－	2,533.1	－	
		照査値	150.4	49.4	57.7	105.0	2,532.4	2,700.0	
③－③フーチング	常時	設計値	126.8	－	32.3	－	1,455.1	－	
		照査値	126.8	－	32.3	70.0	1,455.1	1,600.0	
④－④フーチング	地震時	設計値	130.6	－	39.1	－	2,375.8	－	
		照査値	130.6	－	39.1	105.0	2,375.8	2,700.0	
⑤－⑤杭本体	常時	設計値	109.7	0.0	76.9	－	1,744.9	－	
		照査値	109.7	144.4	77.9	80.0	1,053.1	1,600.0	
⑥－⑥杭頭	地震時	設計値	－156.0	－26.3	94.5	－	2,297.4	－	
		照査値	－156.0	－26.3	94.5	105.0	2,297.4	2,700.0	

3．部材せん断応力度の照査

			断面力の比較	応力度の比較(kgf/cm^2)		判定
			S(tf)	τ	τa	
①－①胸壁	常時	設計値	6.5	1.6	－	
		照査値	6.5	1.6	7.2	
	地震時	設計値	－	－	－	
		照査値	－	－	－	
②－②たて壁	地震時	設計値	45.0	2.8	－	
		照査値	45.0	2.8	5.7	
③－③フーチング	地震時	設計値	119.5	7.7	－	
		照査値	119.5	7.7	9.6	
④－④フーチング	地震時	設計値	50.2	2.9	－	
		照査値	50.2	2.9	9.6	

たて壁中間鉄筋定着位置の照査結果

		単位	照査値	許容値	判定
鉄筋定着位置	σs	kgf/cm^2	1,091.8	1,350	
定着長分下がった位置	σc		31.5	105	
	σs		1,607.8	2,700	
	τm		1.5	3.9	

頁	SI 単 位 系
P426	表-4.1（続　き）

張出式橋脚（杭基礎）断面力内訳表

1．フーチング底面中心外力

項目			橋軸方向			橋軸直角方向		
			鉛直力 N(kN)	水平力 H(kN)	モーメント M(kN・m)	鉛直力 N(kN)	水平力 H(kN)	モーメント M(kN・m)
常時	柱基部外力		9,426.45	0.00	0.00	9,426.45	0.00	0.00
	柱基部水平力×底版高		0.00	0.00	0.00	0.00	0.00	0.00
	底版自重		2,703.00	0.00	0.00	2,703.00	0.00	0.00
	土砂自重		2,200.59	0.00	0.00	2,200.59	0.00	0.00
	浮力		−1,832.72	0.00	0.00	−1,832.72	0.00	0.00
	合計	浮力無視	14,330.04	0.00	0.00	14,330.04	0.00	0.00
		浮力考慮	10,296.73	0.00	0.00	10,296.73	0.00	0.00
地震時	柱基部外力		8,066.45	1,617.29	14,996.03	8,066.45	1,617.29	16,288.03
	柱基部水平力×底版高		0.00	0.00	2,911.12	0.00	0.00	2,911.12
	底版自重		2,703.00	540.60	458.22	2,703.00	540.60	458.22
	土砂自重		2,200.59	0.00	0.00	2,200.59	0.00	0.00
	浮力		−1,582.21	0.00	0.00	−1,582.21	0.00	0.00
	合計	浮力無視	12,970.04	2,157.89	18,365.37	12,970.04	2,157.89	19,657.37
		浮力考慮	9,187.24	2,313.64	18,912.70	9,187.24	2,175.87	19,720.54

2．梁断面計算結果

項目	鉛直方向		水平方向	
	常時		地震時	
	S(kN)	M(kN・m)	S(kN)	M(kN・m)
合計	1,192.75	2,960.83	218.40	500.57

3．柱基部断面計算結果

項目		橋軸方向			橋軸直角方向		
		鉛直力 N(kN)	水平力 H(kN)	モーメント M(kN・m)	鉛直力 N(kN)	水平力 H(kN)	モーメント M(kN・m)
常時	く体	4,286.45	0.00	0.00	4,286.45	0.00	0.00
	上部工	5,140.00	0.00	0.00	5,140.00	0.00	0.00
	合計	9,426.45	0.00	0.00	9,426.45	0.00	0.00
地震時	く体	4,286.45	857.29	5,724.03	4,286.45	857.29	5,724.03
	上部工	3,780.00	760.00	9,272.00	3,780.00	760.00	10,564.00
	動水圧	0.00	155.75	266.99	0.00	17.98	30.82
	合計	8,066.45	1,773.04	15,263.02	8,066.45	1,635.27	16,318.85

表-4.1（続　き）

張出式橋脚（杭基礎）断面力内訳表

1．フーチング底面中心外力

項目			橋軸方向			橋軸直角方向		
			鉛直力 N(tf)	水平力 H(tf)	モーメント M(tf・m)	鉛直力 N(tf)	水平力 H(tf)	モーメント M(tf・m)
常時	柱基部外力		942.645	0.000	0.000	942.645	0.000	0.000
	柱基部水平力×底版高		0.000	0.000	0.000	0.00	0.000	0.000
	底版自重		270.300	0.000	0.000	270.300	0.000	0.000
	土砂自重		220.059	0.000	0.000	220.059	0.000	0.000
	浮力		－183.272	0.000	0.000	－183.272	0.000	0.000
	合計	浮力無視	1,433.004	0.000	0.000	1,433.004	0.000	0.000
		浮力考慮	1,029.673	0.000	0.000	1,029.673	0.000	0.000
地震時	柱基部外力		806.645	161.729	1,499.603	806.645	161.729	1,628.803
	柱基部水平力×底版高		0.000	0.000	291.112	0.000	0.000	291.112
	底版自重		270.300	54.060	45.822	270.300	54.060	45.822
	土砂自重		220.059	0.000	0.000	220.059	0.000	0.000
	浮力		－158.221	0.000	0.000	－158.221	0.000	0.000
	合計	浮力無視	1,297.004	215.789	1,836.537	1,297.004	215.789	1,965.737
		浮力考慮	918.724	231.364	1,891.270	918.724	217.587	1,972.054

2．梁断面計算結果

項目	鉛直方向		水平方向	
	常時		地震時	
	S(tf)	M(tf・m)	S(tf)	M(tf・m)
合計	119.275	296.083	21.840	50.057

3．柱基部断面計算結果

項目		橋軸方向			橋軸直角方向		
		鉛直力 N(tf)	水平力 H(tf)	モーメント M(tf・m)	鉛直力 N(tf)	水平力 H(tf)	モーメント M(tf・m)
常時	く体	428.645	0.000	0.000	428.645	0.000	0.000
	上部工	514.000	0.000	0.000	514.000	0.000	0.000
	合計	942.645	0.000	0.000	942.645	0.000	0.000
地震時	く体	428.645	85.729	572.403	428.645	85.729	572.403
	上部工	378.000	76.000	927.200	378.000	76.000	1,056.400
	動水圧	0.000	15.575	26.699	0.000	1.798	3.082
	合計	808.645	177.304	1,526.302	806.645	163.527	1,631.885

頁	S I 単 位 系

P426

4．フーチング断面計算結果

項目		橋軸方向				橋軸直角方向			
		浮力無視		浮力考慮		浮力無視		浮力考慮	
		S(kN)	M(kN・m)	S(kN)	M(kN・m)	S(kN)	M(kN・m)	S(kN)	M(kN・m)
上面	常時	−569.71	−752.87	518.36	−709.90	58.65	20.23	18.63	6.43
	地震時	−19.79	187.46	34.07	240.37	58.65	20.23	18.63	6.43
下面	常時	569.71	752.87	518.36	709.90	−58.65	−20.23	−18.63	−6.43
	地震時	962.70	1,476.11	942.78	1,483.08	−58.65	−20.23	−18.63	−6.43

P427

表-4.1（続　き）

張出式橋脚（杭基礎）橋軸直角方向チェックリスト

5．橋軸直角安定計算の照査

項目		浮力無視		浮力考慮		判定
		常時	地震時	常時	地震時	
杭押込み力(kN/本)	設計値	1,102	1,854	792	1,567	
	照査値	1,102	1,854	792	1,567	
	許容値	1,700	2,550	1,700	2,550	
杭引抜き力(kN/本)	設計値	0	0	0	153	
	照査値	0	0	0	153	
	許容値	0	300	0	300	
地平変位(cm)	設計値	0.00	0.49	0.00	0.49	
	照査値	0.00	0.49	0.00	0.49	
	許容値	1.50	1.50	1.50	1.50	

6．橋軸直角方向部材曲げ応力度の照査

項目			断面力の比較		応力度の比較(N/mm²)				判定
			M(kN·m)	N(kN)	σc	σca	σs	σsa	
はり	常時	設計値	2.960	−	3.82	−	149.06	−	
		照査値	2.961	−	3.82	7.0	149.06	180.0	
柱基部	地震時	設計値	16.319	8,066	1.97	−	15.92	−	
		照査値	16.319	8,066	1.97	10.5	15.92	270.0	
フーチング下面	−	設計値	−20	−	0.0	−	0.0	−	
		照査値		−		−		−	
フーチング上面	常時	設計値	20	−	0.22	−	18.40	−	
		照査値	46	−	0.22	7.0	18.40	160.0	
杭本体	地震時	設計値	157	1,854	153.30	−	60.46	−	
		照査値	157	1,854	153.30	210.0	60.46	210.0	
杭頭	地震時	設計値	−177	−131	5.00	−	236.22	−	
		照査値	−159	−153	4.54	10.5	225.84	270.0	

頁	従来単位系
P426	4．フーチング断面計算結果

項目		橋軸方向				橋軸直角方向			
		浮力無視		浮力考慮		浮力無視		浮力考慮	
		S(tf)	M(tf・m)	S(tf)	M(tf・m)	S(tf)	M(tf・m)	S(tf)	M(tf・m)
上面	常時	−56.971	−75.287	−51.836	−70.990	5.865	2.023	1.863	0.643
	地震時	−1.979	18.746	3.407	24.037	5.865	2.023	1.863	0.643
下面	常時	56.971	75.287	51.836	70.990	−5.865	−2.023	−1.863	−0.643
	地震時	96.270	147.611	94.278	148.308	−5.865	−2.023	−1.863	−0.643

P427

表-4.1（続　き）

張出式橋脚（杭基礎）橋軸直角方向チェックリスト

5．橋軸直角安定計算の照査

項目		浮力無視		浮力考慮		判定
		常時	地震時	常時	地震時	
杭押込み力 (tf/本)	設計値	110.2	185.4	79.2	156.7	
	照査値	110.2	185.4	79.2	156.7	
	許容値	170.0	255.0	170.0	255.0	
杭引抜き力 (tf/本)	設計値	0.0	0.0	0.0	15.3	
	照査値	0.0	0.0	0.0	15.3	
	許容値	0.0	30.0	0.0	30.0	
地平変位 (cm)	設計値	0.00	0.49	0.00	0.49	
	照査値	0.00	0.49	0.00	0.49	
	許容値	1.50	1.50	1.50	1.50	

6．橋軸直角方向部材曲げ応力度の照査

項目			断面力の比較		応力度の比較(kgf/cm^2)				判定
			M(tf·m)	N(tf)	σc	σca	σs	σsa	
はり	常時	設計値	296.0	−	38.2	−	1,490.6	−	
		照査値	296.1	−	38.2	7.0	1,490.6	1,800.0	
柱基部	地震時	設計値	1,631.9	806.6	19.7	−	159.2	−	
		照査値	1,631.9	806.6	19.7	105.0	159.2	2,700.0	
フーチング下面	−	設計値	−2.0	−	0.0	−	0.0	−	
		照査値		−		−		−	
フーチング上面	常時	設計値	2.0	−	2.2	−	184.0	−	
		照査値	4.6	−	2.2	70.0	184.0	1,600.0	
杭本体	地震時	設計値	15.7	185.4	1,533.0	−	604.6	−	
		照査値	15.7	185.4	1,833.0	2,100.0	604.6	2,100.0	
杭頭	地震時	設計値	−17.7	−13.1	50.0	−	2,362.2	−	
		照査値	−15.9	−15.3	45.4	105.0	2,258.4	2,700.0	

7．橋軸直角方向部材せん断応力度の照査

項目			断面力の比較	応力度の比較(N/mm²)		判定
			S(kN)	τ	τa	
はり	常時	設計値	1,193	0.57	−	
		照査値	1,193	0.57	1.60	
柱基部	地震時	設計値	1,635	0.13		
		照査値	1,635	0.13	0.68	
フーチング下面	常時	設計値	59	0.04		
		照査値	59	0.04	0.72	
フーチング上面	常時	設計値	59	0.03		
		照査値	59	0.04	0.72	

橋軸直角方向柱鉄筋定着位置の照査結果

項目		段落し①		段落し②		判定
		照査値	許容値	照査値	許容値	
鉄筋定着位置	σs	2.97	135.0	−	−	
定着長分下がった位置	σc	1.23	10.5	−	0.0	
	σs	4.26	270.0	−	−	
	τm	0.10	0.48	−	−	

P428

表-4.1（続　き）

張出式橋脚（杭基礎）橋軸方向チェックリスト

5．橋軸安定計算の照査

項目		浮力無視		浮力考慮		判定
		常時	地震時	常時	地震時	
杭押込み力(kN/本)	設計値	1,102	1,806	792	1,544	
	照査値	1,102	1,806	792	1,544	
	許容値	1,700	2,550	1,700	2,550	
杭引抜き力(kN/本)	設計値	0	0	0	131	
	照査値	0	0	0	131	
	許容値	0	300	0	300	
地平変位(cm)	設計値	0.00	0.48	0.00	0.51	
	照査値	0.00	0.48	0.00	0.51	
	許容値	1.50	1.50	1.50	1.50	

7．橋軸直角方向部材せん断応力度の照査

項目			断面力の比較	応力度の比較（kgf/cm²）		判定
			S（tf）	τ	τa	
はり	常時	設計値	119.3	5.7	－	
		照査値	119.3	5.7	16.0	
柱基部	地震時	設計値	163.5	1.3	－	
		照査値	163.5	1.3	6.8	
フーチング下面	常時	設計値	5.9	0.4	－	
		照査値	5.9	0.4	7.2	
フーチング上面	常時	設計値	5.9	0.3	－	
		照査値	5.9	0.4	7.2	

橋軸直角方向柱鉄筋定着位置の照査結果

項目		段落し①		段落し②		判定
		照査値	許容値	照査値	許容値	
鉄筋定着位置	σs	29.7	1,350.0	－	－	
定着長分下がった位置	σc	12.3	105.0	－	0.0	
	σs	42.6	2,700.0	－	－	
	τm	1.0	4.8	－	－	

P428

表-4.1（続　き）

張出式橋脚（杭基礎）橋軸方向チェックリスト

5．橋軸安定計算の照査

項目		浮力無視		浮力考慮		判定
		常時	地震時	常時	地震時	
杭押込み力（tf/本）	設計値	110.2	180.6	79.2	154.4	
	照査値	110.2	180.6	79.2	154.4	
	許容値	170.0	255.0	170.0	255.0	
杭引抜き力（tf/本）	設計値	0.0	0	0	13.1	
	照査値	0.0	0	0	13.1	
	許容値	0.0	30.0	0	30.0	
地平変位（cm）	設計値	0.00	0.48	0.00	0.51	
	照査値	0.00	0.48	0.00	0.51	
	許容値	1.50	1.50	1.50	1.50	

頁	SI 単 位 系

P428

2．橋軸直角方向部材曲げ応力度の照査

項目			断面力の比較		応力度の比較(N/mm²)				判定
			M(kN·m)	N(kN)	σc	σca	σs	σsa	
はり	地震時	設計値	501	−	1.55	−	201.06	−	
		照査値	501	−	1.55	10.5	201.06	270.0	
柱基部	地震時	設計値	15,263	8,066	6.76	−	212.20	−	
		照査値	15,263	8,066	6.76	10.5	212.20	270.0	
フーチング下面	地震時	設計値	1,483	−	4.99	−	240.77	−	
		照査値	1,483	−	4.99	10.5	240.77	270.0	
フーチング上面	地震時	設計値	240	−	1.18	−	97.97	−	
		照査値	240	−	1.18	10.5	97.97	270.0	
杭本体	地震時	設計値	0	0	0.00	−	0.00	−	
		照査値	162	1,8064	151.91	210.0	56.26	210.0	
杭頭	地震時	設計値	0	0	0.00	−	0.00	−	
		照査値	−177	−131	5.00	10.5	236.22	270.0	

3．橋軸方向部材せん断応力度の照査

項目			断面力の比較	応力度の比較 (N/mm²)		判定
			S(kN)	τ	τa	
はり	地震時	設計値	218	0.10	−	
		照査値	218	0.07	0.93	
柱基部	地震時	設計値	1,773	0.14	−	
		照査値	1,773	0.14	0.58	
フーチング下面	地震時	設計値	0	0.00	−	
		照査値	816	0.56	0.97	
フーチング上面	常時	設計値	0	0.00	−	
		照査値	464	0.32	0.58	

橋軸直角方向柱鉄筋定着位置の照査結果

項目		段落し①		段落し②		判定
		照査値	許容値	照査値	許容値	
鉄筋定着位置	σs	121.41	135.0	−	−	
定着長分下がった位置	σc	4.60	10.5	−	−	
	σs	154.54	270.0	−	−	
	τm	0.10	0.4	−	−	

P429

(1) 概　要

ここに，R_a：杭頭における杭の軸方向許容押込み支持力(kN)

R_u：地盤から決まる杭の極限支持力（kN）

W_s：杭で置き換えられる部分の土の有効重量（kN）

W ：杭および杭内部の土の有効重量（kN）

頁	従来単位系

P428

2．橋軸直角方向部材曲げ応力度の照査

項目			断面力の比較		応力度の比較 (kgf/cm²)				判定
			M (tf·m)	N (tf)	σc	σca	σs	σsa	
はり	地震時	設計値	50.1	－	15.5	－	2,010.6	－	
		照査値	50.1	－	15.5	105.0	2,010.6	2,700.0	
柱基部	地震時	設計値	1,526.3	806.6	67.6	－	2,122.0	－	
		照査値	1,526.3	806.6	67.6	105.0	2,122.0	2,700.0	
フーチング下面	地震時	設計値	148.3	－	49.9	－	2407.7	－	
		照査値	148.3	－	49.9	105.0	2407.7	2,700.0	
フーチング上面	地震時	設計値	24.0	－	11.8	－	979.7	－	
		照査値	24.0	－	11.8	105.0	979.7	2,700.0	
杭本体	地震時	設計値	0.0	0.0	0.0	－	0.0	－	
		照査値	16.2	180.6	1,519.1	2,100.0	562.6	2,100.0	
杭頭	地震時	設計値	0.0	0.0	0.0	－	0.0	－	
		照査値	－17.7	－13.1	50.0	105.0	2,362.2	2,700.0	

3．橋軸方向部材せん断応力度の照査

項目			断面力の比較	応力度の比較 (kgf/cm²)		判定
			S (tf)	τ	τa	
はり	地震時	設計値	21.8	1.0	－	
		照査値	21.8	0.7	9.3	
柱基部	地震時	設計値	177.3	1.4	－	
		照査値	177.3	1.4	5.8	
フーチング下面	地震時	設計値	0.0	0.0	－	
		照査値	81.6	5.6	9.7	
フーチング上面	常時	設計値	0.0	0.0	－	
		照査値	46.4	3.2	5.8	

橋軸直角方向柱鉄筋定着位置の照査結果

項目		段落し①		段落し②		判定
		照査値	許容値	照査値	許容値	
鉄筋定着位置	σs	1,214.1	1,350.0	－	－	
定着長分下がった位置	σc	46.0	105.0	－	－	
	σs	1,545.4	2,700.0	－	－	
	τm	0.1	4.0	－	－	

P429

(1) 概　要

ここに，R_a：杭頭における杭の軸方向許容押込み支持力(tf)

R_u：地盤から決まる杭の極限支持力 (tf)

W_s：杭で置き換えられる部分の土の有効重量 (tf)

W ：杭および杭内部の土の有効重量 (tf)

頁	SI 単位系
P430	**(2) 杭の支持力の信頼性評価** ここに，R ：杭の鉛直極限支持力（kN） q_d：先端極限支持力度（kN/m²）
P431	**(2) 杭の支持力の信頼性評価** f_i：i層の最大周面摩擦力度（kN/m²） $\sigma_p{}^2=\overline{\alpha}_p{}^2\cdot\sigma_{NP}{}^2+\underline{\sigma}_{\alpha p}{}^2\cdot\overline{N}_p{}^2$ 【誤植】 $\sigma_{fi}{}^2=\overline{\alpha}_{fi}{}^2\cdot\sigma_{Ni}{}^2+\underline{\sigma}_{\alpha fi}{}^2\cdot\overline{N}_i{}^2$ 【誤植】 $V_R=\underline{\sqrt{\sigma_R{}^2/R}}$ ………(5.5) 【誤植】
P433	**表-5.3 係数 α_f，α_p の基本統計量**

		データ数	平均値	標準偏差	平均値
周面 αf	砂質土	40	4.12	2.52	0.611
	粘性土	35	15.77	10.60	0.672
先端	αp	16	106.19	57.42	0.541

(3) 支持力係数の不確実性と載荷試験の効果

……に設定するとV≒0.03 α の関係式が得られる。

P434 **図-5.3 支持力係数の平均値と変動係数の関係**

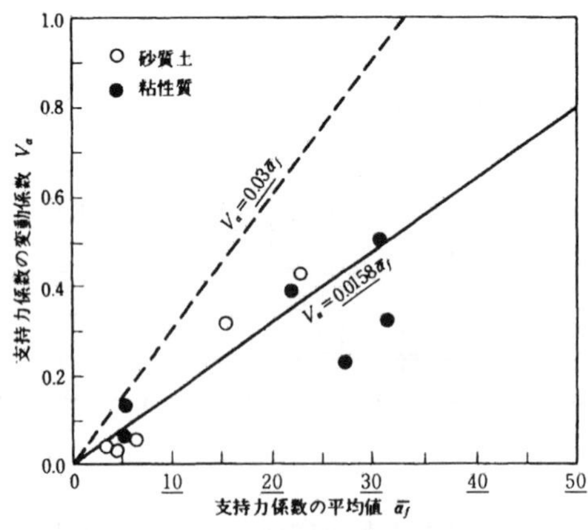

$$P=\int_{-\infty}^{Ru10}\frac{1}{\underline{\sqrt{2\pi}\cdot\sigma_R}}\exp\left\{-\frac{1}{2}\left(\frac{x-\overline{Ru}}{\sigma_R}\right)^2\right\}dx$$

頁	従来単位系

P430

(2) 杭の支持力の信頼性評価

ここに，R ：杭の鉛直極限支持力（tf）

q d ：先端極限支持力度（tf/m^2）

P431

(2) 杭の支持力の信頼性評価

f_i：i層の最大周面摩擦力度（tf/m^2）

$$\sigma_p{}^2 = \overline{\alpha}_p{}^2 \cdot \sigma_{NP}{}^2 + \delta_{\alpha p}{}^2 \cdot \overline{N}_p{}^2$$

$$\sigma_{fi}{}^2 = \overline{\alpha}_{fi}{}^2 \cdot \sigma_{Ni}{}^2 + \delta_{\alpha fi}{}^2 \cdot \overline{N}_i{}^2$$

$$V_R = \sqrt{\sigma_R{}^2 / R} \quad \cdots\cdots(5.5)$$

P433

表-5.3　係数α_f，α_pの基本統計量

		データ数	平均値	標準偏差	平均値
周面	砂質土	40	0.412	0.252	0.611
αf	粘性土	35	1.577	1.060	0.672
先端	αp	16	10.619	5.742	0.541

(3) 支持力係数の不確実性と載荷試験の効果

……に設定するとV≒0.3αの関係式が得られる。

P434

図-5.3　支持力係数の平均値と変動係数の関係

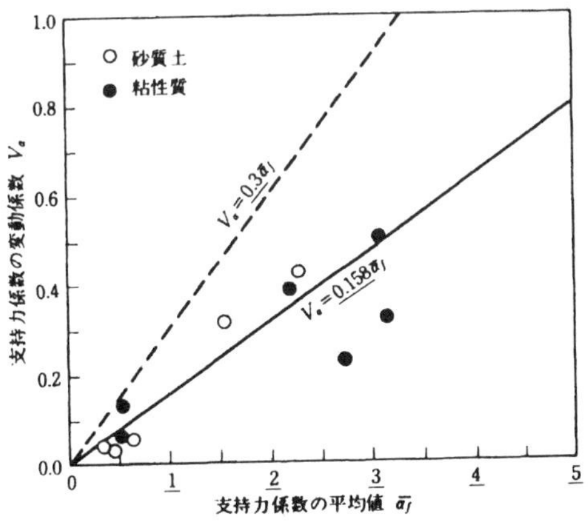

$$P = \int_{-\infty}^{Ru10} \frac{1}{\sqrt{2\pi \cdot \sigma_R}} \exp\left\{-\frac{1}{2}\left(\frac{x-\overline{Ru}}{\sigma_R}\right)^2\right\} dx$$

頁	SI 単 位 系

P436

表-5.4　推定法別の支持力の平均値とばらつき

ケース	支持力の種類		層厚 l_i (m)	係数 $\overline{\alpha}_f$ $\overline{\alpha}_p$	係数の分散 σ^2	N値 $\overline{N}$	N値の分散 σm^2	支持力の平均値 $\overline{R}$(kN)	支持力の分散 $\sigma_R^2 \times 10^2$	支持力の変動係数 V_R
(a)	周面	Ds	2.3	4.12	6.4	5.8	2.073	2,561	16,159	0.496
		Df	11.9	4.12	6.4	13.0	1.998			
		Ds	0.8	4.12	6.4	37.0	14.302			
	先端		−	106.20	3,301.0	40.9	18.447	3,408	35,278	0.551
	計		−	−	−	−	−	5,969	51,437	0.380
(b)	周面	Ds	2.3	30.00	729.0	(a)に同じ	(a)に同じ	4,658	18,129	0.289
		Df	11.9	6.20	1.3					
		Ds	0.8	4.12	0.3					
	先端		−	68.90	1,389.4			2,211	14,848	0.551
	計		−	−	−			6,869	32,978	0.264
(c)	周面	Ds	2.3	4.12	2.60	(a)に同じ	(a)に同じ	2,561	1,147	0.132
		Df	11.9	4.12	0.26					
		Ds	0.8	4.12	0.26					
	先端		−	106.20	3,301.0			3,408	35,278	0.551
	計		−	−				5,969	36,425	0.320

P436～
P437

(4) 試算例

……（杭周面の変動係数は$0.03\overline{\alpha}$f，杭先端の変動係数はケース(a)に同じ）を用いて支 持力を推定したものである。なお，載荷試験では杭の極限支持力は7,000kNと判定されている。

……杭周面のばらつきを表す分散のみ「１橋１載荷試験」の変動係数0.03から得られる値を採用したものである。

ここに，$\overline{R}$＝5,969kN(ケース(a)，(c)とも同じ)：杭の極限支持力の平均値

ケース(a)：$S = Ra = \frac{1}{3}(5{,}969 - 118) + 118 - 177 = 1{,}892\text{kN}$

ケース(c)：$S = Ra = \frac{1.2}{3}(5{,}969 - 118) + 118 - 177 = 2{,}282\text{kN}$

ここで，W_s：$10\text{kN/m}^3 \times 15\text{m} \times 0.785\text{m}^2 = 118\text{kN}$

W　：$15 \times 15 \times 0.785 = 177\text{kN}$

ケース(a)：$\beta = \frac{l_n(5{,}969 / 1{,}892)}{\sqrt{0.320^2 + 0.1^2}} = 2.93$

ケース(c)：$\beta = \frac{l_n(5{,}969 / 2{,}282)}{\sqrt{0.320^2 + 0.1^2}} = 2.87$

頁	従来単位系

P436

表-5.4 推定法別の支持力の平均値とばらつき

ケース	支持力の種類		層厚 l_i (m)	係数 $\overline{\alpha}_f$ $\overline{\alpha}_p$	係数の分散 σ^2	N値 $\overline{N}$	N値の分散 σm^2	支持力の平均値 R(tf)	支持力の分散 σ_R^2	支持力の変動係数 V_R
(a)	周面	Ds	2.3	0.412	0.064	5.8	2.073	256.1	16,159	0.496
		Df	11.9	0.412	0.064	13.0	1.998			
		Ds	0.8	0.412	0.064	37.0	14.302			
	先端		—	10.620	33.010	40.9	18.447	340.8	35,278	0.551
	計		—	—	—	—	—	596.9	51,437	0.380
(b)	周面	Ds	2.3	3.000	7.290	(a)に同じ	(a)に同じ	465.8	18,129	0.289
		Df	11.9	0.620	0.013					
		Ds	0.8	0.412	0.003					
	先端		—	6.890	13.894			221.1	14,848	0.551
	計		—	—	—			686.9	32,978	0.264
(c)	周面	Ds	2.3	0.412	0.026	(a)に同じ	(a)に同じ	256.1	1,147	0.132
		Df	11.9	0.412	0.0026					
		Ds	0.8	0.412	0.0026					
	先端		—	10.620	33.010			340.8	35,278	0.551
	計		—	—	—			596.9	36,425	0.320

P436～
P437

(4) 試 算 例

……（杭周面の変動係数は$0.3\overline{\alpha}$f，杭先端の変動係数はケース(a)に同じ）を用いて支持　力を 推定したものである。なお，載荷試験では杭の極限支持力は700tfと判定されている。

……杭周面のばらつきを表す分散のみ「１橋１載荷試験」の変動係数0.3から得られるを採用したものである。

ここに，＝596.9tf(ケース(a)，(c)とも同じ)：杭の極限支持力の平均値

ケース(a)：$S = Ra = \frac{1}{3}(\underline{596.9} - \underline{11.8}) + \underline{11.8} - \underline{17.7} = \underline{189.2\text{tf}}$

ケース(c)：$S = Ra = \frac{1.2}{3}(\underline{596.9} - \underline{11.8}) + \underline{11.8} - \underline{17.7} = \underline{228.2\text{tf}}$

ここで，Ｗｓ：1.0tf/m3×15m×0.785m2＝11.8tf
　　　　Ｗ　：1.5×15×0.785＝17.7tf

ケース(a)：$\beta = \frac{l_n(\underline{596.9} / \underline{189.2})}{\sqrt{0.320^2 + 0.1^2}} = 2.93$

ケース(c)：$\beta = \frac{l_n(\underline{596.9} / \underline{228.2})}{\sqrt{0.320^2 + 0.1^2}} = 2.87$

頁	SI 単 位 系

このように両ケースとも β =3程度で同一の支持力信頼性を有している。しかし，道示データによる場合は許容支持力Ｒa＝1,890kN程度であるのに対し，載荷試験結果を支持力推定に反映させた場合は安全率の補正係数 γ ＝1.2を考慮して，Ｒa＝2,280kNまで許容支持力を高く設定することができる。

P441 **図-6.1　完全弾塑性型の地盤反力モデル**

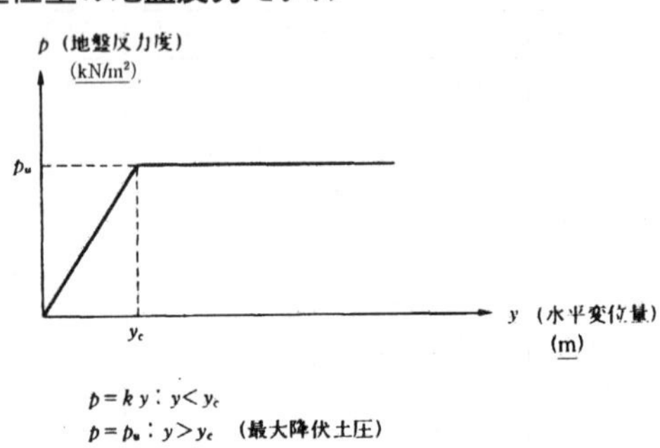

P448 **図-6.7　試験地盤の土質柱状図**

杭・地下水位 試料 (GL-0〜)	柱状図	土質名	粒度組成 0 (B_0) 100	N 値	q_u (kN/m²)	E_s (kN/m²)	備考
0〜10		細砂		11 12 11 12 10		850 11,040 2,010 2,300 8,480 2,950	E_sはプレシオメータによる
12〜14		粘土質砂		8 7			
14〜16		れき混り礫		16			
16〜20		シルト		2 2	1,050		
(23.5)（杭先端部）		シルト		2	53		

○印：ひずみ判定点

測定方法	
荷重(1)点	ジャッキ目盛 ロードセル プルージングリング (　　)
変位(8)点	スケール ダイヤルゲージ 電気式記録計 (　　)
回転角( )点	ダイヤルゲージ 水管式傾斜計 電気的傾斜計 (　　)
歪度(10)点	WSG 鉄筋計 モールドゲージ (カールソン型)
地盤変化23点	ダイヤルゲージ

P448 **1）水平載荷試験概要**

道示のｋH値はＥ0＝2,800Ｎによって算定し，求められたｋH値を1.5倍することにより，弾塑性解析のｋH値とした。

頁	従来単位系

このように両ケースとも β =3程度で同一の支持力信頼性を有している。しかし，道示データによる場合は許容支持力Ｒa＝189tf程度であるのに対し，載荷試験結果を支持力推定に反映させた場合は安全率の補正係数 γ = 1.2を考慮して，Ｒa＝228tfまで許容支持力を高く設定することができる。

P441 **図-6.1　完全弾塑性型の地盤反力モデル**

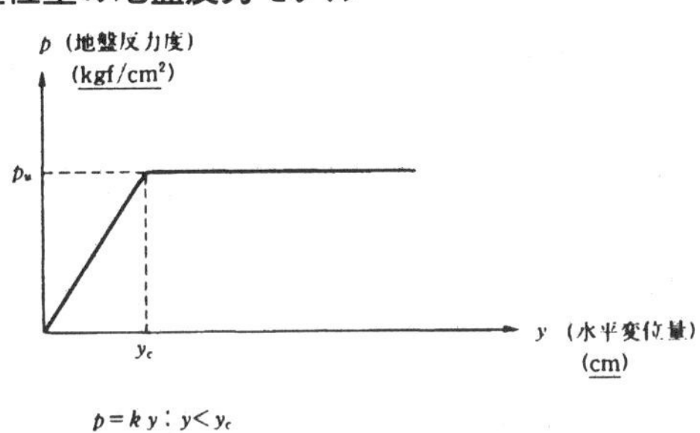

P448 **図-6.7　試験地盤の土質柱状図**

杭・地下水位 試料 (深度)	柱状図	土質名	粒度組成 0 (B_0) 100	N値	q_u (kgf/cm²)	E_s (kgf/cm²)	備考	測定方法	
GL-0							E_sはプレシオメータによる	荷重(1)点	ジャッキ目盛 ロードセル プルージングリング (　　)
2				11 12		8.5 110.4			
4				11 12		20.1			
6						23.0		変位(8)点	スケール ダイヤルゲージ 電気式記録計 (　　)
8				10		84.8			
10		細砂				29.5		回転角( )点	ダイヤルゲージ 水管式傾斜計 電気的傾斜計 (　　)
12				8					
14		粘土質砂		7					
		れき混り礫		16					
16				2	1.05			歪度(10)点	W S G 鉄筋計 モールドゲージ (カールソン型)
18									
20		シルト		2					
(23.5) (杭先端部)		シルト		2	0.53			地盤変化23点	ダイヤルゲージ

○印：ひずみ判定点

P448 **1）水平載荷試験概要**

道示のｋＨ値はＥ0＝28Ｎによって算定し，求められたｋＨ値を1.5倍することにより，弾性解析のｋＨ値とした。

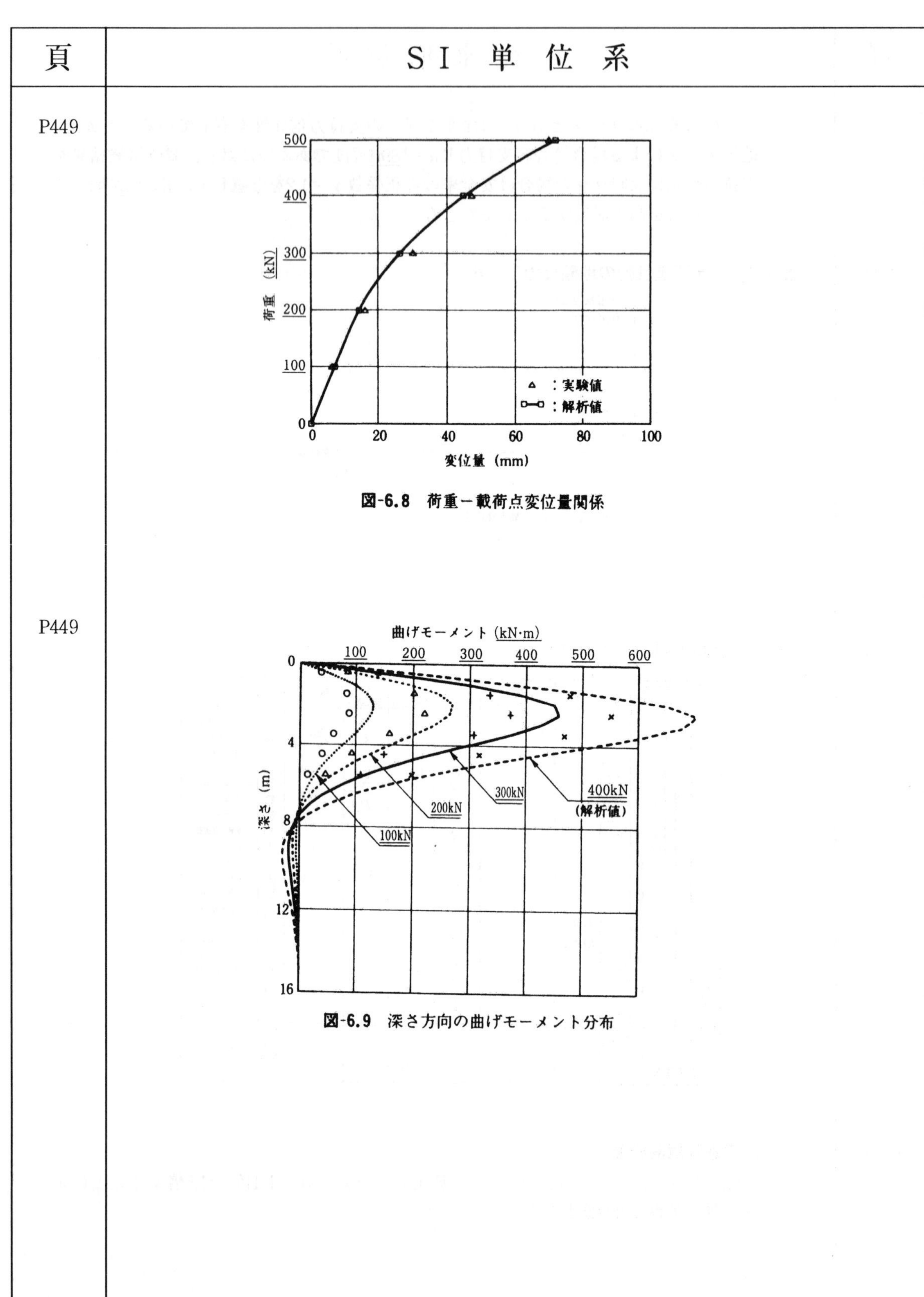

頁	SI 単 位 系
P449	図-6.8 荷重－載荷点変位量関係
P449	図-6.9 深さ方向の曲げモーメント分布

頁	従 来 単 位 系
P449	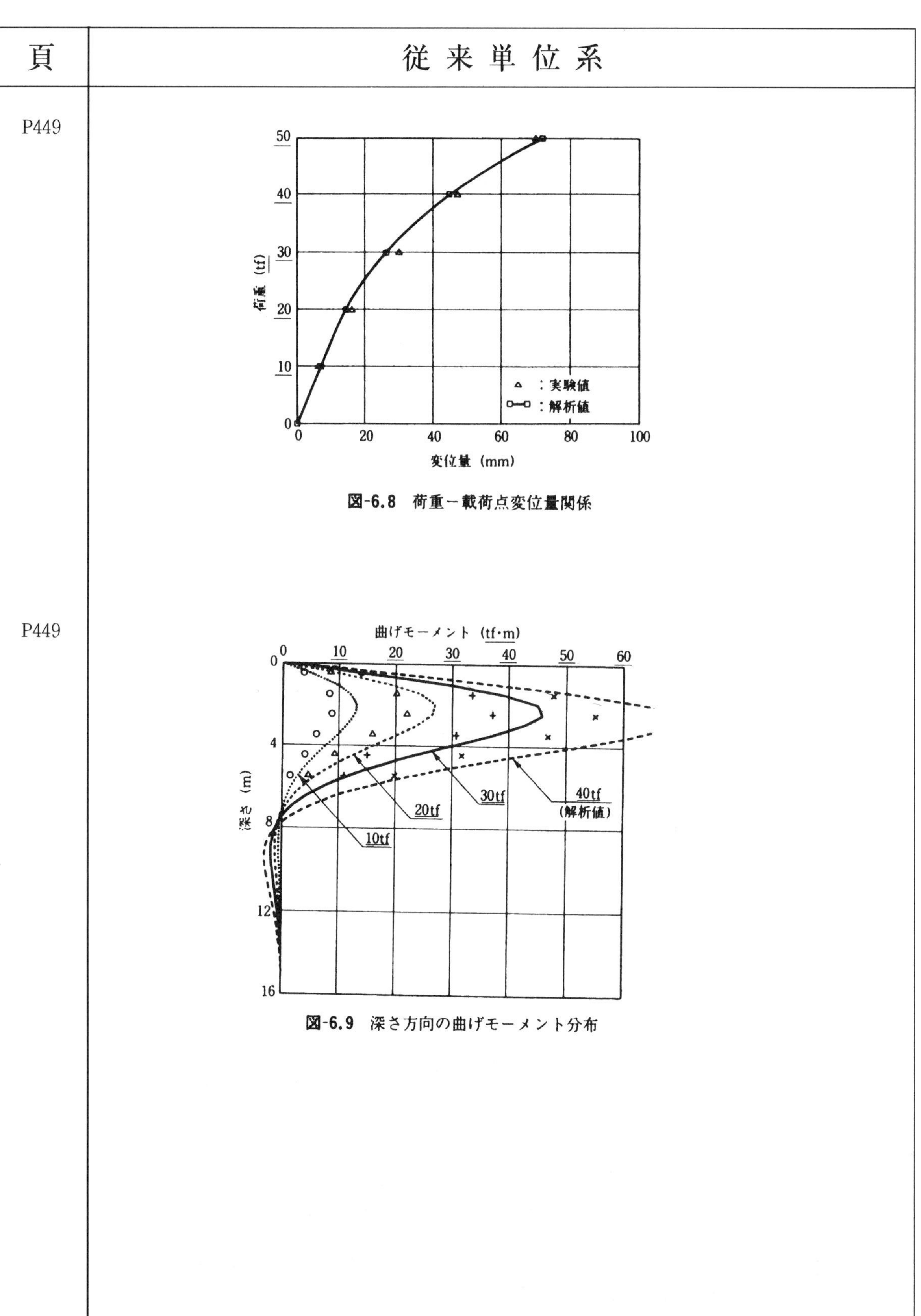

図-6.8 荷重－載荷点変位量関係

P449

図-6.9 深さ方向の曲げモーメント分布

頁	SI 単位系
P452	**(1) 薄層支持杭の先端支持力** ここに，q d：杭先端支持力度 q d＝3,000kN/m²（ただし，砂層の場合は2,500kN/m²とするのがよい） 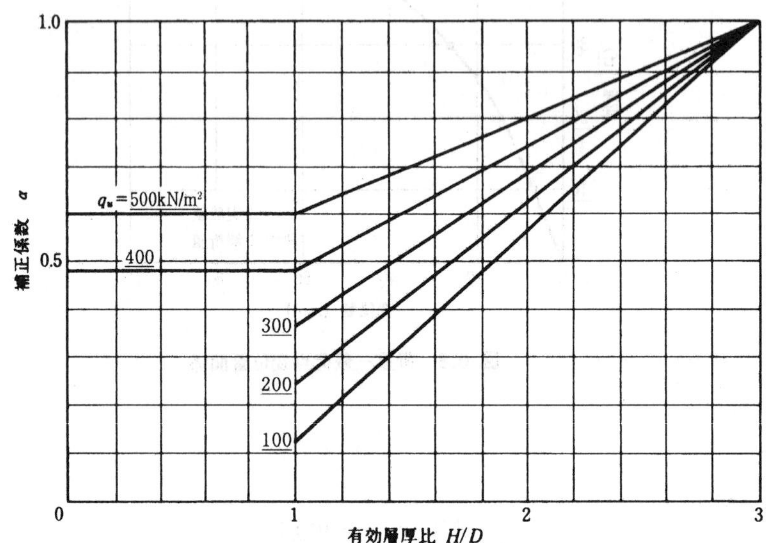 図-7.2 先端支持力度の補正係数 α[1)]
P453	**図-7.3 杭先端以深のσ₂分布（FEM解析）[1)]** 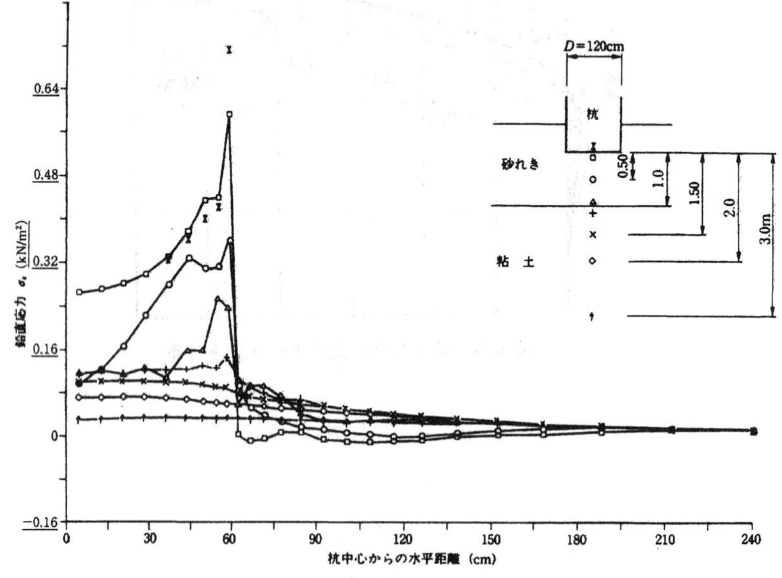 図-7.3 杭先端以深の σ_z 分布（FEM 解析）[1)]
P454	**(1) 薄層支持杭の先端支持力** ……。したがって，図-7.2に示されるように，下位粘土層の一軸圧縮強度ｑｕが400kN/m2未満の場合は，有効層厚比H/Dは1以上確保することとなっている。

頁	従来単位系

P452

(1) 薄層支持杭の先端支持力

ここに，q_d：杭先端支持力度

q_d =300tf/m² (ただし，砂層の場合は250tf/m²とするのがよい)

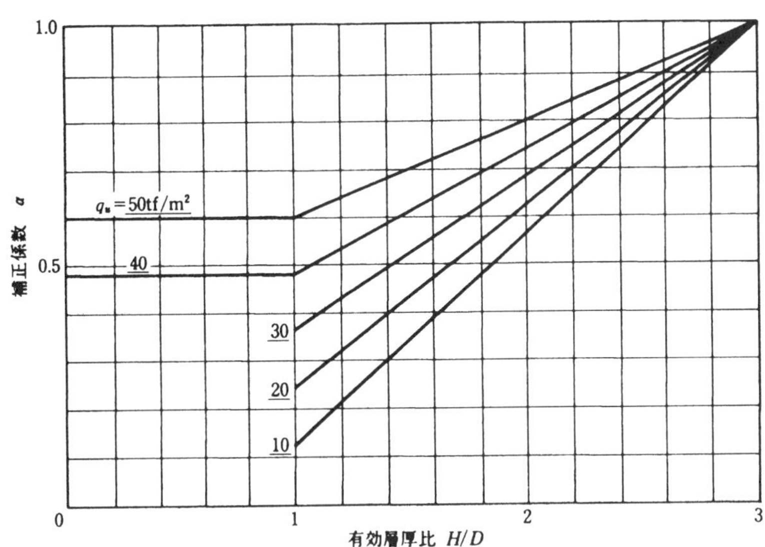

図-7.2 先端支持力度の補正係数 α[1)]

P453

図-7.3 杭先端以深の σ_2 分布 (FEM解析)[1)]

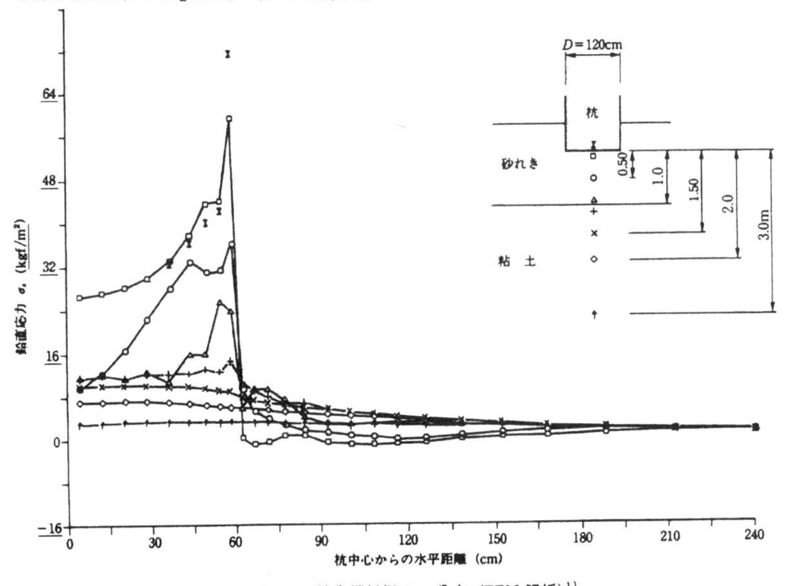

図-7.3 杭先端以深の σ_z 分布 (FEM 解析)[1)]

P454

(1) 薄層支持杭の先端支持力

……。したがって，図-7.2に示されるように，下位粘土層の一軸圧縮強度quが40tf/m2未満の場合は，有効層厚比H/Dは1以上確保することとなっている。

⑧ 杭基礎施工便覧

杭基礎施工便覧

頁	S I 単 位 系
P19	**表-3.1.2　施工機械の輸送に必要な道路幅員と高さ** トレーラ　機種　18トン
P21	**表-3.1.3　運搬手段と運搬可能長さ** 積載能力　船舶　300t 500t 700t 1,000t 1,500t
P33	**図-3.1.8(a)　中堀り杭工法の施工記録の例（最終打撃方式）** 杭施工記録　圧入装置　490.3kN ハンマ　モンケン8（t） ・噴出圧力（N/mm^2）
P34	**図-3.1.8(b)　中堀り杭工法の施工記録の例（セメントミルク噴出攪拌方式）** 杭施工記録　圧入装置　490.3kN×２台 ・噴出圧力（N/mm^2）　19.6
P39	**③　ドロップハンマ** …。ハンマの質量は杭の質量以上，あるいは１mあたりの質量の10倍以上が望ましい。 杭の打込みに際して，杭頭に作用する打撃力はハンマの質量とハンマの落下高さとの積の平方根に比例する。したがって，ハンマの質量が異なっても落下高さを変えることにより同じ打撃力を得ることが可能である。しかし，質量が小さいハンマで落下高さを大きくすると，杭頭に生ずる打撃力は大きくなり杭頭を損傷するおそれがある。逆にハンマの質量を大きくし，落下高さを小さくすれば……
P49	**図-3.2.12　ディーゼルハンマ選定図の例（鋼管杭）** **図-3.2.13　ディーゼルハンマ選定図の例（コンクリート杭）** 図中単位　1.3t 2.5t 3.5t 4.5t 6.0t 7.2t （注）１．杭の打込み長15m以上で下記の条件の場合には１ランク大きい規格を用いる。 ただし，ラム質量2.5tにおいては塗りつぶした部分のみとする。

頁	従来単位系
P19	**表-3.1.2 施工機械の輸送に必要な道路幅員と高さ** トレーラ　機種　18トン重
P21	**表-3.1.3 運搬手段と運搬可能長さ** 積載能力　船舶　300tf 500tf 700tf 1,000tf 1,500tf
P33	**図-3.1.8(a) 中堀り杭工法の施工記録の例（最終打撃方式）** 杭施工記録　圧入装置　50tf ハンマ　モンケン8（tf） ・噴出圧力（kgf/cm^2）
P34	**図-3.1.8(b) 中堀り杭工法の施工記録の例（セメントミルク噴出攪拌方式）** 杭施工記録　圧入装置　50tf×２台 ・噴出圧力（kgf/cm^2）　200
P39	**③ ドロップハンマ** …。ハンマの重量は杭の重量以上，あるいは1mあたりの重量の10倍以上が望ましい。 杭の打込みに際して，杭頭に作用する打撃力はハンマの重量とハンマの落下高さとの積の平方根に比例する。したがって，ハンマの重量が異なっても落下高さを変えることにより同じ打撃力を得ることが可能である。しかし，重量が小さいハンマで落下高さを大きくすると，杭頭に生ずる打撃力は大きくなり杭頭を損傷するおそれがある。逆にハンマの重量を大きくし，落下高さを小さくすれば……
P49	**図-3.2.12 ディーゼルハンマ選定図の例（鋼管杭）** **図-3.2.13 ディーゼルハンマ選定図の例（コンクリート杭）** 図中の単位　1.3tf 2.5tf 3.5tf 4.5tf 6.0tf 7.2tf （注）１．杭の打込み長15m以上で下記の条件の場合には１ランク大きい規格を用いる。 ただし，ラム重量2.5tfにおいては塗りつぶした部分のみとする。

頁	S I 単 位 系
P50 P51	**図-3.2.14　油圧ハンマ選定図の例（鋼管杭）** **図-3.2.15　油圧ハンマ選定図の例（コンクリート杭）** 図中の単位　2t 4～4.5t 6.5t 7～8t 10～12.5t
P52	**① 打撃エネルギーの平衡による方法** ただし，σ_p：打撃応力（N/mm²） F　：ハンマの打撃エネルギ（N·mm） E_p：杭のヤング係数（N/mm²） W_H：ハンマ重量（N） e　：打撃効率（＝0.6） L　：杭長（mm） A_p：杭の実断面積（mm²） H　：ハンマの落下高さ（mm）
P53	**① 打撃エネルギーの平衡による方法** $\sigma_p = \alpha\sqrt{\dfrac{F}{A_p \cdot L}}\underline{\mathrm{N/mm^2}}$　（N/mm²）…………（3.2.2） ここに，αは補正係数であり，多くの実測値に基づき，次のような値が提案されている。 ドロップハンマの場合　：α＝80～170 ディーゼルハンマの場合：α＝250～500
P53	**② 波動理論に基づく方法** ここに，σ　：打撃応力（N/mm²） v　：変位速度（mm/s） E　：弾性棒のヤング係数（N/mm²） c　：弾性棒内の弾性波速度 $(=\sqrt{gE/\gamma}=\sqrt{E/\rho})\underline{\mathrm{mm/s}}$ γ　：弾性棒の単位体積重量（N/mm³） g　：重力加速度（9,800mm/s²） ρ　：弾性棒の密度（kg/mm³）

頁	従来単位系
P50 P51	**図-3.2.14　油圧ハンマ選定図の例（鋼管杭）** **図-3.2.15　油圧ハンマ選定図の例（コンクリート杭）** 図中の単位　2tf 4～4.5tf 6.5tf 7～8tf 10～12.5tf
P52	**① 打撃エネルギーの平衡による方法** ただし，σ_p：打撃応力（tf/cm²） F　：ハンマの打撃エネルギ（tf･cm） E_p：杭のヤング係数（tf/cm²） W_H：ハンマ重量（tf） e　：打撃効率（＝0.6） L　：杭長（cm） A_p：杭の実断面積（cm²） H　：ハンマの落下高さ（cm）
P53	**① 打撃エネルギーの平衡による方法** $\sigma_p = \alpha\sqrt{\dfrac{F}{A_p \cdot L}}\,\mathrm{tf/cm^2}$　（tf/cm²）…………（3.2.2） ここに，α は補正係数であり，多くの実測値に基づき，次のような値が提案されている。 ドロップハンマの場合　：α ＝ 8～17 ディーゼルハンマの場合：α ＝25～50
P53	② 波動理論に基づく方法 ここに，σ：打撃応力（kgf/cm²） v　：変位速度（cm/s） E　：弾性棒のヤング係数（kgf/cm²） c　：弾性棒内の弾性波速度 $(=\sqrt{gE/\gamma}=\sqrt{E/\rho})\mathrm{cm/s}$ γ　：弾性棒の単位体積重量（kgf/cm³） g　：重力加速度（980cm/s²） ρ　：弾性棒の密度（kg/cm³）

頁	SI単位系
P53	② 波動理論に基づく方法 ここに，A_p ：杭の断面積（mm²） W_H ：ハンマの重量（N） γ_p ：杭の単位体積重量（N/mm³） c_p ：杭体内の弾性波速度 $=\sqrt{E_p g/\gamma_p}$ mm/s E_p ：杭のヤング係数　（N/mm²） t ：ハンマ打撃後の経過時間（s） g ：重力加速度（＝9,800mm/s²） h ：ハンマの落下高さ（mm）
P54	**表-3.2.4　杭の物理定数等**

項目 ＼ 杭種	鋼管杭	コンクリート杭	
		RC杭	PHC杭
単位体積重量 γ_p （N/mm³）	7.7×10^{-5}	2.45×10^{-5}	2.45×10^{-5}
ヤング係数 E_0 （N/mm²）	2.0×10^{5}	3.1×10^{4}	4.0×10^{4}
弾性波速度 C_p （mm/s）	5120×10^{3}	3490×10^{3}	3960×10^{3}

頁	従来単位系
P53	**② 波動理論に基づく方法** ここに，A_p ：杭の断面積（cm²） W_H ：ハンマの重量（kgf） γ_p ：杭の単位体積重量（kgf/cm³） c_p ：杭体内の弾性波速度 $=\sqrt{E_p g/\gamma_p}$ cm/s E_p ：杭のヤング係数（kgf/cm²） t ：ハンマ打撃後の経過時間（s） g ：重力加速度（=980cm/s²） h ：ハンマの落下高さ（cm）
P54	**表-3.2.4 杭の物理定数等**

項目 ＼ 杭種	鋼管杭	コンクリート杭	
		RC杭	PHC杭
単位体積重量 γ_p（kgf/cm³）	7.85×10^{-3}	2.5×10^{-3}	2.5×10^{-3}
ヤング係数 E_0（kgf/cm²）	2.1×10^{6}	3.1×10^{5}	4.0×10^{5}
弾性波速度 C_p（cm/s）	5120×10^{2}	3490×10^{2}	3960×10^{2}

頁	SI単位系
P55	**図-3.2.16　杭体の安全性より決まるハンマ選定図の例**[8)]
P60	**7）硬質土層への打ち込み** 　中硬岩，軟岩への打込み貫入は困難な場合が多い。むやみにハンマ質量などを大きくし，…… 　なお，軟岩（q_u≦20,000kN/m^{2}程度），土丹などは打込み可能な場合がある。
P84	**1）動的支持力算出式** ここに，R_a：杭の許容支持力（kN） E：杭のヤング係数（kN/m^2） 鋼管杭　E＝2.0×10^8（kN/m^2） コンクリートRC杭　E＝3.1×10^7（kN/m^2） コンクリートPHC杭　E＝4.0×10^7（kN/m^2）

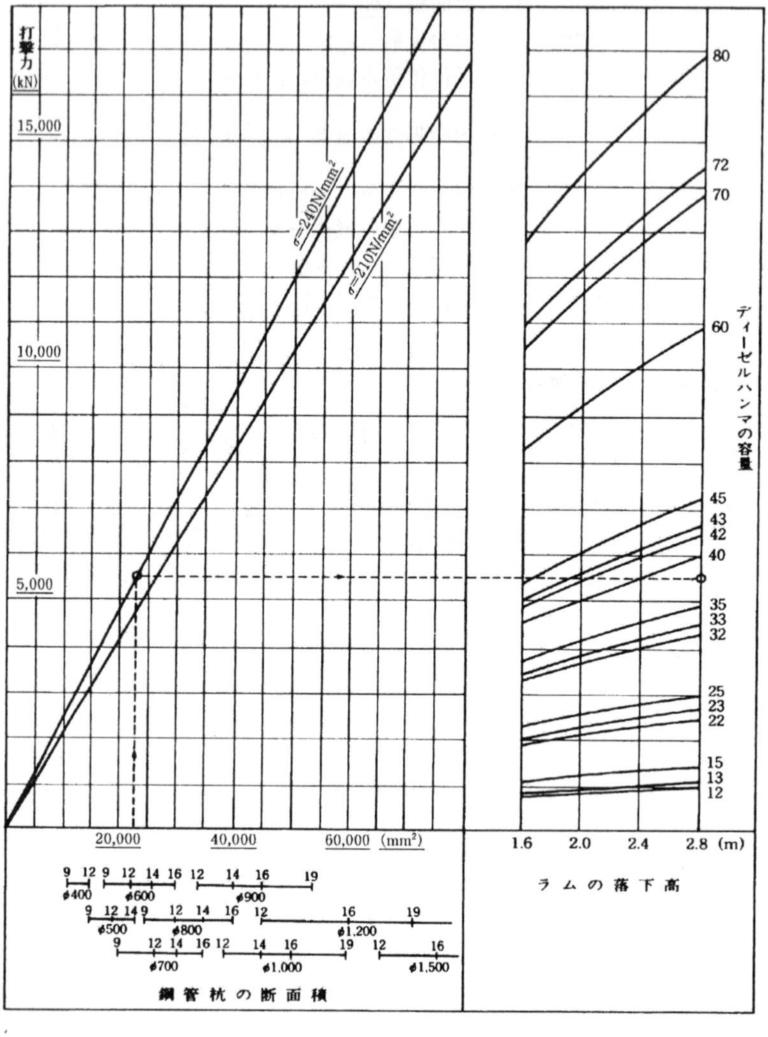

図-3.2.16　杭体の安全性より決まるハンマ選定図の例[8)]

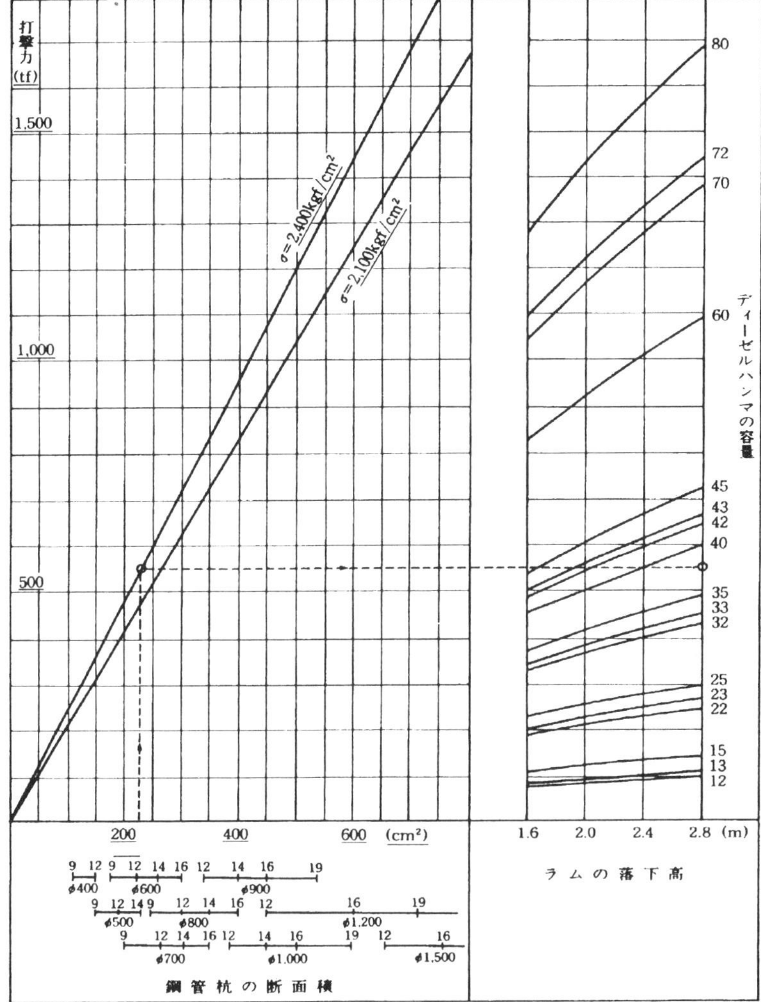

7）硬質土層への打ち込み

中硬岩，軟岩への打込み貫入は困難な場合が多い。むやみにハンマ重量などを大きくし，……

なお，軟岩（$q_u \leqq$ 200kgf/cm^{2}程度），土丹などは打込み可能な場合がある。

1）動的支持力算出式

ここに，R_a：杭の許容支持力（tf）

E：杭のヤング係数（tf/m^2）

鋼　　管　　杭　$E = 2.1 \times 10^7$（tf/m^2）

コンクリートＲＣ杭　$E = 3.1 \times 10^6$（tf/m^2）

コンクリートＰＨＣ杭　$E = 4.0 \times 10^6$（tf/m^2）

頁	S I 単 位 系

P86

表-3.2.12 補 正 係 数

杭 種	施行方法	e_0	e_f	備考
鋼管杭	打込み工法 中堀り最終打撃	$1.5W_H/W_p$	0.25	
PHC杭	打込み工法	$2.0W_H/W_p$	0.25	
	中堀り最終打撃	$4.0W_H/W_p$	1.00	
鋼管杭 PHC杭	打込み工法	$(1.5W_H/W_p)^{1/3}$	0.25	油圧ハンマに適用

W_H：ハンマ重量（kN）

W_P：杭重量（kN）ただし，ヤットコを使用する場合には……

P87

1）動的支持力算出式

A_0，E_0，l_0：基準とした杭体部分の断面積（m^2），ヤング係数（kN/m^2）および長さ（m）

A_i，E_i，l_i：杭体 i 番目部分の断面積（m^2），ヤング係数（kN/m^2）および長さ（m）

P88

図-3.2.43(a) 動的支持力算定式の推定精度（鋼杭の打込み杭工法（中掘り最終打撃工法を含む））

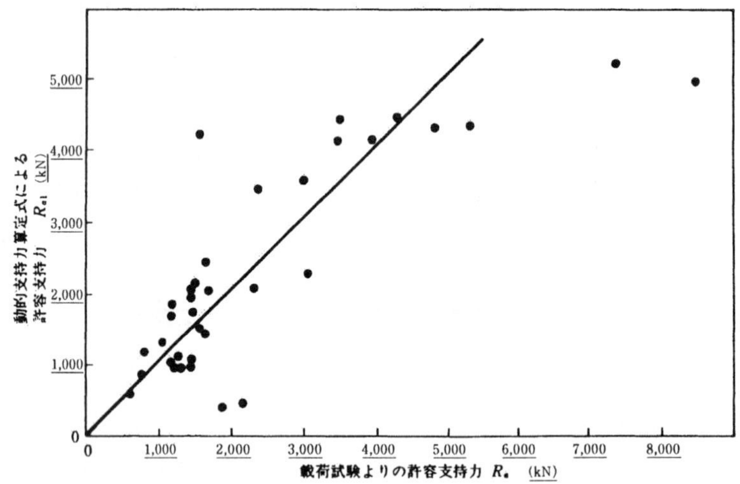

頁	従 来 単 位 系

P86

表-3.2.12 補 正 係 数

杭 種	施行方法	e_0	e_f	備考
鋼管杭	打込み工法 中堀り最終打撃	$1.5W_H/W_p$	<u>2.5</u>	
PHC杭	打込み工法	$2.0W_H/W_p$	<u>2.5</u>	
	中堀り最終打撃	$4.0W_H/W_p$	<u>10.0</u>	
鋼管杭 PHC杭	打込み工法	$(1.5W_H/W_p)^{1/3}$	<u>2.5</u>	油圧ハンマに適用

W_H：ハンマ重量（<u>tf</u>）

W_P：杭重量（<u>tf</u>）ただし，ヤットコを使用する場合には……

P87

1）動的支持力算出式

A_0，E_0，l_0：基準とした杭体部分の断面積（m^2），ヤング係数（<u>tf/m²</u>）および長さ（m）

A_i，E_i，l_i：杭体 i 番目部分の断面積（m^2），ヤング係数（<u>tf/m²</u>）および長さ（m）

P88

図-3.2.43(a) 動的支持力算定式の推定精度（鋼杭の打込み杭工法（中掘り最終打撃工法を含む））

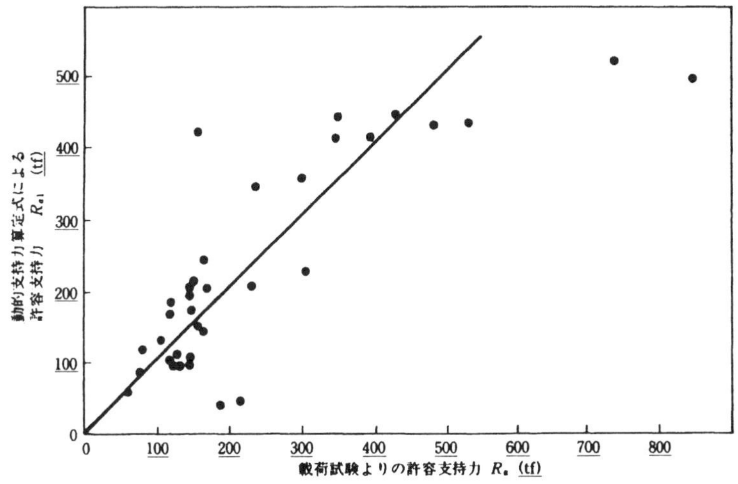

頁	S I 単 位 系
P89	図-3.2.43(b) 動的支持力算定式の推定精度（コンクリート杭の打込み杭工法） 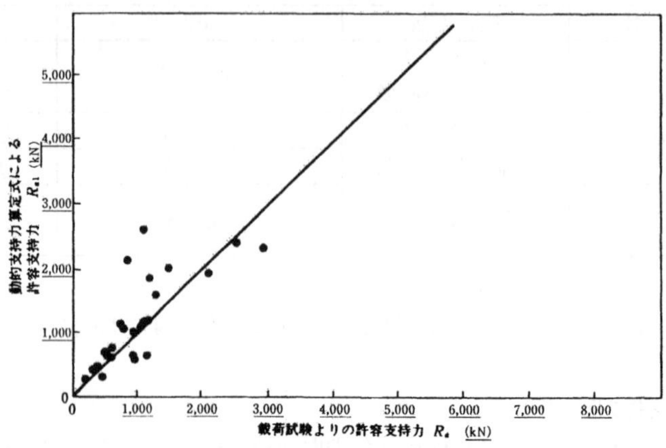 図-3.2.43(c) 動的支持力算定式の推定精度（コンクリート杭の中掘り最終打撃工法） 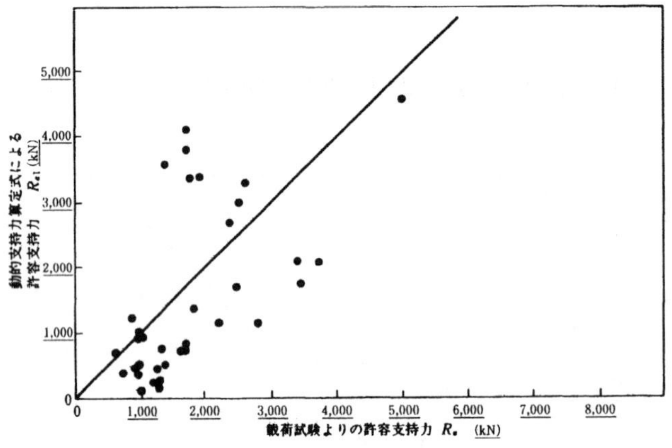 図-3.2.44 動的支持力算定式の推定精度（油圧ハンマによる打込み杭工法） 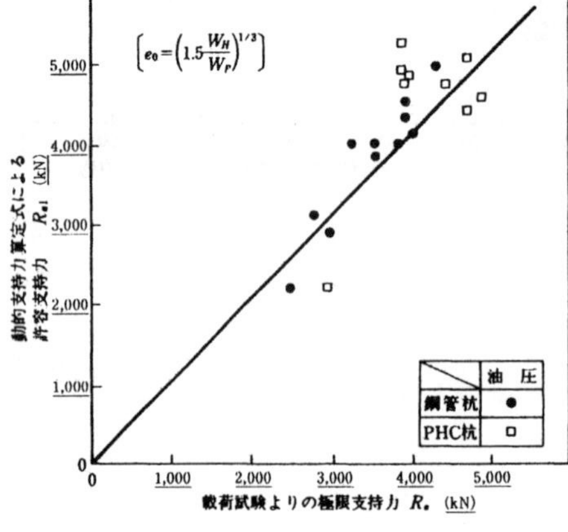

図-3.2.43(a) 動的支持力算定式の推定精度（コンクリート杭の打込み杭工法）

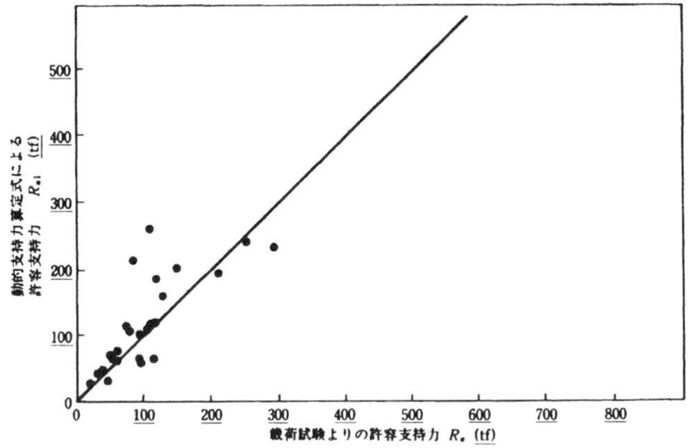

図-3.2.43(c) 動的支持力算定式の推定精度（コンクリート杭の中掘り最終打撃工法）

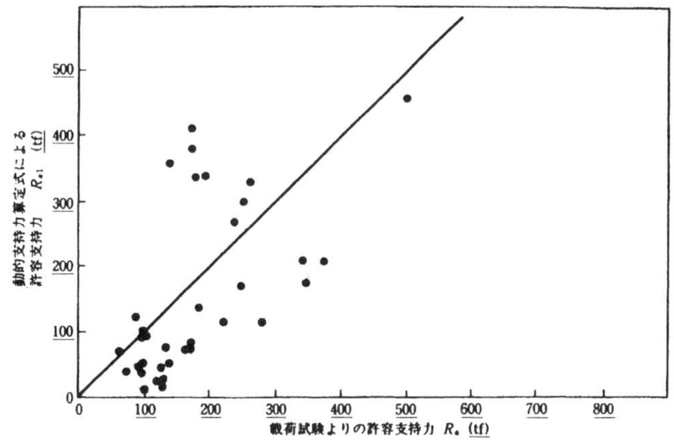

図-3.2.44 動的支持力算定式の推定精度（油圧ハンマによる打込み杭工法）

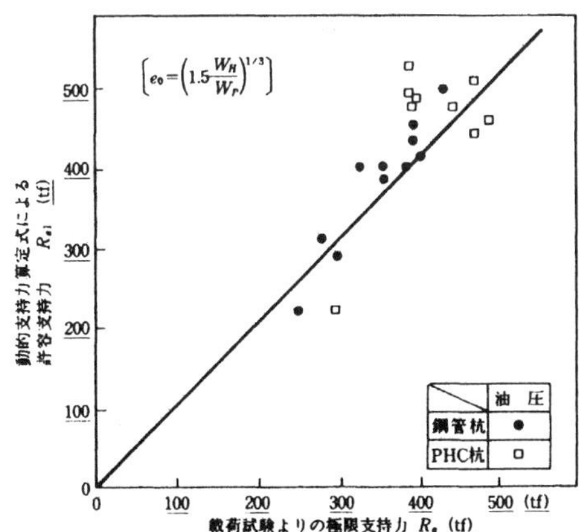

頁	SI 単位系
P93	**表-3.2.14 一般的な施工記録の例** 杭　　　重　量　　W_P：34.9kN 杭打ち機　打撃部の重量W　：21.6kN
P94	**表-3.2.15 打止め時の施工記録の様式例** ラム質量（t）
P95	**(5) 施工管理の重点** 2．準備作業　解説 ② 施工機械の移動する･･･，接地圧100～200kN/m²程度であり･･･
P101	**(2) 鋼　管　杭** 1．杭体破損　原因 ・ラム質量が大きすぎる。
P102	**(2) 鋼　管　杭** 2．貫入不能　原因 ・ラム質量が小さすぎる。
P104	**(3) コンクリート杭** 1．杭体破損　原因 ・ラム質量が大きすぎる。
P110	**図-3.3.1 掘削・沈設および先端処理方法による中堀り杭工法の分類** セメントミルク噴出攪拌方式 低圧噴出方式（1N/mm²以上） 高圧噴出方式（15N/mm²以上）
P111	**表-3.3.1(a) セメントミルク噴出攪拌方式（鋼管杭）の例（1992年10現在）** 設　備　　重　機：3点式杭打ち機（全装備質量85t～110t〔Cは100t相当〕） ＋補助クレーン 圧入力　　工法A：980.7kN（油圧装置） 工法B：98.1～196.1kN（駆動装置重量等） 工法C：323.6kN（油圧装置）
P112	**表-3.3.1(b) セメントミルク噴出攪拌方式（コンクリート）の例（1992年10現在）** 設　備　　重　機：3点式杭打機（全装備質量85t～110t）＋…… 圧入力　　工法D：980.7kN（油圧） 工法E：980.7kN（油圧） 工法F：980.7kN（油圧） 工法G：980.7kN（油圧）

頁	従来単位系
P93	**表-3.2.14　一般的な施工記録の例** 杭　　　　重　量　　W_P：3.56tf 杭打ち機　打撃部の重量W　：2.2tf
P94	**表-3.2.15　打止め時の施工記録の様式例** ラム重量（tf）
P95	**(5) 施工管理の重点** 2．準備作業　解説 ②　施工機械の移動する･･･，接地圧10～20tf/m^{2}程度であり･･･
P101	**(2) 鋼　管　杭** 1．杭体破損　原因 ・ラム重量が大きすぎる。
P102	**(2) 鋼　管　杭** 2．貫入不能　原因 ・ラム重量が小さすぎる。
P104	**(3) コンクリート杭** 1．杭体破損　原因 ・ラム重量が大きすぎる。
P110	**図-3.3.1　掘削・沈設および先端処理方法による中堀り杭工法の分類** セメントミルク噴出攪拌方式 低圧噴出方式（10kgf/cm^{2}以上） 高圧噴出方式（150kgf/cm^{2}以上）
P111	**表-3.3.1(a)　セメントミルク噴出攪拌方式（鋼管杭）の例（1992年10現在）** 設　備　　重　機：3点式杭打ち機(全装備重量85tf～110tf〔Cは100tf相当〕) 　　　　　　　　　＋補助クレーン 圧入力　　工法A：100tf（油圧装置） 　　　　　工法B：10～20tf（駆動装置重量等） 　　　　　工法C：33tf（油圧装置）
P112	**表-3.3.1(b)　セメントミルク噴出攪拌方式（コンクリート）の例（1992年10現在）** 設　備　　重　機：3点式杭打機（全装備重量85tf～110tf）＋…… 圧入力　　工法D：100tf（油圧） 　　　　　工法E：100tf（油圧） 　　　　　工法F：100tf（油圧） 　　　　　工法G：100tf（油圧）

頁	SI 単位系

P116 **(2) 施工機械**

……例を示す。圧入装置は一般に980.7kNまでのものが使用されている。

P116 **① 最終打撃方法**

……ことがある。油圧ハンマ，ドロップハンマを用いる場合は5～10tのハンマで打撃することが多い。

P117 **図-3.3.3 中堀り杭工法の標準的作業ヤードの例**

クローラクレーン50t吊り

セメントサイロ容量　30t

P119 **図-3.3.4 杭径，掘削深さと 3 点式杭打ち機および駆動装置の組合せ例**

杭打ち機 (全装備質量)	記号
85tクラス	①
90tクラス	②
100tクラス	③

P120 **3) 補助クレーン**

……を合計した質量を吊れるものでなくてはならない。一般に30～50t吊りクラス程度のクレーンが用いられる。

P120 **(1) 建 込 み**

また，打込み杭に比べ，吊り上げる質量が大きくなるため，……

P123 **(2) 掘削・沈設**

オーガの排土能力を高めるために，補助的にオーガヘッドから圧縮空気（0.5～1.0N/mm^2）を噴出して……

P125 **2) セメントミルク噴出攪拌方式**

iii) セメントは質量により管理するが，……

P127 **2) セメントミルクの品質管理**

セメントの計量は，袋詰めセメントの場合は袋数による質量とし，バラセメントは計量器による質量から確認する。

P129 **2) セメントミルクの品質管理**

……次のものがある。①比重計，②マッドバランス，③メスシリンダを用い，容積に対する質量から求める。

圧縮強度による管理値としては，……を考慮して，20N/mm2としている例が多い。

頁	従 来 単 位 系

P116

(2) 施 工 機 械

……例を示す。圧入装置は一般に100tfまでのものが使用されている。

P116

① 最終打撃方法

……ことがある。油圧ハンマ，ドロップハンマを用いる場合は5～10tfのハンマで打撃することが多い。

P117

図-3.3.3 中堀り杭工法の標準的作業ヤードの例

クローラクレーン50tf吊り

セメントサイロ容量　30tf

P119

図-3.3.4 杭径，掘削深さと3点式杭打ち機および駆動装置の組合せ例

杭打ち機 (全装備質量)	記号
85tfクラス	①
90tfクラス	②
100tfクラス	③

P120

3）補助クレーン

……を合計した重量を吊れるものでなくてはならない。一般に30～50tf吊りクラス程度のクレーンが用いられる。

P120

(1) 建　込　み

また，打込み杭に比べ，吊り上げる重量が大きくなるため，……

P123

(2) 掘削・沈設

オーガの排土能力を高めるために，補助的にオーガヘッドから圧縮空気（5～10kgf/cm^2）を噴出して……

P125

2）セメントミルク噴出攪拌方式

iii）セメントは重量により管理するが，……

P127

2）セメントミルクの品質管理

セメントの計量は，袋詰めセメントの場合は袋数による重量とし，バラセメントは計量器による重量から確認する。

P129

2）セメントミルクの品質管理

……次のものがある。①比重計，②マッドバランス，③メスシリンダを用い，容積に対する重量から求める。

圧縮強度による管理値としては，……を考慮して，200kgf/cm2としている例が多い。

頁	SI 単位系
P131	**図-3.3.12 根固め球根コア試験の例** 圧縮強度（N/mm²） 杭種：ＰＨＣ杭φ800，l=52m ①：55.4 ②：42.2 ③：44.5 杭種：鋼管杭φ500， t =9mm，l=16m ①：48.9 ②：35.1
P132	**表-3.3.2 中堀り杭工法の施工記録の様式** 最終打撃工法　支持力（kN） セメントミルク噴出攪拌方式　根固め液：セメント（kg）
P133	**(5) 施工管理の要点** 6．杭の建込み　解説 ① 補助クレーンは杭およびスパイラルオーガ質量が十分に吊れる能力があるかを確認する。
P144	**表-4.1.2 場所打ち杭工法の概要と特徴** オールケーシング工法の特徴 機械が大型で質量も大きく，ケーシングチューブ引抜き…
P145	**表-4.1.3 一般的なオールケーシング掘削機の寸法，能力**

掘削機の規格		φ1,200mm級	φ1,300mm級	φ1,500mm級	φ2,000mm級
寸法*	A (mm)	7,580	8,700	10,440	11,100
	H (mm)	11,500	14,965	15,850	16,070
	K (mm)	3,000	3,100	3,180	3,490
揺動トルク (kN・m)		500	617～666	1,323～1,450	1,568
押込み力 (kN)		147	147～196	255～294	343
引抜き力 (kN)		412～431	510～588	902～1,156	1,156
上下動ジャッキ能力 (kN)		549～627	686～784	1,323～1,343	1,343
揺動角度 (度)		12～15	12～13	12～13	11
公称径 (m)		1.0, 1.1, 1.2	1.0, 1.1, 1.2 1.3	1.0, 1.1, 1.2 1.3, 1.5	1.3, 1.5, 1.8 2.0

＊：図-4.1.5参照

頁	SI 単位系
P151	**表-4.1.5 補助クレーンの能力** クレーン能力（t）

頁	従来単位系

P131 **図-3.3.12 根固め球根コア試験の例**

圧縮強度（kgf/cm^2）

杭種：ＰＨＣ杭ϕ800，l=52m

①：565

②：431

③：454

杭種：鋼管杭ϕ500， t =9mm，l=16m

①：499

②：358

P132 **表-3.3.2 中堀り杭工法の施工記録の様式**

最終打撃工法　　　　　　　　支持力（tf）

セメントミルク噴出攪拌方式　　根固め液：セメント（kgf）

P133 **(5) 施工管理の要点**

6．杭の建込み　解説

① 補助クレーンは杭およびスパイラルオーガ重量が十分に吊れる能力があるかを確認する。

P144 **表-4.1.2 場所打ち杭工法の概要と特徴**

オールケーシング工法の特徴

機械が大型で重量も重く，ケーシングチューブ引抜き…

P145 **表-4.1.3 一般的なオールケーシング掘削機の寸法，能力**

掘削機の規格			ϕ1,200mm級	ϕ1,300mm級	ϕ1,500mm級	ϕ2,000mm級
＊寸法	A	(mm)	7,580	8,700	10,440	11,100
	H	(mm)	11,500	14,965	15,850	16,070
	K	(mm)	3,000	3,100	3,180	3,490
揺動トルク		(tf・m)	51	63～68	135～148	160
押込み力		(tf)	15	15～20	26～30	35
引抜き力		(tf)	42～44	52～60	92～118	118
上下動ジャッキ能力		(tf)	56～64	70～80	135～137	137
揺動角度		(度)	12～15	12～13	12～13	11
公称径		(m)	1.0, 1.1, 1.2	1.0, 1.1, 1.2 1.3	1.0, 1.1, 1.2 1.3, 1.5	1.3, 1.5, 1.8 2.0

＊：図-4.1.5参照

P151 **表-4.1.5 補助クレーンの能力**

クレーン能力（tf）

頁	SI 単 位 系

P154

表-4.1.8　ビットの種類と適応土質

適応土質（土質名または一軸圧縮強度 σ = kN/m^2）

コニカルビット　　　：軟岩（σ = 10,000kN/m^{2}以下）

ローラビット　　　　：軟岩，硬岩（σ = 10,000〜120,000kN/m^2）

トリコロイドビット：軟岩（σ = 10,000kN/m^{2}以下）

軟岩，硬岩（σ = 10,000〜100,000kN/m^2）

P156

④　補助クレーン

……機種を選定する。軟岩以上の硬質な地盤ではビット質量が大きくなるため，…

P157

表-4.1.11　油圧ジャッキの選定例

スタンドパイプ（mm）		引抜き力（kN）	出力（kW）	質量（t）
最大	最小			
1,000	800	2,254〜3,528	15〜30	4.6〜7.5
1,200	1,000	3,528	30	7.7
1,480	1,180	3,528	30	8.75
1,750	1,450	3,528	30	8.35
1,980	1,480	3,528	30	8.85
2,250	1,950	3,528	30	9.4
2,750	2,500	3,528	30	10.05
3,250	3,000	4,704	37	18.0

P174

図-4.2.4　おもりの例[2)]

≒1.5kg

P180

⑤　水頭圧の保持

……要素の一つであり，水位差を２〜３ｍとして孔壁に20〜30kN/m2程度の水頭圧をかける。

P190

(1)　オールケーシング工法

ここに，d　：ケーシングチューブの先行圧入量（m）

h_a　：平均過剰水圧（m）　経験よりH/2とすることが多い。

H　：水位差（m）

G_s　：砂粒子の比重

e　：砂の間げき比

γ_w：水の単位体積重量（kN/m3）

頁	従来単位系

P154

表-4.1.8　ビットの種類と適応土質

適応土質（土質名または一軸圧縮強度σ = kgf/cm^2）
コニカルビット　　　：軟岩（σ = 100kgf/cm^{2}以下）
ローラビット　　　　：軟岩，硬岩（σ = 100～1,200kgf/cm^2）
トリコロイドビット：軟岩（σ = 100kgf/cm^{2}以下）
　　　　　　　　　　　軟岩，硬岩（σ = 100～1,000kgf/cm^2）

P156

④　補助クレーン

……機種を選定する。軟岩以上の硬質な地盤ではビット重量が大きくなるため，…

P157

表-4.1.11　油圧ジャッキの選定例

スタンドパイプ（mm）		引抜き力（tf）	出力（kW）	重量（tf）
最大	最小			
1,000	800	230～360	15～30	4.6～7.5
1,200	1,000	360	30	7.7
1,480	1,180	360	30	8.75
1,750	1,450	360	30	8.35
1,980	1,480	360	30	8.85
2,250	1,950	360	30	9.4
2,750	2,500	360	30	10.05
3,250	3,000	480	37	18.0

P174

図-4.2.4　おもりの例[2)]

≒1.5kgf

P180

⑤　水頭圧の保持

……要素の一つであり，水位差を2～3mとして孔壁に0.2～0.3kgf/cm2程度の水頭圧をかける。

P190

(1) オールケーシング工法

ここに，d　：ケーシングチューブの先行圧入量（cm）
h_a　：平均過剰水圧（cm）　経験よりH/2とすることが多い。
H　：水位差（cm）
G_s　：砂粒子の比重
e　：砂の間げき比
γ_w：水の単位体積重量（kgf/cm^3）

頁	S I 単 位 系
P203	**(3) 移動，保管** 鉄筋かごを移動する際，……， 2～3点で吊るようにする。一かごあたりの重量が大きいときや長尺になる場合は，……
P203	**(4) 吊り込み，建て込み** 鉄筋かごを変形させるのは……組立て用帯鉄筋は鉄筋かごの長さ，大きさ，重量などを考慮して…… 鉄筋かごの連結時には……鉛直性を保つため，鉄筋かごの全重量を支えても変形しない強度のものとしなければならない。 建込み時の上下の鉄筋かごの継手は，鉄筋かごが長尺になる場合などは重量が大きくなるので…
P212	**表-4.2.15 裏込めグラウトトル用モルタル配合の例（打設1 m^3あたり）** 注入材: 裏込めグラウト用モルタル / セメント量(kg): 340 / フロー値(sec): 25±5 / 空気量(%): 40±5 / 材令28日における圧縮強度(N/mm^2): 2.5
P220	**4）塩化物量** ……，荷卸し地点で塩素イオンとして0.30kg/cm³以下でなければならない。ただし，購入者の承認を受けた場合は，0.60kg/cm³以下とすることができると規定されている。
P2219	**4.4.1 共　通** 1．クレーンの転倒　対策 ・ブーム角度と吊上げ質量の管理
P249	**図-参3　支持圧入式施工における主要部材図** 番号3の名称：支持圧入けたジャッキフレーム（980.7kN×4）
P258	**3.1 計算例1（鋼管杭　φ800mm，ヤットコなし）（図-参9）** 鋼管杭の板厚が12mmと9mmで，ヤットコを使用しない場合。 杭　重　量 $W_P = (0.233 \times 9.0 + 0.176 \times 29.0) \times 9.8 = 70.6kN$ ハンマ重量 $W_H = 10 \times 9.8 = 98kN$ 補正係数 $e_0 = (1.5 \times \frac{98}{70.6})^{\frac{1}{3}} = 1.277 \quad e_f = 0.25$

頁	従 来 単 位 系

P203

(3) 移動，保管

鉄筋かごを移動する際，……，２～３点で吊るようにする。一かごあたりの重量が大きいときや長尺になる場合は，……

P203

(4) 吊り込み，建て込み

鉄筋かごを変形させるのは…組立て用帯鉄筋は鉄筋かごの長さ，大きさ，重量などを考慮して……

鉄筋かごの連結時には……鉛直性を保つため，鉄筋かごの全重量を支えても変形しない強度のものとしなければならない。

建込み時の上下の鉄筋かごの継手は，鉄筋かごが長尺になる場合などは重量が大きくなるので…

P212

表-4.2.15 裏込めグラウト用モルタル配合の例（打設 1 m^3あたり）

注入材	セメント量 (kgf)	フロー値 (sec)	空気量 (%)	材令28日における圧縮強度 (kgf/cm^2)
裏込めグラウト用 モ ル タ ル	340	25±5	40±5	25

P220

4）塩 化 物 量

……，荷卸し地点で塩素イオンとして0.30kgf/cm3以下でなければならない。ただし，購入者の承認を受けた場合は，0.60kgf/cm3以下とすることができると規定されている。

P2219

4.4.1 共 通

1．クレーンの転倒　対策

・ブーム角度と吊上げ重量の管理

P249

図-参 3 支持圧入式施工における主要部材図

番号 3 の名称：支持圧入けたジャッキフレーム（100tf×4）

P258

3.1 計算例 1（鋼管杭 φ800mm，ヤットコなし）（図-参9）

鋼管杭の板厚が12mmと9mmで，ヤットコを使用しない場合。

杭 重 量

$$W_p = 0.233\times 9.0 + 0.176\times 29.0 = 7.20\mathrm{tf}$$

ハンマ重量

$$W_H = 10\mathrm{tf}$$

補正係数

$$e_0 = \left(1.5\times\frac{10}{7.20}\right)^{\frac{1}{3}} = 1.277 \quad e_f = 2.5$$

頁	S I 単 位 系
P212	基準とする杭を断面②とする。 $A_0 = 0.02236\text{m}^2 \quad E_0 = \underline{2.0\times10^8}\text{kN/m}^2 \quad l_0 = 29.0\text{m}$ $\beta_1 = \dfrac{9.0}{0.02971\times\underline{2.0\times10^8}} \Big/ \dfrac{29.0}{0.02236\times\underline{2.0\times10^8}} = 0.234$ $AE = \dfrac{38.0\times0.02236\times\underline{2.0\times10^8}}{29.0}\times\dfrac{1}{1+0.234} = \underline{4{,}748{,}673\text{kN}}$
P220	**図-参9　計算例1**
P2219	杭断面諸元 (table below)
P249	杭施工条件 (table below)

杭断面諸元

杭　　種	断　面 (mm)	長　さ (m)	断面積 A (cm²)	単位質量 (kg/m)	断面 E (kN/m²)
鋼　管　杭	① φ800×12	9,000	297.1	233	$\underline{2.0\times10^8}$
	② φ800×9	29,000	223.6	176	〃

杭施工条件

杭打設工法	打込み工法
杭打ち機	油圧ハンマ，ハンマ質量：10t
リバウンド量	K＝26.0mm

P258

3.1　計算例1（鋼管杭 φ800mm，ヤットコなし）（図-参9）

したがって，杭の許容支持力は，

$$R_a = \frac{1}{3}\times\left(\frac{\underline{4{,}748{,}673}\times0.026}{1.277\times36.5} + \frac{14\times2.513\times36.0}{\underline{0.25}}\right)$$

$$= \frac{1}{3}\times(\underline{2{,}649} + \underline{5{,}066}) = \underline{2{,}572\text{kN}}$$

②　計算例2（鋼管杭 φ800mm，ヤットコあり）（図-参10）

鋼管杭の板厚が12mmと9mmで，ヤットコ（16mm）を使用する場合。

杭　重　量

$$W_P = (0.233\times8.0 + 0.176\times24.0 + 0.309\times8.0)\times\underline{9.8} = \underline{83.9\text{kN}}$$

ハンマ重量

$$W_H = \underline{10\times9.8 = 98\text{kN}}$$

補正係数

$$e_0 = \left(1.5\times\frac{98}{\underline{83.9}}\right)^{\frac{1}{3}} = 1.206 \quad e_f = \underline{0.25}$$

基準とする杭を断面②とする。

$$A_0 = 0.02236\text{m}^2 \quad E_0 = \underline{2.0\times10^8}\text{kN/m}^2 \quad l_0 = 24.0\text{m}$$

$$\beta_1 = \frac{8.0}{0.02971\times\underline{2.0\times10^8}} \Big/ \frac{24.0}{0.02236\times\underline{2.0\times10^8}} = 0.251$$

頁	従来単位系

P212 基準とする杭を断面②とする。

$$A_0 = 0.02236\text{m}^2 \quad E_0 = \underline{2.0\times10^8\text{kN}/\text{m}^2} \quad l_0 = 29.0\text{m}$$

$$\beta_1 = \frac{9.0}{0.02971\times\underline{2.0\times10^8}} \Big/ \frac{29.0}{0.02236\times\underline{2.0\times10^8}} = 0.234$$

$$AE = \frac{38.0\times0.02236\times\underline{\underline{2.0\times10^8}}}{29.0}\times\frac{1}{1+0.234} = \underline{4{,}748{,}673\text{kN}}$$

P220 **図-参9　計算例1**

杭断面諸元

杭　　種	断　面 (mm)	長　さ (m)	断面積 A（cm^2）	単位重量 (kgf/m)	断面 E (tf/m^2)
鋼　管　杭	① ϕ800×12	9,000	297.1	233	2.1×10^7
	② ϕ800×9	29,000	223.6	176	〃

P2219

杭施工条件

杭打設工法	打込み工法
杭打ち機	油圧ハンマ，ハンマ重量：10tf
リバウンド量	K＝26.0mm

P249

P258 **3.1　計算例1（鋼管杭 φ800mm，ヤットコなし）（図-参9）**

したがって，杭の許容支持力は，

$$R_a = \frac{1}{3}\times\left(\frac{\underline{498{,}610\times0.026}}{1.277\times36.5}+\frac{14\times2.513\times36.0}{\underline{2.5}}\right)$$

$$= \frac{1}{3}\times(\underline{278.1}+\underline{506.6}) = \underline{262\text{tf}}$$

②　計算例2（鋼管杭 φ800mm，ヤットコあり）（図-参10）

鋼管杭の板厚が12mmと9mmで，ヤットコ（16mm）を使用する場合。

杭　重　量

$$W_p = 0.233\times8.0+0.176\times24.0+0.309\times8.0 = \underline{8.56\text{tf}}$$

ハンマ重量

$$W_H = \underline{10\text{tf}}$$

補正係数

$$e_0 = \left(1.5\times\frac{10}{\underline{8.56}}\right)^{\frac{1}{3}} = 1.206 \quad e_f = \underline{2.5}$$

基準とする杭を断面②とする。

$$A_0 = 0.02236\text{m}^2 \quad E_0 = \underline{2.1\times10^7\text{tf}/\text{m}^2} \quad l_0 = 24.0\text{m}$$

$$\beta_1 = \frac{8.0}{0.02971\times\underline{2.1\times10^7}} \Big/ \frac{24.0}{0.02236\times\underline{2.1\times10^7}} = 0.251$$

頁	SI 単位系

$$\beta_2=\frac{8.0}{0.03941\times\underline{2.0\times10^8}}\Big/\frac{24.0}{0.02236\times\underline{2.0\times10^8}}=0.189$$

$$AE=\frac{40.0\times0.02236\times\underline{2.0\times10^8}}{24.0}\times\frac{1}{1+0.251+0.189}=\underline{5{,}175{,}926\text{kN}}$$

P261

図-参10 計算例 2

杭断面諸元

杭種	断面 (mm)	長さ (m)	断面積 A (cm²)	単位質量 (kg/m)	断面 E (kN/m²)
鋼管杭	① φ800×12	9,000	297.1	233	$\underline{2.0\times10^8}$
	② φ800× 9	29,000	223.6	176	〃
	ヤットコ ③ φ800×16	8,000	394.1	309	〃

杭施工条件

杭打設工法	打込み工法
杭打ち機	油圧ハンマ，ハンマ質量：10t
リバウンド量	K＝22.5mm

② **計算例 2（鋼管杭　φ800mm，ヤットコあり）（図-参10）**

したがって，杭の許容支持力は，

$$R_a=\frac{1}{3}\times\left(\frac{\underline{5{,}175{,}926}\times0.0225}{1.206\times36.5}+\frac{14\times2.513\times32.0}{\underline{0.25}}\right)$$

$$=\frac{1}{3}\times(\underline{2{,}646}+\underline{4{,}503})=\underline{2{,}383\text{kN}}$$

③ **計算例 3（PHC杭 φ600mm，ヤットコあり）（図-参11）**

ＰＨＣ杭（Ａ種）で，ヤットコ（鋼管杭外径600mm，板厚14mm）を使用する場合。

杭　重　量

$$W_P=(0.375\times34.0+0.202\times6.0)\times\underline{9.8}=\underline{136.8\text{kN}}$$

ハンマ重量

$$W_H=\underline{4\times9.8=39\text{kN}}$$

補正係数

$$e_0=2.0\times\frac{39}{\underline{136.8}}=\underline{0.570}\quad e_f=\underline{0.25}$$

$$\beta_2=\frac{8.0}{0.03941\times\underline{2.1\times10^7}}\Big/\frac{24.0}{0.02236\times\underline{2.1\times10^7}}=0.189$$

$$AE=\frac{40.0\times0.02236\times\underline{2.1\times10^7}}{24.0}\times\frac{1}{1+0.251+0.189}=\underline{543,472\text{tf}}$$

P261

図-参10 計算例 2

杭断面諸元

杭　　種	断　面 (mm)	長　さ (m)	断面積 A (cm^2)	単位重量 (kgf/m)	断面 E (tf/m^2)
鋼　管　杭	① ϕ 800×12	9,000	297.1	233	2.0×10^7
	② ϕ 800× 9	29,000	223.6	176	〃
	ヤットコ ③ ϕ 800×16	8,000	394.1	309	〃

杭施工条件

杭打設工法	打込み工法
杭打ち機	油圧ハンマ，ハンマ重量：10tf
リバウンド量	K＝22.5mm

② 計算例 2（鋼管杭　φ800mm，ヤットコあり）（図-参10）

したがって，杭の許容支持力は，

$$R_a=\frac{1}{3}\times\left(\frac{\underline{543,472}\times0.0225}{1.2067\times36.5}+\frac{14\times2.513\times32.0}{\underline{2.5}}\right)$$

$$=\frac{1}{3}\times(\underline{277.8}+\underline{450.3})=\underline{243\text{tf}}$$

③ 計算例 3（PHC杭 φ600mm，ヤットコあり）（図-参11）

ＰＨＣ杭（A種）で，ヤットコ（鋼管杭外径600mm，板厚14mm）を使用する場合。

杭　重　量

$$W_p=0.375\times34.0+0.202\times6.0=\underline{13.96\text{tf}}$$

ハンマ重量

$$W_H=\underline{4\text{tf}}$$

補正係数

$$e_0=2.0\times\frac{4}{\underline{13.96}}=\underline{0.573}\quad e_f=\underline{2.5}$$

頁	SI 単位系
	③ **計算例 3（PHC杭 φ600mm，ヤットコあり）（図-参11）**

基準とする杭を断面①とする。

$$A_0=0.1470\text{m}^2 \quad E_0=\underline{4.0\times10^7}\text{kN/m}^2 \quad l_0=34.0\text{m}$$

$$\beta_1=\frac{6.0}{0.02577\times\underline{2.0\times10^8}}\bigg/\frac{34.0}{0.1470\times\underline{4.0\times10^7}}=\underline{0.201}$$

$$AE=\frac{40.0\times0.1470\times\underline{4.0\times10^7}}{34.0}\times\frac{1}{1+\underline{0.201}}=\underline{5{,}759{,}906\text{kN}}$$

P263

図-参11　計 算 例 3

杭断面諸元

杭　　種	断　面 (mm)	長　さ (m)	断面積 A（cm²）	単位質量 (kg/m)	断面 E（kN/m²）
PHC（A種）	φ600	34,000	1,470	375	4.0×10⁷
鋼　管　杭	ヤットコ ③φ600×14	6,000	257.7	202	2.0×10⁸

杭施工条件

杭打設工法	打込み工法
杭打ち機	ディーゼルハンマ，ハンマ質量：4t
リバウンド量	K＝5.0mm

③ **計算例 3　PHC杭　φ600mm，ヤットコあり）（図-参11）**

したがって，杭の許容支持力は，

$$R_a=\frac{1}{3}\times\left(\frac{\underline{5{,}759{,}906}\times0.005}{\underline{0.570}\times40.0}+\frac{14\times1.885\times34.0}{\underline{0.25}}\right)$$

$$=\frac{1}{3}\times(\underline{1{,}263}+\underline{3{,}589})=\underline{1{,}617\text{kN}}$$

③ 計算例3（PHC杭 φ600mm，ヤットコあり）（図-参11）

基準とする杭を断面①とする。

$$A_0 = 0.1470\text{m}^2 \quad E_0 = \underline{4.0\times10^6\text{tf/m}^2} \quad l_0 = 34.0\text{m}$$

$$\beta_1 = \frac{6.0}{0.02577\times\underline{2.1\times10^7}} \bigg/ \frac{34.0}{0.1470\times\underline{4.0\times10^6}} = \underline{0.192}$$

$$AE = \frac{40.0\times0.1470\times\underline{4.0\times10^6}}{34.0}\times\frac{1}{1+\underline{0.192}} = \underline{580,340\text{tf}}$$

図-参11 計算例3

杭断面諸元

杭　　種	断　面 (mm)	長　さ (m)	断面積 A (cm^2)	単位重量 (kgf/m)	断面 E (tf/m^2)
PHC（A種）	φ600	34,000	1,470	375	4.0×10^6
鋼　管　杭	ヤットコ ③φ600×14	6,000	257.7	202	2.1×10^7

杭施工条件

杭打設工法	打込み工法
杭打ち機	ディーゼルハンマ，ハンマ重量：4tf
リバウンド量	K＝5.0mm

③ 計算例3　PHC杭　φ600mm，ヤットコあり）（図-参11）

したがって，杭の許容支持力は，

$$R_a = \frac{1}{3}\times\left(\frac{\underline{580,340}\times0.005}{\underline{0.573}\times40.0} + \frac{14\times1.885\times34.0}{\underline{2.5}}\right)$$

$$= \frac{1}{3}\times(\underline{126.6}+\underline{358.9}) = \underline{162\text{tf}}$$

⑨ 鋼橋の疲労

鋼橋の疲労

頁	SI 単位系
P13	**図-2.1.2　S－N線図の例（溶接継手試験体の疲労試験結果）** 応力範囲 S_T (N/mm²) 500 100 50
P14	**(1) 応力集中の影響** 平滑材の100万回時の疲労強度が700N/mm²程度であるのに対し，切り欠きが存在すると100N/mm²程度まで低下している。
P14	**図-2.1.3　切欠き材の疲労強度** 応力範囲（N/mm²） 100，200，…，1000
P20	**図-2.1.12　応力頻度分度の例** (N/mm²) 0，30，60，90
P23	**図2.2.1　大型車の積載重量** □　50kN以上70kN □　70kN以上80kN □　80kN以上
P24	**(1) 活荷重の影響** 図-2.2.1は最大積載重量50kN以上のトラックのシェアを保有台数ベースで示したものであるが，80kN以上のシェアは，……
P24	**(1) 活荷重の影響** 図-2.2.2は大型車の荷重頻度分布に対し，各輪重によるダメージが輪重50kNが何回載荷したことと等しいかを示したものである。50kN以上の輪重の頻度は相対的に小さいが，……
P24	**図-2.2.2(a)　輪重の頻度分布** 0，10，20，…，150 輪重（kN）
P24	**図-2.2.2(a)　輪重の頻度分布** 80，90，100，…，150 輪重（kN）

頁	従 来 単 位 系
P13	**図-2.1.2　S－N線図の例（溶接継手試験体の疲労試験結果）** 応力範囲 S_T (kgf/cm^2) 5,000 1,000 500
P14	**(1) 応力集中の影響** 平滑材の100万回時の疲労強度が70kgf/mm^{2}程度であるのに対し，切り欠きが存在すると10kgf/mm^{2}程度まで低下している。
P14	**図-2.1.3　切欠き材の疲労強度** 応力範囲（kgf/mm^2） 10，20，…，100
P20	**図-2.1.12　応力頻度分度の例** (kgf/cm^2) 0，300，600，900
P23	**図2.2.1　大型車の積載重量** □　5tf以上7tf □　7tf以上8tf □　8tf以上
P24	**(1) 活荷重の影響** 図-2.2.1は最大積載重量5tf以上のトラックのシェアを保有台数ベースで示したものであるが，8tf以上のシェアは，……
P24	**(1) 活荷重の影響** 図-2.2.2は大型車の荷重頻度分布に対し，各輪重によるダメージが輪重5tfが何回載荷したことと等しいかを示したものである。5tf以上の輪重の頻度は相対的に小さいが，……
P24	**図-2.2.2(a)　輪重の頻度分布** 0，1，2，…，15 輪重（tf）
P24	**図-2.2.2(a)　輪重の頻度分布** 8，9，10，…，15 輪重（tf）

頁	S I 単 位 系
P24	**図-2.2.2(b) 輪重50kNに換算した場合の繰返し数** (b) 輪重50kNに換算した場合の繰返し数
P24	**図-2.2.2(b) 輪重50kNに換算した場合の繰返し数** 0，10，20，…，150 輪重（kN）
P24	**図-2.2.2(b) 輪重50kNに換算した場合の繰返し数** 50kN輪重換算繰返し数相対頻度
P24	**図-2.2.2(b) 輪重50kNに換算した場合の繰返し数** 50kN輪重換算繰返し数 $= \text{頻度} \times \left(\frac{\text{輪重}}{\text{50kN}} \right)^3$
P29	**(2) 橋梁技術の変遷** 490,590N鋼の導入と
P29	**(2) 橋梁技術の変遷** 490,590N鋼の導入に伴い
P29	**図-2.3.3 使用鋼材の許容応力度の変遷** 120，160，200，240，280 (N/mm^2)
P29	**図-2.3.3 使用鋼材の許容応力度の変遷** SM570，SMA570 SM490Y，SM520，SMA490 SM490A，SM490 SS490 SS400，SM400，SMA400
P31	**表-2.3.1 ＲＣ床版に関する基準の変遷** 輪荷重P[1)] (kN) 78 78 (94)

頁	従来単位系
P24	**図-2.2.2(b) 輪重5tfに換算した場合の繰返し数** (b) 輪重5tfに換算した場合の繰返し数
P24	**図-2.2.2(b) 輪重5tfに換算した場合の繰返し数** 0, 1, 2, …, 15 輪重 (tf)
P24	**図-2.2.2(b) 輪重5tfに換算した場合の繰返し数** 5tf輪重換算繰返し数相対頻度
P24	**図-2.2.2(b) 輪重5tfに換算した場合の繰返し数** 5tf輪重換算繰返し数 $=\text{頻度}\times\left(\frac{\text{輪重}}{5\text{tf}}\right)^3$
P29	**(2) 橋梁技術の変遷** 50,60キロ鋼の導入と
P29	**(2) 橋梁技術の変遷** 50,60キロ鋼の導入に伴い
P29	**図-2.3.3 使用鋼材の許容応力度の変遷** 1200, 1600, 2000, 2400, 2800 (kgf/cm^2)
P29	**図-2.3.3 使用鋼材の許容応力度の変遷** SM58, SMA58 SM50Y, SM53, SMA50 SM50A, SM50 SS50 SS41, SM41, SMA41
P31	**表-2.3.1 ＲＣ床版に関する基準の変遷** 輪荷重P[1)] (kgf) 8,000 8,000 (9,600)

頁	ＳＩ　単　位　系
P31	**表-2.3.1　ＲＣ床版に関する基準の変遷** 鉄筋の許容応力度 SR235 140N/mm^2 SD295 175N/mm^2 SD295 140N/mm^2 SD295 140N/mm^{2}程度で20N/mm^{2}程度余裕を持たせる。
P31	**図-2.3.5　ＲＣ床版の押し抜きせん断耐荷力の計算例** 0，200，400，…，1200 押抜きせん断耐荷力（kN）
P50	**図-3.1.3　垂直補剛材上端における縦げた増設前後の応力頻度の変化** 0，50，100，150，200 応力範囲（N/mm^2）
P88	**(1) 橋梁の概要** 主要鋼材：SM490，SM400，SS400
P92	**(3) 損傷原因の検討** 許容応力度（材質SS400）
P97	**(1) 橋梁の概要** 主要鋼材：SS400
P100	**図-4.1.15　縦げた増設前後のリブプレートの応力分布** 鉛直応力（N/mm^2）
P100	**図-4.1.15(a) 増設前** 50N/mm^2
P100	**図-4.1.15(a) 増設前** −20，−40，−60，−10，0，10，−89，21，−84
P100	**図-4.1.15(b) 増設後** 0，−10，0，−20，−16，30，11，−48

頁	従来単位系
P31	**表-2.3.1　ＲＣ床版に関する基準の変遷** 鉄筋の許容応力度 SR24 1400kgf/cm^2 SD30 1800kgf/cm^2 SD30 1400kgf/cm^2 SD30 1400kgf/cm^{2}程度で 200kgf/cm^{2}程度余裕を 持たせる。
P31	**図-2.3.5　ＲＣ床版の押し抜きせん断耐荷力の計算例** 0，20，40，…，120 押抜きせん断耐荷力（tf）
P50	**図-3.1.3　垂直補剛材上端における縦げた増設前後の応力頻度の変化** 0，500，1000，1500，2000 応力範囲（kgf/cm^2）
P88	**(1)　橋梁の概要** 主要鋼材：SM50，SM41，SS41
P92	**(3)　損傷原因の検討** 許容応力度（材質SS41）
P97	**(1)　橋梁の概要** 主要鋼材： SS41
P100	**図-4.1.15　縦げた増設前後のリブプレートの応力分布** 鉛直応力（kgf/cm^2）
P100	**図-4.1.15(a)　増設前** 500kgf/cm^2
P100	**図-4.1.15(a)　増設前** －200，－400，－600，－100，0，100，－906，218，－860
P100	**図-4.1.15(b)　増設後** 0，－100，0，－200，－166，306，117，,－489

頁	S I 単 位 系
P103	**図-4.1.17　応力頻度測定結果** N/mm^2 0，10.0，20.0，30.0，40.0，50.0 0，100.0，200.0，300.0
P106	**(1) 橋梁の概要** 主要鋼材：SM490，SS400
P110	**図-4.1.24　垂直補剛材上端部の主応力測定結果（200kN車換算）** （単位：N/mm^2）
P110	**図-4.1.24　垂直補剛材上端部の主応力測定結果（200kN車換算）** 垂直補剛材上端部の主応力測定結果（200kN車換算）
P110	**図-4.1.24　垂直補剛材上端部の主応力測定結果（200kN車換算）** 34，－41 －33，38
P110	**表-4.1.1　溶接部近傍の応力範囲（200kN車換算）** 溶接部近傍の応力範囲（200kN車換算）
P110	**表-4.1.1　溶接部近傍の応力範囲（200kN車換算）** （単位：N/mm^2） <table><tr><td></td><td></td><td>応力範囲</td></tr><tr><td></td><td></td><td>65</td></tr><tr><td></td><td></td><td>51</td></tr><tr><td></td><td></td><td>79</td></tr><tr><td></td><td></td><td>48</td></tr></table>
P120	**図-4.2.3　ソールプレート前面の橋軸方向応力分布** 応力度（N/mm^2） 40，0，－40，－80，－120
P121	**1）構造的な要因** 総重量約400N
P121	**1）構造的な要因** ……であり，現在の210mm（1000kNの反力）と比較して大きく，この違いが支承の回転性能に影響を及ぼしていると推測している。

頁	従来単位系
P103	**図-4.1.17　応力頻度測定結果** kgf/mm^2 0，1.0，2.0，3.0，4.0，5.0 0，10.0，20.0，30.0
P106	**(1) 橋梁の概要** 主要鋼材：SM50，SS41
P110	**図-4.1.24　垂直補剛材上端部の主応力測定結果（20ton車換算）** （単位：kgf/mm^2）
P110	**図-4.1.24　垂直補剛材上端部の主応力測定結果（20ton車換算）** 垂直補剛材上端部の主応力測定結果（20ton車換算）
P110	**図-4.1.24　垂直補剛材上端部の主応力測定結果（20ton車換算）** 3.5，－4.2 －3.4，3.9
P110	**表-4.1.1　溶接部近傍の応力範囲（20ton車換算）** 溶接部近傍の応力範囲（20ton車換算）
P110	**表-4.1.1　溶接部近傍の応力範囲（20ton車換算）** （単位：kgf/mm^2） 応力範囲：6.6 / 5.2 / 8.1 / 4.9
P120	**図-4.2.3　ソールプレート前面の橋軸方向応力分布** 応力度（kgf/cm^2） 400，0，－400，－800，－1200
P121	**1）構造的な要因** 総重量約40トン
P121	**1）構造的な要因** ……であり，現在の210mm（100tfの反力）と比較して大きく，この違いが支承の回転性能に影響を及ぼしていると推測している。

P110 表-4.1.1（単位：kgf/mm^2）

		応力範囲
		6.6
		5.2
		8.1
		4.9

頁	SI 単位系
P148	**(1) 橋梁の概要** 橋格：1等橋（TL-20），雪荷重（1kN/m²）を考慮
P166	**2）損傷の原因** ②実交通車走行により発生する応力および変位は，試験車（200kN）走行時に比べ2.0～2.5倍程度の値となっており……
P129	**(1) 橋梁の概要** 主要鋼材：SM490相当（耐候性鋼材）
P130	**図-4.2.7　補強方法詳細図** Cap. 2900kN 新BP沓Cap. 2500kN
P130	**2）恒久的な対策** 2900kNジャッキ
P131	**(1) 橋梁の概要** 主要鋼材：590N鋼
P133	**1）応急的な対策** 軸力221kN
P135	**(1) 橋梁の概要** 主要鋼材：SM570
P143	**図-4.3.6　垂直材接合部における応力分布（事例4）** 実測応力度（σ N/mm²），11.0，9.4，29.9，−16.8 曲げ成分（σ_M N/mm²），0.8，−0.8，23.3，−23.3 軸力成分（σ_N N/mm²），10.2，6.6
P144	**図-4.3.7　垂直材接合部の応力波形（事例3）** N/mm² 50，0，−50
P144	**図-4.3.7　垂直材接合部の応力波形（事例3）** 70.0 N/mm² 72.1 N/mm²

頁	従来単位系
P148	**(1) 橋梁の概要** 橋格：1等橋（TL-20），雪荷重（100kgf/m²）を考慮
P166	**2）損傷の原因** ②実交通車走行により発生する応力および変位は，試験車（20tf）走行時に比べ2.0～2.5倍程度の値となっており……
P129	**(1) 橋梁の概要** 主要鋼材：SM50相当（耐候性鋼材）
P130	**図-4.2.7　補強方法詳細図** Cap. 300tf 新BP沓Cap. 250tf
P130	**2）恒久的な対策** 300tfジャッキ
P131	**(1) 橋梁の概要** 主要鋼材：60キロ鋼
P133	**1）応急的な対策** 軸力22.5tfで
P135	**(1) 橋梁の概要** 主要鋼材：SM58
P143	**図-4.3.6　垂直材接合部における応力分布（事例4）** 実測応力度（σ kgf/cm²），112，96，305，−171 曲げ成分（σ_M kgf/cm²），8，−8，238，−238 軸力成分（σ_N kgf/cm²），104，67
P144	**図-4.3.7　垂直材接合部の応力波形（事例3）** kgf/cm² 500，0，−500
P144	**図-4.3.7　垂直材接合部の応力波形（事例3）** 714kgf/cm² 735kgf/cm²

頁	S I 単 位 系

P148

(1) 橋梁の概要

雪荷重（1 kN/m^2）を考慮

P148

(1) 橋梁の概要

主要鋼材：SS400，SM490，リベットSV330，SV400

P153

(1) 橋梁の概要

主要鋼材：SS400，SM490

P157

(1) 橋梁の概要

主要鋼材：SS400，SM490

P163

図4.3.20　補強前後における応力測定結果

左端の単位：100N/mm^2

数値：上から順に，22.7 N/mm^2，50.5 N/mm^2，47.4 N/mm^2，21.7 N/mm^2，
7.3 N/mm^2，11.1 N/mm^2

左端の単位：N/mm^2，Y軸目盛りは全て1/10倍

数値：左上から，210.1 N/mm^2，50.5 N/mm^2，46.3 N/mm^2，11.8 N/mm^2

200kN試験車……

P164

(1) 橋梁の概要

主要鋼材：SM570，SM490，SS400

P167

表-4.3.1　応力度の測定結果

			測定応力度（N/mm^2）							
			測定位置　支間1/2点近傍				測定位置　支間1/4			
			①	②	③	④	①	②	③	④
		Max	5.6	28.3	36.5	6.4	11.3	7.0	11.3	17.1
		Min	−3.5	−12.9	−17.4	−20.2	−5.0	−5.3	−6.3	−8.7
		Max	12.4	60.3	74.4	13.4	24.3	17.5	24.4	37.1
		Min	−8.5	−32.3	−44.1	−41.7	−9.6	−9.6	−13.6	−17.0
		Max	2.0	5.9	9.2	24.2	2.3	4.0	3.7	1.6
		Min	−4.3	−14.1	−22.8	−10.5	−6.6	−11.1	−10.9	−6.0
		Max	3.0	13.4	19.9	−49.1	5.5	9.4	8.9	3.6
		Min	−8.9	−30.0	−48.8	−28.9	−16.2	−22.2	−25.1	−14.2

P169

(1) 橋梁の概要

主要鋼材：SM490，SS400

(1) 橋梁の概要

雪荷重（100kgf/m^2）を考慮

(1) 橋梁の概要

主要鋼材：SS41，SM50，リベットSV34，SV41

(1) 橋梁の概要

主要鋼材：SS41，SM50

(1) 橋梁の概要

主要鋼材：SS41，SM50

図4.3.20 補強前後における応力測定結果

左端の単位：1000kgf/cm^2

数値：上から順に，231 kgf/cm^2，515 kgf/cm^2，483 kgf/cm^2，221 kgf/cm^2，74 kgf/cm^2，113 kgf/cm^2

左端の単位：kgf/cm^2

数値：左上から，2142 kgf/cm^2，515 kgf/cm^2，472 kgf/cm^2，120 kgf/cm^2

20tf試験車……

(1) 橋梁の概要

主要鋼材：SM58，SM50，SS41

表-4.3.1 応力度の測定結果

			測定応力度（kgf/cm^2）							
			測定位置　支間1/2点近傍				測定位置　支間1/4			
			①	②	③	④	①	②	③	④
		Max	57	288	372	65	115	71	115	174
		Min	−36	−132	−177	−206	−51	−54	−64	−89
		Max	126	615	758	137	248	178	249	378
		Min	−87	−329	−450	−425	−98	−98	−139	−173
		Max	20	60	94	247	23	41	38	16
		Min	−44	−144	−232	−107	−67	−113	−111	−61
		Max	31	137	203	501	56	96	91	37
		Min	−91	−306	−497	−295	−165	−226	−256	−145

(1) 橋梁の概要

主要鋼材：SM50，SS41

頁	S I 単位系
P172	**(3) 荷重車載荷試験結果に基づく損傷原因の検討** 総重量231kNの荷重車が……
P173	**図-4.4.4 端床げた⑧の橋軸方向の変位とはずみ** 単位：(N/mm^2) 数値：－12，－7
P173	**図-4.4.5 きれつ発生箇所近傍の応力** 左端の単位：(N/mm^2) 目盛り：－50，－10，10
P175	**図-4.4.8 中間床げたの補修補強方法** （SM490A）
P176	**(1) 橋梁の概要** 橋格：1等橋（130kN）
P191	**(1) 橋梁の概要** 主要鋼材：SS400，SM490
P193	**図-4.5.6 横リブと垂直リブのフランジの作用力** 右端目盛り：50kN
P194	**図-4.5.7 ダイヤフラム隅角部の応力分布** 左下目盛り：50 kN/mm^2，－50 kN/mm^2
P196	**図-4.5.9 補修補強前後の台やフライムフランジの作用分布** 左下目盛り：50 kN 50kN
P198	主要鋼材：400N鋼，500N鋼
P203	**図-4.5.14 車両載荷位置と補剛材上端部種応力の関係** 単位：(kN/mm^2) 数値：左から，－22.4，－39.4，－41.9，－40.4，－66.6
P215	**(1) 橋梁の概要** 主要鋼材：SS400

(3) 荷重車載荷試験結果に基づく損傷原因の検討
総重量23.6tfの荷重車が……

図-4.4.4　端床げた⑧の橋軸方向の変位とはずみ
単位：(kgf/cm^2)
数値：－124，－67

図-4.4.5　きれつ発生箇所近傍の応力
左端の単位：(kgf/cm^2)
目盛り：－500，－100，100

図-4.4.8　中間床げたの補修補強方法
(SM50A)

(1) 橋梁の概要
橋格：1等橋（13tf）

(1) 橋梁の概要
主要鋼材：SS41，SM50

図-4.5.6　横リブと垂直リブのフランジの作用力
右端目盛り：5000kgf

図-4.5.7　ダイヤフラム隅角部の応力分布
右下目盛り：500 kgf/cm^2，－500kgf/cm^2

図-4.5.9　補修補強前後の台やフライムフランジの作用分布
左下目盛り：5000 kgf
5,000kgf

主要鋼材：40キロ鋼，50キロ鋼

図-4.5.14　車両載荷位置と補剛材上端部種応力の関係
単位：(kgf/cm^2)
数値：左から，－228，－402，－427，－412，－679

(1) 橋梁の概要
主要鋼材：SS41

P225	**(5) 損傷発生の予測と補修補強方法の検討損傷発生の予測と補修補強方法の検討** ……許容応力度（69kN/mm^2） ……許容応力度（55kN/mm^2）
P228	**(1) 橋梁の概要** その主要鋼材にはSS400材（降伏点：265 N/mm^2，引張強さ434 N/mm^2）が使用されている。
P229	**(1) 橋梁の概要** 設計車荷重：130kN
P239	**(5) 補修補強効果の確認** 補修補強完了後，200kN荷重車載荷試験により……
P288	**図-参3.2　高力ボルト締付け前後の24時間応力頻度測定結果の比較** 単　位：(N/mm^2) 目盛り：1000，800，500，400，200

頁	従来単位系
P225	**(5) 損傷発生の予測と補修補強方法の検討** ……許容応力度（700 kgf/cm^2） ……許容応力度（560 kgf/cm^2）
P228	**(1) 橋梁の概要** その主要鋼材にはSM41材（降伏点：27 kgf/cm^2，引張強さ44.2 kgf/cm^2）が使用されている。
P229	**(1) 橋梁の概要** 設計車荷重：13ton
P239	**(5) 補修補強効果の確認** 補修補強完了後，20t荷重車載荷試験により……
P288	**図-参3.2 高力ボルト締付け前後の24時間応力頻度測定結果の比較** 単　位：(kgf/cm^2) 目盛り：10000，8000，5000，4000，2000

参考資料

【参考資料】

（日本規格協会発行 J1S Z 8401-19611より転載引用）

JIS Z 8401-1961

数 値 の 丸 め 方

Ru1es for Rounding off Numerica1 Va1ues

1．適用範囲 この規格は，鉱工業において用いる十進法の数値の丸め方について規定する。

2．数値の丸め方 ある数値を，有効数字nケタ（'）の数値に丸める場合，または小数点以下nケタの数値に丸める場合は（n+1）ケタ目以下の数値を次のように整理する。

注（'）有効数字のケタ数とは，0でない最高位の数字の位から数えたものとする。

(1)（n+1）ケタ目以下の数値が，nケタ目の1単位の1/2未満の場合には切り捨てる（例1参照）。

(2)（n+1）ケタ目以下の数値が，nケタ目の1単位の1/2をこえる場合には，nケタ目を1単位だけ増す（例2参照）。

(3)（n+1），ケタ目以下の数値が，nケタ目の1単位の1/2であることがわかっているか，または（n+1）ケタ目以下の数値が切り捨てたものが切り上げたものがわがらない場合には，(a) または (b) のようにする。

(a) nケタ目の数値が，0,2,4,6,8ならば，切り捨てる（例3参照）。

(b) nケタ目の数値が，1,3,5,7,9ならば，nケタ目を1単位だけ増す（例4参照）。

(4)（n+1）ケタ目以下の数値が，切り捨てたもの切り上げたものであることが分がっている場合には，(1) または (2) の方法によらなければならない（例5参照）。

備考 この丸め方は，1段階に行われなければならない。

たとえば，5.346をこの方法で有効数字2ケタに丸めれば，5.3となる。

これを2段階に分けて

	（1段階目）	（2段階目）
5.346	5,35	5.4

のようにしてはいけない。

例1：1.23を，有効数字2ケタに丸めれば，(1) の方法により 1.2

1.2344を，有効数字3ケタに丸めれば，(1) の方法により 1.23

1.2344を，小数点以下3ケタ1こ丸めれば，(1) の方法により 1.234

2：126を，有効数字2ケタに丸めれば，(2) の方法により 1.3

1.2501を，有効数字2ケタに丸めれば，(2) の方法により 1.3

1.2967を，有効数字3ケタに丸めれば，(2) の方法により 1.30

1.2967を，小数点以下3ケタに丸めれば，(2) の方法により 1.297

3：0.105（この数値は，有効数字 3 ケタ目が正しく 5 であることがわかっているが，または切り捨てたものが，切り上げたものががわからないとする。）を，有効数字 2 ケタに丸めれば，(3) (a) の方法により　0.10

1.450（この数値は，有効数字 3 ケタ目以下が正しく有効数字 2 ケタ目の 1 単位の1/2であることがわかっているが，または切り捨てたものが，切り上げたものかがわからないとする。）を，有効数字2ケタに丸めれば，(3) (a) の方法により　1.4

1.25（この数値は，有効数字3ケタ目以下が正しく 5 であることがわかっているか，または切り捨てたものが，切り上げたものががわがらないとする。）を有効数字 2 ケタに丸めれば，(3) (a) の方法により　1.2

0.0625（この数値は，小数点以下4ケタ目が正しく5であることがわかっているが，または切り捨てたものが，切り上げたものかがわがらないとする。）を，小数点以下 3 ケタに丸めれば，(3) (a) の方法により　0.062

4：0.0955（この数値は，有効数字 3 ケタ目が正しく 5 であることがわかっているが，または切り捨てたものか，切り上げたものかがわがらないとする。）を有効数字 2 ケタに丸めれば，(3) (b) の方法により　0.096

1.350（この数値は，有効数字 3 ケタ目以下が正しく有効数字 2 ケタ目の 1 単位の1/2であることがわかっているか，または切り捨てたものが，切り上げたものかがわからないものとする。）を有効数字2ケタに丸めれば，(3) (b) の方法により　1.4

1.15（この数値は，有効数字 3 ケタ目が正しく 5 であることがわかっているか，または切り捨てたものか，切り上げたものががわがらないとする。）を有効数字 2 ケタに丸めれば，(3) (b) の方法により　1.2

0.095（この数値は，小数点以下 3 ケタ目が正しく 5 であることがわかっているが，または切り捨てたものが，切り上げたものががわからないものとする。）を，小数点以下 2 ケタに丸めれば，(3) (b) の方法により　0.10

5：2.35（この数値は，たとえば，2.347を切り上げたものであることがわがっているとする。）を，有効数字 2 ケタに丸めれば，(1) の方法により　2.3

245（この数値は，たとえば，2.452を切り捨てたものであることがわがっているとする。）を，有効数字 2 ケタに丸めれば，(2) の方法により　2.5

4.185（この数値は，たとえば，4.1852を切り捨てたものであることがわがっているとする。）を，小数点以下 2 ケタに丸めれば，(2) の方法により　4.19

執　筆　者（五十音順）

石　井　克　尚	石　原　康　弘
清　水　将　之	玉　越　隆　史
中　洲　啓　太	畠　中　秀　人
廣　松　　　新	門　間　俊　幸
渡　邊　良　一	

道路技術基準図書のSI単位系移行に関する参考資料
第1巻　―交通工学・橋梁偏―

平成14年11月15日　初版発行

編　集
発行所　社団法人　日本道路協会
東京都千代田区霞が関3－3－1

印刷所　有限会社印刷センターカザマ

発売所　丸善株式会社出版事業部
東京都中央区日本橋2－3－10

定価（本体 3,600円＋税）

ISBN4-88950-119-3 C2051 ¥3600E

Memo

Memo